土木工程系列丛书

结 构 力 学

下册(第三版)

周竞欧 朱伯钦 许哲明 编著

同济大学 出版社
Tongji University Press

内 容 提 要

本书根据国家教育部批准试行的《高等工业学校结构力学教学基本要求》和同济大学土木工程学院的教材规划,并综合考虑 2004 年第二版出版后使用至今的教学实践经验以及当前建设实际需要而修订的。

本书分上、下两册出版。上册共 8 章,主要内容为静定结构的内力及位移计算,静定结构的影响线及其应用,计算超静定结构内力的力法和超静定结构的位移计算等。下册共 7 章,主要内容为结构内力分析的位移法和矩阵位移法等,超静定结构的影响线,结构动力学,结构弹性稳定,结构的极限荷载等,并附有平面刚架静力分析的源程序及说明。

本书可作为高等学校土木、交通、水利和力学等各专业的结构力学教材,也可作为上述相关专业工程技术人员及其他非结构类专业相关工程技术人员的参考书。

图书在版编目(CIP)数据

结构力学.下册/周竞欧,朱伯钦,许哲明编著.--3 版
--上海:同济大学出版社,2014.10
ISBN 978-7-5608-5651-3

Ⅰ.①结… Ⅱ.①周…②朱…③许… Ⅲ.①结构力学 Ⅳ.①O342

中国版本图书馆 CIP 数据核字(2014)第 231399 号

土木工程系列丛书

结构力学 下册(第三版)

周竞欧 朱伯钦 许哲明 编著
责任编辑 马继兰   责任校对 徐春莲   封面设计 陈益平

出版发行   同济大学出版社   www.tongjipress.com.cn
　　　　　　(地址:上海市四平路 1239 号 邮编:200092 电话:021-65985622)
经　　销   全国各地新华书店
印　　刷   同济大学印刷厂
开　　本   787mm×1092mm 1/16
印　　张   25
印　　数   4 101—8 200
字　　数   624 000
版　　次   2014 年 10 月第 3 版 2015 年 8 月第 2 次印刷
书　　号   ISBN 978-7-5608-5651-3

定　　价   49.00 元

前　言

　　本书是 20 世纪 80 年代末为同济大学土木工程专业系列教材建设、总结同济大学结构力学数十年教学经验和课程特色编写的,1993 年完成初稿,1994 年正式出版,被同济大学和各兄弟院校的土木、水利、交通工程等专业采用,相关专业工程技术人员纳作参考,2004 年有过第一次修订。今根据各校新的教学要求,使用意见和专业工程设计规范的变化,进行第二次修订。一方面保持原有特色和章序,另一方面注意突出力学原理、概念分析和解题思路,注重结合工程实际,便于学生自学,尽可能地删减一些次要内容(上下册共删去 4 个节)和重复性的文字叙述,对各章具有代表性的例题在展开式样上做了部分精简。在内容的调整方面,静定结构影响线的应用中关于公路、城市道路的设计荷载,根据部颁新设计规范而改变,工业厂房桥式吊车荷载也采用新的规制,因此修改了算例。平面刚架的稳定计算删去了实用性较受局限的传统压杆转角位移法方程及含有轴力参数 u 的若干函数的应用,只介绍有限元法。同时,在各章的图、文中纠正了一些错误,在原有较丰富的习题中替换进了一些概念思考类和容易入手的小型题,并在部分答案中加了少量提示。

　　在具体教学的实施中,可对冠有 * 号的节次及其他内容的干枝进行取舍;影响线的静定章和超静定章可以合在一起教学;"弹性稳定"和"极限荷载"两章属于专题,可另列课程。

　　本次修订由原三位主编、原参编的年轻老师和邀请的第一线教师详细地讨论了修订原则和办法,决定暂不加编演示课件出版,并由周竞欧、冯虹为主要执笔。欢迎各读者继续批评指正。

编者语

2014 年 9 月

第二版前言

本书是同济大学土木工程专业系列教材之一,第一版出版至今已九年有余。现在的第二版是根据原国家教委批准试行的《高等工业学校结构力学教学基本要求》、同济大学土木工程学院制订的《结构力学》课程教学大纲和同济大学土木工程学院的系列教材规划修订的。它可作为土木工程、水利工程、交通工程等专业的结构力学教材,也可供其他非结构类专业的师生和工程技术人员参考。

本书分上、下两册出版。上册包括绪论、平面体系的几何组成分析、静定结构的内力分析及位移计算、静定结构影响线、力法等;下册包括位移法、矩阵位移法、结构静力分析的电算程序、弯矩分配法和剪力分配法,超静定结构影响线、结构动力学、结构弹性稳定、结构的极限荷载等。书中冠有 * 号的内容可根据不同专业的需要和不同层次学生的要求选用。每章后附有较丰富的习题和部分习题答案。

本书在第一版的使用过程中,得到广大读者的支持、肯定和鼓励,提供了不少宝贵的意见和建议,值此再版之际,编者深表谢意。在本版修订过程中,我们认真、全面地考虑了读者的意见和建议,继续保持第一版的特色,紧扣《课程教学基本要求》和《课程教学大纲》的要求,体现学科上的科学性、系统性和内容上的先进性,恰当掌握内容的深、广度,注意培养学生分析问题、解决问题的能力及便于教学等。在具体内容上,重新编写了矩阵位移法并改用 C 语言编写了结构静力分析电算程序代替第一版中的 FORTRAN 电算程序,在力法和位移法中增加了子结构应用的概念,调整和修改了有些章节的一些例题和习题,并对有些习题的答案作了校正,对超静定拱的内力计算和超静定结构影响线作了适当精简;删去了一些相对次要的内容,如三铰拱的内力图解法,用位移法分析变截面结构,多层刚架内力计算的迭代法和 D 值法等。力求使教材质量更符合当前高等学校本科教学的要求。

本版教材由朱伯钦、周竞欧、许哲明、郑有畛、冯虹参加修订,由朱伯钦、周竞欧、许哲明主编。恳请读者继续对书中不足之处提出批评指正。

编　　者

2002 年 10 月于同济大学

目　录

9 位移法

9.1 位移法的基本概念

超静定结构分析的基本方法有两种,即力法和位移法。力法发展较早,19世纪后期已用于分析连续梁。直到20世纪初,由于钢筋混凝土结构的出现,刚架的应用渐多,这时仍用力法计算工作量太大,于是提出了位移法。

不管是力法还是位移法,都必须依据下列条件:

(1) 力的平衡。

(2) 位移的协调。

(3) 力与位移的物理关系。

力法的基本指导思想是先割断结构的某些多余约束,以多余约束力作为基本未知量,取静定结构作为基本结构进行计算。计算时,先利用平衡条件算出基本结构的内力,从而算出多余未知力作用点上的位移,这些位移都表示成多余未知力的函数(力与位移的物理关系)。然后利用位移协调条件建立方程,算出多余未知力。由此,求出整个结构的内力和位移。

位移法的基本指导思想与力法相反,它是以结构的结点位移(角位移和线位移)作为基本未知量,取超静定的单个杆件及其集合体作为计算的基本结构。先设法确定出单个杆件的杆端内力和杆端位移的函数关系,这些杆端位移应与其所在结点的其他杆端位移相协调。而后利用力的平衡条件建立方程,算出未知位移。由此,求出整个结构的内力。

总之,结构在一定的外因作用下,其内力与位移之间具有确定的函数关系,即确定的内力与确定的位移相对应。因此,可以先求内力再求位移,亦可先求位移再求内力。但不论哪一种方法,都是采用"先修改后复原"的方法。即先对给定结构作一些修改,使它变成便于分析的、熟知的,然后设法恢复到原先给定的结构,从而求出内力和位移。

现以一简单例子具体说明位移法的基本原理和计算方法。

如图9-1(a)所示刚架,在荷载作用下产生的变形如图中虚线所示,设结点1的转角为Z_1,根据变形协调条件可知,汇交于结点1的两杆杆端应有相同的转角Z_1。为了使问题简化,在受弯杆件中,略去杆件的轴向变形和剪切变形的影响,并认为弯曲变形是很小的,因而假定受弯杆两端之间的距离保持不变。由此可知,结点1只有转角Z_1,而无线位移,整个刚架的变形取决于未知转角Z_1的方向和大小。如果能设法求得转角Z_1,即可求出刚架的内力。

为了求出Z_1值,可先对原结构9-1(a)作些修改,设想在结点1处装上一个阻止转动的装置"◤",称它为附加刚臂约束,如图9-1(b)所示。结点1装上附加约束后就不能转动了,于是,原结构被隔离成如图9-1(d)所示的两根彼此独立的单跨超静定梁(梁单元),称它为位移法的基本结构。在荷载作用下,由于附加约束阻止了结点转动,在附加约束内必将产生一个约束力矩R_{1P}。继而考虑到原结构结点1实际上是转动了一个未知的转角Z_1,为了恢复原状,可在如图9-1(c)所示的结点1的附加约束上人为地加上一个外力矩R_{11},迫使结点1正好转动了一个转角Z_1,于是,变形复原到原先给定的结构。这就是借助附加约束以控制结点的位移,实现基本结构的两阶段分析。

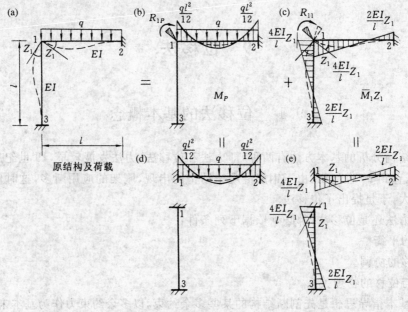

图 9-1

将上述"先固定后复原"两个步骤的结果相叠加(图 9-1(b)和图 9-1(c)相叠加),即等于原结构(图 9-1(a))的结果。应注意到原结构的结点 1 上并没有附加约束,因而不存在约束力矩(即原结构上的约束力矩应等于零)。于是得到

$$R_{1P} + R_{11} = 0 \qquad\qquad\qquad (a)$$

为了确定上式中的 R_{1P} 和 R_{11},可利用力法已求出的单跨超静定梁(即基本结构的单元)分别在外荷载作用下以及杆端 1 处转动 Z_1 时产生的弯矩图,分别示于图 9-1(d)和图 9-1(e)中。将图9-1(d)和图 9-1(e)所示的单跨梁弯矩图通过结点 1 拼起来即分别成为图 9-1(b)和图 9-1(c)所示的弯矩图,并分别记作 M_P 和 $\overline{M}_1 Z_1$。现取出结点 1 隔离体如图 9-2(a)、(b)所示,由力矩平衡方程 $\sum M = 0$,即可分别求出 $R_{1P} = -\dfrac{1}{12}ql^2$,$R_{11} = 8\dfrac{EI}{l}Z_1$。将这些结果代入方程(a)中,即得

$$\frac{8EI}{l}Z_1 - \frac{1}{12}ql^2 = 0 \qquad\qquad\qquad (b)$$

上式称为位移法方程。其中,$\dfrac{8EI}{l}$ 称为刚度系数,它表示结点的转角 $Z_1 = 1$ 时附加约束上所需的力矩;$-\dfrac{1}{12}ql^2$ 称为自由项,它表示当结点固定时荷载作用下在附加约束上所产生的力矩。解方程(b),得

$$Z_1 = \frac{ql^3}{96EI}$$

最后,根据叠加原理 $M = M_P + \overline{M}_1 Z_1$,即可求出最终弯矩图,如图 9-3 所示。

综上所述,位移法的基本思路是"先固定后复原"。"先固定"是指在原结构可能产生位移的结点上设置附加约束,使结点固定,从而得到基本结构;"后复原"是指人为地迫使原先被

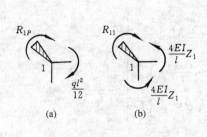

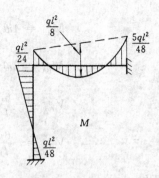

图 9-2

图 9-3

"固定"的结点恢复到结构应有的位移状态。通过上述两个步骤,使基本结构与原结构的受力和变形完全相同,从而可以通过基本结构来计算原结构的变形、内力。

通过上例可以看出,用上述方法计算结构内力,应分别解决以下几个问题:

(1) 预先算出各类超静定单杆在杆端位移以及荷载作用下的杆端力和内力图,并制成表格以供查用。

(2) 确定结构的结点位移的数量(也称自由度数),并在结点位移处设置附加约束,以形成基本结构。

(3) 建立位移法方程,从而求出基本未知量。

下面依次介绍这些问题。

9.2 等截面直杆的物理方程

在 9.1 节讨论中,可知位移法是以单个超静定杆作为计算基础的。为此,本节将介绍四种等截面直杆的杆端力和杆端位移之间的物理关系,以及这些杆件在荷载作用下的杆端力。等直杆的物理方程也称转角位移方程。

9.2.1 两端固定(或刚接)等截面直杆的物理方程

图 9-4 所示为等截面直杆 AB,其两端固定(或刚接),杆长 l。$A'B'$ 表示杆件 AB 的杆端发生变形后的位置。其中,θ_A 和 θ_B 分别表示 A 端和 B 端的转角,其转向以顺时针向为正。Δ_A 和 Δ_B 分别表示 A、B 两端垂直杆轴方向的线位移,Δ_{AB} 表示 A、B 两端的相对线位移,$\beta = \dfrac{\Delta_{AB}}{l}$ 表示直线 $A'B'$ 与 AB 的平行线的交角,称它为弦转角,并规定以顺时针向转动为正。本章规定,杆端弯矩无论是左端还是右端,均以顺

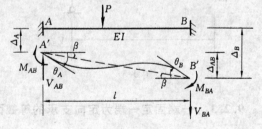

图 9-4

时针向为正;杆端剪力的符号规定和以前的相同,如图 9-4 中所示的剪力为正剪力。

上述等截面(EI)杆在支座转角 θ_A、θ_B、相对线位移 Δ_{AB} 和荷载的共同作用下,其杆端内力(或反力)可根据力法分项求得后叠加如下:

$$M_{AB} = 4i\vartheta_A + 2i\vartheta_B - 6i\frac{\Delta_{AB}}{l} + M_{AB}^F$$

$$M_{BA} = 2i\vartheta_A + 4i\vartheta_B - 6i\frac{\Delta_{AB}}{l} + M_{BA}^F$$

$$V_{AB} = -\frac{6i}{l}\theta_A - \frac{6i}{l}\theta_B + \frac{12i}{l}\cdot\frac{\Delta_{AB}}{l} + V_{AB}^F$$

$$V_{BA} = -\frac{6i}{l}\theta_A - \frac{6i}{l}\theta_B + \frac{12i}{l}\cdot\frac{\Delta_{AB}}{l} + V_{BA}^F$$

(9-1)

式中,$i = \dfrac{EI}{l}$ 称为杆件线刚度,$\dfrac{\Delta_{AB}}{l} = \beta$ 即弦转角。M_{AB}^F 和 M_{BA}^F 表示杆端固定时由于荷载作用下所产生的杆端弯矩(或反力矩),通常称它为固端弯矩,以顺时针向为正;V_{AB}^F 和 V_{BA}^F 表示相应的杆端剪力,称它为固端剪力,其正负的规定和前述相同。

9.2.2　一端固定一端铰支承等截面直杆的物理方程

如图 9-5 所示为一端固定一端铰接的等截面直杆,在支座转角 θ_A、相对线位移 Δ_{AB} 和荷载的共同作用下,其杆端内力可根据力法求得:

$$M_{AB} = 3i\theta_A - 3i\frac{\Delta_{AB}}{l} + M_{AB}^F$$

$$M_{BA} = 0$$

$$V_{AB} = -\frac{3i}{l}\theta_A + \frac{3i}{l}\cdot\frac{\Delta_{AB}}{l} + V_{AB}^F$$

$$V_{BA} = -\frac{3i}{l}\theta_A + \frac{3i}{l}\cdot\frac{\Delta_{AB}}{l} + V_{BA}^F$$

(9-2)

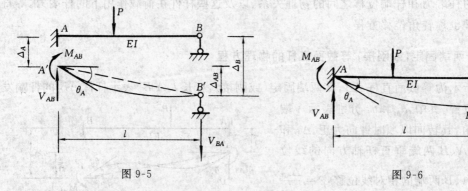

图 9-5　　　　　　　　　　　　　　图 9-6

9.2.3　一端固定一端为定向支承的等截面直杆的物理方程

如图 9-6 所示为一端固定一端为定向支承的等截面直杆,在支座转角 θ_A 和荷载共同作用下,其杆端内力可由力法求得:

$$M_{AB} = i\theta_A + M_{AB}^F$$

$$M_{BA} = -i\theta_A + M_{BA}^F$$

$$V_{AB} = V_{AB}^F$$

$$V_{BA} = 0$$

(9-3)

9.2.4 两端铰支承的等截面直杆的物理方程

如图 9-7 所示为两端铰支承的等截面直杆(链杆),在支座两端沿轴向产生相对位移 Δ_u 时,其杆端轴力为

$$\left.\begin{array}{l} N_{AB} = -\dfrac{EA}{l}\Delta_u \\[3mm] N_{BA} = \dfrac{EA}{l}\Delta_u \end{array}\right\} \qquad (9\text{-}4)$$

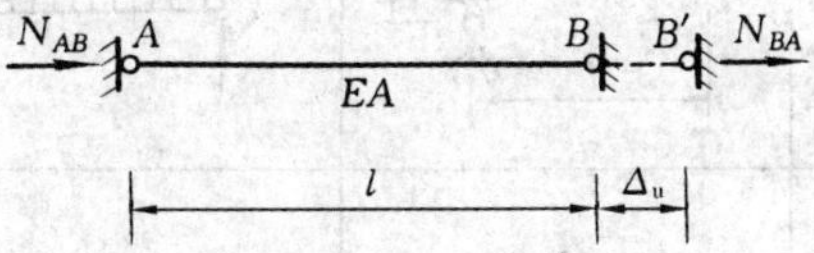

图 9-7

式中,A 为杆件的横截面面积。

现将以上四种等截面直杆在几种外荷载、支座转动 $\theta_A = 1$ 和相对线位移 $\Delta_{AB} = 1$ 单独作用下的杆端力列于表 9-1 中,以供查用。当支座变换左、右时应注意杆端力方向。

表 9-1   等截面单跨超静定梁的杆端弯矩和剪力

编号	梁的受力简图	弯矩图	杆端弯矩值		杆端剪力值	
			M_{AB}	M_{BA}	V_{AB}	V_{BA}
1	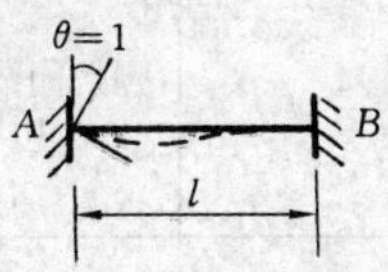	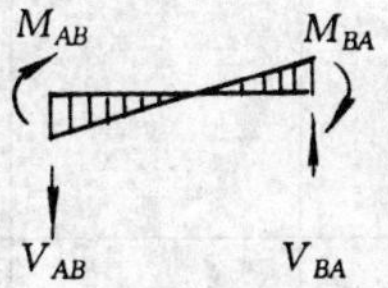	$\dfrac{4EI}{l}=4i$	$\dfrac{2EI}{l}=2i$	$-\dfrac{6EI}{l^2}=-6\dfrac{i}{l}$	$-\dfrac{6EI}{l^2}=-6\dfrac{i}{l}$
2	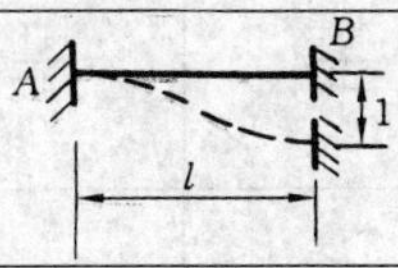	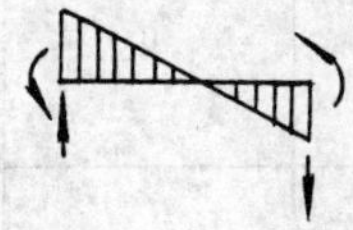	$-\dfrac{6EI}{l^2}=-\dfrac{6i}{l}$	$-\dfrac{6EI}{l^2}=-\dfrac{6i}{l}$	$12\dfrac{EI}{l^3}=12\dfrac{i}{l^2}$	$12\dfrac{EI}{l^3}=12\dfrac{i}{l^2}$
3	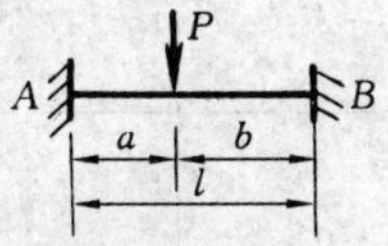	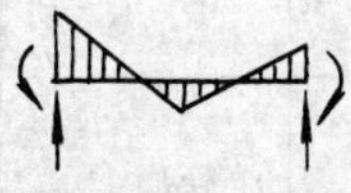	$-\dfrac{pab^2}{l^2}$ $-\dfrac{Pl}{8}$	$\dfrac{Pa^2b}{l^2}$ $\dfrac{pl}{8}$	$\dfrac{pb^2(l+2a)}{l^3}$ $\dfrac{p}{2}$	$-\dfrac{pa^2(l+2b)}{l^3}$ $-\dfrac{p}{2}$
			$\left(a=b=\dfrac{l}{2}\right)$			
4	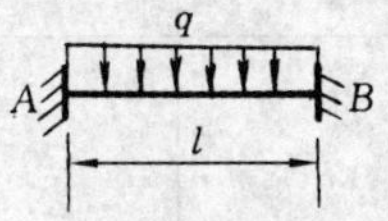	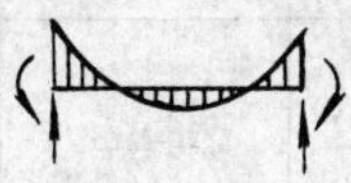	$-\dfrac{1}{12}ql^2$	$\dfrac{1}{12}ql^2$	$\dfrac{1}{2}ql$	$-\dfrac{1}{2}ql$
5	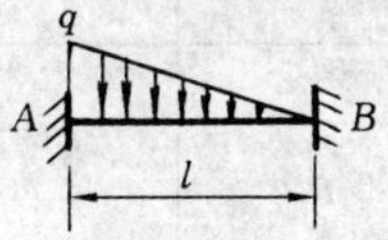	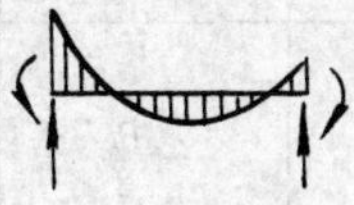	$-\dfrac{1}{20}ql^2$	$\dfrac{1}{30}ql^2$	$\dfrac{7}{20}ql$	$-\dfrac{3}{20}ql$
6	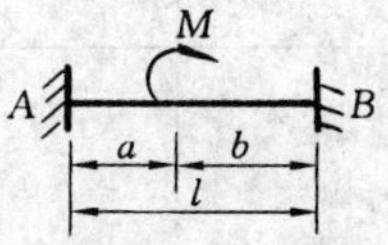	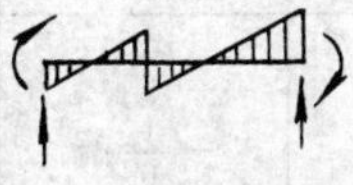	$\dfrac{b(3a-l)}{l^2}M$ $(a>0)$	$\dfrac{a(3b-l)}{l^2}M$ $(b>0)$	$-\dfrac{6ab}{l^3}M$	$-\dfrac{6ab}{l^3}M$
7	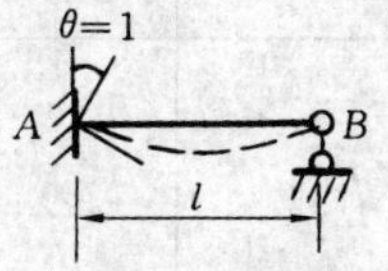	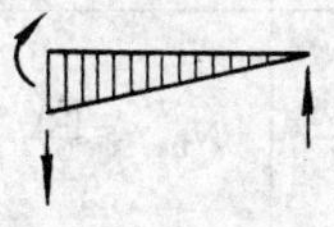	$\dfrac{3EI}{l}=3i$	0	$-\dfrac{3EI}{l^2}=-3\dfrac{i}{l}$	$\dfrac{3EI}{l^2}=-3\dfrac{i}{l}$

结 构 力 学

编号	梁的受力简图	弯矩图	杆端弯矩值		杆端剪力值	
			M_{AB}	M_{BA}	V_{AB}	V_{BA}
8			$-\dfrac{3EI}{l^2}=-3\dfrac{i}{l}$	0	$\dfrac{3EI}{l^3}=3\dfrac{i}{l^2}$	$\dfrac{3EI}{l^3}=3\dfrac{i}{l^2}$
9			$-\dfrac{pab(l+b)}{2l^2}$ $-\dfrac{3}{16}pl$ $\left(a=b=\dfrac{l}{2}\right)$	0 0	$\dfrac{pb(3l^2-b^2)}{2l^3}$ $-\dfrac{11}{16}p$	$-\dfrac{pa^2(2l+b)}{2l^3}$ $-\dfrac{5}{16}p$
10			$-\dfrac{1}{8}ql^2$	0	$\dfrac{5}{8}ql$	$-\dfrac{3}{8}ql$
11			$-\dfrac{1}{15}ql^2$	0	$\dfrac{4}{10}ql$	$-\dfrac{1}{10}ql$
12			$-\dfrac{7}{120}ql^2$	0	$\dfrac{9}{40}ql$	$-\dfrac{11}{40}ql$
13			$\dfrac{l^2-3b^2}{2l^2}M$ $(b<l)$	0	$-\dfrac{3(l^2-b^2)}{2l^3}M$	$-\dfrac{3(l^2-b^2)}{2l^3}M$
14			$\dfrac{EI}{l}=i$	$-\dfrac{EI}{l}=-i$	0	0
15			$-\dfrac{pa(l+b)}{2l}$	$-\dfrac{pa^2}{2l}$	p	0
16			$-\dfrac{pl}{2}$	$-\dfrac{Pl}{2}$	p	p
17			$-\dfrac{1}{3}ql^2$	$-\dfrac{1}{6}ql^2$	ql	0
18			$N_{AB}=-\dfrac{EA}{l}$	$N_{BA}=\dfrac{EA}{l}$		

9.3 位移法基本未知量数目的确定

位移法是把结构的结点角位移和线位移作为基本未知量。因为这些基本未知量被确定之后,便可求出结构上的每一根杆件的杆端内力。下面分述如何确定角位移和线位移的数目。

9.3.1 角位移数目的确定

角位移的数目是比较容易确定的。角位移的数目等于刚性结点的数目。所谓刚性结点,是指由两根或两根以上的杆件刚性连接起来的结点。如图9-8(a)所示结构,结点 D、E 和 H 都是刚性结点,它们具有独立的角位移;结点 B 为铰结点,BD 杆和 BA 杆的 B 端虽然也有各自不同的角位移,但按公式(9-2)计算含有铰结端的杆端内力时,并不包含铰结点的角位移。因此,铰结点的角位移可不作为未知数。于是,如图9-8(a)所示的结构具有三个独立的角位移数。

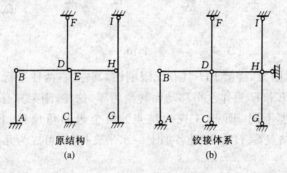

原结构 (a)　　铰接体系 (b)

图 9-8

9.3.2 线位移数目的确定

为了简化计算,在确定结点线位移的数目时,略去受弯直杆的轴向变形,并且假设弯曲变形是微小的,以致认为直杆在受弯前与受弯后,其投影长度保持不变。由此,如图9-8(a)所示的结构,四个结点(结点 B、D、E 和 H)只有水平线位移,而且是相等的。因而,只有一个独立的线位移。

既已不计杆件的轴向长度的改变,则在计算结点线位移的数目时,可以先把所有的刚性结点和固定支座全部改成铰接,使结构变成一个铰接体系。然后分析该铰接体系的几何组成,如果它是几何不变的,说明结构无结点线位移;如果铰接体系是几何可变的,再看最少需要增设几根附加支杆才能确保体系成为几何不变(或者说使铰接体系上每个结点成为不动点)。所增设附加支杆的数目即为结构独立的结点线位移数。如图9-8(a)所示的结构,相应的铰接体系如图9-8(b)所示,由几何组成分析可知,该体系是几何可变的,至少需要在铰结点 H 处附加一水平支杆,如图9-8(b)所示附加支杆的约束形式(○—下同),才能使体系成为几何不变,由此判定原结构只有一个独立的结点线位移。

结构基本未知量的总数等于结点的角位移数和线位移数之和。如图9-8(a)所示结构有三个结点角位移和一个结点线位移,总共有四个位移基本未知量。

如图9-9(a)所示的刚架有 B、C、D 和 G 四个刚性结点,即有四个角位移。如图9-9(b)所示为原刚架相应的铰接体系,按几何组成分析,至少要在结点 B 和 G 处加上两根水平支杆后,方可使该体系成为几何不变。所以,原结构有两个线位移。总共有六个位移基本未知量。

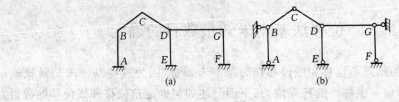

图 9-9

如图 9-10(a) 所示刚架有两个角位移,其相应的铰接体系如图 9-10(b) 所示,需要在结点 F 和 H 处增设两根支杆后,体系才成为几何不变,所以原刚架有两个线位移。

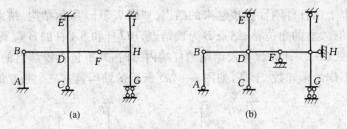

图 9-10

如图 9-11(a) 所示刚架,横梁 EH 具有无限刚性,其左、右两柱平行,在外力作用下只能平移而无转动,所以结点 E 和 H 只作水平移动而转角为零。这样,刚架只有结点 D 和结点 G(因高柱的上段和下段的刚度不同,而把 G 视为结点)两个未知角位移。刚架的铰接体系如图 9-11(b) 所示,需要在结点 G、H 和 D 处各加上一水平支杆,即可成为几何不变体系。所以原刚架有三个线位移。

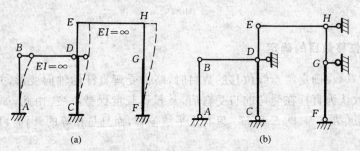

图 9-11

如图 9-12(a) 所示刚架具有阴影部分的刚度为无限刚性,左、右两柱平行,它只能平动而不能转动,故结点 E、F 和 H 的角位移均为零,于是刚架只在 B、C 两个刚结点有角位移。如图 9-12(b) 所示为刚架的铰接体系,只要在结点 B(或 H)处加上一支杆,体系即成为几何不变。所以原刚架只有一个线位移。

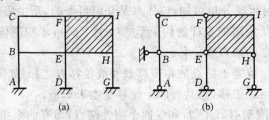

图 9-12

应当指出,上述确定结点线位移数目的方法,是不考虑受弯直杆的轴向变形为前提的。对于二力杆(即链杆),必须考虑轴向变形。当确定如图 9-13(a)所示刚架的线位移数目时,在其相应的铰接体系(图 9-13(b))上,DF 和 GH 为原有二力杆,结点 D 和 F 可以有不等的水平线位移,因而要加上三根支杆后,才能使每个结点成为不动点。所以原刚架具有三个线位移。

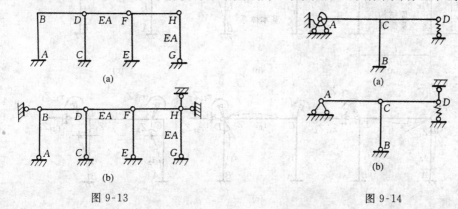

图 9-13　　　　　　　　　　　　　　　　图 9-14

在刚架中,如果具有弹簧支承,确定位移未知量数目时,须计及弹簧支承的位移。如图 9-14(a)所示刚架,支座 A 为铰弹簧、支座 D 为线弹簧,在外力作用下,铰弹簧会发生与其受力相关的转动,是一个待求的角位移。因此,原刚架共有两个角位移。图 9-14(b)所示为相应的铰接体系,需要在 D 处加上一支杆,才能使每个结点成为不动点。所以刚架还有一个线位移。

对于桁架结构而言,每个结点具有两个线位移,每一支杆为一个约束,相当于减少一个位移。若以 j 表示桁架的结点数,以 S 表示支杆数,于是在考虑杆件轴向变形的情况下,桁架的结点位移总数为

$$n = 2j - S$$

如图 9-15 所示桁架,$j = 5,S = 4$,由此,$n = 2 \times 5 - 4 = 6$。该桁架共有六个位移未知量。

如果考虑受弯直杆的轴向变形,在刚架中每个刚性结点将有三个独立的位移未知量(其中一个角位移,两个线位移)。这样刚架的总位移数将大为增加。如图 9-16 所示刚架,当不计各杆的轴向变形时,总位移数是三个;当计及各杆的轴向变形时,刚性结点 B、D 各有三个独立位移,于是刚架的总位移数增至六个。

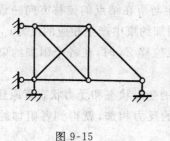

图 9-15

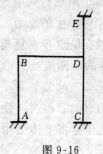

图 9-16

9.4　位移法典型方程和算例

现以如图 9-17(a)所示刚架来进一步说明位移法的基本原理计算步骤。图中虚线表示刚架由于荷载作用而产生的变形曲线。刚架有三个位移未知量,其中 Z_1 和 Z_2 分别表示结点 C 和

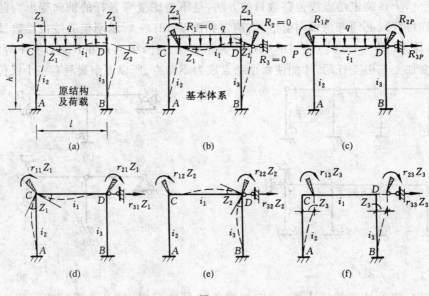

图 9-17

结点 D 的角位移未知量；Z_3 为结点 C 和结点 D 相等的线位移未知量。

在位移法中，为便于分析，设想先在原结构的结点 C 和结点 D 上装上阻止转动的刚臂约束"▼"，同时在结点 D 上装上一个阻止移动的支杆约束，如图 9-17(b) 所示，形成了基本结构（体系），其中各个杆件就变成彼此独立的单跨超静定梁（梁单元），这些单跨超静定梁是位移法分析的基础。考虑到原结构实际上存在结点角位移 Z_1、Z_2 和线位移 Z_3，因而需要迫使各附加约束产生符合于原结构的位移。同时注意到原结构实际上不存在附加约束，因此，基本结构在荷载和各结点位移共同作用下，各附加约束的反力都应等于零，即 $R_1 = R_2 = R_3 = 0$。

为了确定出各结点的位移未知量，根据叠加原理，可以把作用于基本结构上的荷载和各结点位移分开来显示和计算，然后再相加。如图 9-17(c) 所示表示在荷载单独作用下（$Z_1 = Z_2 = Z_3 = 0$），在各附加约束中产生相应的反力为 R_{1P}、R_{2P} 和 R_{3P}。如图 9-17(d) 所示为单独在结点 C 恢复角位移 Z_1 时的变形示意图。由于还不知道角位移的转向，通常假定为顺时针向。当结点 C 转动 Z_1 时，在各个附加约束中产生相应的反力 $r_{11}Z_1$、$r_{21}Z_1$、$r_{31}Z_1$（其中 r_{11}、r_{21}、r_{31} 表示 $Z_1 = 1$ 时在各附加约束中产生的反力）。这些反力的方向假定与所在结点的位移方向一致。同理，图 9-17(e) 表示单独在结点 D 恢复角位移 Z_2 时，在各个附加约束中产生相应的反力 $r_{12}Z_2$、$r_{22}Z_2$、$r_{32}Z_2$；图 9-17(f) 表示刚架结点沿附加支杆方向恢复线位移 Z_3 时，在各个附加约束中产生相应的反力 $r_{13}Z_3$、$r_{23}Z_3$、$r_{33}Z_3$。

将图 9-17(c)、(d)、(e)、(f) 叠加，即可把基本结构的变形状态和受力状态复原到与原结构的状态完全一致。于是将上述图中的各相应附加约束的反力相加，就得到各附加约束的总反力。即

$$\left.\begin{aligned}
R_1 &= r_{11}Z_1 + r_{12}Z_2 + r_{13}Z_3 + R_{1P} = 0, \\
R_2 &= r_{21}Z_1 + r_{22}Z_2 + r_{23}Z_3 + R_{2P} = 0, \\
R_3 &= r_{31}Z_1 + r_{32}Z_2 + r_{33}Z_3 + R_{3P} = 0
\end{aligned}\right\} \qquad (9\text{-}5)$$

上式称为位移法典型方程组。其中第一式和第二式的物理意义为原结构结点 C 和结点 D

隔离体(图 9-18(a)、(b)) 的力矩平衡条件:$R_1 = M_{CA} + M_{CD} = 0$;$R_2 = M_{DC} + M_{DB} = 0$。第三式的物理意义为原结构水平截面隔离体(图 9-18(c))的平衡条件:$R_3 = V_{CA} + V_{DB} - P = 0$。

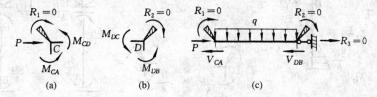

图 9-18

在上述典型方程中,r_{ii} 称为主系数,表示由第 i 个约束发生单位位移($Z_i = 1$)时,在第 i 个约束(自身)中产生的反力,r_{ik} 称为副系数,表示由第 k 个约束发生单位位移($Z_k = 1$)时,在第 i 个约束产生的反力,根据反力互等定理可知 $r_{ik} = r_{ki}$,R_{ip} 称为自由项,表示由于荷载作用在第 i 个约束中产生的反力。系数和自由项的正负号规定为:凡与附加约束所设的位移方向一致者为正,相反者为负。

为了计算系数和自由项,应先借助于表 9-1 绘出基本结构在荷载作用下的弯矩图 M_P(图 9-19(a))以及由附加约束 i 发生单位位移时所产生的单位弯矩图 $\overline{M}_i$(图 9-20(a),图 9-21(a),图 9-22(a))。注意到原结构梁长 l,线刚度 i_1;两柱高 h,线刚度 i_2 和 i_3。

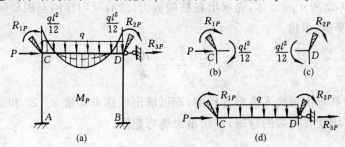

图 9-19

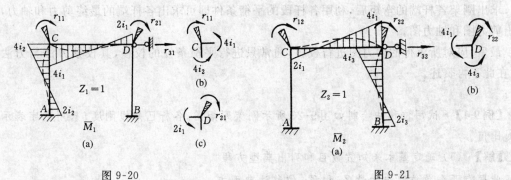

图 9-20　　　　　　　　　　　　图 9-21

系数和自由项可分成两类,即附加刚臂约束中的反力矩和附加支杆约束中的反力。对于附加刚臂约束中的反力矩可取结点作为隔离体,由力矩平衡方程 $\sum M = 0$ 求得。如求 R_{1P} 和 R_{2P} 时,可如图 9-19(b)、(c)所示的隔离体的力矩平衡方程求得

$$R_{1P} = -\frac{1}{12}ql^2; \quad R_{2P} = \frac{1}{12}ql^2$$

同理,由图 9-20(b)、(c),图 9-21(b);图 9-22(b)、(c)所示隔离体的平衡方程和反力互等定理,可得附加转动约束中的系数:

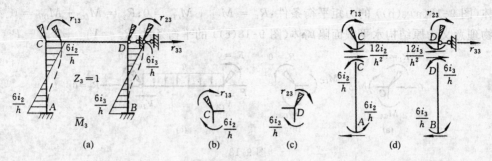

图 9-22

$$r_{11} = 4i_1 + 4i_2; \quad r_{21} = r_{12} = 2i_1; \quad r_{22} = 4i_1 + 4i_3;$$

$$r_{13} = r_{31} = -\frac{6i_2}{h}; \quad r_{23} = r_{32} = -\frac{6i_3}{h}$$

对于附加链杆约束中的反力,可引一平行于附加支杆方向的截面取出隔离体,由投影方程求得。如求 R_{3P},可取柱顶以上横梁部分隔离体,如图 9-19(d) 所示,由 $\sum X = 0$,可得

$$R_{3P} = -P$$

同理,根据图 9-22(d) 所示隔离体,先求出各柱端剪力,然后反向作用至横梁隔离体上,与附加链杆约束反力 r_{33} 平衡,可得

$$r_{33} = \frac{12i_2}{h^2} + \frac{12i_3}{h^2}$$

将求得的系数和自由项代入典型方程中,即可解出位移未知量 Z_1、Z_2 和 Z_3。由此,利用叠加原理按下式计算刚架各杆端的弯矩,并绘出最终弯矩图。

$$M = \overline{M}_1 Z_1 + \overline{M}_2 Z_2 + \overline{M}_3 Z_3 + M_P \qquad (9\text{-}6)$$

求出刚架各杆端的弯矩后,利用各杆段的平衡条件即可求出各杆端的最终剪力和轴力,并绘出剪力图和轴力图。

最后,应对所求得的内力图进行校核,通常只进行平衡条件的校核,其校核方法与力法相同,在此不再赘述。

【例 9-1】 试用位移法绘制如图 9-23 所示刚架弯矩图。各杆已知线刚度 i 只用数字表示其相对比值。

【解】 (1)确定基本未知数数目和列出典型方程

此题有两个角位移未知量 Z_1 和 Z_2。位移法典型方程为

$$r_{11} Z_1 + r_{12} Z_2 + R_{1P} = 0$$

$$r_{21} Z_1 + r_{22} Z_2 + R_{2P} = 0$$

(2)在基本结构上利用表 9-1 绘出单位弯矩图和荷载弯矩图,并求典型方程中的系数和自由项

应当注意各情况中每个杆端弯矩的方向和纵标画

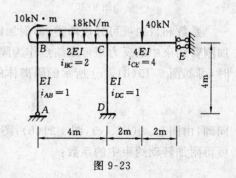

图 9-23

在哪一侧。

如图 9-24(a)、(b) 表示在基本结构上由于分别转动单位位移 $Z_1 = 1$ 和 $Z_2 = 1$ 时所得到的单位弯矩图 $\overline{M}_1$ 和 $\overline{M}_2$。由结点 B、C 隔离体的平衡条件,可得出各附加约束的反力矩为

$$r_{11} = 3i_{AB} + 4i_{BC} = 3 + 8 = 11; \quad r_{21} = 2i_{BC} = 4$$

$$r_{22} = 4i_{BC} + 4i_{CD} + i_{CE} = 8 + 4 + 4 = 16$$

$$r_{12} = 2i_{BC} = 4$$

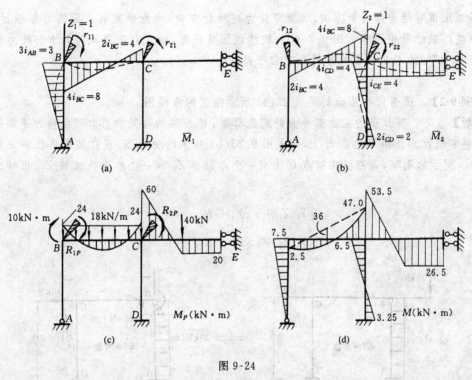

图 9-24

图 9-24(c) 表示由于荷载单独作用在基本结构上得到的弯矩图 M_P。由结点 B、C 隔离体平衡条件,可得各附加约束的反力矩为

$$R_{1P} = -24 - 10 = -34\text{kN} \cdot \text{m}, \quad R_{2P} = -60 + 24 = -36\text{kN} \cdot \text{m}$$

(3) 组成典型方程,并解位移未知量

根据算得的各系数和自由项得方程组为

$$\begin{cases} 11Z_1 + 4Z_2 - 34 = 0 \\ 4Z_1 + 16Z_2 - 36 = 0 \end{cases}$$

并解得
$$Z_1 = \frac{25}{10}; \quad Z_2 = \frac{65}{40}$$

所得的 Z_1 和 Z_2 均为正值,说明结点 B、C 的实际角位移方向与所假设的位移方向(顺时针方向)相同。应当指出,上述所得的角位移值并非真实值,这是由于在计算中采用了相对刚度 $EI = 4$ 的关系;其真实单位应是 $\text{kN} \cdot \text{m}^2/EI$。若要计算结点的真实位移,应采用各杆的绝对刚度。

（4）绘制最终弯矩图

根据叠加原理，由 $M = \overline{M}_1 Z_1 + \overline{M}_2 Z_2 + M_P$，可算出各杆的杆端弯矩，例如

$$M_{CB} = 4 \times \frac{25}{10} + 8 \times \frac{65}{40} + 24 = \frac{470}{10} (\text{kN} \cdot \text{m})$$

$$M_{CD} = 4 \times \frac{65}{40} = \frac{65}{10} (\text{kN} \cdot \text{m})$$

$$M_{CE} = 4 \times \frac{65}{40} - 60 = -\frac{535}{10} (\text{kN} \cdot \text{m})$$

杆端正值弯矩为顺时针方向，负值弯矩为逆时针方向，由此确定各截面的弯矩纵标，从而绘出刚架的最终弯矩图示于图 9-24(d)。校核该图特征时，结点 B 应是顺时针方向外力矩与二杆弯矩相平衡，结点 C 是三杆弯矩两方向平衡。

【例 9-2】 试用位移法绘制图 9-25(a) 所示刚架的弯矩图。

【解】 此刚架 B 点的左边部分为静定悬臂梁，其 B 端的弯矩和剪力可由静力平衡条件得出，并将它们反向作用于结点 B 上，即成图 9-25(b) 所示的受力图。现在转成用位移法计算图 9-25(b) 所示的刚架，该刚架在结点 C 上有一个角位移 Z_1 和一个水平线位移 Z_2。位移法典型方程为

$$r_{11}Z_1 + r_{12}Z_2 + R_{1P} = 0$$
$$r_{21}Z_1 + r_{22}Z_2 + R_{2P} = 0$$

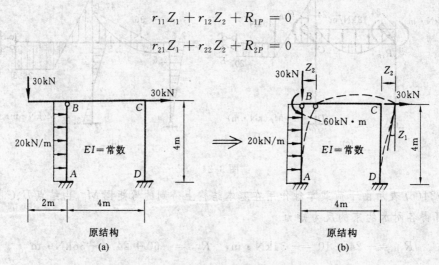

图 9-25

利用表 9-1 绘出基本结构上的单位弯矩图 $\overline{M}_1$、$\overline{M}_2$ 和荷载弯矩图 M_P 分别如图 9-26(a)、(b) 和(c) 所示，图中 $i = \dfrac{EI}{4m}$，在后面计算中保留了线刚度 i。

为了求附加刚臂中的反力矩 $r_{11}, r_{12} = r_{21}, R_{1P}$，可分别取图 9-26(a)、(b)、(c) 的结点 C 为隔离体，由 $\sum M_C = 0$，即得

$$r_{11} = 4i + 3i = 7i; \quad r_{12} = -\frac{3i}{2} = r_{21}$$

$$R_{1P} = -30 \text{kN} \cdot \text{m}$$

为了求附加链杆中的反力 r_{22} 和 R_{2P}，可分别截取图 9-26(b)、(c) 的柱顶以上部分为隔离

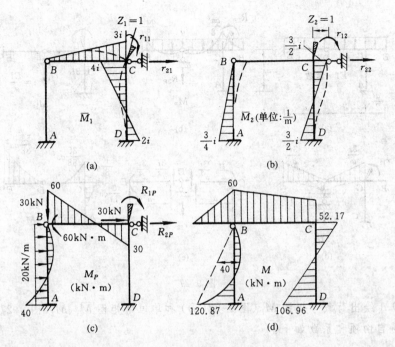

图 9-26

体,先要算出柱顶剪力,再由 $\sum X = 0$,即得

$$r_{22} = \frac{3i}{16} + \frac{3i}{4} = \frac{15i}{16} \qquad \left(\text{单位：}\frac{1}{\text{m}^2}\right)$$

$$R_{2P} = -\frac{3}{8} \times 20 \times 4 - 30 = -60(\text{kN})$$

将以上系数和自由项数值代入典型方程中,并解得

$$Z_1 = \frac{630}{23i}(\text{kN} \cdot \text{m}); \quad Z_2 = \frac{2480}{23i}(\text{kN} \cdot \text{m}^2)$$

值得注意:受弯杆结构的角位移单位应有 kN · m²/EI,线位移单位应有 kN · m³/EI。

最后由公式 $M = \bar{M}_1 Z_1 + \bar{M}_2 Z_2 + M_P$ 求出各杆端弯矩值,例如

$$M_{AB} = -\frac{3}{4}i \times \frac{2480}{23i} - 40 = -120.87\text{kN} \cdot \text{m}$$

$$M_{CB} = 3i \times \frac{630}{23i} - 30 = 52.17\text{kN} \cdot \text{m}$$

$$M_{CD} = 4i \times \frac{630}{23i} - \frac{3i}{2} \times \frac{2480}{23i} = -52.17\text{kN} \cdot \text{m}$$

并绘出最终弯矩图 M,如图9-26(d)所示。校核该图可用柱底水平截面以上的投影平衡条件。

【例 9-3】 用位移法绘制如图 9-27(a) 所示刚架的弯矩图。

【解】 此刚架 BC 部分为悬臂梁,其内力只用平衡条件就可确定,故在确定位移未知数的数目时可以不予考虑。于是,刚架在荷载作用下,结点 C 上有一个角位移 Z_1 和结点 D 上有一个竖向线位移 Z_2。

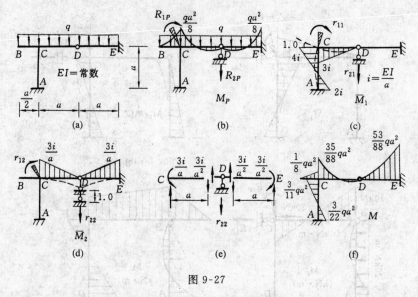

图 9-27

利用表 9-1 绘出荷载弯矩图 M_P(图 9-27(b))和单位弯矩图 $\overline{M}_1$、$\overline{M}_2$(图 9-27(c)、(d))。根据这些图可得自由项和系数如下:

由图 9-27(b)
$$R_{1P} = \frac{1}{8}qa^2 - \frac{1}{8}qa^2 = 0$$

$$R_{2P} = -\frac{3}{8}qa - \frac{3}{8}qa = -\frac{3}{4}qa$$

由图 9-27(c)
$$r_{11} = 4i + 3i = 7i$$

由图 9-27(d)
$$r_{12} = r_{21} = -\frac{3i}{a}$$

根据图 9-27(e)结点 D 所示的隔离体,由 $\sum Y = 0$,得

$$r_{22} = \frac{3i}{a^2} + \frac{3i}{a^2} = \frac{6i}{a^2}$$

列出典型方程如下

$$\begin{cases} 7iZ_1 - \dfrac{3i}{a}Z_2 = 0 \\[2mm] -\dfrac{3i}{a}Z_1 + \dfrac{6i}{a^2}Z_2 - \dfrac{3}{4}qa = 0 \end{cases}$$

解方程,得
$$Z_1 = \frac{3qa^2}{44i}; \quad Z_2 = \frac{7qa^3}{44i}$$

最后,按公式 $M = \overline{M}_1 Z_1 + \overline{M}_2 Z_2 + M_P$ 计算各杆端弯矩值并绘得最终弯矩图 M,如图 9-27(f)所示。

【例 9-4】 用位移法绘制如图 9-28(a)所示刚架的弯矩图。

【解】 此刚架在荷载作用下,结点 B 上有一个角位移 Z_1 和结点 D 上有一个独立的竖向线

位移 Z_2（或选为结点 B 处的水平线位移 Z_2）。

选取基本结构如图 9-28(b) 所示。在基本结构上，由于荷载作用下的弯矩图 M_P 为零。由此可得

$$R_{1P} = 0 \qquad R_{2P} = -P$$

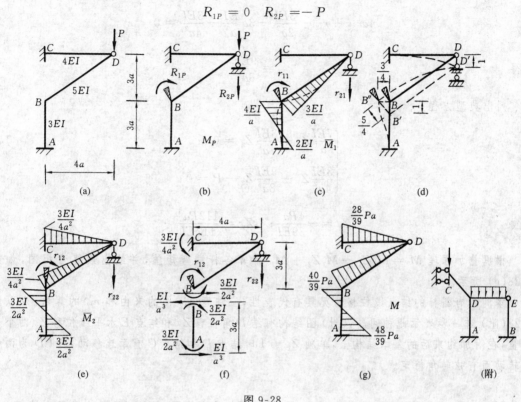

图 9-28

利用表 9-1 绘出 $\overline{M}_1$ 图如图 9-28(c) 所示。由此可得

$$r_{11} = \frac{4EI}{a} + \frac{3EI}{a} = \frac{7EI}{a}$$

该刚架具有斜杆，结点 B 上的两根杆件非正交，结点发生线位移的情况要较前三例的情况复杂得多。如图 9-28(d) 所示，结点 D 沿竖向移动到 D'，并令位移 $DD' = 1$，这时结点 B 虽然不转动但会跟着发生移动。通常可以利用几何作图的方法来确定这种牵连位移。做法如下：先作 $DD' = 1$，并设想 BD 杆的 B 端无约束，这时，BD 杆作平行移动，B 点到新位移 B'，并得 $BB' = DD' = 1$。实际上由于 AB 杆的存在，B 端只能沿垂直于 AB 杆的水平方向移动，因此必须自 B' 作一垂直于 $B'D'$ 的直线，使它与垂直于 AB 杆的水平线相交，交点 B'' 即为 B 点的最终位置[1]。由于三角形 $\triangle BB'B''$ 与三角形 $\triangle CDB$ 相似，不难求得 AB 杆的位移 $BB'' = \frac{3}{4}$，BD 杆的位移 $B'B'' = \frac{5}{4}$。

根据各杆的位移值，参照表 9-1 可绘出 $\overline{M}_2$ 图，如图 9-28(e) 所示。由此可得

---

[1] 此牵连位移也可着眼于各杆的弦转角 β，当设定 $DD' = 1$ 后，根据 D 点、B 点的实际位移方向可确定杆 BD 的转动瞬心在 C 点，$\triangle CDB$ 的整体转角是杆 CD 的 $\beta_{CD} = \frac{1}{4} = \beta_{BD}$，而杆端弯矩 $3i\beta$ 或 $6i\beta$，由此即可做出各杆弯矩图 $\overline{M}_2$。

$$r_{12} = r_{21} = \frac{3}{2}\frac{EI}{a^2} - \frac{3}{4}\frac{EI}{a^2} = \frac{3}{4}\frac{EI}{a^2}$$

为求 r_{22}，取图 9-28(f) 上部隔离体，为避免截面 B 和 C 的两个未知轴力，采用 $\sum M_C = 0$

$$4ar_{22} + r_{12} - \frac{3EI}{2a^2} - 3a\frac{EI}{a^3} - \frac{3EI}{4a^2} = 0$$

求得

$$r_{22} = \frac{9EI}{8a^3}$$

列出典型方程

$$\begin{cases} \dfrac{7EI}{a}Z_1 + \dfrac{3EI}{4a^2}Z_2 = 0 \\ \dfrac{3EI}{4a^2}Z_1 + \dfrac{9EI}{8a^3}Z_2 - P = 0 \end{cases}$$

解得

$$Z_1 = -\frac{4Pa^2}{39EI}; \quad Z_2 = \frac{112Pa^3}{117EI}$$

根据叠加原理 $M = \overline{M}_1 Z_1 + \overline{M}_2 Z_2 + M_P$ 计算各杆端弯矩值，并绘出最终弯矩图，如图 9-28(g) 所示。

本例带有斜杆的结点线位移情况具有代表性，应注意 $\overline{M}_2$ 图的来由和 r_{22} 的算法。今以图 9-28(附) 进一步表示此种问题，(附)图结构有结 D 角位移 Z_1 和结点 E 水平线位移 Z_2 两个未知量，在附加约束后的基本结构上，单独 $Z_2 = 1$ 时结点 D 和结点 C 有牵连移动，杆 CD 为两端不转动而有弦转角待定。

【例 9-5】 用位移法绘制如图 9-29(a) 所示刚架的弯矩图。竖柱 AC 段为无限刚性。

【解】 此刚架在荷载作用下，结点 D 将发生角位移 Z_1 和线位移 Z_2；结点 C 除发生线位移 Z_2 外，也将发生角位移，但它不是独立的变量。这是由于 AC 柱具有无限刚性（$EI_1 = \infty$），它不发生变形，只能绕铰 A 作刚体转动，显然，其转角为 $\dfrac{Z_2}{l}$。由于结点 C 是刚结的，它的角位移应与 AC 柱的转角相同，即应等于 $\dfrac{Z_2}{l}$。该题独立的位移未知量只有两个，即 Z_1 和 Z_2。

在结点 D 上附加刚臂和水平支杆即为位移法的基本结构，如图 9-29(b) 所示。荷载作用在基本结构上，横梁 CD 的杆端弯矩可直接从表 9-1 查得，其中 C 端相当于具有刚臂。柱子 AC 尽管不发生变形，但其杆端能承受相邻杆件施予的全部弯矩，它的值可由结点 C 的平衡条件 $\sum M = 0$ 直接得出，即 $M_{CA} = \dfrac{1}{12}ql^2$。绘出 M_P 图示于图 9-29(b) 中。

根据 M_P 图不仅求出 R_{1P}，还能求出并无水平荷载下的水平附加支杆中的 R_{2P}：

$$R_{1P} = \frac{ql^2}{12}; \quad R_{2P} = -\frac{1}{12}ql$$

如图 9-29(c) 所示为 $Z_1 = 1$ 时的单位弯矩图 $\overline{M}_1$，图中 AC 柱上端的弯矩是根据结点平衡条件得到的。由结点 D 的弯矩平衡条件可得

$$r_{11} = 8i$$

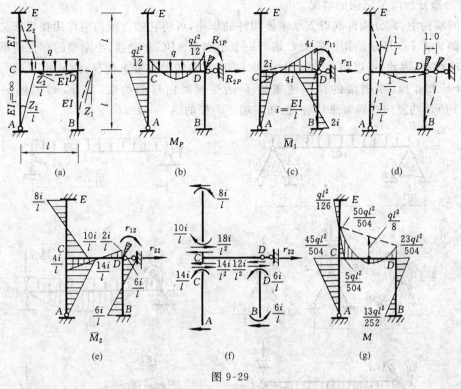

图 9-29

如图 9-29(d) 所示为 $Z_2 = 1$ 时基本结构的变形图。当横梁 C 端随杆 AC 发生转角 $\frac{1}{l}$ 时,得

到 $\overline{M}_{CD} = 4i \cdot \frac{1}{l}$, $\overline{M}_{DC} = 2i \cdot \frac{1}{l}$;柱子 CE 的 C 端既发生等于 1 的线位移又发生转角 $\frac{1}{l}$,于是根

据式(9-1)得到 $\overline{M}_{CE} = 4i \cdot \frac{1}{l} - \frac{6i}{l}(-1) = \frac{10i}{l}$, $\overline{M}_{EC} = 2i \frac{1}{l} - \frac{6i}{l}(-1) = \frac{8i}{l}$。根据结点 C 的

平衡条件,可得 $\overline{M}_{CA} = \frac{14i}{l}$。绘出 $\overline{M}_2$ 图,如图 9-29(e) 所示。据此即可求得

$$r_{12} = r_{21} = -\frac{4i}{l}$$

并须根据如图 9-29(f) 所示隔离体的平衡条件 $\sum X = 0$,可得

$$r_{22} = \frac{18i}{l^2} + \frac{14i}{l^2} + \frac{12i}{l^2} = \frac{44i}{l^2}$$

列出典型方程如下

$$\begin{cases} 8iZ_1 - \dfrac{4i}{l}Z_2 + \dfrac{1}{12}ql^2 = 0 \\[2mm] -\dfrac{4i}{l}Z_1 + \dfrac{44i}{l^2}Z_2 - \dfrac{1}{12}ql = 0 \end{cases}$$

解上述方程,得

$$Z_1 = -\frac{5ql^2}{504i}; \quad Z_2 = \frac{ql^3}{1008i}$$

最后,根据叠加原理,即可求出各杆的杆端弯矩,并绘出最终弯矩图如图 9-29g) 所示。

下面来分析两个结构的情况。

有的结构中,部分构件起着支承主要构件的作用,可将它的支承约束作用提出来先分析。

如图 9-30(a) 所示结构的横梁 C 端与一个小刚架 ABC 相刚接。小刚架的存在使横梁 C 端受到转动约束,因此,可以用一个如图 9-30(b) 所示的转动弹簧来代替;横梁的 F 端与一个小桁架 DFE 相铰接。小桁架的存在使横梁 F 端受到竖向移动约束,因此,可以用一个如图 9-30(b) 所示的竖向线弹簧来代替,已知右端二力杆的 $A = 5I/2l^2$。

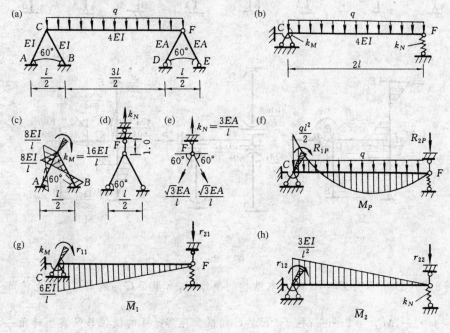

图 9-30

在如图 9-30(b) 所示的计算简图中,C 端转动弹簧的刚度系数 k_M,就是小刚架的结点 C 发生单位转角所需施加的力矩值,如图 9-30(c) 所示弯矩图可以由结点平衡条件 $\sum M = 0$ 得到

$$k_M = \frac{4EI}{\frac{l}{2}} + \frac{4EI}{\frac{l}{2}} = \frac{16EI}{l}$$

F 端的线弹簧系数 k_N,可按下列步骤得到:先在如图 9-30(d) 所示小桁架的结点 F 处沿竖向加上一附加支杆,并使附加支杆向上移动单位位移,这时设两斜杆夹角不变,从几何关系可以得出 DF 杆和 EF 杆都伸长了 $\frac{\sqrt{3}}{2}$,于是得出该两杆的轴力为 $\overline{N}_{DF} = \overline{N}_{EF} = \frac{EA}{\frac{l}{2}} \times \frac{\sqrt{3}}{2} = \frac{\sqrt{3}EA}{l}$。根据如图 9-30(e) 所示的结点隔离体,由 $\sum Y = 0$,可得

$$k_N = 2 \cdot \frac{\sqrt{3}EA}{l} \cdot \sin 60° = 2 \times \frac{\sqrt{3}EA}{l} \times \frac{\sqrt{3}}{2} = \frac{3EA}{l}$$

现在用位移法来计算如图 9-30(b) 所示梁的内力,该梁 C 端有转角未知量 Z_1,F 端有竖向线位移未知量 Z_2,位移法的基本结构如图 9-30(f) 所示。将荷载作用于基本结构上,此时两弹性支承不起作用,并绘出 M_P 图,可求得 R_{1P}、R_{2P}。

当一个附加约束发生单位位移时,另一附加约束是不动的。绘出单位弯矩图 $\overline{M}_1$ 和 $\overline{M}_2$ 分

别如图 9-30(g) 和图 9-30(h) 所示。由此可算出各系数。

$$r_{12} = r_{21} = -\frac{3 \times 4EI}{(2l)^2}$$

$$r_{22} = \frac{3 \times 4EI}{(2l)^3} + k_N$$

然后列出典型方程并求解,最后可得受弯杆 M 图和二力杆的轴力。

链杆系或桁架也是可以用位移法分析的,现在看一个最简单的情况。

如图 9-31(a) 所示超静定桁架受一集中力作用。结点 C 原有水平支杆。

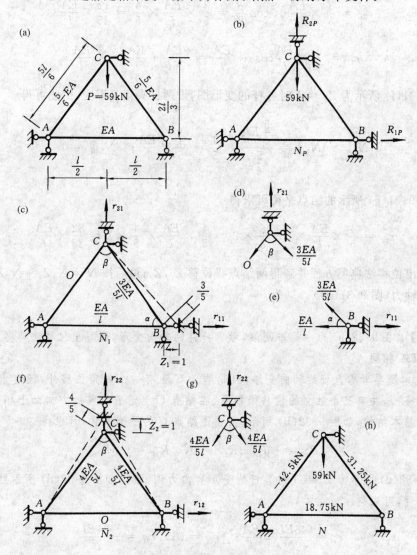

图 9-31

在该桁架的结点 B 上有一个独立水平位移 Z_1;结点 C 上有一个独立竖向位移 Z_2,沿着结点 B 和结点 C 的位移方向上加上附加支杆,即为位移法的基本结构,如图 9-31(b) 所示。该图中荷载作用于不动结点 C,两斜杆均不受力,由结点平衡条件,不难求得

$$R_{2P} = 59\text{kN}; \quad R_{1P} = 0$$

結 构 力 学

如图 9-31(c) 所示为 $Z_1 = 1$ 时各杆的变形图,设杆 BC 的虚线位置倾角仍为 α,原有 $\cos\alpha = \frac{3}{5}$,由此可得

$$\overline{N}_{1AB} = \frac{EA}{l}; \quad \overline{N}_{1BC} = \frac{\frac{5}{6}EA}{\frac{5}{6}l} \times \frac{3}{5} = \frac{3}{5} \times \frac{EA}{l}; \quad \overline{N}_{1AC} = 0$$

根据图 9-31(d) 和图 9-31(e) 所示的结点平衡条件可分别求得:

$$r_{21} = \frac{3}{5} \times \frac{EA}{l} \times \cos\frac{\beta}{2} = \frac{3}{5} \times \frac{EA}{l} \times \frac{4}{5} = \frac{12}{25} \times \frac{EA}{l}$$

$$r_{11} = \frac{3}{5} \times \frac{EA}{l}\cos\alpha + \frac{EA}{l} = \frac{9EA}{25l} + \frac{EA}{l} = \frac{34EA}{25l}$$

如图 9-31(f) 所示为 $Z_2 = 1$ 时各杆的变形图,设两杆夹角 β 不变,由此可得

$$\overline{N}_{2AC} = \overline{N}_{2BC} = \frac{\frac{5}{6}EA}{\frac{5}{6}l} \times \frac{4}{5} = \frac{4}{5} \times \frac{EA}{l}; \quad \overline{N}_{2AB} = 0$$

根据图 9-31(g) 所示的结点平衡可求得

$$r_{22} = \frac{4}{5} \times \frac{EA}{l} \times \cos\frac{\beta}{2} \times 2 = \frac{4}{5} \times \frac{EA}{l} \times \frac{4}{5} \times 2 = \frac{32}{25} \times \frac{EA}{l}$$

然后列出位移法典型方程并解得两结点线位移 Z_1, Z_2;最后按 $N = \overline{N}_1 Z_1 + \overline{N}_2 Z_2 + N_P$ 可得各杆最终轴力(图 9-31(h))。

【例 9-6】 图 9-32(a) 为一简单刚架,考虑杆件的轴向变形,试写出位移法典型方程。已知各杆的 EI、EA 相同。

【解】 本题要考虑直杆的轴向变形,因此结点 C 除有一个转角位移外,还有水平线位移和竖向线位移,总共有三个独立的位移未知量。在结点 C 上沿着位移的方向加上相应的约束,即为位移法基本结构,如图 9-32(b) 所示。由该图结点 C 的平衡条件,可求得

$$R_{1P} = -P, \quad R_{2P} = 0, \quad R_{3P} = -M$$

如图 9-32(c) 所示为 $Z_1 = 1$ 时各杆的变形和内力图。根据如图 9-32(d) 所示结点 C 隔离体的平衡条件,可求得

$$r_{11} = \frac{48EI}{l^3} + \frac{EA}{l}; \quad r_{21} = 0; \quad r_{31} = -\frac{24EI}{l^2}$$

如图 9-32(e) 所示为 $Z_2 = 1$ 时各杆的变形和内力图。根据结点 C 的平衡条件,可得

$$r_{22} = \frac{12EI}{l^3} + \frac{2EA}{l}; \quad r_{12} = 0; \quad r_{32} = \frac{6EI}{l^2}$$

如图 9-32(f) 所示为 $Z_3 = 1$ 时各杆的变形和内力图。根据结点 C 的平衡条件,可得

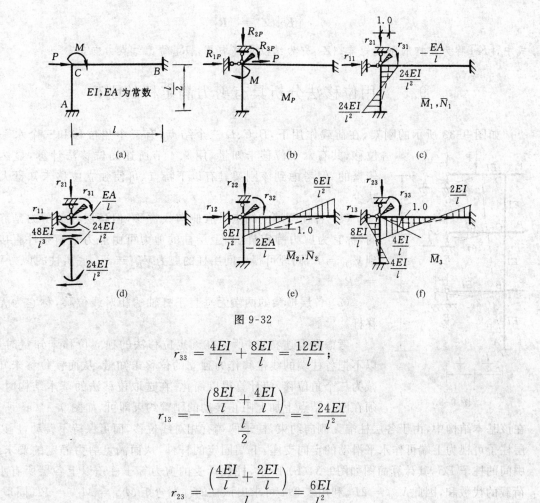

图 9-32

$$r_{33} = \frac{4EI}{l} + \frac{8EI}{l} = \frac{12EI}{l};$$

$$r_{13} = -\frac{\left(\dfrac{8EI}{l} + \dfrac{4EI}{l}\right)}{\dfrac{l}{2}} = -\frac{24EI}{l^2}$$

$$r_{23} = \frac{\left(\dfrac{4EI}{l} + \dfrac{2EI}{l}\right)}{l} = \frac{6EI}{l^2}$$

列出位移法典型方程如下

$$\begin{cases} \left(\dfrac{48EI}{l^3} + \dfrac{EA}{l}\right)Z_1 - \dfrac{24EI}{l^2}Z_3 - P = 0 \\[2mm] \left(\dfrac{12EI}{l^3} + \dfrac{2EA}{l}\right)Z_2 + \dfrac{6EI}{l^2}Z_3 = 0 \\[2mm] -\dfrac{24EI}{l^2}Z_1 + \dfrac{6EI}{l^2}Z_2 + \dfrac{12EI}{l}Z_3 - M = 0 \end{cases} \tag{9-7}$$

式(9-7)写成矩阵的形式为

$$\begin{bmatrix} \left(\dfrac{48EI}{l^3} + \dfrac{EA}{l}\right) & 0 & -\dfrac{24EI}{l^2} \\[3mm] 0 & \left(\dfrac{12EI}{l^3} + \dfrac{2EA}{l}\right) & \dfrac{6EI}{l^2} \\[3mm] -\dfrac{24EI}{l^2} & \dfrac{6EI}{l^2} & \dfrac{12EI}{l} \end{bmatrix} \begin{Bmatrix} Z_1 \\[2mm] Z_2 \\[2mm] Z_3 \end{Bmatrix} = \begin{Bmatrix} P \\[2mm] 0 \\[2mm] M \end{Bmatrix} \tag{9-7a}$$

或简写成

$$[K]\{Z\} = \{R\}$$

式中,$[K]$ 称为结构的刚度矩阵;$\{Z\}$ 称为结点位移向量;$\{R\}$ 称为结点力向量。

9.5 用位移法分析具有剪力静定杆的刚架

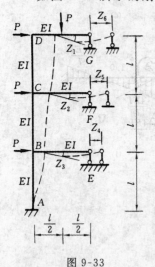

图 9-33

如图 9-33 所示的刚架,在荷载作用下,B、C、D 三个结点,有三个角位移和三个水平线位移,共有六个位移未知量,用 9.4 节所述的位移法计算,显然是较繁的。但考虑到该刚架具有以下特点,可使独立位移未知量大为减少。

(1) 各柱两端的结点虽有侧向线位移,但各层柱的剪力是静定的,称它为剪力静定杆。如上层柱的剪力可由静力平衡条件直接得到 $V_{CD} = P$,同理可得中间层柱的剪力 $V_{BC} = 2P$,底层柱的剪力 $V_{AB} = 3P$。

(2) 各层横梁的两端无垂直于杆轴的相对线位移,称它为无侧移杆。

考虑到上述特点,所以在确定位移法的独立位移未知量时,可以不把各柱端的线位移作为独立的位移未知量,从而使位移未知量减为三个角位移,使计算得以简化。在选取位移法的基本结构时,只须在刚性结点上加上阻止转动的刚臂约束即可,如图 9-34(a) 所示。

在该基本结构中,由于各层柱端无侧向约束,柱子两端有相对线位移,而可保持不转动,所以各层柱子可视为上端可作水平滑动的定向支座,下端固定的杆件,从而满足剪力静定的要求。如中间的柱子 BC,其计算简图如图 9-34(b) 所示,柱顶承受的剪力等于柱顶以上各层所有水平荷载的代数和,因此 $V_{CB} = 2P$。利用表 9-1 可求出该柱的柱端弯矩 $M_{CB} = M_{BC} = Pl$。同理,可求出其他各柱的柱端弯矩。各横梁的梁端虽有水平位移,但它对梁的内力无影响,因此,在该基本结构中,各横梁可视为一端固定一端铰支的杆件,利用表 9-1 求出其梁端的弯矩,如上层横梁 DG 的端弯矩 $M_{DG} = -\dfrac{3Pl}{16}$。将所得出的各梁端和各柱端的弯矩绘在基本结构上,如图 9-34(c) 所示(M_P 图)。由各结点的平衡条件,可得

$$R_{1P} = -\frac{3Pl}{16} - \frac{Pl}{2} = -\frac{11Pl}{16}$$

$$R_{2P} = -\frac{Pl}{2} - Pl = -\frac{3Pl}{2}$$

$$R_{3P} = -Pl - \frac{3Pl}{2} = -\frac{5Pl}{2}$$

如图 9-35(a) 所示为结点 D 发生 $Z_1 = 1$ 时,基本结构的变形和单位弯矩 $\overline{M}_1$ 图。这 CD 柱的计算简图如图 9-35(b) 所示,当其定向端顺时针转动 $Z_1 = 1$ 时,该端会向右移动,而无剪力,即处于纯弯曲受力状态(剪力静定)。这种情况与上端固定下端定向,当固定端转动 $Z_1 = 1$ 时的变形和受力状态(图 9-35(c))是相同的,其柱端弯矩可从表 9-1 中查得。至于 AB 和 BC 柱,由于此时柱端无转角,亦无剪力,故不产生弯矩。由 $\overline{M}_1$ 图各结点的平衡条件,可得

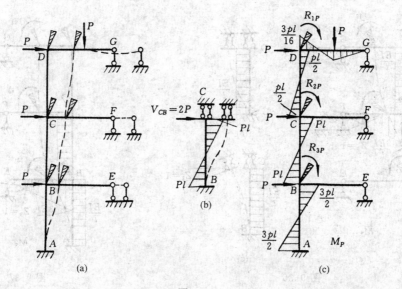

图 9-34

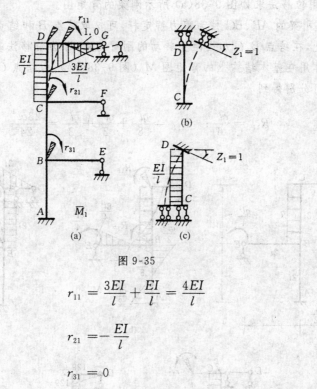

图 9-35

$$r_{11} = \frac{3EI}{l} + \frac{EI}{l} = \frac{4EI}{l}$$

$$r_{21} = -\frac{EI}{l}$$

$$r_{31} = 0$$

　　如图 9-36(a) 所示为结点 C 发生 $Z_2 = 1$ 时基本结构的变形和单位弯矩 $\overline{M}_2$ 图。这时 CD、BC 柱的计算简图如图 9-36(b)、(c) 所示。

　　如图 9-37 所示为结点 B 发生 $Z_3 = 1$ 时基本结构的变形和单位弯矩 $\overline{M}_3$ 图。

　　由以上三图找到各约束反力即为各项系数,可列出位移法的三个方程以求解三个结点转角位移,遂可得结构最终内力。

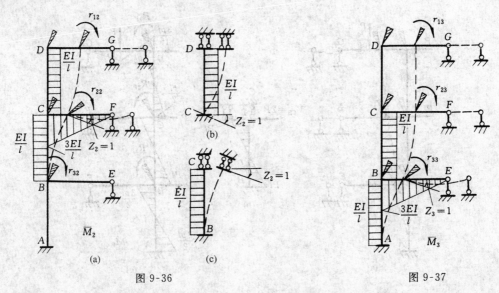

图 9-36   图 9-37

【例 9-7】 用位移法求如图 9-38(a) 所示刚架的弯矩图。

【解】   本题刚架的 AB、BC 柱为剪力静定杆,可仅取结点 B 和结点 C 上各一个独立的角位移未知量。因此,在结点 B、C 加上阻止转动的刚臂约束,即为位移法基本结构,如图9-38(b)所示。绘出荷载作用在基本结构上的弯矩图 M_P(图 9-38(b))。由结点 C 和结点 B 的隔离体的力矩平衡条件,可分别得到

$$R_{1P} = \frac{ql^2}{6}; \quad R_{2P} = \frac{ql^2}{8} + \frac{ql^2}{2} + \frac{ql^2}{3} = \frac{23ql^2}{24}$$

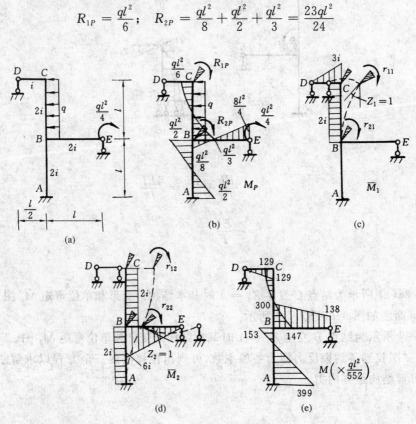

图 9-38

如图 9-38(c) 所示为 $Z_1 = 1$ 时绘得的单位弯矩图 $\overline{M}_1$，由结点 C、B 的隔离体平衡条件，得

$$r_{11} = 5i; \quad r_{21} = -2i$$

如图 9-38(d) 所示为 $Z_2 = 1$ 时绘得的单位弯矩图 $\overline{M}_2$，由结点 C、B 的隔离体平衡条件，得

$$r_{12} = -2i; \quad r_{22} = 10i$$

列出典型方程如下：

$$\begin{cases} 5iZ_1 - 2iZ_2 + \dfrac{ql^2}{6} = 0 \\ -2iZ_1 + 10iZ_2 + \dfrac{23ql^2}{24} = 0 \end{cases}$$

解得
$$Z_1 = -\frac{43ql^2}{552i}, \quad Z_2 = -\frac{61.5ql^2}{552i}$$

根据叠加原理 $M = \overline{M}_1 Z_1 + \overline{M}_2 Z_2 + M_P$ 求出各杆端的弯矩值，由此绘出最终弯矩图 M，如图 9-38(e) 所示。

9.6　对称性的利用

对称结构在工程中应用很多。对称结构在正对称荷载作用下，其变形曲线、弯矩图和轴向力图呈正对称形，剪力分布也是正对称，但剪力图正、负号呈反对称形；而在反对称荷载作用时，则相反。在力法中，对于对称结构，已介绍过用半结构来分析，从而使计算得到简化，这种方法也适用于位移法，现举例来说明。

【例 9-8】　用位移法计算如图 9-39(a) 所示对称刚架。

【解】　该对称刚架受反对称荷载作用，可用如图 9-39(b) 所示的半结构来分析。此图中 CD 柱为剪力静定杆，因此，结点 D 的水平位移可以不作为基本未知量。于是，该刚架只有结点 C 和结点 D 两个角位移未知量 (Z_1, Z_2)，其基本结构如图 9-39(c) 所示，并绘出荷载作用在基本结构上的弯矩图 M_P，由结点 D 和结点 C 的隔离体弯矩平衡条件，可得

$$R_{1P} = -\frac{Pl}{2}; \quad R_{2P} = -\frac{Pl}{2}$$

如图 9-39(d) 所示为 $Z_1 = 1$ 时绘得的单位弯矩图 $\overline{M}_1$，由结点 D 和结点 C 的隔离体弯矩平衡条件，可得

$$r_{11} = 4i; \quad r_{21} = -i$$

如图 9-39(e) 所示为 $Z_2 = 1$ 时绘得的单位弯矩图 $\overline{M}_2$，由结点 D 和结点 C 的弯矩平衡条件，可得

$$r_{22} = 9i; \quad r_{12} = -i$$

写出位移法典型方程如下：

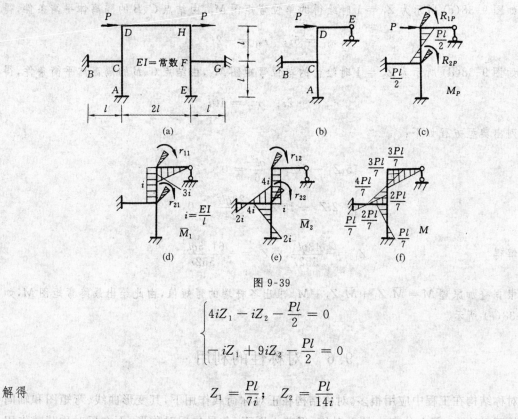

图 9-39

$$\begin{cases} 4iZ_1 - iZ_2 - \dfrac{Pl}{2} = 0 \\ -iZ_1 + 9iZ_2 - \dfrac{Pl}{2} = 0 \end{cases}$$

解得

$$Z_1 = \frac{Pl}{7i}; \quad Z_2 = \frac{Pl}{14i}$$

最后,按叠加原理绘出半刚架最终弯矩图如图 9-39(f) 所示。并由此可得全刚架的反对称分布 M 图。

【例 9-9】 用位移法计算如图 9-40(a) 所示的刚架。

【解】 本刚架为对称结构受对称荷载作用,可用如图 9-40(b) 所示的半结构进行分析。该半结构中杆 AB 却是剪力静定杆,杆 BC 因 C 端的定向滑动是无相对侧移杆,故可仅取结点 B 的转角位移为未知量,结点 B 的竖向未知位移可以不作为未知量,基本结构如图 9-40(c) 所

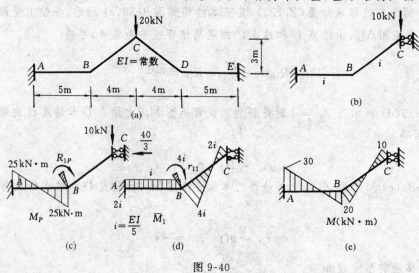

图 9-40

示;它在荷载单独作用下可发生杆 BC 向下平移,杆 AB 左端固定、右端滑动受剪力 10kN,故可作出 M_P 图。图 9-40(d) 为 $Z_1 = 1$ 时的 $\overline{M}_1$ 图,因为结点 B 的刚臂约束作转动的同时可以带动杆 BC 作滑移,杆 AB 无剪力,此时,C 端虽是定向滑移但无转动,杆 BC 与两端固定支承而 B 端转动的情况相同。由两图可求得

$$R_{1P} = -25 \text{kN} \cdot \text{m}; \quad r_{11} = 5i$$

于是,由位移法方程 $r_{11}Z_1 + R_{1P} = 0$ 解得 $Z_1 = \dfrac{5}{i}(\text{kN} \cdot \text{m})$,方向同所设。

最后按 $M = \overline{M}_1 Z_1 + M_P$ 得最终弯矩图如图 9-40(e) 所示。本例也可以结点 B 的转角和线位移两个未知量求解。

一般具有三角形构造的结构,结点线位移数量较少,例如图 9-41(a) 所示结构各杆均为受弯杆,即使在水平荷载作用下,各结点没有线位移;结构对称、荷载反对称,取其半结构如图 9-41(b) 所示,也是没有结点线位移的,并且如果在结点 B、结点 C 上附加刚臂约束,却因结点集中荷载不产生约束反力矩,即 $R_{1P} = R_{2P} = 0$,由位移法方程将得结点角位移 $Z_1 = Z_2 = 0$。下部三杆只受轴力。

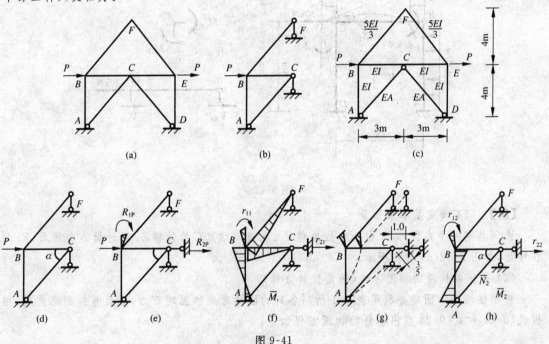

图 9-41

图 9-41(c) 中 AC、DC 是二力杆(可给定其 EA 与受弯杆 EI 之比),其轴向变形可导致中间半铰结点 C 的线位移。在图示反对称荷载作用下,取其半结构如图 9-41(d) 所示,C 处已成全铰结点,支座 A 仍为固定端半铰接 AC 杆,此时,结构有结点 B 的角位移和 B、C 两结点共同的水平线位移未知量,应有位移法的二元方程组。图 9-41(e) 是荷载单独作用的情况,$M_P = 0$,$N_{BC} = -P$,并可得 R_{1P} 和 R_{2P}。按图 9-41(c) 所示各杆情况,作出如图 9-41(f) 所示的角位移 $Z_1 = 1$ 时的 $\overline{M}_1$ 图,可求 r_{11};作出如图 9-41(g) 所示的线位移 $Z_2 = 1$ 时各杆件的变形图,其中上方 BF 杆跟随平移,斜杆 AC 的轴向伸长量 $\delta = \dfrac{3}{5}$;图 9-41(h) 为 $\overline{M}_2$ 图,其中斜杆 AC 的轴力可由 $\overline{N}_2 = E \cdot \dfrac{\delta}{l} \cdot A = \dfrac{EA}{5} \cdot \dfrac{3}{5}$ 转换成以 EI 为单位的量,就可由 $\overline{M}_2$ 图中的水平隔离体求得 r_{22}、

由结点隔离体求得 r_{12}。这样,只要给定荷载 P 值(例如 $P = 21\text{kN}$,及 $A = \dfrac{25I}{18\text{m}^2}$),即可求解一组具体的位移值($Z_1 = \dfrac{120\text{kN} \cdot \text{m}^2}{11EI}$,$Z_2 = \dfrac{960\text{kN} \cdot \text{m}^2}{11}$),并求得结构最终内力。

9.7 直接按平衡条件建立位移法方程

9.4 节介绍了利用位移法基本结构来建立位移法方程。位移法典型方程实质上代表了原结构的结点和截面的平衡条件。因此,位移法方程的建立可以不通过附加约束的基本结构,而是利用杆件的物理方程(式(9-1)—式(9-4)),直接取结点和截面一侧为隔离体的平衡条件,来建立以结点位移为未知量的位移法方程。现在举例说明此法的运用。

【例 9-10】 计算图 9-42(a)(【例 9-2】)所示刚架的内力,各杆 EI 为常数。

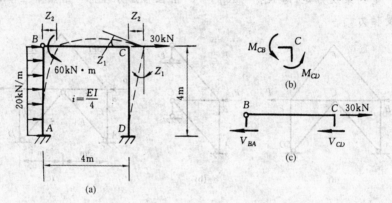

图 9-42

【解】 (1)确定基本未知量

该例具有一个角位移 Z_1 和一个线位移 Z_2。现假定结点 C 的位移 Z_1 顺时针方向转动,Z_2 向右移动,如图 9-42(a)虚线所示。

(2)列出各杆件的物理方程(转角位移方程)

将刚接端当作固端并利用表 9-1 所列各杆的固端弯矩和固端剪力,正负号规则已明确,根据式(9-1)和式(9-2)列出各杆的物理方程如下:

AB 杆:
$$M_{AB} = -\frac{3i}{4}Z_2 - \frac{1}{8} \times 20 \times 4^2 = -\frac{3i}{4}Z_2 - 40$$

$$V_{BA} = \frac{3i}{4^2}Z_2 - \frac{3}{8} \times 20 \times 4 = \frac{3i}{16}Z_2 - 30$$

$$V_{AB} = \frac{3i}{4^2}Z_2 + \frac{5}{8} \times 20 \times 4 = \frac{3i}{16}Z_2 + 50$$

BC 杆:
$$M_{CB} = 3iZ_1 - \frac{60}{2} = 3iZ_1 - 30$$

CD 杆:
$$M_{CD} = 4iZ_1 - \frac{6i}{4}Z_2 = 4iZ_1 - \frac{3}{2}iZ_2$$

$$M_{DC} = 2iZ_1 - \frac{6i}{4}Z_2 = 2iZ_1 - \frac{3}{2}iZ_2$$

$$V_{CD} = V_{DC} = -\frac{6i}{4}Z_1 + \frac{12i}{4^2}Z_2 = -\frac{3i}{2}Z_1 + \frac{3i}{4}Z_2$$

（3）建立位移法方程

取如图9-42(b)所示结点隔离体，其中 M_{CB}、M_{CD} 相应于杆端正弯矩方向，由 $\sum M_C = 0$，得

$$M_{CB} + M_{CD} = 0 \tag{9-8}$$

将 M_{CB}、M_{CD} 的物理方程代入式(9-8)，经整理后得

$$7iZ_1 - \frac{3}{2}iZ_2 - 30 = 0 \tag{1}$$

取如图9-42(c)所示横梁隔离体，其中，V_{BA}、V_{CD} 相应于杆端的正剪力方向，由 $\sum X = 0$，得

$$V_{BA} + V_{CD} - P = 0 \tag{9-9}$$

将 V_{BA}、V_{CD} 的物理方程代入式(9-9)经整理后得

$$-\frac{3i}{2}Z_1 + \frac{15i}{16}Z_2 - 60 = 0 \tag{2}$$

（4）解位移法方程

所得位移法联立方程(1)、(2)与【例9-2】所得相同，其解为

$$Z_1 = \frac{630}{23i}, \quad Z_2 = \frac{2480}{23i}$$

（5）计算各杆端弯矩并绘制弯矩图

将所得位移 Z_1、Z_2 回代到各杆的物理方程中，得

$$M_{AB} = -\frac{3i}{4} \times \frac{2480}{23i} - 40 = -120.87 \text{kN} \cdot \text{m}$$

$$M_{CB} = 3i \times \frac{630}{23i} - 30 = 52.17 \text{kN} \cdot \text{m}$$

$$M_{CD} = 4i \times \frac{630}{23i} - \frac{3i}{2} \times \frac{2480}{23i} = -52.17 \text{kN} \cdot \text{m}$$

$$M_{DC} = 2i \times \frac{630}{23i} - \frac{3i}{2} \times \frac{2480}{23i} = -106.96 \text{kN} \cdot \text{m}$$

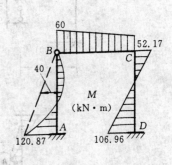

图 9-43

绘出弯矩图如图9-43所示（结果与【例9-2】相同）。

再如图9-44(a)（【例9-3】）所示刚架，在结点 C 上有一个角位移 Z_1 和在结点 D 上有一个竖向线位移 Z_2，为直接建立位移法的平衡方程，须先假定其方向，如参考图(a)所示变形状态，并画出图9-44(b)，(c)所示的结点隔离体、截面隔离体及相应的杆端力，再将这些杆端弯矩、杆端剪力的表达式（物理方程）列写清楚，然后代入平衡方程。读者可自行完成各步骤。

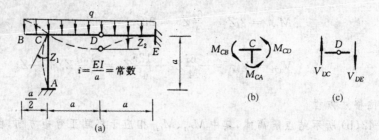

图 9-44

9.8　用位移法计算结构由于支座位移和温度变化引起的内力

　　结构在支座位移和温度变化等因素作用下,采用位移法的基本结构进行分析,其计算原理和计算过程仍和荷载作用时的情况相同,所不同的只是典型方程中的自由项。现在运用基本结构的方式分别举例说明。

9.8.1　由于支座位移引起的内力计算

　　【例 9-11】　已知如图 9-45(a)所示刚架的支座 A 顺时针转动 0.01rad;支座 B 向下沉陷 $0.02l$。试用位移法绘制弯矩图。

　　【解】　此结构在结点 D 上有角位移 Z_1 和水平位移 Z_2。采用基本结构如图 9-45(b)所示。

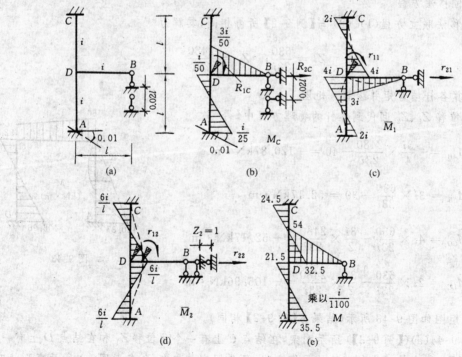

图 9-45

位移法的典型方程为

$$\begin{cases} r_{11}Z_1 + r_{12}Z_2 + R_{1C} = 0 \\ r_{21}Z_1 + r_{22}Z_2 + R_{2C} = 0 \end{cases} \tag{9-10}$$

式中，R_{1C}、R_{2C} 分别表示基本结构在支座位移作用下在附加约束中产生的约束力。

在如图 9-45(b) 所示的基本结构中，单独由于支座位移作用下各杆端产生的固端弯矩值可查表 9-1 得出

$$M_{DB}^F = -\frac{3i}{l} \times 0.02l = -\frac{3i}{50}; \quad M_{DA}^F = 2i \times 0.01 = \frac{i}{50}$$

$$M_{AD}^F = 4i \times 0.01 = \frac{i}{25}$$

将上述结果绘于基本结构上，称它为 M_C 图。由此可得

$$R_{1C} = \frac{i}{50} - \frac{3i}{50} = -\frac{i}{25}, \quad R_{2C} = -\frac{1}{l}\left(\frac{i}{50} + \frac{i}{25}\right) = -\frac{3i}{50l}$$

图 9-45(c) 为 $Z_1 = 1$ 作用下的 $\overline{M}_1$ 图。由此可得

$$r_{11} = 11i$$

图 9-45(d) 为 $Z_2 = 1$ 作用下的 $\overline{M}_2$ 图。由此可得

$$r_{12} = r_{21} = 0, \quad r_{22} = \frac{24i}{l^2}$$

将以上系数和自由项代入典型方程中，并解得

$$Z_1 = \frac{1}{275}; \quad Z_2 = \frac{l}{400}$$

最后，根据叠加原理 $M = \overline{M}_1 Z_1 + \overline{M}_2 Z_2 + M_C$，求出各杆端的最终弯矩值，并绘出弯矩图 M，如图 9-45(e) 所示。显然，结构因支座位移产生的内力与杆件线刚度绝对值相关。

9.8.2 由于温度变化引起的内力计算

对于温度变化的假定仍同第 7 章计算位移时一样，即温度沿杆件截面的高度 h 按直线规律变化。这样，如图 9-46 所示的受温度变化影响的超静定等截面梁，可以分解成两部分：一部分温度是沿截面高度均匀变化（即中和轴温度 t_0），单纯引起杆件长度的对称变化；另一部分温度是对截面中和轴呈反对称变化（即温差 Δt），杆件只产生弯曲变形。于是，预先用力法推导出由于温度变化在单跨超静定梁中引起的杆端内力计算公式，如表 9-2 所示，以供位移法使用，其中 α 为材料的线膨胀系数。

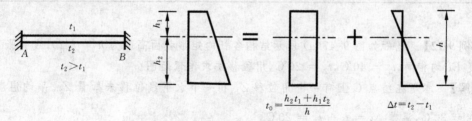

图 9-46

用位移法计算温度变化引起的内力时，仍然采用和荷载作用时相同的基本结构，仍然根据附加约束的总反力为零的条件建立典型方程。所不同的是自由项 R_{it} 的计算。R_{it} 表示由于温度变化在基本结构中在第 i 个附加约束中所引起的反力。为解题方便起见，通常把 R_{it} 分解为 R_{it}' 和 R_{it}'' 两部分。其中，R_{it}' 表示由于温度均匀变化在附加约束中产生的反力，R_{it}'' 表示由于温差在附加约束中产生的反力。

表 9-2   等截面单跨超静定梁的杆端温度内力

编号	杆件的受力简图	弯矩		剪力	
		M_{AB}	M_{BA}	V_{AB}	V_{BA}
1	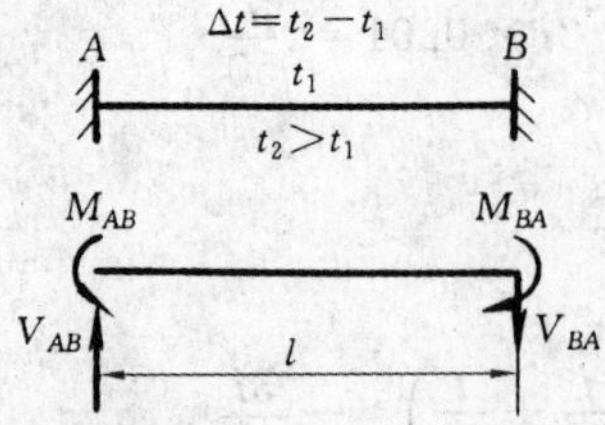	$-\dfrac{EI\alpha\Delta t}{h}$ （h 为截面高度）	$\dfrac{EI\alpha\Delta t}{h}$	0	0
2	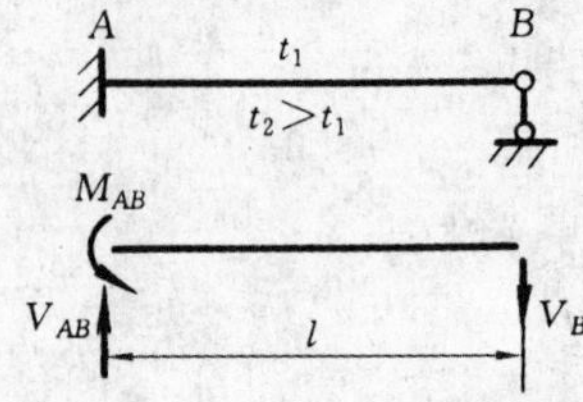	$-\dfrac{3EI\alpha\Delta t}{2h}$	0	$\dfrac{3EI\alpha\Delta t}{2hl}$	$\dfrac{3EI\alpha\Delta t}{2hl}$
3	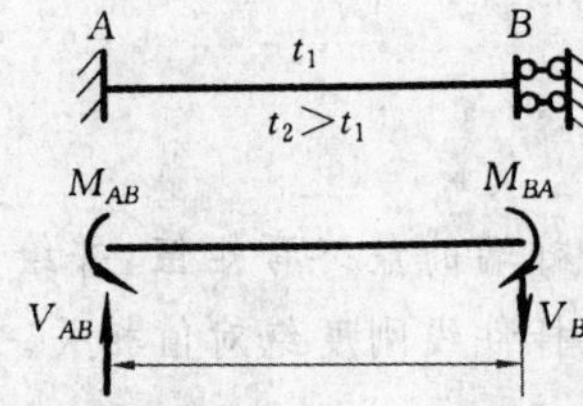	$-\dfrac{EI\alpha\Delta t}{h}$	$\dfrac{EI\alpha\Delta t}{h}$	0	0
4	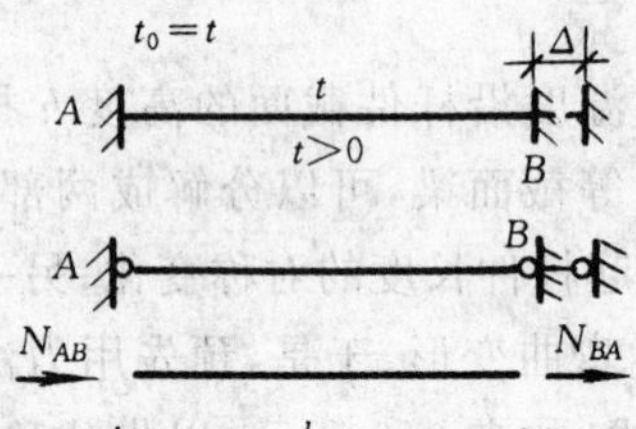	自由伸长 $\Delta = \alpha t_0 l$ 限制伸长时 $N_{AB} = EA\alpha t_0$	$N_{BA} = -EA\alpha t_0$		

【**例 9-12**】   已知如图 9-47(a) 所示结构各杆的矩形截面高度为 $h = l/10$，线膨胀系数为 α、刚度 EI 均相同。$t_1 = 40℃$，$t_2 = 20℃$，用位移法求作弯矩图。

【**解**】   本题在结点 C 上有一个角位移 Z_1 和一个水平线位移未知量 Z_2。平均温度 $t_0 = \dfrac{t_1 + t_2}{2} = 30℃$，温差 $\Delta t = t_1 - t_2 = 20℃$。

列出位移法的典型方程为

$$\begin{cases} r_{11}Z_1 + r_{12}Z_2 + R'_{1t} + R''_{1t} = 0 \\ r_{21}Z_1 + r_{22}Z_2 + R'_{2t} + R''_{2t} = 0 \end{cases} \tag{9-11}$$

先考虑平均温度对基本结构的影响。现忽略刚架的轴力对杆轴的温度伸缩的限制作用，算出各杆件的长度变化如下：

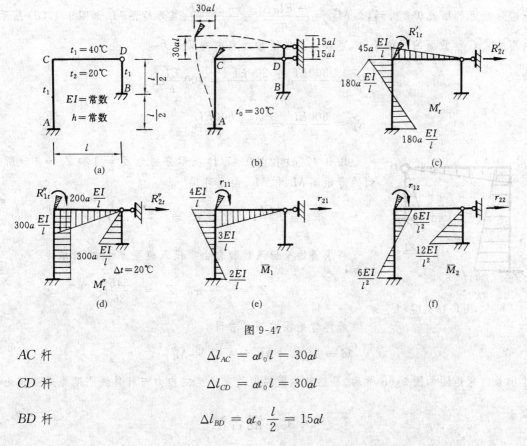

图 9-47

AC 杆 $\qquad\qquad \Delta l_{AC} = \alpha t_0 l = 30\alpha l$

CD 杆 $\qquad\qquad \Delta l_{CD} = \alpha t_0 l = 30\alpha l$

BD 杆 $\qquad\qquad \Delta l_{BD} = \alpha t_0 \dfrac{l}{2} = 15\alpha l$

图 9-47(b) 虚线表示各结点的新位置及基本结构的变形图。由此得到在附加约束存在时各杆的侧向相对位移为

$$\Delta_{AC} = -30\alpha l, \quad \Delta_{CD} = 15\alpha l, \quad \Delta_{BD} = 0$$

利用式(9-1)和式(9-2)得到基本结构各杆端由温度 t_0 引起的弯矩为

$$M'_{AC} = M'_{CA} = -\frac{6EI}{l^2}(\Delta_{AC}) = -\frac{6EI}{l^2}(-30\alpha l) = \frac{180EI}{l}\alpha$$

$$M'_{CD} = -\frac{3EI}{l^2}(\Delta_{CD}) = -\frac{3EI}{l^2}(15\alpha l) = -\frac{45EI}{l}\alpha$$

$$M'_{BD} = M'_{DB} = 0$$

根据上述杆端弯矩，可作出弯矩图 M'_t 如图 9-47(c)所示。利用结点 C 的力矩平衡条件，求出

$$R'_{1t} = 180\frac{EI}{l}\alpha - \frac{45EI}{l}\alpha = 135\frac{EI}{l}\alpha$$

利用截面水平力投影为零的平衡条件，求得

$$R'_{2t} = -\left(\frac{180EI}{l}\alpha + \frac{180EI}{l}\alpha\right) \div l = -\frac{360EI}{l^2}\alpha$$

其次考虑温差对基本结构的影响。温差只引起杆件的弯曲变形而结点无位移，由此引起的

杆端弯矩可利用表 9-2 得到,如 $M''_{CA} = \dfrac{-EI\alpha\Delta t}{h} = \dfrac{-20\alpha EI}{0.1l}$。其弯矩图 M''_t 如图 9-47(d) 所示。

利用结点 C 和截面的平衡条件,可以求出各附加约束中的反力为

$$R''_{1t} = \frac{300EI}{l}\alpha - \frac{200EI}{l}\alpha = 100\frac{EI}{l}\alpha$$

$$R''_{2t} = \frac{300EI}{l}\alpha \div \frac{l}{2} = \frac{600EI}{l^2}\alpha$$

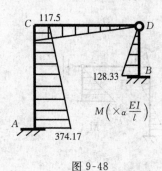

图 9-48

图 9-47(e) 和图 9-47(f) 所示分别为 $Z_1 = 1$ 和 $Z_2 = 1$ 时所得到的弯矩图 $\overline{M}_1$ 和 $\overline{M}_2$。由此可得

$$r_{11} = 7\frac{EI}{l}, \quad r_{12} = r_{21} = -\frac{6EI}{l^2}, \quad r_{22} = \frac{36EI}{l^3}$$

将求得的全部系数和自由项代入典型方程中,可求得

$$Z_1 = -\frac{275}{6}\alpha, \quad Z_2 = -\frac{515}{36}l\alpha$$

最终弯矩图按下式求得

$$M = \overline{M}_1 Z_1 + \overline{M}_2 Z_2 + M'_t + M''_t$$

绘出最终弯矩图如图 9-48 所示。显然结构因温度改变产生的内力与杆件线刚度绝对值相关。

9.9　混合法

力法是以结构的多余约束力作为未知量,位移法是以结点的位移作为未知量,而混合法则是同时取多余约束力和结点位移作为未知量。对于超静定次数少而结点位移多的结构,宜用力法分析;相反,对于超静定次数多而结点位移少的结构,则以位移法分析为宜。如果结构中的一部分超静定次数少而结点位移多,另一部分超静定次数多而结点位移少,那就应采用混合法分析。

如图 9-49(a) 所示的刚架,如用力法分析,上层有两个多余未知力,下层有六个多余未知力,共有八个未知数;若用位移法计算,上层有四个结点位移,下层有两个结点位移,共有六个未知量,用这两种方法分析都不简便。如果对上层取多余约束力作为未知量,对下层取结点位移作为未知量,这样总共只有四个未知量,可见用混合法分析较简便。混合法的基本结构如图 9-49(b) 所示。

为了使基本结构的变形和受力情况恢复到与原结构一致,基本结构上沿 X_1、X_2 方向的相对位移应等于零(即 $\Delta_1 = 0$,$\Delta_2 = 0$),各刚臂上的约束反力矩也应等于零(即 $R_3 = 0$、$R_4 = 0$),由此得混合法典型方程为

$$\begin{cases} \Delta_1 = \delta_{11}X_1 + \delta_{12}X_2 + \delta'_{13}Z_3 + \delta'_{14}Z_4 + \Delta_{1P} = 0 \\ \Delta_2 = \delta_{21}X_1 + \delta_{22}X_2 + \delta'_{23}Z_3 + \delta'_{24}Z_4 + \Delta_{2P} = 0 \\ R_3 = r'_{31}X_1 + r'_{32}X_2 + r_{33}Z_3 + r_{34}Z_4 + R_{3P} = 0 \\ R_4 = r'_{41}X_1 + r'_{42}X_2 + r_{43}Z_3 + r_{44}Z_4 + R_{4P} = 0 \end{cases}$$

(9-12)

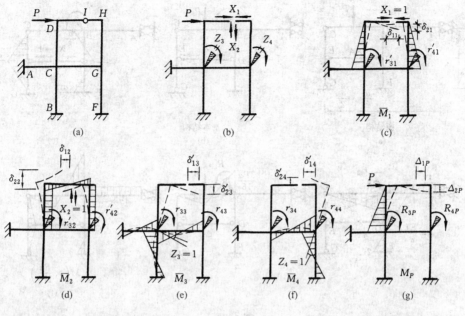

图 9-49

典型方程中前两式是位移协调条件,后两式是静力平衡条件。每式中同时包含着力和位移两种未知量。

方程中的系数和自由项的含义,分别如图 9-49(c)、(d)、(e)、(f)、(g) 所示。系数有四类:第一类是单位力引起的位移,如 δ_{11},δ_{12},δ_{21},δ_{22},它们与力法方程中的系数相同。第二类是单位位移引起的反力,如 r_{33},r_{34},r_{43},r_{44},它们与位移法方程中的系数相同。第三类是单位力引起的反力,如 r'_{31},r'_{32},r'_{41},r'_{42}。第四类是单位位移引起的位移,如 δ'_{13},δ'_{14},δ'_{23},δ'_{24}。

根据位移互等、反力互等和位移反力互等定理,混合法中的副系数有如下关系:

$$\delta_{ij} = \delta_{ji}; \quad r_{ij} = r_{ji}, \quad \delta'_{ij} = -r'_{ji} \tag{9-13}$$

在解出未知量 X_1,X_2,Z_3 和 Z_4 后,可用叠加原理 $M = \overline{M}_1 X_1 + \overline{M}_2 X_2 + \overline{M}_3 Z_3 + \overline{M}_4 Z_4 + M_P$ 求出各杆端弯矩,从而绘出最终弯矩图。

【例 9-13】 用混合法绘制图 9-50(a) 所示结构的弯矩图。已知各受弯杆的 EI 相同,二力杆的 $EA = \dfrac{192EI}{7a^2}$。

【解】 本题用混合法求解只有两个基本未知量,基本结构如图 9-50(b) 所示。典型方程为

$$\Delta_1 = \delta_{11} X_1 + \delta'_{12} Z_2 + \Delta_{1P} = 0$$
$$R_2 = r'_{21} X_1 + r_{22} Z_2 + R_{2P} = 0$$

$\overline{M}_1$、$\overline{M}_2$、M_P 图分别如图 9-50(c)、(d)、(e) 所示。值得指出的是当 $X_1 = 1$ 时,BF 为超静定杆,其杆端弯矩可由表 9-1 查得。根据 $\overline{M}_1$、$\overline{M}_2$ 和 M_P 图,不难求得

$$\delta_{11} = \frac{a}{EA} + \frac{a^3}{48EI} + \frac{a^3}{192EI} = \frac{7a^3}{192EI} + \frac{4a^3}{192EI} + \frac{a^3}{192EI}$$

$$= \frac{a^3}{16EI} = \frac{a^2}{16i}$$

$$r_{22} = i + 4i + 3i = 8i, \quad r'_{21} = -\frac{a}{8}$$

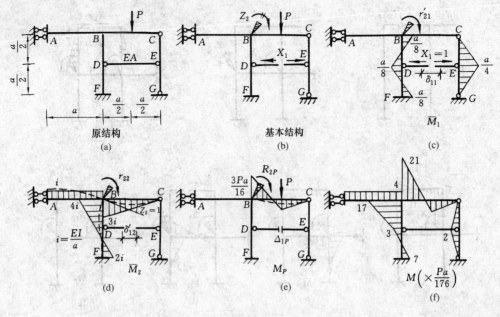

图 9-50

$$\delta'_{12} = -r'_{21} = \frac{a}{8}$$

$$\Delta_{1P} = 0 ; \quad R_{2P} = -\frac{3Pa}{16}$$

将上述系数和自由项代入典型方程中,解得

$$X_1 = -\frac{P}{22} , \quad Z_2 = \frac{Pa}{44i}$$

按公式 $M = \bar{M}_1 X_1 + \bar{M}_2 Z_2 + M_P$ 求出各杆端弯矩,并绘出最终弯矩图如图 9-50(f) 所示。

*9.10 带刚域杆单元

工程中常遇到带刚域的杆件。如图 9-51(a) 所示刚架,阴影部分为杆件的结合区,这部分的截面高度较大,可视作无限刚性(即 $EI = \infty$),称它为刚域,于是,刚架的计算简图如图 9-51(b) 所示,它由带刚域的杆单元所组成。在计算这种刚架前,须先分析带刚域杆单元的杆端力。

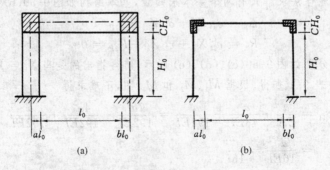

图 9-51

9.10.1 两端固定带刚域杆的转动刚度

各种杆件杆端的转动刚度是指该端转动 $\theta = 1$ 时需用的力矩值,它与杆件的线刚度 $i = EI/l$ 和远端的支承情况有关。如图 9-52(a) 所示两端为固定的杆件,当其 A 端转动 $\theta_A = 1$ 时所得 A 端弯矩 M_{AB} 即为 A 端的转动刚度,通常用 S_{AB} 表示;B 端的弯矩为 $M_{BA} = S_{AB} \cdot C_{AB}$,其中 C_{AB} 是 B 端弯矩与 A 端弯矩之比,即

$$C_{AB} = \frac{M_{BA}}{M_{AB}} \tag{9-14}$$

称它为由 A 端向 B 端的弯矩传递系数。

同理,当 B 端发生 $\theta_B = 1$ 时(图 9-52(b)),B 端的弯矩为 S_{BA}(B 端的转动刚度),A 端的弯矩为 $S_{BA}C_{BA}$(C_{BA} 为 AB 杆由 B 端向 A 端的传递系数)。

S_{AB}、S_{BA}、C_{AB}、C_{BA} 是每一种杆件的四个常数,它们与杆件的几何形状有关,通常称为形常数,由反力互等定理可知,四个形常数间有下列关系:

$$S_{AB}C_{AB} = S_{BA}C_{BA} \tag{9-15}$$

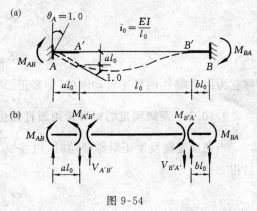

图 9-52

图 9-53

当杆件的 B 端发生单位侧移 $\Delta = 1$ 时(图 9-53),两端的弯矩可由下述方法求得:把位移后的直梁 AB' 及两支座视作杆件的原始位置,该位置与水平线及原支座面之间有一夹角 $\frac{1}{l}$。实际上,A、B 两端支座没有转动倾斜,因此,必须在 A、B' 端同时逆时针方向转动 $\frac{1}{l}$,以符合 A、B 两端的实际变形情况。由此杆端弯矩为(图 9-53 中弯矩为假设正方向)

$$M_{AB} = -S_{AB}\frac{1}{l} - S_{BA}C_{BA}\frac{1}{l} = -S_{AB}(1+C_{AB})\frac{1}{l}$$

$$M_{BA} = -S_{BA}\frac{1}{l} - S_{AB}C_{AB}\frac{1}{l} = -S_{BA}(1+C_{BA})\frac{1}{l}$$

带刚域杆的转动刚度可由其净跨段 l_0 的转动刚度换算而得,方法如下。

图 9-54(a) 表示两端带刚域的杆件,其中 a,b 是刚域长度与净跨 l'_0 之比。当 A 端发生单位转角 $\theta_A = 1$ 时,其净跨段 $A'B'$ 的 A' 端除有转角 $\theta_A = 1$ 外,还有线位移 $-al_0$,所以 $A'B'$ 段的杆端弯矩为

$$M_{A'B'} = 4i_0 + 6i_0 a$$

$$M_{B'A'} = 2i_0 + 6i_0 a$$

图 9-54

— 39 —

相应的剪力为

$$V_{A'B'} = V_{B'A'} = -\frac{M_{A'B'} + M_{B'A'}}{l_0} = -\frac{6i_0}{l_0}(1+2a)$$

再由刚域段的平衡条件(图 9-54(b)),可得

$$M_{AB} = M_{A'B'} - V_{A'B'}al_0 = 4i_0(1+3a+3a^2) \tag{a}$$

$$M_{BA} = M_{B'A'} - V_{A'B'}bl_0 = 2i_0[1+3(a+b)+6ab] \tag{b}$$

其中 a、b 为无量纲的系数。显然,M_{AB}、M_{BA} 分别大于 A'、B' 的弯矩值,此时,弯矩图在全长上为一直线。

根据转动刚度的定义,可知带刚域 AB 杆 A 端的转动刚度和传递系数分别为

$$\left. \begin{aligned} S_{AB} &= 4i_0(1+3a+3a^2) \\ C_{AB} &= \frac{1}{2}\frac{1+3(a+b)+6ab}{1+3a+3a^2} \\ S_{BA} &= 4i_0(1+3b+3b^2) \\ C_{BA} &= \frac{1}{2}\frac{1+3(a+b)+6ab}{1+3b+3b^2} \end{aligned} \right\} \tag{9-16}$$

同理得

于是,当带刚域杆件 AB 两端分别发生转角 θ_A、θ_B,两端发生相对侧位移 Δ 时,两端的弯矩可由叠加原理得出

$$\left. \begin{aligned} M_{AB} &= S_{AB}\left[\theta_A + C_{AB}\theta_B - (1+C_{AB})\frac{\Delta}{l}\right] \\ M_{BA} &= S_{BA}\left[C_{BA}\theta_A + \theta_B - (1+C_{BA})\frac{\Delta}{l}\right] \end{aligned} \right\} \tag{9-17}$$

9.10.2 一端固定一端铰支的带刚域杆的转动刚度

对于 A 端固定 B 端铰支的带刚域杆件,利用 $M_{BA}=0$,由公式(9-17)第二式可解得

$$\theta_B = -C_{BA}\theta_A + (1+C_{BA})\frac{\Delta}{l} - \frac{M_{BA}}{S_{BA}}$$

将上式代入式(9-17)第一式中,并经整理后得

$$M_{AB} = S'_{AB}\left(\theta_A - \frac{\Delta}{l}\right) \tag{9-18}$$

式中

$$S'_{AB} = S_{AB}(1-C_{AB}C_{BA}) \tag{9-19}$$

称它为固定端 A 的修正转动刚度(即修正形常数),利用两端固定杆的形常数推算。

9.10.3 两端固定的对称带刚域杆发生正对称变形时的转动刚度

当两固定端发生正对称转动时,可将 $\theta_B = -\theta_A$,$\Delta = 0$ 代入式(9-17)第一式中,经整理后得

$$M_{AB} = S'_{AB}\theta_A$$

式中
$$S'_{AB} = S_{AB}(1 - C_{AB}) \tag{9-20}$$

称它为对称带刚域杆正对称变形的修正转动刚度(即修正形常数)。

9.10.4 两端固定的对称带刚域杆发生反对称变形时的转动刚度

当两固定端发生反对称转动时,可将 $\theta_B = \theta_A$,$\Delta = 0$ 代入式(9-18)第一式中,经整理后得

$$M_{AB} = S'_{AB}\theta_A$$

式中
$$S'_{AB} = S_{AB}(1 + C_{AB}) \tag{9-21}$$

称它为对称带刚域杆反对称变形的修正转动刚度(即修正形常数)。

【例9-14】 如图9-55(a)所示为横梁带有刚域的刚架。在竖向均布荷载作用下绘出其弯矩图。

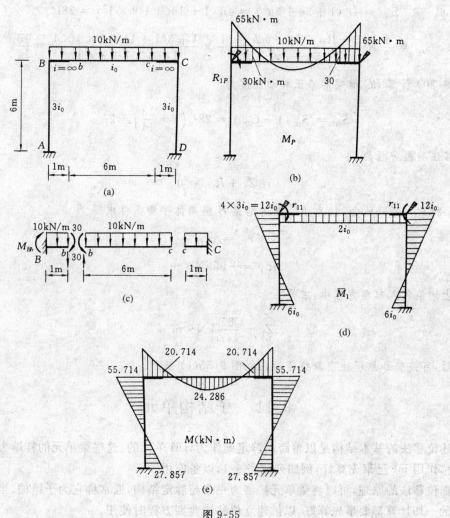

图 9-55

【解】 本题为对称结构在正对称荷载作用下产生正对称变形,结点无水平位移,结点 B 和结点 C 的转角相等,但符号相反,由此,该题只有一个转角未知量。

如图 9-55(b) 所示为基本结构受荷载作用时的弯矩图 M_P。该图中横梁由于刚域的存在，b、c 两点为不动点，这两点的弯矩和剪力可按净跨 $l_0 = 6m$ 查表 9-1 得

$$M_{bc}^F = -\frac{1}{12} \times 10 \times 6^2 = -30\text{kN} \cdot \text{m}, \quad M_{cb}^F = 30\text{kN} \cdot \text{m}$$

$$V_{bc}^F = \frac{1}{2} \times 10 \times 6 = 30\text{kN}, \quad V_{cb}^F = -30\text{kN}$$

均布荷载下横梁两端 B、C 的固端弯矩可按如图 9-55(c) 所示隔离体的平衡条件求得

$$M_{BC}^F = -30 - 30 \times 1 - \frac{1}{2} \times 10 \times 1^2 = -65\text{kN} \cdot \text{m}$$

图 9-55(d) 所示为 $Z_1 = 1$ 两刚臂同时转动时的 $\overline{M}_1$ 图，其中横梁按对称变形修正转动刚度计算，先由式(9-16)：

$$S_{BC} = 4i_0(1 + 3a + 3a^2) = 4i_0(1 + 3 \times 1 + 3 \times 1^2) = 28i_0$$

$$C_{BC} = \frac{1}{2} \times \frac{1 + 3(a+b) + 6ab}{1 + 3a + 3a^2} = \frac{1}{2} \times \frac{1 + 3(1+1) + 6 \times 1 \times 1}{1 + 3 \times 1 + 3 \times 1^2} = \frac{13}{14}$$

再由式(9-20) 计算 BC 横梁的修正转动刚度为

$$S_{BC}' = S_{BC}(1 - C_{BC}) = 28i_0\left(1 - \frac{13}{14}\right) = 2i_0$$

位移法典型方程为

$$r_{11}Z_1 + R_{1P} = 0$$

式中，r_{11} 和 R_{1P} 可分别由 $\overline{M}_1$ 和 M_P 图的结点 B 隔离体平衡条件求得

$$r_{11} = 14i_0$$

$$R_{1P} = -65\text{kN} \cdot \text{m}$$

将上述值代入典型方程中，求得

$$Z_1 = \frac{65}{14i_0}\text{kN} \cdot \text{m}$$

最后，可按叠加原理绘出最终弯矩图如图 9-55(e) 所示。

*9.11 子结构单元

前述位移法的基本结构是以单跨超静定梁作为计算单元的。这些梁单元的杆端力（荷载及杆端位移作用下）已事先算好，例如列成表 9-1，以备应用。

根据位移法的原理，可以将梁单元扩展为一个超静定结构，通常称它为子结构。当然，子结构单元的一切计算都要事先算好，以供建立位移法典型方程时使用。

现通过如图 9-56(a) 所示高层刚架来说明位移法子结构的概念。为了便于分析，先将图 9-56(a) 所示刚架增设若干约束（图 9-56(b) 所示），将它划分为三个独立的子结构单元（图 9-56(c) 所示）。两个子结构单元交界结点的位移未知数的数目称它为交界点未知数目

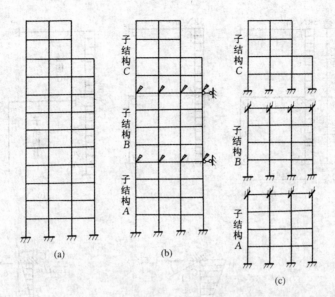

图 9-56

（或称交界结点自由度）。子结构单元内的结点位移未知数数目称为内部位移未知数目（或称内部自由度）。

为了建立交界结点位移法方程所需，要预先算出各子结构单元在荷载作用下和各交界结点分别发生单位位移作用下所产生的内力（即 M_P 图和 $\overline{M}_i$ 图），这一前期的子结构内的计算比全结构的降阶许多。事实上，给原结构增设约束是与实际不相符的。为了恢复到原结构的实际情况，可根据相邻子结构单元交界结点上的位移协调和弯矩的平衡条件以及截面平衡条件建立位移法方程，从而解出交界结点的位移未知量，这时以子结构为单元的全结构计算量比原来的小了许多。最后根据叠加原理，算出原结构的内力。

采用子结构单元作为基本结构的位移法适合于电算。如高层建筑具有大量位移未知数的结构体系，采用通常位移法的计算，存贮量过大，而且费时过多，比较困难。采用子结构单元作为基本结构，可使位移未知数数目大量缩减，获得压缩存贮量和节省计算机用时的效果，而且还可以减小因运算的舍入误差，这些都是采用子结构单元的优点。

【例 9-15】 用子结构单元建立图 9-57(a) 所示刚架的位移法方程，并绘出其弯矩图。各杆线刚度相等。

【解】 本题用普通位移法计算，共有四个位移未知量。如果只在结点 C 上附加限制转动的刚臂约束和限制水平移动的支杆约束（图 9-57(b)），结点 C 即成不动点。于是把结构分成三个独立部分（图 9-57(c)），即分成梁单元 A 和子结构单元 B、C。采用子结构单元计算共有两个未知量。

为了计算子结构单元位移法方程中的系数和自由项，须事先求算出各子结构单元分别在荷载作用下和交界结点 C 单位位移作用下的弯矩图。梁单元 A 在各种作用下的计算可从表 9-1 得到。其结果分别为图 9-58(a)、(b)、(c) 所示。

如图 9-58(d)、(e) 所示分别为子结构单元 B 在交界点 C 处施加单位转角和单位水平线位移的情况，已用前述位移法求得相应的弯矩图。如图 9-58(f)、(g)、(h) 所示分别为子结构单元 C 在荷载作用下和交界点 C 处施加单位转角和单位水平线位移所产生的弯矩图。

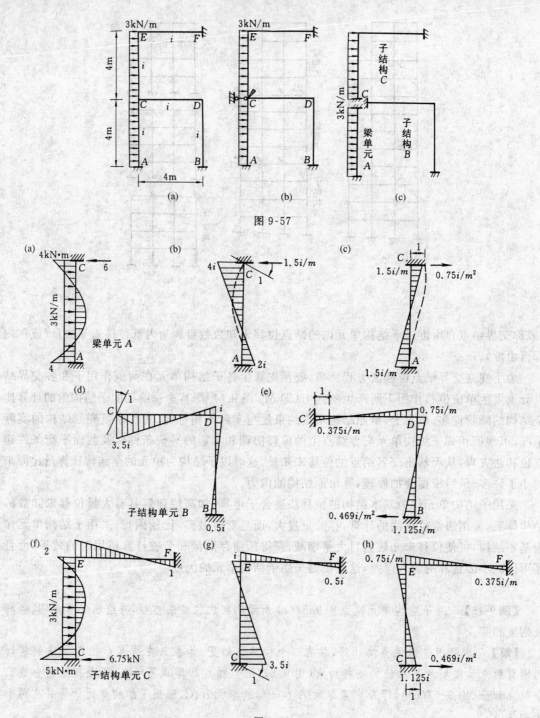

图 9-57

图 9-58

现将如图 9-58 所示各单元的相应弯矩图拼装在一起,即成如图 9-59(a)、(b)、(c)所示的完全基本结构的 M_P 图、$\overline{M}_1$ 图、$\overline{M}_2$ 图。

本题有两个位移未知量,即结点 C 的转角 Z_1、线位移 Z_2,其位移法典型方程为

$$\begin{cases} r_{11}Z_1 + r_{12}Z_2 + R_{1P} = 0 \\ r_{21}Z_1 + r_{22}Z_2 + R_{2P} = 0 \end{cases}$$

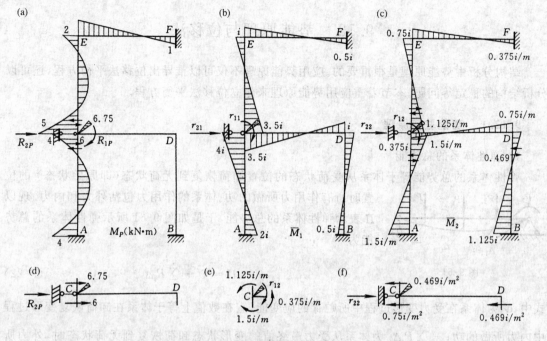

图 9-59

式中,自由项和系数可按结点 C 和横梁 CD 隔离体的平衡条件求得。

如图 9-59(a) 中结点 C 的平衡条件 $\sum M = 0$,得

$$R_{1P} = -5 + 4 = -1 \text{kN} \cdot \text{m}$$

如图 9-59(d) 所示隔离体平衡条件 $\sum X = 0$,得

$$R_{2P} = -6 - 6.75 = -12.75 \text{kN}$$

如图 9-59(b) 所示结点 C 的平衡条件 $\sum M = 0$,得

$$r_{11} = 3.5i + 3.5i + 4i = 11i$$

如图 9-59(e) 所示,$\overline{M}_2$ 图中结点 C 的平衡条件得

$$r_{12} = -1.5i/m + 0.375i/m + 1.125i/m = 0$$

如图 9-59(f) 所示横梁隔离体平衡条件 $\sum X = 0$,得

$$r_{22} = 0.75i/m^2 + 0.469i/m^2 + 0.469i/m^2 = 1.688i/m^2$$

将各自由项和系数代入位移法方程中,即可解出

$$\begin{cases} Z_1 = \dfrac{1}{11i} = \dfrac{0.091}{i} \text{kN} \cdot \text{m} \\ Z_2 = \dfrac{12.75}{1.688i} = \dfrac{7.553}{i} \text{kN} \cdot \text{m}^2 \end{cases}$$

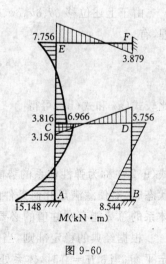

图 9-60

最后根据叠加原理,可绘出弯矩图如图 9-60 所示。

*9.12 势能原理与位移法

结构分析中势能原理是很重要的。应用势能原理不仅可以推导出位移法平衡方程,还可以分析结构的稳定等问题。本节着重应用势能原理来建立位移法平衡方程。

9.12.1 势能驻值原理

1. 弹性体系的总势能

弹性体系的总势能等于体系从受荷状态的位置卸荷恢复到无荷状态(即原始状态)的位置时所有作用力所做的功。体系的作用力包括外力和内力。现以 Π 表示弹性体系的总势能,于是如图 9-61 所示弹性体系的总势能为

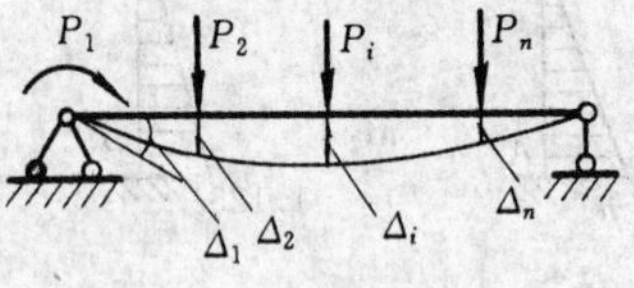

图 9-61

$$\Pi = U - \sum_{i=1}^{n} P_i \Delta_i \qquad (9-22)$$

式中,U 为体系在受力变形过程中所贮存的应变能,它在数值上等于体系在卸荷恢复变形过程中内力所做的功;$-\sum_{i=1}^{n} P_i \Delta_i$ 为体系从受力最终值的变形状态卸荷恢复到无荷状态时,外力所做的功,通常称作外力势能,负号表示在卸荷中,外力的方向与变形方向相反。

2. 势能驻值原理

设一弹性体系处于平衡状态,如果使该体系发生满足几何条件(连续条件和支座条件)的任意微小位移,则总势能的变分记作

$$\delta\Pi = \delta(U - \sum_{i=1}^{n} P_i \Delta_i) = \delta U - \sum_{i=1}^{n} P_i \delta\Delta_i = \sum \int (M\delta\theta + N\delta u + V\delta v) - \sum_{i=1}^{n} P_i \delta\Delta_i \qquad (a)$$

式中,δ 为变分的记号,其中前后两项都是虚功。

由于上述位移 $\delta\theta$、δu、δv、$\delta\Delta_i$ 之间是满足几何条件制约的任意位移,则按弹性体系虚功原理,有

$$\sum \int (M\delta\theta + N\delta u + V\delta v) = \sum_{i=1}^{n} P_i \delta\Delta_i \qquad (b)$$

比较式(a)和式(b),可得

$$\delta\Pi = \delta(U - \sum_{i=1}^{n} P_i \Delta_i) = 0 \qquad (9-23)$$

式(9-23)称为弹性体系的势能驻值原理,或简称为势能原理。该式表明:当弹性体系处于平衡状态时,对任意满足几何条件的微小位移,总势能的一阶变分为零。换句话说,处于平衡的弹性体系的总势能存在驻值的必要条件是其一阶变分为零。

根据经典的稳定准则,当总势能的二阶变分 $\delta^2\Pi > 0$ 时,说明总势能为极小,体系处于稳定平衡;当 $\delta^2\Pi = 0$ 时,体系处于随遇平衡;当 $\delta^2\Pi < 0$ 时,说明总势能为极大,体系处于不稳定平衡。

在上面讨论势能驻值原理的过程中,并未涉及材料的性质,故势能原理适用于线性弹性体、非线性弹性体及弹塑性变形体。

9.12.2 等截面直杆的线弹性应变能

线弹性的等直杆是常用的对象,当它受杆端力作用时杆端位移就有产生,并有杆件变形,全杆的应变能 U 就是内力所做实功;根据实功原理,它等于外力的实功 T。故可用杆端力的实功表达应变能 $U = T = \sum \frac{1}{2} s d$。

1. 桁架杆件(二力杆)

二力杆在杆端力轴力 N 作用下,杆长发生增量 u,而按虎克定律,

$$N = E \frac{u}{l} A$$

故其线弹性应变能为

$$U = \frac{1}{2} N \cdot u = \frac{1}{2} \frac{EA}{l} u^2 \tag{9-24}$$

2. 两端固定(刚接)的受弯杆件

当两端固定的受弯杆件上无荷载,只有杆端弯矩 M_{AB}、M_{BA} 及剪力 V_{AB}、V_{BA} 作用,发生了杆端转角 θ_A、θ_B 和侧向相对位移 Δ_{AB},由公式(9-1)可表示杆端力为

$$M_{AB} = 4i\theta_A + 2i\theta_B - \frac{6i}{l}\Delta_{AB}$$

$$M_{BA} = 2i\theta_A + 4i\theta_B - \frac{6i}{l}\Delta_{AB}$$

$$V_{BA} = V_{AB} = -\frac{6i}{l}\theta_A - \frac{6i}{l}\theta_B + \frac{12i}{l^2}\Delta_{AB}$$

应变能为

$$U = \frac{1}{2}M_{AB}\theta_A + \frac{1}{2}M_{BA}\theta_B + \frac{1}{2}V_{BA}\Delta_{AB}$$

$$= 2i(\theta_A^2 + \theta_B^2 + \theta_A\theta_B) - \frac{6i}{l}\left(\theta_A + \theta_B - \frac{\Delta_{AB}}{l}\right)\Delta_{AB} \tag{9-25}$$

3. 一端固定另一端铰支承的受弯杆件

当一端固定另一端铰支承的受弯杆件上无荷载,只有杆端位移 θ_A 和杆端相对位移 Δ_{AB} 时,由此产生的杆端力由公式(9-2)可表示为

$$M_{AB} = 3i\theta_A - \frac{3i}{l}\Delta_{AB}$$

$$V_{BA} = -\frac{3i}{l}\theta_A + \frac{3i}{l^2}\Delta_{AB}$$

于是应变能为

$$U = \frac{1}{2}M_{AB}\theta_A + \frac{1}{2}V_{BA}\Delta_{AB} = \frac{3i}{2}\left(\theta_A^2 - \frac{2}{l}\theta_A\Delta_{AB} + \frac{1}{l^2}\Delta_{AB}^2\right) \tag{9-26}$$

4. 一端固定另一端定向支承的受弯杆件

一端固定另一端定向支承的受弯杆件,只有杆端位移 θ_A 作用时,由此产生的杆件弯矩由公式(9-3)得

$$M_{AB} = i\theta_A$$

于是应变能为

$$U = \frac{1}{2}M_{AB}\theta_A = \frac{1}{2}i\theta_A^2 \tag{9-27}$$

9.12.3 势能驻值原理与位移法

由论证势能驻值原理的过程可知,势能驻值原理实质上是变形体系虚功原理的另一种表达形式。因为虚功原理中的虚位移原理是与平衡条件等价的,所以势能驻值原理也与平衡条件等价。如果将势能表示为弹性体系结点位移的函数,就可以根据势能原理建立以结点位移表示的体系的平衡方程,因此势能驻值原理与位移法是相通的,现举例说明。

【例 9-16】 试用势能驻值原理求如图 9-62(a) 所示刚架的结点位移。

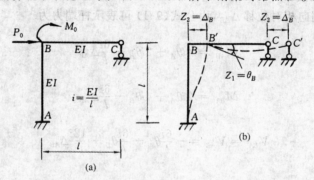

图 9-62

【解】 本题结点 B 具有线位移 Δ_B 和角位移 θ_B 两个未知量。为了便于和位移法对比,取 $Z_1 = \theta_B$,$Z_2 = \Delta_B$,由式(9-25)式(9-26),可得体系的弹性应变能为

$$U = U_{AB} + U_{BC} = \left[2iZ_1^2 - \frac{6i}{l}\left(Z_1 - \frac{Z_2}{l}\right)Z_2\right] + \frac{3i}{2}Z_1^2 = \frac{7}{2}iZ_1^2 - \frac{6i}{l}Z_1Z_2 + \frac{6i}{l^2}Z_2^2$$

外力势能为

$$-\sum P\Delta = -M_0Z_1 - P_0Z_2$$

总势能为

$$\Pi = \frac{7}{2}iZ_1^2 - \frac{6i}{l}Z_1Z_2 + \frac{6i}{l^2}Z_2^2 - M_0Z_1 - P_0Z_2$$

上式表明:总势能为结点位移 Z_1、Z_2 的二次函数,因而势能的变分运算可改成偏微分运算

$$\frac{\partial \Pi}{\partial Z_1} = 7iZ_1 - \frac{6i}{l}Z_2 - M_0 = 0$$

$$\frac{\partial \Pi}{\partial Z_2} = -\frac{6i}{l}Z_1 + \frac{12i}{l^2}Z_2 - P_0 = 0$$

这就是结点 B 的力矩平衡方程和水平截面上方的投影平衡方程,即为位移法的典型方程,其中主系数 $r_{11} = 7i$,$r_{22} = \dfrac{12i}{l^2}$,副系数 $r_{12} = r_{21} = -\dfrac{6i}{l}$,自由项 $R_{1P} = -M_0$,$R_{2P} = -P_0$。解联立方程,可得

$$Z_1 = \frac{l^2}{8EI}\left(P_0 + \frac{2M_0}{l}\right)$$

$$Z_2 = \frac{l^3}{12EI}\left(\frac{7P_0}{4} + \frac{3M_0}{2l}\right)$$

由此不难求出各杆端的最终内力。

现在来观察一下总势能的两阶变分 $\delta^2 \Pi$,由于 Π 为位移的二次函数,故可以把二阶变分运算改成二阶偏微分运算,即

$$\frac{\partial^2 \Pi}{\partial Z_1^2} = 7i = r_{11} > 0$$

$$\frac{\partial^2 \Pi}{\partial Z_2^2} = \frac{12i}{l^2} = r_{22} > 0$$

或概括写作

$$\frac{\partial^2 \Pi}{\partial Z_i^2} = r_{ii} > 0$$

上式表明:弹性体系总势能的两阶变分 $\delta^2 \Pi > 0$,说明总势能为极小值,因而称为最小势能原理。体系的总势能为极小值,表明体系处于稳定平衡状态。

【例 9-17】 试用势能驻值原理求图 9-63(a) 所示连续梁的结点位移 θ_B 和 θ_C。

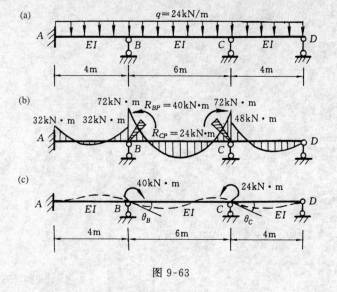

图 9-63

【解】 本题受非结点荷载作用,用势能驻值原理建立位移法方程时,必须在结点 B、C 上加上附加刚臂(图 9-63(b)),并求出附加刚臂中的反力 $R_{BP} = 40\text{kN} \cdot \text{m}(\curvearrowright)$,$R_{CP} = 24\text{kN} \cdot \text{m}(\curvearrowleft)$,然后将附加刚臂的反力反向作用于结点上,即得如图 9-63(c) 所示受等效荷载作用的计算简图。设结点 B、C 的角位移 θ_B、θ_C 均为顺时针向转,由式(9-25)和式(9-26)可得体系的应变能为

$$U = U_{AB} + U_{BC} + U_{CD} = 2 \times \frac{EI}{4}\theta_B^2 + 2 \times \frac{EI}{6}(\theta_B^2 + \theta_B\theta_C + \theta_C^2) + \frac{3}{2} \times \frac{EI}{4} \times \theta_C^2$$

$$= \frac{5EI}{6}\theta_B^2 + \frac{EI}{3}\theta_B\theta_C + \frac{17EI}{24}\theta_C^2$$

于是体系的总势能为

$$\Pi = U - \sum P\Delta = \frac{5EI}{6}\theta_B^2 + \frac{EI}{3}\theta_B\theta_C + \frac{17EI}{24}\theta_C^2 - 40\theta_B + 24\theta_C$$

由势能驻值原理,可得

$$\frac{\partial \Pi}{\partial \theta_B} = \frac{5EI}{3}\theta_B + \frac{EI}{3}\theta_C - 40 = 0$$

$$\frac{\partial \Pi}{\partial \theta_C} = \frac{EI}{3}\theta_B + \frac{17EI}{12}\theta_C + 24 = 0$$

解上述联立方程,得

$$\theta_B = \frac{776}{27EI}(\text{kN} \cdot \text{m}^2), \quad \theta_C = -\frac{640}{27EI}(\text{kN} \cdot \text{m}^2)$$

习　　题

[**9-1**]　确定如图 9-64 所示各结构的位移法未知数数目,并绘出基本结构。

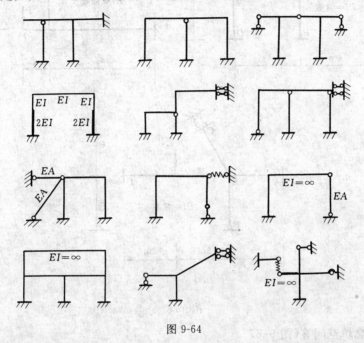

图 9-64

[**9-2**]　用位移法计算如图 9-65 所示的结构内力,并绘出其弯矩图、剪力图和轴力图。

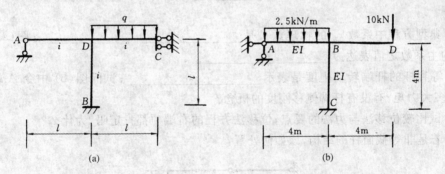

图 9-65

[**9-3**]　用位移法绘制下列结构弯矩图。

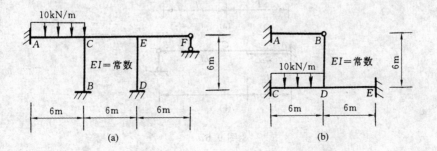

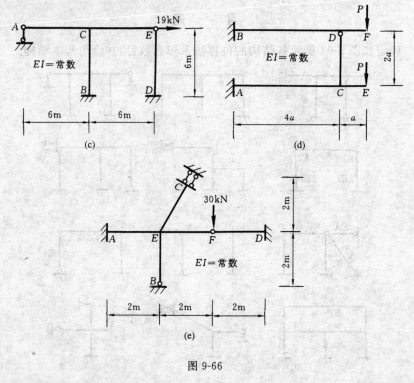

图 9-66

[9-4] 概念填空问答(图 9-67)

(a) 位移法方程的实质是以结构的_____为未知量的_____,变形条件体现在何处?

(b) 典型方程中系数 r_{ji} 的物理意义是_____;图(a)相应基本结构的主系数之值表达为_____,_____。

(c) 等直杆的杆端转动刚度是表示_____;试问图(b)中令 A 端转动 φ 角,需用多大力矩?有没有杆端侧移刚度的概念?

(d) 试比较位移法与力法的要点;位移法方程的右端项都肯定吗?为什么?

(e) 若是非等截面杆的结构,该如何处置?

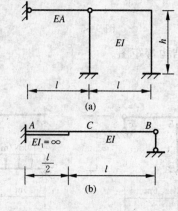

图 9-67

[**9-5**]　如图 9-68 所示写出位移法典型方程组，并求出图(c) 所示连续梁的杆端弯矩。

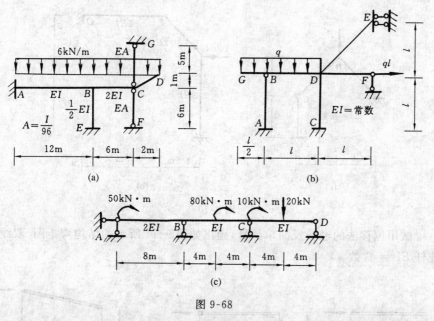

图 9-68

[**9-6**]　用位移法绘制如图 9-69 所示具有斜杆的刚架的弯矩图。注意杆件弦转角。

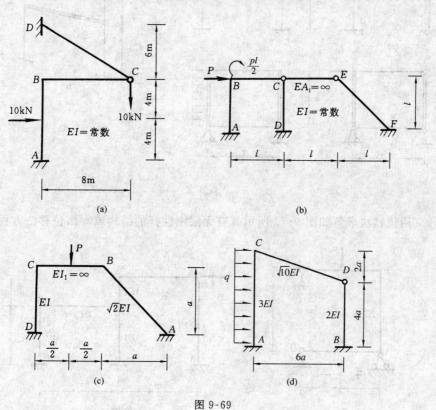

图 9-69

[**9-7**]　列出如图 9-70 所示结构的位移法典型方程式,求出 r_{11},R_{1P}。

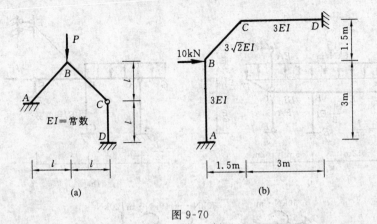

图 9-70

[**9-8**]　试用位移法的经验及简单计算,画出如图 9-71 所示的结构弯矩图。双线杆为无限刚性,其他杆 EI = 常数。

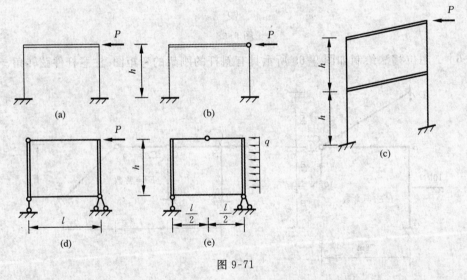

图 9-71

[**9-9**]　用位移法求解如图 9-72 所示具有无限刚性杆的结构或写出位移法方程。

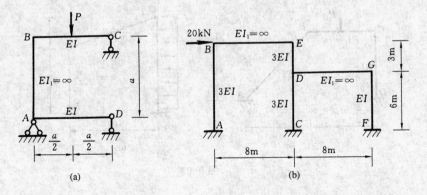

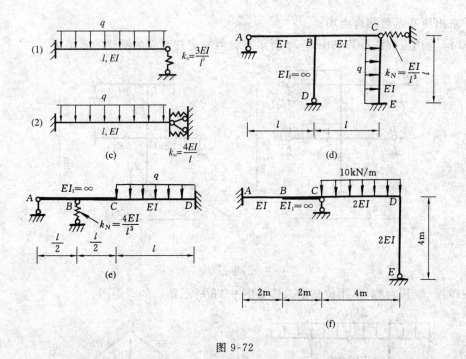

图 9-72

[9-10] 用位移法绘制如图 9-73 所示刚架弯矩图。(可将弹簧看作实体杆件联结于结点)

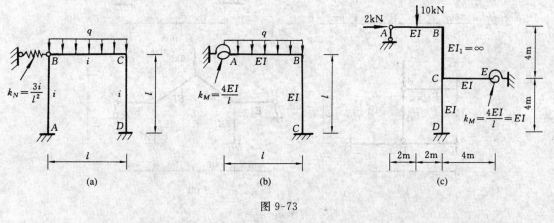

图 9-73

[9-11] 用位移法绘制如图 9-74 所示结构弯矩图,并求桁架杆的轴向力 N_{DB}、N_{DA}。

[9-12] 用位移法求如图 9-75 所示桁架各杆轴向力。

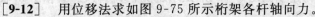

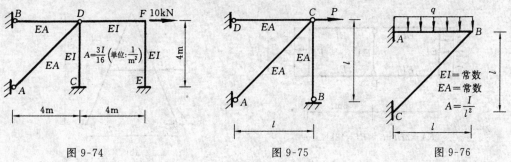

图 9-74   图 9-75   图 9-76

[9-13] 如图 9-76 所示为一个三角形刚架,考虑杆件的轴向变形,试写出位移法的典型

方程,并求出所有系数和自由项。

[**9-14**] 用位移法计算如图 9-77 所示有剪力静定杆组成的刚架的弯矩图。

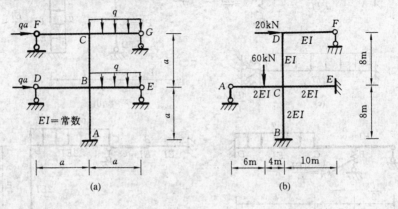

图 9-77

[**9-15**] 利用对称性,用位移法求作如图 9-78 所示结构的弯矩图。

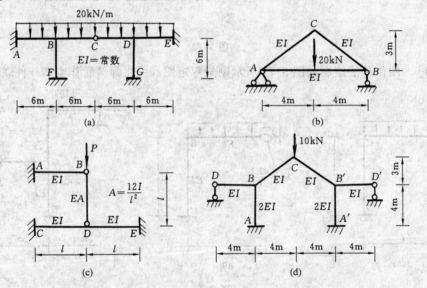

图 9-78

[**9-16**] 按对称性特点用半结构建立如图 9-79 所示的图形位移法方程,或作出 M 图。

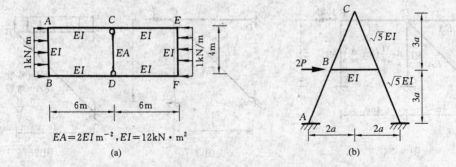

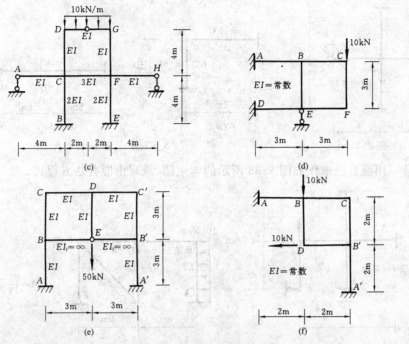

图 9-79

[**9-17**]　在支座、温度因素的位移法方程中自由项 R_{ic}、R_{it} 如何计算？

[**9-18**]　什么是混合法？混合法方程中的系数有几种、各是什么意义？

[**9-19**]　在多次超静定问题中能否联合运用位移法、力法？

[**9-20**]　试直接按平衡条件建立位移法方程计算图 9-65(a)、图 9-66(b)、(e)、图 9-69(a)、图 9-73(a)，并绘出 M 图。

[**9-21**]　试用位移法求作如图 9-80 所示结构由于支座位移产生的弯矩图。

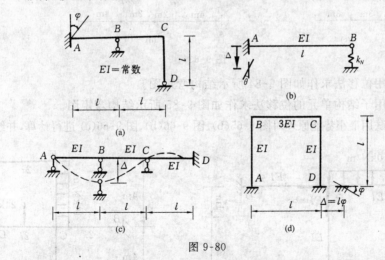

图 9-80

[**9-22**]　如图 9-81 所示结构支座 A、E 处同时顺时针向转动了单位位移，试用位移法求作结构的弯矩图并求截面 C 处的转角。

[**9-23**]　试用位移法求作如图 9-82 所示结构由于温度变化产生的弯矩图。已知杆件截面高度 $h = 0.4\text{m}$，$EI = 2 \times 10^4 \text{kN} \cdot \text{m}^2$，$\alpha = 1 \times 10^{-5}$。

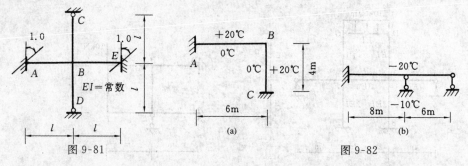

图 9-81

图 9-82

[**9-24**] 　用混合法求作如图 9-83 所示的弯矩图,或写出混合法方程式。

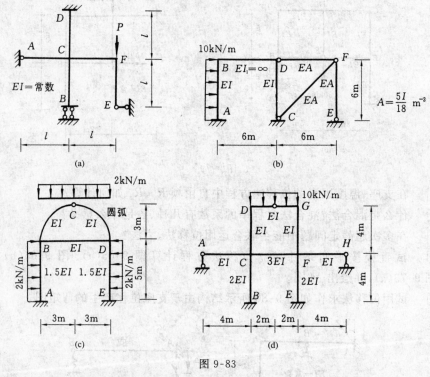

图 9-83

*[**9-25**] 　用位移法求作如图 9-84 所示结构弯矩图。

*[**9-26**] 　用子结构单元的位移法求作如图 9-85 所示结构弯矩图。

*[**9-27**] 　试用最小势能原理对图 9-65(b)、图 9-66(b)、图 9-66(c)进行计算,并绘出弯矩图。

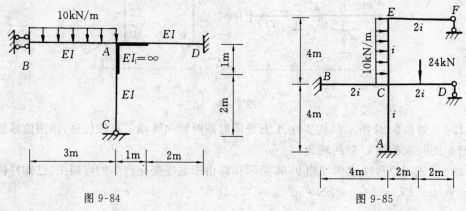

图 9-84

图 9-85

部分习题答案及提示

[**9-2**]　(a) $M_{DC} = -\dfrac{7}{24}ql^2$, $M_{DB} = \dfrac{1}{6}ql^2$, $V_{AD} = -\dfrac{1}{8}ql$

　　　　(b) $M_{BA} = 20\text{kN} \cdot \text{m}$, $V_{BA} = -10\text{kN}$, $N_{BC} = -20\text{kN}$

[**9-3**]　(a) $M_{AC} = -35.17\text{kN} \cdot \text{m}$, $M_{EC} = -3.29\text{kN} \cdot \text{m}$

　　　　(b) $M_{AB} = -20\text{kN} \cdot \text{m}$, $M_{DE} = 29.09\text{kN} \cdot \text{m}$, $Z_1 = \dfrac{-30\text{kN} \cdot \text{m}}{11i}$, $Z_2 = \dfrac{10l^2}{9i}\text{kN}$

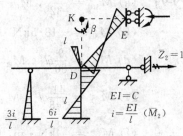

图 9-86

　　　　(c) $M_{BC} = -48\text{kN} \cdot \text{m}$, $M_{DE} = -30\text{kN} \cdot \text{m}$

　　　　(d) $M_{BD} = -2.16Pa$, $M_{CA} = -2.79Pa$

[**9-5**]　(a) 结点 C 处两链杆可作一根 $2EA$ 计,注意悬臂上荷载对 M_{BC}^F 的影响。

　　　　(b) 注意定向支座在单位未知角位移时的实际表现。有两个未知量。在作 $\bar{Z}_2 = 1$ 时,斜杆 DE 发生转动(牵连运动),根据 D 点向右、E 点向上运动,可知其瞬心在 K 点,杆 DE 的弦转角 $\beta = -\dfrac{Z_2}{KD} = -\dfrac{1}{l}$。$\bar{M}_2$ 图如图 9-86 所示,其中 $M_{DE} = M_{ED} = 6i_1\beta = 6\dfrac{i}{\sqrt{2}}\dfrac{1}{l}$,由此可得水平附加支杆反力 $r_{22} = (15 + 6\sqrt{2})\dfrac{i}{l^2}$。

　　　　(c) $M_{BA} = -7.28\text{kN} \cdot \text{m}$, $M_{CB} = 26.8\text{kN} \cdot \text{m}$, $M_{CD} = -16.8\text{kN} \cdot \text{m}$

[**9-6**]　(a) 结点 B 和 C 的线位移方向不一致而有几何关系,可将附加支杆放在结点 B 的水平方向。如图 9-87 所示 $\bar{Z}_2 = 1$ 时,C 点位移垂直于 DC,可知与竖线的夹角,三杆新位置用虚直线表示,C 处小三角形的三条边分别为三杆的端位移,$C'C'' = \bar{Z}_2 = 1$,$CC' = \dfrac{10}{6}$。另由结点 B 和 C 的运动方向确定杆 BC 的瞬心在 D 点,也可定出其弦转角。于是可作出 $\bar{M}_2$ 图。用杆 BC 作为隔离体,由 $\sum M_D = 0$ 求得 $r_{22} = \dfrac{61i}{240\text{m}^2}$。

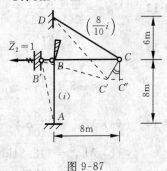

图 9-87

　　　　(b) $M_{AB} = -0.37Pl$。

　　　　(c) $M_{AB} = \dfrac{Pa}{14}$, $M_{CB} = -\dfrac{5Pa}{56}$, $M_{DC} = \dfrac{Pa}{14}$。

　　　　(d) 两柱是平行的。$M_{AC} = -8.714qa^2$, $M_{CA} = -1.628qa^2$。
$Z_1 = 1.086\dfrac{qa^3}{EI}(\curvearrowright)$, $Z_2 = 13.6\dfrac{qa^4}{EI}(\rightarrow)$

[**9-7**]　(a) 两个未知位移,附加支杆放在结点 C。设 $\bar{Z}_2 = 1$ 向右时,BC 杆的 C 端到 C',B 端沿 BC 到 B',其瞬心在 K 点,可定其弦转角 $\beta_{BC} = \dfrac{1}{2l}$。$AB$ 杆的 $\beta_{AB} = \dfrac{BB'}{AB} = $

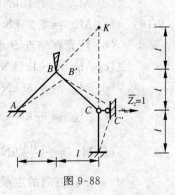

图 9-88

$\dfrac{KB \cdot \beta_{BC}}{AB}$。计算 r_{22} 取 BC 隔离体由 $\sum M_K = 0$ 而得(图 9-88)。

[9-8]　(a)、(b)、(c) 中刚性横梁可平移而无转动,可知两柱内剪力。(d)、(e) 中两刚性竖杆上端测移而平行,可知刚结点转角。

[9-9]　(a) $M_{AD} = \dfrac{3Pa}{32}$, $M_{BA} = \dfrac{3Pa}{32}$

(b) $M_{AB} = -18.5 \text{kN} \cdot \text{m}$, $M_{FG} = -11.9 \text{kN} \cdot \text{m}$, $M_{DE} = -24 \text{kN} \cdot \text{m}$

(d) $M_{BA} = \dfrac{9}{80}ql^2$, $M_{EC} = -\dfrac{19}{80}ql^2$

(e) $M_{CD} = \dfrac{41}{348}ql^2$, $M_{CD} = \dfrac{85}{348}ql^2$

(f) $M_{AB} = \dfrac{48}{11}\text{kN} \cdot \text{m}$, $M_{CD} = \dfrac{-168}{11}\text{kN} \cdot \text{m}$, $M_{DC} = \dfrac{68}{11}\text{kN} \cdot \text{m}$

[9-10]　(a) $M_{AB} = \dfrac{1}{40}ql^2$

(b) $M_{AB} = -\dfrac{1}{18}ql^2$, $M_{CB} = -\dfrac{1}{36}ql^2$, $M_{BC} = -\dfrac{1}{18}ql^2$

(c) $M_{BA} = 7.64 \text{kN} \cdot \text{m}$, $M_{CD} = 0.191 \text{kN} \cdot \text{m}$, $M_{EC} = 0.048 \text{kN} \cdot \text{m}$

[9-11]　$M_{FE} = -7.39 \text{kN} \cdot \text{m}$, $M_{CD} = -8.62 \text{kN} \cdot \text{m}$, $N_{BD} = 2.16 \text{kN}$, $N_{AD} = 1.08 \text{kN}$

[9-12]　$N_{DC} = \dfrac{1 + 2\sqrt{2}}{2(1 + \sqrt{2})}P$, $N_{AC} = \dfrac{\sqrt{2}}{2(1 + \sqrt{2})}P$, $N_{BC} = \dfrac{1}{2(1 + \sqrt{2})}P$

[9-13]　$r_{11} = 6.83\dfrac{EI}{l}$, $r_{22} = 14.48\dfrac{EI}{l^3}$, $r_{33} = 3.48\dfrac{EI}{l^3}$

$r_{12} = -8.12\dfrac{EI}{l^2}$, $r_{13} = -2.12\dfrac{EI}{l^2}$, $r_{23} = 1.77\dfrac{EI}{l^2}$

[9-14]　(a) $M_{CF} = \dfrac{159}{440}qa^2$, $M_{BD} = \dfrac{36}{55}qa^2$, $M_{AB} = -\dfrac{67}{55}qa^2$

(b) $M_{CA} = 112.34 \text{kN} \cdot \text{m}$, $M_{CB} = -4.69 \text{kN} \cdot \text{m}$, $M_{DF} = 56.06 \text{kN} \cdot \text{m}$

[9-15]　(a) $M_{AB} = 15 \text{kN} \cdot \text{m}$, $M_{BA} = 210 \text{kN} \cdot \text{m}$

(b) $M_{AB} = -15.24 \text{kN} \cdot \text{m}$, $M_{CA} = 7.62 \text{kN} \cdot \text{m}$

(c) $M_{CD} = -\dfrac{2}{11}Pl$, $M_{AB} = -\dfrac{3}{11}Pl$

(d) $M_{AB} = 7.15 \text{kN} \cdot \text{m}$, $M_{BA} = 6.07 \text{kN} \cdot \text{m}$, $M_{CB} = -4.83 \text{kN} \cdot \text{m}$

[9-16]　(a) $M_{AB} = 0.75 \text{kN} \cdot \text{m}$

(b) 注意在结点 B 水平移动时结点 C 无移动。$M_{AB} = -0.978Pa$。

(c) $M_{CA} = -1.5 \text{kN} \cdot \text{m}$, $M_{CD} = 8.5 \text{kN} \cdot \text{m}$, $M_{DC} = 20 \text{kN} \cdot \text{m}$

(d) $M_{AB} = 1.58 \text{kN} \cdot \text{m}$, $M_{BE} = 4.74 \text{kN} \cdot \text{m}$, $M_{CB} = -7.11 \text{kN} \cdot \text{m}$

(e) $M_{AB} = \dfrac{25}{3}\text{kN} \cdot \text{m}$, $M_{CD} = -\dfrac{50}{3}\text{kN} \cdot \text{m}$, $M_{BE} = -\dfrac{75}{2}\text{kN} \cdot \text{m}$

(f) $M_{AB} = -\dfrac{100}{33}\text{kN} \cdot \text{m}$　将荷载沿杆轴分解,按全结构上判断半结构形式,注意线位移方向的主系数。

[**9-21**]　(a) $M_{AB} = 3.46 \dfrac{EI}{l} \varphi$，$M_{BA} = 0.92 \dfrac{EI}{l} \varphi$，$M_{CB} = -0.23 \dfrac{EI}{l} \varphi$

　　　　(b) B 点移动 $Z_1 = \dfrac{\Delta + \theta l}{1 + k_N l^3 / 3EI}$

　　　　(c) $M_{BA} = -3.69 \dfrac{EI}{l^2} \Delta$，$M_{CD} = -2.77 \dfrac{EI}{l^2} \Delta$

　　　　(d) $M_{AB} = 3.73 \dfrac{EI}{l} \varphi$

[**9-22**]　$M_{AB} = \dfrac{24}{7} \dfrac{EI}{l}$，$M_{BA} = \dfrac{6EI}{7l}$，$\theta_C = \dfrac{1}{7}$

[**9-23**]　(a) $M_{AB} = 11.97\text{kN} \cdot \text{m}$，$M_{BA} = -7.40\text{kN} \cdot \text{m}$，$M_{CB} = -13.55\text{kN} \cdot \text{m}$

　　　　(b) $M_{BA} = -1.2 \dfrac{\alpha t EI}{hl}$

[**9-24**]　(a) $M_{CA} = \dfrac{3}{14} Pl$，$M_{CB} = \dfrac{1}{14} Pl$，$M_{CF} = -\dfrac{4}{7} Pl$，$M_{FC} = \dfrac{-3}{7} Pl$

　　　　(b) $N_{DF} = N_{EF} = -0.129\text{kN}$，$N_{FC} = 0.182\text{kN}$，$M_{AB} = -74.81\text{kN} \cdot \text{m}$

　　　　(c) $M_{AB} = -6.063\text{kN} \cdot \text{m}$

　　　　(d) $M_{CA} = -1.5\text{kN} \cdot \text{m}$，$M_{DC} = 20\text{kN} \cdot \text{m}$

*[**9-25**]　$M_{BA} = 15.99\text{kN} \cdot \text{m}$，$M_{AB} = 29.01\text{kN} \cdot \text{m}$，$M_{AC} = 9.90\text{kN} \cdot \text{m}$

*[**9-26**]　$M_{CA} = 15.94\text{kN} \cdot \text{m}$，$M_{CB} = 31.88\text{kN} \cdot \text{m}$，

　　　　$M_{CE} = -53.73\text{kN} \cdot \text{m}$，$M_{EC} = -26.27\text{kN} \cdot \text{m}$

10 矩阵位移法

10.1 概 述

结构矩阵分析与传统的结构力学分析在原理上并无区别,仅在结构分析中应用了矩阵格式。矩阵运算早在 1850 年已问世,到 20 世纪 60 年代,随着电子计算机的使用,才得到广泛应用。用矩阵运算,使公式推导过程书写简明,各种情况可统一处理,所得公式非常紧凑,在形式上具有规格化的优点,而且用矩阵形式表示的计算步骤容易标准化,适宜于编制通用程序,便于使计算过程程序化。

结构矩阵分析的基本方法可分为矩阵力法与矩阵位移法。由于矩阵力法的基本结构可以有多种方案,因而给通用程序的编制带来麻烦;而矩阵位移法的基本结构一般是唯一的,计算比较规则,具有通用性,可使程序系统化,适合于电算。

结构承受荷载产生变形,各结点发生位移,当确定了结点位移(包括线位移和角位移)后,各个杆单元的变形也就随之而定,相应的内力即可求出。

矩阵位移法的基本思路是先将结构离散,即假想地将结构分为若干单元,对直杆系结构通常是将一根杆件作为一个单元,其次进行单元分析,建立单元杆端力与杆端位移间转换关系的单元刚度方程,再根据变形连续条件将各单元综合成整体,并根据各结点平衡条件进行结构整体分析,建立结构的各结点力与结点位移间的转换关系式,即结构的总刚度方程,最后求解结构总刚度方程,求出结点位移未知量,从而可求出各杆端内力。在这样一分一合的过程中,复杂的结构就转化为简单杆件的分析与综合问题。广义地说,这种方法称有限单元法。

本章主要讨论杆件结构的单元刚度方程和单元刚度矩阵及它们在单元坐标系与结构坐标系间的变换、结构总刚度矩阵的组成方法、荷载及边界条件处理等内容。平面坐标系 xOy 取右手螺旋规则。

10.1.1 结构离散化

将结构假想地分解成有限个单元,由这些单元的集合体代替真实的结构。对杆系结构来说,每一根直杆通常可看作一个单元,有时可看作几个单元。

单元与单元相连接的点称为结点,杆件的转折点、汇交点、支承点以及截面突变点均是结点,这些结点是按照结构的构造特征确定的,称构造结点。在矩阵位移法中,荷载必须作用于结点上,作用于结点上的荷载称结点荷载。当荷载作用于单元中间时,可用后面介绍的荷载处理方法换算到结点上去。当集中荷载作用于单元中间时,也可将荷载作用点当作结点,这种结点称非构造结点。

如图 10-1(a) 所示平面桁架可划分为 7 个单元、5 个结点,每个单元、结点均应注明序号。图 10-1(b) 为一平面刚架,荷载 P 作用于单元 ② 的中间,离散后共有 4 个结点,3 个单元,用矩阵位移法计算时要把荷载 P 换算成等效结点荷载。另一离散法是将荷载 P 的作用点也作为一个结点,共有 5 个结点、4 个单元(图 10-1(c))。因此,同一结构可采用不同的离散方法,虽然前一种方法的单元数及结点数均比后一种少,要求解的结点位移未知数也少,但也有不利之处,就是中间荷载需换算为等效结点荷载。必须注意的是一个桁架杆件不能离散为两个单元,否则桁架将成为瞬变结构。

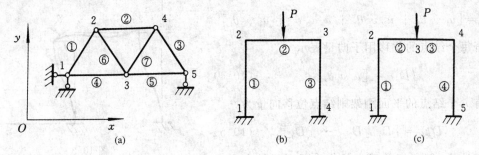

图 10-1

10.1.2　结点位移和结点力

先介绍如何用矩阵形式表达结点位移和结点力的问题。对于各个杆单元来说,结点就是杆单元的两端,从结构整体来说,杆系结构的结点就是杆件与杆件的连接处。以图 10-2(a)所示平面桁架为例,有 5 个结点,结点位移为各个结点在 x 和 y 方向的线位移,写成矩阵形式为

$$\{D_J\} = \begin{bmatrix} u_1 & v_1 & \vdots & u_2 & v_2 & \vdots & u_3 & v_3 & \vdots & u_4 & v_4 & \vdots & u_5 & v_5 \end{bmatrix}^{\mathrm{T}}$$

其中,u 为 x 方向的线位移,v 为 y 方向的线位移,下标为结点码。例如当图 10-2(a)桁架有图 10-2(b)的变形时,结点位移的矩阵表达式为

$$\{D_J\} = \begin{bmatrix} 0.0 & 0.0 & \vdots & 1.2 & -0.2 & \vdots & 1.0 & -0.3 & \vdots & 0.8 & 0.6 & \vdots & 0.7 & 0.0 \end{bmatrix}^{\mathrm{T}}$$

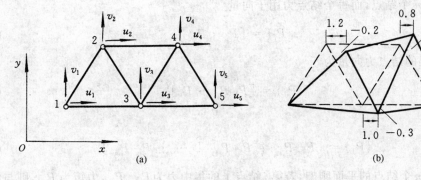

图 10-2

若桁架有 n 个结点,而每个结点的位移用子向量

$$\{D_i\} = \begin{bmatrix} u_i & v_i \end{bmatrix}^{\mathrm{T}} \tag{10-1}$$

表示,则 n 个结点的位移向量为

$$\{D_J\} = \begin{bmatrix} D_1 & D_2 & \cdots & D_n \end{bmatrix}^{\mathrm{T}} \tag{10-2}$$

或

$$\{D_J\} = \begin{bmatrix} u_1 & v_1 & \vdots & u_2 & v_2 & \vdots & \cdots & \vdots & u_n & v_n \end{bmatrix}^{\mathrm{T}} \tag{10-3}$$

对于平面刚架的杆单元,每个结点有三个位移分量,例如,图 10-3 所示结构承受荷载后,

结点 3 位移至新位置 $3'$，位移分量为 u_3、v_3、θ_3。如图 10-3 所示结构的结点位移向量为

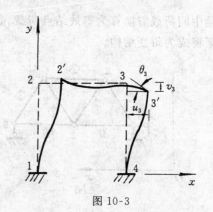

图 10-3

$$\{D_J\} = [u_1\ v_1\ \theta_1\ \vdots\ u_2\ v_2\ \theta_2\ \vdots\ u_3\ v_3\ \theta_3\ \vdots\ u_4\ v_4\ \theta_4]^T$$

若每个结点的位移用子向量表示

$$\{D_i\} = [u_i\ v_i\ \theta_i]^T \tag{10-4}$$

有 n 个结点的平面刚架则结点位移向量为

$$\{D_J\} = [D_1\quad D_2\quad \cdots\quad D_n]^T \tag{10-5}$$

在位移法中，假定杆单元中的内力是通过结点由一个杆单元传递到其他杆单元上去的，如果给出杆单元两端（结点）的力和弯矩，则该杆单元内的力和弯矩分布也就确定了，因此，结构的内力状态可由结点上的力和弯矩（结点力）来表示。同时，荷载也是通过结点传递到结构上的，若是非结点荷载，也要把它换算成等效结点荷载。这样就便于表达结点上各方向力的平衡关系了。与结点位移向量对应，如图 10-4 所示桁架的结点作用力（包括荷载和支座反力），简称结点力，写成矩阵形式为

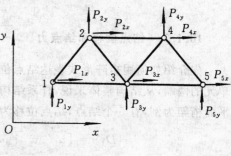

图 10-4

$$\{P_J\} = [P_{1x}\ P_{1y}\ \vdots\ P_{2x}\ P_{2y}\ \vdots\ \cdots\ \vdots\ P_{5x}\ P_{5y}]^T$$

若桁架有 n 个结点，而每个结点力用子向量

$$\{P_i\} = [P_{ix}\quad P_{iy}]^T \tag{10-6}$$

表示，则该桁架的结点力向量为

$$\{P_J\} = [P_1\ P_2\ \cdots\ P_n]^T \tag{10-7}$$

或

$$\{P_J\} = [P_{1x}\ P_{1y}\ \vdots\ P_{2x}\ P_{2y}\ \vdots\ \cdots\ \vdots\ P_{nx}\ P_{ny}]^T \tag{10-8}$$

对于具有 n 个结点的平面刚架，若第 i 结点上的集中力为 P_{ix}、P_{iy}，力矩为 P_{iM}，则与结点位移相对应的刚架结点力向量为

$$\{P_J\} = [P_{1x}\ P_{1y}\ P_{1M}\ \vdots\ P_{2x}\ P_{2y}\ P_{2M}\ \vdots\ \cdots\ \vdots\ P_{nx}\ P_{ny}\ P_{nM}]^T \tag{10-9}$$

若每个结点力用子向量

$$\{P_i\} = [P_{ix}\ P_{iy}\ P_{iM}]^T \tag{10-10}$$

表示，则平面刚架结点力向量与桁架的结点力向量的表达式(10-7) 相同。

结点力向量与结点位移向量各分量的排列次序应符合一一对应的原则。在图 10-2(a)、图 10-3、图 10-4 上所示的结点位移和结点力均为正方向（即线位移和力沿坐标轴的正方向时为正，转角和弯矩对杆端为逆时针向转动时为正），负值则表示实际方向与图示方向相反。若某结点沿某坐标轴方向无结点力分量，则向量中的相应分量取零，不能略去，即应将零值记入向量表达式中的相应位置。

10.1.3 杆单元端部的杆端力及杆端位移向量

为了有利于计算过程的程序化和通用性,在进行单元分析和结构的整体分析时,通常分别采用单元坐标系和结构坐标系。以杆单元 ij 的 i 端为坐标原点,分别以杆件轴线和垂直于杆件轴线的方向为坐标系的 $\bar{x}$ 轴和 $\bar{y}$ 轴,这样形成的与单元完全结合在一起的坐标系,称为该单元的单元坐标系,如图 10-5、图 10-6 所示,图中所示的杆端力和位移均为正向。当用单元坐标系时,在杆端力和位移上均加一横线。如图 10-5 所示为桁架中的第 ⓔ 个单元,其两端的结点编号分别为 i 和 j,它在单元坐标系中的杆端位移和杆端力向量各为

$$\{\overline{D}\}^{(e)} = \begin{bmatrix} \overline{D}_i & \vdots & \overline{D}_j \end{bmatrix}^{\mathrm{T}(e)} = \begin{bmatrix} \bar{u}_i \, \bar{v}_i & \vdots & \bar{u}_j \, \bar{v}_j \end{bmatrix}^{\mathrm{T}(e)} \tag{10-11}$$

$$\{\overline{F}\}^{(e)} = \begin{bmatrix} \overline{F}_i & \vdots & \overline{F}_j \end{bmatrix}^{\mathrm{T}(e)} = \begin{bmatrix} \overline{X}_i \, \overline{Y}_i & \vdots & \overline{X}_j \, \overline{Y}_j \end{bmatrix}^{\mathrm{T}(e)} \tag{10-12}$$

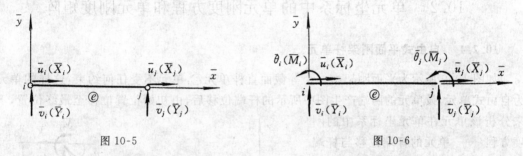

图 10-5　　　　　　　　　　　　　　　图 10-6

如图 10-6 所示为平面刚架中的第 ⓔ 个单元,其两端的结点编号分别为 i 和 j,它在单元坐标系中的杆端位移和杆端力向量各为

$$\{\overline{D}\}^{(e)} = \begin{bmatrix} \overline{D}_i & \vdots & \overline{D}_j \end{bmatrix}^{\mathrm{T}(e)} = \begin{bmatrix} \bar{u}_i \, \bar{v}_i \, \bar{\theta}_i & \vdots & \bar{u}_j \, \bar{v}_j \, \bar{\theta}_j \end{bmatrix}^{\mathrm{T}(e)} \tag{10-13}$$

$$\{\overline{F}\}^{(e)} = \begin{bmatrix} \overline{F}_i & \vdots & \overline{F}_j \end{bmatrix}^{\mathrm{T}(e)} = \begin{bmatrix} \overline{X}_i \, \overline{Y}_i \, \overline{M}_i & \vdots & \overline{X}_j \, \overline{Y}_j \, \overline{M}_j \end{bmatrix}^{\mathrm{T}(e)} \tag{10-14}$$

上式中各子向量分别表示单元坐标系中杆端 i 和 j 的位移和力,向量 $\{\overline{D}\}^{(e)}$、$\{\overline{F}\}^{(e)}$ 中各分量与坐标轴方向一致时为正值,反之为负值。

如图 10-7 所示的桁架杆单元 ij 在图示结构坐标系 xOy(注意不带上横线)中的杆端位移向量 $\{D\}^{(e)}$ 和杆端力向量 $\{F\}^{(e)}$ 分别为

$$\{D\}^{(e)} = \begin{bmatrix} D_i & \vdots & D_j \end{bmatrix}^{\mathrm{T}(e)} = \begin{bmatrix} u_i \, v_i & \vdots & u_j \, v_j \end{bmatrix}^{\mathrm{T}(e)} \tag{10-15}$$

$$\{F\}^{(e)} = \begin{bmatrix} F_i & \vdots & F_j \end{bmatrix}^{\mathrm{T}(e)} = \begin{bmatrix} X_i \, Y_i & \vdots & X_j \, Y_j \end{bmatrix}^{\mathrm{T}(e)} \tag{10-16}$$

如图 10-8 所示平面刚架杆单元 ij 在图示结构坐标系 xOy 中的杆端位移向量 $\{D\}^{(e)}$ 和杆端力向量 $\{F\}^{(e)}$ 分别为

$$\{D\}^{(e)} = \begin{bmatrix} D_i & \vdots & D_j \end{bmatrix}^{\mathrm{T}(e)} = \begin{bmatrix} u_i \, v_i \, \theta_i & \vdots & u_j \, v_j \, \theta_j \end{bmatrix}^{\mathrm{T}(e)} \tag{10-17}$$

$$\{F\}^{(e)} = \begin{bmatrix} F_i & \vdots & F_j \end{bmatrix}^{\mathrm{T}(e)} = \begin{bmatrix} X_i \, Y_i \, M_i & \vdots & X_j \, Y_j \, M_j \end{bmatrix}^{\mathrm{T}(e)} \tag{10-18}$$

以上建立的结点位移向量、结点力向量以及杆端位移向量、杆端力向量中的所有各分量都是与坐标系直接相关的,当采用不同坐标系时,同一向量中的同一位置中的分量值可能是不相同的,因此,必须注意是采用结构坐标系还是采用单元坐标系。

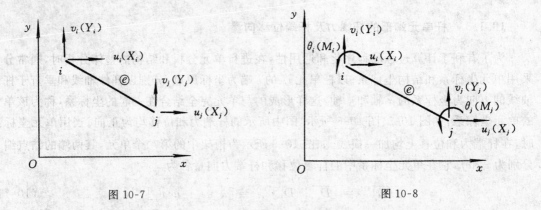

图 10-7   图 10-8

10.2　单元坐标系中的单元刚度方程和单元刚度矩阵

10.2.1　自由式平面刚架杆单元

如图 10-9 所示为平面刚架中一个等截面直杆单元⒠,单元不受任何约束,这样的单元称为自由式单元。设单元的两端产生图中所示的杆端位移后,由初始位置位移至最终位置,下面来分析该单元在单元坐标系中的刚度方程 —— 单元的杆端位移与杆端力之间的关系。当忽略轴向受力状态和弯曲受力状态间的相互影响时,可分别推导轴向变形和弯曲变形的刚度方程。

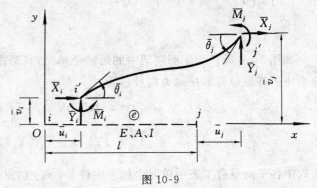

图 10-9

首先,由杆端轴向位移 $\bar{u}_i$、$\bar{u}_j$,根据材料力学知识,可推算出相应的杆端轴向力 $\bar{X}_i$、$\bar{X}_j$ 为

$$\left.\begin{aligned} \bar{X}_i &= \frac{EA}{l}(\bar{u}_i - \bar{u}_j) \\ \bar{X}_j &= \frac{EA}{l}(\bar{u}_j - \bar{u}_i) \end{aligned}\right\} \tag{10-19}$$

其次,由杆端横向位移 $\bar{v}_i$、$\bar{v}_j$ 和转角 $\bar{\theta}_i$、$\bar{\theta}_j$,可推算出杆单元两端的弯矩和剪力为

$$\left.\begin{aligned} \bar{Y}_i &= \frac{12EI}{l^3}\bar{v}_i + \frac{6EI}{l^2}\bar{\theta}_i - \frac{12EI}{l^3}\bar{v}_j + \frac{6EI}{l^2}\bar{\theta}_j \\ \bar{M}_i &= \frac{6EI}{l^2}\bar{v}_i + \frac{4EI}{l}\bar{\theta}_i - \frac{6EI}{l^2}\bar{v}_j + \frac{2EI}{l}\bar{\theta}_j \\ \bar{Y}_j &= -\frac{12EI}{l^3}\bar{v}_i - \frac{6EI}{l^2}\bar{\theta}_i + \frac{12EI}{l^3}\bar{v}_j - \frac{6EI}{l^2}\bar{\theta}_j \\ \bar{M}_j &= \frac{6EI}{l^2}\bar{v}_i + \frac{2EI}{l}\bar{\theta}_i - \frac{6EI}{l^2}\bar{v}_j + \frac{4EI}{l}\bar{\theta}_j \end{aligned}\right\} \tag{10-20}$$

将式(10-19)、式(10-20)合在一起写成矩阵形式为

$$
\begin{Bmatrix} \overline{X}_i \\ \overline{Y}_i \\ \overline{M}_i \\ \overline{X}_j \\ \overline{Y}_j \\ \overline{M}_j \end{Bmatrix}^{(e)} = \begin{bmatrix} \dfrac{EA}{l} & 0 & 0 & -\dfrac{EA}{l} & 0 & 0 \\[2mm] 0 & \dfrac{12EI}{l^3} & \dfrac{6EI}{l^2} & 0 & -\dfrac{12EI}{l^3} & \dfrac{6EI}{l^2} \\[2mm] 0 & \dfrac{6EI}{l^2} & \dfrac{4EI}{l} & 0 & -\dfrac{6EI}{l^2} & \dfrac{2EI}{l} \\[2mm] -\dfrac{EA}{l} & 0 & 0 & \dfrac{EA}{l} & 0 & 0 \\[2mm] 0 & -\dfrac{12EI}{l^3} & -\dfrac{6EI}{l^2} & 0 & \dfrac{12EI}{l^3} & -\dfrac{6EI}{l^2} \\[2mm] 0 & \dfrac{6EI}{l^2} & \dfrac{2EI}{l} & 0 & -\dfrac{6EI}{l^2} & \dfrac{4EI}{l} \end{bmatrix}^{(e)} \begin{Bmatrix} \overline{u}_i \\ \overline{v}_i \\ \overline{\theta}_i \\ \overline{u}_j \\ \overline{v}_j \\ \overline{\theta}_j \end{Bmatrix}^{(e)} \tag{10-21}
$$

可简写为

$$
\{\overline{F}\}^{(e)} = [\overline{K}]^{(e)}\{\overline{D}\}^{(e)} \tag{10-22}
$$

式(10-21)或式(10-22)为平面刚架杆单元在单元坐标系中的单元刚度方程,矩阵和向量都按单元端点分为子块。其中的$[\overline{K}]^{(e)}$为

$$
\begin{array}{cccccc}
1 & 2 & 3 & 4 & 5 & 6 \\
(\overline{u}_i=1) & (\overline{v}_i=1) & (\overline{\theta}_i=1) & (\overline{u}_j=1) & (\overline{v}_j=1) & (\overline{\theta}_j=1) \\
\downarrow & \downarrow & \downarrow & \downarrow & \downarrow & \downarrow
\end{array}
$$

$$
[\overline{K}]^{(e)} = \begin{bmatrix} \dfrac{EA}{l} & 0 & 0 & -\dfrac{EA}{l} & 0 & 0 \\[2mm] 0 & \dfrac{12EI}{l^3} & \dfrac{6EI}{l^2} & 0 & -\dfrac{12EI}{l^3} & \dfrac{6EI}{l^2} \\[2mm] 0 & \dfrac{6EI}{l^2} & \dfrac{4EI}{l} & 0 & -\dfrac{6EI}{l^2} & \dfrac{2EI}{l} \\[2mm] -\dfrac{EA}{l} & 0 & 0 & \dfrac{EA}{l} & 0 & 0 \\[2mm] 0 & -\dfrac{12EI}{l^3} & -\dfrac{6EI}{l^2} & 0 & \dfrac{12EI}{l^3} & -\dfrac{6EI}{l^2} \\[2mm] 0 & \dfrac{6EI}{l^2} & \dfrac{2EI}{l} & 0 & -\dfrac{6EI}{l^2} & \dfrac{4EI}{l} \end{bmatrix} \begin{matrix} 1 \\ 2 \\ 3 \\ 4 \\ 5 \\ 6 \end{matrix} \tag{10-23}
$$

$[\overline{K}]^{(e)}$ 称为单元坐标系中平面刚架杆单元的刚度矩阵,简称单刚。它的行数是杆端力分量数,列数为杆端位移分量数,它是 6×6 方阵。$[\overline{K}]^{(e)}$ 中的每个元素称为单元刚度系数,通常用 $k_{lm}^{(e)}$ 表示$[\overline{K}]^{(e)}$ 中第 l 行、第 m 列的元素,它表示第 m 号杆端位移分量为1时引起的第 l 号杆端力。如果将 i 端和 j 端的轴向位移(轴向力)、横向位移(剪力)、角位移(弯矩)的编号分别定为 1、2、3 和 4、5、6,则$[\overline{K}]^{(e)}$ 中 $k_{25}^{(e)} = -\dfrac{12EI}{l^3}$ 代表当第 5 号杆端位移 $\overline{v}_j = 1$ 时引起的第 2 个杆端力(即第 i 端的剪力)$\overline{Y}_i$。按此类推,矩阵$[\overline{K}]^{(e)}$ 中某一列的六个元素分别表示当某个杆端位移为1时所引起的六个杆端力。例如图 10-10 表示 $\overline{v}_i = 1$ 而其他杆端位移均为零时所引起的各杆端力,将它们按顺序排列就得到$[\overline{K}]^{(e)}$ 的第 2 列元素。同理,矩阵$[\overline{K}]^{(e)}$ 中第 i 行的各元素,表示当各项杆端位移分别为1时所引起的第 i 项杆端力,例如第 2 行中的各元素表示各项杆端位

移分别为 1 时所引起的单元 i 端的剪力 $\overline{Y}_i$ 值。为了醒目起见,在式(10-23)的上方和右边,表明了单元两端的杆端位移、杆端力的编号。

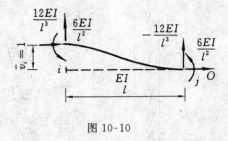

图 10-10

对于连续梁结构,各单元均为端点无轴向位移、仅有转动时,可将式(10-23)中第一、四行和第一、四列删去,成 4×4 的梁单元刚度矩阵。

10.2.2 自由式平面桁架杆单元

桁架杆单元(图 10-11)在单元坐标系中的刚度方程见式(10-19),其矩阵形式为

$$\left\{\begin{array}{c}\overline{X}_i \\ \cdots \\ X_j\end{array}\right\}^{(e)} = \left[\begin{array}{c|c}\dfrac{EA}{l} & -\dfrac{EA}{l} \\ \hline -\dfrac{EA}{l} & \dfrac{EA}{l}\end{array}\right]^{(e)}\left\{\begin{array}{c}\overline{u}_i \\ \cdots \\ \overline{u}_j\end{array}\right\}^{(e)} \quad (10\text{-}24)$$

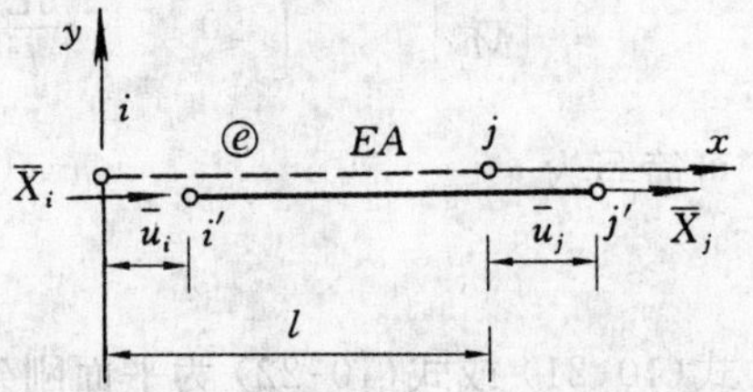

上式也是平面刚架杆单元的刚度方程式(10-21)的一个特殊情况,相当于杆单元没有抗弯能力,即在惯矩 $I = 0$ 的情况下,将式(10-21)中的第 2、3、5、6 行和列删去后得出的。

图 10-11

对于斜杆单元,其轴力和轴向位移在结构坐标系中,将有沿 x 轴和 y 轴的两个分量(图 10-7),为了便于将单元坐标系的单元刚度方程转换为结构坐标系的单元刚度方程,使其具有通用性和规格化,可将式(10-24)扩大为四阶的形式:

$$\left\{\begin{array}{c}\overline{X}_i \\ \overline{Y}_i \\ \cdots \\ \overline{X}_j \\ \overline{Y}_j\end{array}\right\}^{(e)} = \left[\begin{array}{cc|cc}\dfrac{EA}{l} & 0 & -\dfrac{EA}{l} & 0 \\ 0 & 0 & 0 & 0 \\ \hline -\dfrac{EA}{l} & 0 & \dfrac{EA}{l} & 0 \\ 0 & 0 & 0 & 0\end{array}\right]^{(e)}\left\{\begin{array}{c}\overline{u}_i \\ \overline{v}_i \\ \cdots \\ \overline{u}_j \\ \overline{v}_j\end{array}\right\}^{(e)} \quad (10\text{-}25)$$

或

$$\{\overline{F}\}^{(e)} = [\overline{K}]^{(e)}\{\overline{D}\}^{(e)} \quad (10\text{-}26)$$

其中

$$[\overline{K}]^{(e)} = \dfrac{EA}{l}\left[\begin{array}{cc|cc}1 & 0 & -1 & 0 \\ 0 & 0 & 0 & 0 \\ \hline -1 & 0 & 1 & 0 \\ 0 & 0 & 0 & 0\end{array}\right]^{(e)} \quad (10\text{-}27)$$

上式为平面桁架单元在单元坐标系中的刚度矩阵,它是 4×4 的方阵。

10.3 结构坐标系中的单元刚度方程和单元刚度矩阵

为了推导结构坐标系中的单元刚度方程及单元刚度矩阵,采用坐标变换的方法,首先讨论两种坐标系中单元杆端力(杆端位移)的转换式,然后再讨论两种坐标系中的单元刚度方程及单元刚度矩阵的转换式。

10.3.1 单元坐标系和结构坐标系间单元杆端力及杆端位移的转换式

考虑到各单元均有各自的单元坐标系,在分析整体结构时,由于多根杆件汇交在一个结点上,为了便于建立结点力的平衡方程或结点位移的协调方程,需要一个统一的坐标系即结构坐标系,这个坐标系对各杆单元是共同的,在建立结点力的平衡方程或结点位移的协调方程时,必须将单元坐标系中的杆端位移向量、杆端力向量转换到结构坐标系中去。

设一向量 V(图10-12),已知其在结构坐标系 x、y 轴上的投影为 V_x、V_y,现欲求它在单元坐标系 $\bar{x}$、$\bar{y}$ 轴上的投影 $\bar{V}_x$、$\bar{V}_y$。设 Ox 轴逆时针方向的转角 α 为正,则由图10-12可知

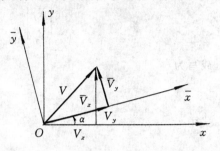

图 10-12

$$\bar{V}_x = V_x\cos\alpha + V_y\sin\alpha$$
$$\bar{V}_y = -V_x\sin\alpha + V_y\cos\alpha$$

即

$$\left\{\begin{matrix} \bar{V}_x \\ \bar{V}_y \end{matrix}\right\} = \begin{bmatrix} \cos\alpha & \sin\alpha \\ -\sin\alpha & \cos\alpha \end{bmatrix} \left\{\begin{matrix} V_x \\ V_y \end{matrix}\right\} \qquad (10\text{-}28)$$

或

$$\{\bar{V}\} = [T_1]\{V\} \qquad (10\text{-}29)$$

式中 $\{\bar{V}\} = [\bar{V}_x \ \bar{V}_y]^{\mathrm{T}}$ —— 以单元坐标系表示的向量;

$\{V\} = [V_x \ V_y]^{\mathrm{T}}$ —— 以结构坐标系表示的向量;

$[T_1]$ —— 单元坐标转换矩阵。

$$[T_1] = \begin{bmatrix} \cos\alpha & \sin\alpha \\ -\sin\alpha & \cos\alpha \end{bmatrix} \qquad (10\text{-}30)$$

反之,若从单元坐标系转换到结构坐标系,则利用式(10-29)可知

$$\{V\} = [T_1]^{-1}\{\bar{V}\}$$

由于单元坐标转换矩阵 $[T_1]$ 为一正交矩阵,因此其逆矩阵等于转置矩阵,即

$$[T_1]^{-1} = [T_1]^{\mathrm{T}} \qquad (10\text{-}31(a))$$

或

$$[T_1][T_1]^{\mathrm{T}} = [T_1]^{\mathrm{T}}[T_1] = [I] \qquad (10\text{-}31(b))$$

式中,$[I]$ 为与 $[T_1]$ 同阶的单位矩阵。

因此,式(10-29)的逆转换式为

$$\{V\} = [T_1]^{\mathrm{T}}\{\bar{V}\} \qquad (10\text{-}32)$$

对于平面桁架的杆端力或杆端位移向量的转换,可直接应用式(10-28)或式(10-29),若记

$$C = \cos\alpha \qquad S = \sin\alpha$$

则对整个平面桁架杆单元杆端力可表示为

$$\begin{Bmatrix} \bar{X}_i \\ \bar{Y}_i \\ \bar{X}_j \\ \bar{Y}_j \end{Bmatrix}^{(e)} = \begin{bmatrix} C & S & & \\ -S & C & & 0 \\ \hdashline & & C & S \\ 0 & & -S & C \end{bmatrix} \begin{Bmatrix} X_i \\ Y_i \\ X_j \\ Y_j \end{Bmatrix}^{(e)} \tag{10-33}$$

或写为

$$\{\bar{F}\}^{(e)} = [T]\{F\}^{(e)} \tag{10-34}$$

式中

$$[T] = \begin{bmatrix} C & S & & \\ -S & C & & 0 \\ \hdashline & & C & S \\ 0 & & -S & C \end{bmatrix} \tag{10-35}$$

$[T]$ 称为平面桁架杆单元的坐标转换矩阵。

对于平面刚架杆单元的杆端力向量或杆端位移向量作坐标变换时,由于弯矩(或角位移)在坐标系中可看成是沿 z 轴方向的向量,当坐标系转动 α 角时,可看作绕 z 轴旋转,弯矩(或角位移)无变化,故可得

$$\begin{Bmatrix} \bar{X}_i \\ \bar{Y}_i \\ \bar{M}_i \\ \bar{X}_j \\ \bar{Y}_j \\ \bar{M}_j \end{Bmatrix}^{(e)} = \begin{bmatrix} C & S & 0 & & & \\ -S & C & 0 & & 0 & \\ 0 & 0 & 1 & & & \\ \hdashline & & & C & S & 0 \\ & 0 & & -S & C & 0 \\ & & & 0 & 0 & 1 \end{bmatrix} \begin{Bmatrix} X_i \\ Y_i \\ M_i \\ X_j \\ Y_j \\ M_j \end{Bmatrix} \tag{10-36}$$

或写为

$$\{\bar{F}\}^{(e)} = [T]\{F\}^{(e)} \tag{10-37}$$

上式的逆转换式为

$$\{F\}^{(e)} = [T]^{\mathrm{T}}\{\bar{F}\}^{(e)} \tag{10-38}$$

式中,$[T]$ 为平面刚架杆单元的坐标转换矩阵。

$$[T] = \begin{bmatrix} C & S & 0 & & & \\ -S & C & 0 & & 0 & \\ 0 & 0 & 1 & & & \\ \hdashline & & & C & S & 0 \\ & 0 & & -S & C & 0 \\ & & & 0 & 0 & 1 \end{bmatrix} \tag{10-39}$$

矩阵$[T]$与$[T_1]$具有相同的性质,亦为正交矩阵。

同理,对整个单元杆端位移,不论是桁架或刚架的杆单元,均同样可表示为

$$\{\overline{D}\}^{(e)} = [T]\{D\}^{(e)} \tag{10-40}$$

$$\{D\}^{(e)} = [T]^{\mathrm{T}}\{\overline{D}\}^{(e)} \tag{10-41}$$

式(10-40)、式(10-41)中的$[T]$对桁架来说用式(10-35),对刚架来说,用式(10-39)。当结构坐标系与单元坐标系一致时,矩阵$[T]$中的元素不是 0 就是 1,这时,同一结点对应的$\{D\}^{(e)}$与$\{\overline{D}\}^{(e)}$、$\{F\}^{(e)}$与$\{\overline{F}\}^{(e)}$,在矩阵$[T]$中对应的子块是一个单位阵,于是得$\{D\}^{(e)} = \{\overline{D}\}^{(e)}$、$\{F\}^{(e)} = \{\overline{F}\}^{(e)}$。

10.3.2 结构坐标系中的单元刚度方程及单元刚度矩阵

平面桁架(或平面刚架)杆单元在单元坐标系中的刚度方程见式(10-26)或式(10-22),即

$$\{\overline{F}\}^{(e)} = [\overline{K}]^{(e)}\{\overline{D}\}^{(e)}$$

将式(10-34)或式(10-37)、式(10-40)代入上式,得

$$[T]\{F\}^{(e)} = [\overline{K}]^{(e)}[T]\{D\}^{(e)}$$

上式等号两边左乘$[T]^{-1}$,并注意到式(10-31(a))、式(10-31(b))的性质,可得

$$\{F\}^{(e)} = [T]^{\mathrm{T}}[\overline{K}]^{(e)}[T]\{D\}^{(e)}$$

记

$$[K]^{(e)} = [T]^{\mathrm{T}}[\overline{K}]^{(e)}[T] \tag{10-42}$$

则

$$\{F\}^{(e)} = [K]^{(e)}\{D\}^{(e)} \tag{10-43}$$

上式称为平面桁架(或平面刚架)杆单元(图 10-13 或图 10-14)在结构坐标系中的单元刚度方程,式中$[K]^{(e)}$即为平面桁架(或平面刚架)杆单元在结构坐标系中的单元刚度矩阵的一般表

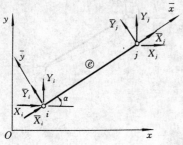

图 10-13

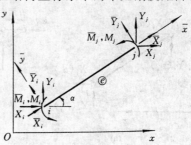

图 10-14

达式。将式(10-27)、式(10-35)代入式(10-42),则有

$$[K]^{(e)} = \frac{EA}{l}
\begin{bmatrix}
C^2 & S \cdot C & -C^2 & -S \cdot C \\
 & S^2 & -S \cdot C & -S^2 \\
\text{对} & & C^2 & S \cdot C \\
 & \text{称} & & S^2
\end{bmatrix} \tag{10-44}$$

上式为平面桁架杆单元在结构坐标系中的单元刚度矩阵。

将式(10-23)、式(10-39)代入式(10-42),得式(10-45)矩阵,该式为平面刚架杆单元在结构坐标系中的单元刚度矩阵。当结构坐标系与单元坐标系一致,也即两个坐标系之间的夹角 $\alpha = 0$ 时,则式(10-44)即为式(10-27),式(10-45)即为式(10-23)。

$$[K]^{(e)} = \begin{bmatrix} \left(\frac{EA}{l}C^2 + \frac{12EI}{l^3}S^2\right) & \left(\frac{EA}{l} - \frac{12EI}{l^3}\right)C \cdot S & -\frac{6EI}{l^2}S & -\left(\frac{EA}{l}C^2 + \frac{12EI}{l^3}S^2\right) & -\left(\frac{EA}{l} - \frac{12EI}{l^3}\right)S \cdot C & -\frac{6EI}{l^2}S \\ & \left(\frac{EA}{l}S^2 + \frac{12EI}{l^3}C^2\right) & \frac{6EI}{l^2}C & -\left(\frac{EA}{l} - \frac{12EI}{l^3}\right)C \cdot S & -\left(\frac{EA}{l}S^2 + \frac{12EI}{l^3}C^2\right) & \frac{6EI}{l^2}C \\ & & \frac{4EI}{l} & \frac{6EI}{l^2}S & -\frac{6EI}{l^2}C & \frac{2EI}{l} \\ & \text{对 称} & & \left(\frac{EA}{l}C^2 + \frac{12EI}{l^3}S^2\right) & \left(\frac{EA}{l} - \frac{12EI}{l^3}\right)S \cdot C & \frac{6EI}{l^2}S \\ & & & & \left(\frac{EA}{l}S^2 + \frac{12EI}{l^3}\right)C^2 & -\frac{6EI}{l^2}C \\ & & & & & \frac{4EI}{l} \end{bmatrix}$$

$$(10-45)$$

10.4 单元刚度矩阵的性质与分块

10.4.1 单元刚度矩阵的一般表达式

为了阐明问题方便起见,常用单元刚度系数 $k_{11}^{(e)}$, $k_{12}^{(e)}$, $\cdots$ 表示单元刚度方程和单元刚度矩阵中各不同位置上的元素。如平面桁架杆单元 $ⓔ$(图 10-15(a))的单元刚度方程常写成

$$\begin{Bmatrix} X_i \\ Y_i \\ X_j \\ Y_j \end{Bmatrix}^{(e)} = \begin{bmatrix} k_{11} & k_{12} & k_{13} & k_{14} \\ k_{21} & k_{22} & k_{23} & k_{24} \\ k_{31} & k_{32} & k_{33} & k_{34} \\ k_{41} & k_{42} & k_{43} & k_{44} \end{bmatrix}^{(e)} \begin{Bmatrix} u_i \\ v_i \\ u_j \\ v_j \end{Bmatrix}^{(e)} \qquad (10-46)$$

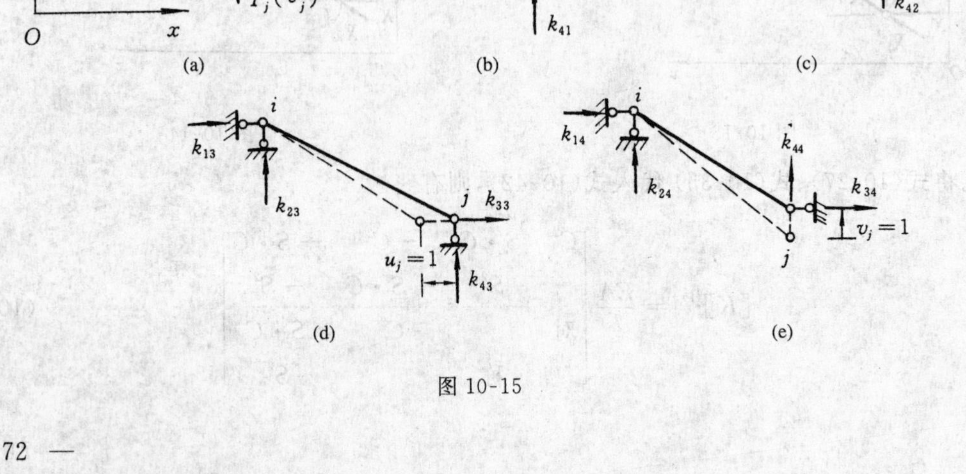

图 10-15

单元刚度矩阵可写为

$$[K]^{(e)} = \begin{bmatrix} k_{11} & k_{12} & \vdots & k_{13} & k_{14} \\ k_{21} & k_{22} & \vdots & k_{23} & k_{24} \\ \cdots & \cdots & \vdots & \cdots & \cdots \\ k_{31} & k_{32} & \vdots & k_{33} & k_{34} \\ k_{41} & k_{42} & \vdots & k_{43} & k_{44} \end{bmatrix}^{(e)} \tag{10-47}$$

$[K]^{(e)}$ 是 4×4 的方阵,将式(10-47)与式(10-44)对照,不难知道各单元刚度系数的值,各刚度系数 $k_{lm}^{(e)}$(下标 l 表示杆端力分量的序号,m 表示引起该力的单位杆端位移的序号)的物理意义分别如图 10-15(b)、(c)、(d)、(e)所示,它们均为单元端点仅有一个位移分量为 1,而其他三个位移分量为 0 时,所引起的单元各杆端力分量的大小。图 10-15 中的虚线表示杆件的原始位置,实线为杆端仅在一个位移分量上产生单位位移后的杆件位置,因此,$[K]^{(e)}$ 中的第一列元素表示单元仅发生 $u_i = 1$ 所产生的单元各杆端力之值。其他三种情况分别由图 10-15(c)、(d)、(e)表明,不另赘述。

对于平面刚架杆单元,可类似写出其单元刚度方程的一般表达式为

$$\begin{Bmatrix} X_i \\ Y_i \\ M_i \\ X_j \\ Y_j \\ M_j \end{Bmatrix}^{(e)} = \begin{bmatrix} k_{11} & k_{12} & k_{13} & \vdots & k_{14} & k_{15} & k_{16} \\ k_{21} & k_{22} & k_{23} & \vdots & k_{24} & k_{25} & k_{26} \\ k_{31} & k_{32} & k_{33} & \vdots & k_{34} & k_{35} & k_{36} \\ \cdots & \cdots & \cdots & \vdots & \cdots & \cdots & \cdots \\ k_{41} & k_{42} & k_{43} & \vdots & k_{44} & k_{45} & k_{46} \\ k_{51} & k_{52} & k_{53} & \vdots & k_{54} & k_{55} & k_{56} \\ k_{61} & k_{62} & k_{63} & \vdots & k_{64} & k_{65} & k_{66} \end{bmatrix}^{(e)} \begin{Bmatrix} u_i \\ v_i \\ \theta_i \\ u_j \\ v_j \\ \theta_j \end{Bmatrix}^{(e)} \tag{10-48}$$

单元刚度矩阵的一般表达式为

$$[K]^{(e)} = \begin{bmatrix} k_{11} & k_{12} & k_{13} & \vdots & k_{14} & k_{15} & k_{16} \\ k_{21} & k_{22} & k_{23} & \vdots & k_{24} & k_{25} & k_{26} \\ k_{31} & k_{32} & k_{33} & \vdots & k_{34} & k_{35} & k_{36} \\ \cdots & \cdots & \cdots & \vdots & \cdots & \cdots & \cdots \\ k_{41} & k_{42} & k_{43} & \vdots & k_{44} & k_{45} & k_{46} \\ k_{51} & k_{52} & k_{53} & \vdots & k_{54} & k_{55} & k_{56} \\ k_{61} & k_{62} & k_{63} & \vdots & k_{64} & k_{65} & k_{66} \end{bmatrix}^{(e)} \tag{10-49}$$

它是 6×6 方阵,其中各元素所代表的意义与桁架杆单元刚度矩阵式(10-47)中的各元素类同。例如 k_{65} 代表单元 j 端发生 $v_j = 1$ 时产生于 j 端的弯矩值 $\dfrac{-6EI}{l^2}c$。

10.4.2　单元刚度矩阵的性质

1. 单元刚度矩阵是对称矩阵

根据反力互等定理,在第 m 项结点位移分量上给予单元位移,引起在第 n 项结点位移分量上的杆端力 k_{nm}(图 10-16(a)),应等于在第 n 项结点位移分量上给予单位位移,引起在第 m 项结点位移分量上的杆端力 k_{mn}(图 10-16(b)),即 $k_{mn} = k_{nm}$。

处于单元刚度矩阵对角线上的诸元素,即 k_{mm}、k_{nn} 等,其值恒为正,称为主元素,其余各元素 $k_{mn}(m \neq n)$,称为副元素,其值可正、可负,亦可为零,其正、负号根据实际杆端力的方向与相

应的坐标轴方向是否一致而定。

根据对称矩阵这个性质，在程序中确定刚度矩阵时，只要确定其对角项以及对角项右上方各元素 $k_{mn}(m<n)$，关于对角项左下方各元素 k_{nm}，可利用 $k_{nm}=k_{mn}$ 来确定。

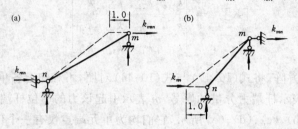

图 10-16

2. 自由式单元刚度矩阵是奇异矩阵

由于其单刚所对应的行列式之值为零，它不存在逆矩阵，也即已知单元结点位移，可由式（10-25）或式（10-21）确定杆端力，但已知杆端力，却无法由式（10-25）或式（10-21）求出单元结点位移。

10.4.3 单元刚度矩阵分块

为了便于建立结点平衡方程，可将式（10-46）、式（10-48）按结点 i、j 进行分块，在结构坐标系中，分块后的单元刚度方程可表示为

$$\left\{ \begin{matrix} F_i \\ \cdots \\ F_j \end{matrix} \right\}^{(e)} = \left[\begin{matrix} K_{ii} & \vdots & K_{ij} \\ \cdots & \vdots & \cdots \\ K_{ji} & \vdots & K_{jj} \end{matrix} \right]^{(e)} \left\{ \begin{matrix} D_i \\ \cdots \\ D_j \end{matrix} \right\}^{(e)} \tag{10-50}$$

上式中的子块 $[K_{ij}]^{(e)}$ 表示单元ⓔ的 j 端的一组单位位移引起的 i 端的一组杆端力。其余子块 $[K_{ii}]^{(e)}$、$[K_{ji}]^{(e)}$ $[K_{jj}]^{(e)}$ 的物理意义与此类同。因为单元刚度矩阵是对称矩阵，因此子矩阵 $[K_{ij}]^{(e)}$ 与 $[K_{ji}]^{(e)}$ 间存在关系

$$[K_{ij}]^{(e)} = [K_{ji}]^{T(e)} \tag{10-51}$$

10.5 先处理法

本节将讨论利用结点变形连续条件和平衡条件，在结构坐标系中将各单元组装起来，建立结构的结点力和结点位移间的关系式 —— 结构总刚度方程，即矩阵位移法的基本方程，然后讨论由结点位移计算杆端力。由于结构边界条件可在形成结构总刚度方程之前或之后处理，因而矩阵位移法又分为先处理法与后处理法两种。

后处理法是先将结构中的所有单元均采用自由式单元刚度矩阵，形成结构的原始刚度矩阵 $[\tilde{K}]$，然后根据已知位移边界条件，对 $[\tilde{K}]$ 进行边界条件处理，形成结构总刚度矩阵 $[K]$ 或结构总刚度方程 $\{P_J\}=[K]\{D_J\}$。用该法分析结构时，每个结点的位移分量数是相同的，各单元刚度矩阵的阶数也是相同的，$[\tilde{K}]$ 的阶数由结点总数乘结点的位移分量数来确定，整个分析过程便于编制通用程序。但由于原始刚度方程中包括了已知支座位移分量，所以后处理法的主要缺点是需要占用较多的计算机存储量，当结构中某些杆件的轴向变形可忽略时，则更甚。后处理法在结点多、支座约束少、必须考虑轴向变形的结构中，得到广泛的使用。

先处理法在计算单刚时,把结构中处于边界的和非边界处的杆件,分别采用考虑已知位移边界条件的单刚和自由式单元的刚度矩阵,这样,各单刚可以有不同的阶数。结构全体的结点位移只需引入独立的未知位移分量,结点力向量不包括支座反力,由单刚直接形成已考虑边界条件的结构总刚度矩阵。显然,先处理法在程序编制中,必须建立结点位移分量编号数组,来代替后处理法的约束处理数组。先处理法对于有铰结点以及支承结点较多且分散的结构最为方便;又当忽略轴向变形时,更可减少计算机存储量,计算速度会得到改善。

10.5.1　根据单元和结点编号建立结构总刚度矩阵[K]

以如图 10-17(a) 所示刚架为例,先将刚架离散为两个单元,并将各结点和单元编号,选取结构坐标系和各单元坐标系(图 10-17(a)),三个结点上是三组位移,结点位移向量为

$$\{D_J\} = [D_1 \vdots D_2 \vdots D_3]^T = [v_1 \vdots u_2\ v_2\ \theta_2 \vdots \theta_3]^T$$

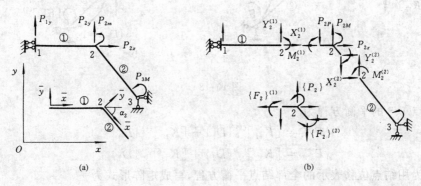

图 10-17

相应的结点力向量为

$$\{P_J\} = [P_1 \vdots P_2 \vdots P_3]^T = [P_{1y} \vdots P_{2x}\ P_{2y}\ P_{2M} \vdots P_{3M}]^T$$

取各结点为隔离体,利用各结点平衡条件 $\sum X = 0$、$\sum Y = 0$ 和 $\sum M = 0$,建立平衡方程,例如由结点 2 的平衡条件(图 10-17(b)) 可得

$$\begin{Bmatrix} P_{2x} \\ P_{2y} \\ P_{2M} \end{Bmatrix} = \begin{Bmatrix} X_2 \\ Y_2 \\ M_2 \end{Bmatrix}^{(1)} + \begin{Bmatrix} X_2 \\ Y_2 \\ M_2 \end{Bmatrix}^{(2)}$$

即可写成
$$\{P_2\} = \{F_2\}^{(1)} + \{F_2\}^{(2)} \tag{a}$$

图 10-18(a) 表示在各结点自由位移分量上设置附加约束(三组共 5 个),图 10-18(b)、(c)、(d) 分别为在近端结点上放松附加约束,施加一组单位位移 $\{D_i\} = 1$,在近端及远端附加约束中产生的杆端力 $[K_{ji}]^e$,从图 10-18 可知,式(a) 中的 $\{F_2\}^{(1)}$、$\{F_2\}^{(2)}$ 可分别表示为

$$\{F_2\}^{(1)} = [K_{21}]^{(1)}\{D_1\}^{(1)} + [K_{22}]^{(1)}\{D_2\}^{(1)}$$
$$\{F_2\}^{(2)} = [K_{22}]^{(2)}\{D_2\}^{(2)} + [K_{23}]^{(2)}\{D_3\}^{(2)} \tag{b}$$

上式即为以分块形式表示的杆端力与杆端位移间的关系式,其中 $\{F_2\}^{(1)}$ 为杆件 ① 在 2 端的内力;$\{F_2\}^{(2)}$ 为杆件 ② 在 2 端的内力,如图 10-17(b)) 所示。由变形连续条件可知,$\{D_2\}^{(1)} = \{D_2\}^{(2)} = \{D_2\}$;$\{D_1\}^{(1)} = \{D_1\}$;$\{D_3\}^{(2)} = \{D_3\}$,于是可得

$$\{P_2\} = \{F_2\}^{(1)} + \{F_2\}^{(2)} = [K_{21}]^{(1)}\{D_1\} + ([K_{22}]^{(1)} + [K_{22}]^{(2)})\{D_2\} + [K_{23}]^{(2)}\{D_3\}$$

$$\tag{c}$$

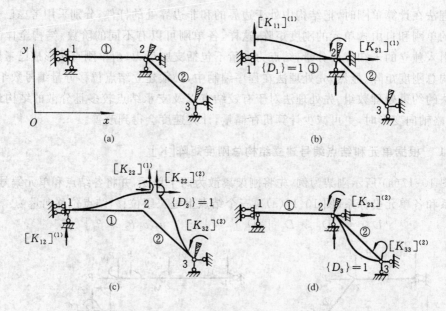

图 10-18

同理可得结点 1、3 的平衡方程为

$$\{P_1\} = [K_{11}]^{(1)}\{D_1\} + [K_{12}]^{(1)}\{D_2\}$$

$$\{P_3\} = [K_{32}]^{(2)}\{D_2\} + [K_{33}]^{(2)}\{D_3\}$$

以上三式即为用结点位移表示的全部结点平衡方程,写成矩阵形式为

$$
\begin{Bmatrix} P_1 \\ P_2 \\ P_3 \end{Bmatrix} =
\begin{bmatrix}
K_{11}^{(1)} & K_{12}^{(1)} & \\
K_{21}^{(1)} & K_{22}^{(1)} + K_{22}^{(2)} & K_{23}^{(2)} \\
& K_{32}^{(2)} & K_{33}^{(2)}
\end{bmatrix}
\begin{Bmatrix} D_1 \\ D_2 \\ D_3 \end{Bmatrix}
\tag{10-52}
$$

式中每个 D_i 代表结点 i 的一组位移,每个 K_{ji}^e 代表单元 e 的 j 端一组杆端力。上式或简写为

$$\{P_J\} = [K]\{D_J\} \tag{10-52a}$$

式(10-52)称为结构的总刚度方程,它由结点力向量 $\{P_J\}$,结点位移向量 $\{D_J\}$ 以及结构总刚度矩阵 $[K]$ 组成,结构总刚度矩阵 $[K]$ 简称为总刚。由式(10-52)可知,$[K]$ 由两个子矩阵(对应于两根杆件)叠加而成,其中左上角虚线方框部分是杆件 ① 的单刚,右下角虚线方框部分是杆件 ② 的单刚,相互重叠部分与结点 2 相对应,结点 2 有两根杆件相连接,因此由两部分刚度元素相加而成。从本例可知,结构总刚是由各单刚拼装而成,若一个结点有 n 根杆件相连接,则总刚中与该结点相应的元素必有 n 个杆件的单刚相应元素相加而得。

为使建立总刚 $[K]$ 的过程由计算机自动完成,需要研究 $[K]$ 的组成规律,因为 $[K]$ 中任一子块 $[K_{ij}]$ 表示第 j 号结点沿各位移分量分别发生单位位移而其余的结点位移均为零时,在第 i 号结点各位移分量上引起的力参见图 10-18(b),它与单刚中相应子块的物理含义是相同的,因此只需将结构坐标系中的各单刚子块按照所对应的结点号送入总刚 $[K]$ 的相应位置,其余子块置零即可,例如某一单元 e 两端结点号为 j、i,则按单刚的子块在 $[K]$ 中的位置如图 10-19(a) 所示。因此,只要将各单刚的子块按其下标(即按各单元的结点编号)对号入座送入 $[K]$ 的相应位置,就可组成结构总刚 $[K]$。需要注意的是,对于具有固定端的单元,其单刚送入 $[K]$ 时,仅有一个主对角线上的子块 $[K_{ii}]$(图 10-19(b))。

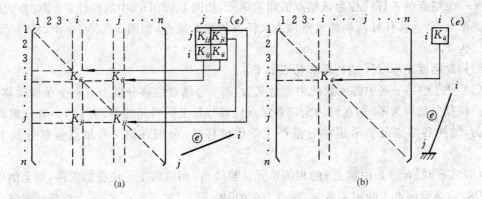

图 10-19

以单层双跨刚架为例,结点和单元编号如图 10-20(b) 所示,按结构坐标系的各单刚可由式(10-45) 算得,写成子块形式为

$$[K]^{(1)} = \begin{bmatrix} K_{11} & K_{12} \\ K_{21} & K_{22} \end{bmatrix} \begin{matrix} 1 \\ 2 \end{matrix} \qquad [K]^{(2)} = \begin{bmatrix} K_{22} & K_{24} \\ K_{42} & K_{44} \end{bmatrix} \begin{matrix} 2 \\ 4 \end{matrix}$$

$$[K]^{(3)} = [K_{44}]4 \qquad [K]^{(4)} = \begin{bmatrix} K_{44} & K_{46} \\ K_{64} & K_{66} \end{bmatrix} \begin{matrix} 4 \\ 6 \end{matrix}$$

$$[K]^{(5)} = [K_{66}]6$$

按图 10-19 所示对号入座方法,将上述各单刚的子块按其下标对号入座,即可得结构总刚 $[K]$ 为(图 10-20(a))。

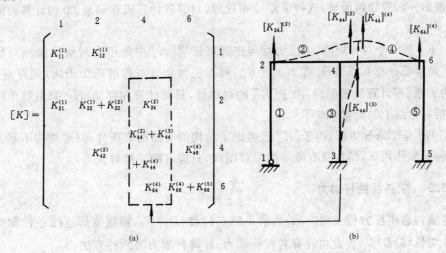

图 10-20

10.5.2　结构总刚度矩阵的性质和特点

为了讨论方便起见,将 $[K]$ 中处于主对角线上的子块称为主子块,其他的称为副子块。将

同交于一个结点的各杆件称为该结点的相关单元,如图 10-20(b) 中的杆件 ②、③、④ 为结点 4 的相关单元。将连接杆件两端的结点称为该杆件的相关结点,如图 10-20(b) 中,杆件 ② 的相关结点为 2、4。

结构总刚度矩阵 $[K]$ 的性质和特点如下:

(1) $[K]$ 中第 j 列中各元素的物理意义为,第 j 号结点位移分量上有一个单位位移,其他各结点位移分量均为零时,在结构全部各结点位移分量上所引起的力。第 i 行中各元素的物理意义为,结构各结点分别沿位移分量产生单位位移时,分别在第 i 号结点位移分量上产生的力。

(2) 主子块 $[K_{ii}]$ 是由结点 i 的相关单元且与结点 i 相应的主子块叠加求得,如上例中的主子块 $[K_{44}]$ 是由结点 4 的相关单元 ②、③、④ 的 $[K_{44}]^{(2)}$、$[K_{44}]^{(3)}$、$[K_{44}]^{(4)}$ 相叠加而得,即

$$[K_{44}] = [K_{44}]^{(2)} + [K_{44}]^{(3)} + [K_{44}]^{(4)} \tag{10-53}$$

这是因为当 4 号结点发生一组单位位移时,4 号结点要牵动 ②、③、④ 号杆件,在这些杆件的端点 4 引起的一组力,分别为 $[K_{44}]^{(2)}$、$[K_{44}]^{(3)}$、$[K_{44}]^{(4)}$(图 10-20(b)),其和即为主子块 $[K_{44}]$(图 10-20(a))。

(3) 若 i、j 为相关结点,则副子块 $[K_{ij}]$ 就等于连接 i、j 的杆单元中相应的副子块;若 i、j 不相关,则 $[K_{ij}]$ 为零子块。一般,两个结点间只有一根杆件相连,故副子块不会有多个子块叠加。由于某结点发生一组单位位移,与该结点连接的相关单元远端,它的一组杆端力为副子块元素。

(4) 若 i、j 为相关结点,其中一个结点如 j 为固定端,则仅有一主子块 $[K_{ii}]$,其副子块为零子块,但在后处理法中,对于原始刚度矩阵就不考虑这一特点。

(5) $[K]$ 是一个带形矩阵,即非零元素一般都集中于主对角线附近的斜带形区内,当结点数较多时,远离主对角线的元素均为零元素,并且越是大型结构,将存在更多的变形不相关结点,因此带形分布规律越明显。这种带形分布规律,对节省计算机存储量、节约计算时间是很重要的。

(6) $[K]$ 是一个对称矩阵,由反力互等定理可证明 $[K]$ 中处于主对角线两侧对称位置的任何两个元素都存在互等关系,即 $K_{ij} = K_{ji}$。而与主对角线对称的两个子块,则存在 $[K_{ij}] = [K_{ji}]^{\mathrm{T}}$ 的关系。用计算机解题时,由于 $[K]$ 的对称性,只要计算和存储 $[K]$ 的主对角线一侧的元素(包括对角线上的元素)即可。

(7) $[K]$ 是非奇异矩阵,由于 $[K]$ 已考虑了结构的支座约束条件,只要结构不是几何可变的,在各种荷载作用下,结构只有唯一的位移图式,只能有唯一的解。

10.5.3 求各杆的杆端力

求解结构总刚度方程式 (10-52a),求出结点位移 $\{D_J\}$ 后,根据变形连续条件即可得出各单元的杆端位移 $\{D\}^{(e)}$,据此可计算各杆杆端力。计算杆端力有两种方法:

一种方法是先利用结构坐标系中的单元刚度方程求出结构坐标系中的单元杆端力 $\{F\}^{(e)}$,然后再转换成单元坐标系中的杆端力 $\{\bar{F}\}^{(e)}$,即

$$\{F\}^{(e)} = [K]^{(e)} \{D\}^{(e)} \tag{10-54}$$

$$\{\bar{F}\}^{(e)} = [T] \{F\}^{(e)} \tag{10-55}$$

另一种方法是先将 $\{D\}^{(e)}$ 转换为单元坐标系中的结点位移 $\{\overline{D}\}^{(e)}$，然后利用单元坐标系的刚度方程求出单元杆端力 $\{\overline{F}\}^{(e)}$，即

$$\{\overline{D}\}^{(e)} = [T]\{D\}^{(e)} \tag{10-56}$$

$$\{\overline{F}\}^{(e)} = [\overline{K}]^{(e)}\{\overline{D}\}^{(e)} \tag{10-57}$$

先处理法的具体分析步骤将通过以下例题介绍。

【例 10-1】 试用先处理法建立图 10-21(a) 所示刚架的结构刚度方程，弹性支承的刚度系数为 k_N。

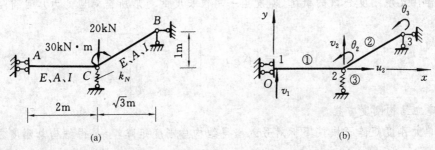

图 10-21

【解】 若此连续梁 ABC 在同一直线上，将有若干简化。今就此图取如下步骤：(1) 对各结点和单元编号，建立结构坐标系 xOy（图 10-21(b)），各单元坐标系的选取如表 1 所示，其中 i 表示所选单元坐标系的原点，$i \rightarrow j$ 表示 x 轴的正向，表中还列出了单元 ①、② 的基本数据

表 1 各单元坐标系数据

单 元	单元坐标系 $i \rightarrow j$	杆长 /m	$\cos\alpha$	$\sin\alpha$
①	$1 \rightarrow 2$	2	1	0
②	$2 \rightarrow 3$	2	0.866	0.5

(2) 建立结点位移向量和结点力向量

$$\{D_J\} = [v_1 \mid u_2\ v_2\ \theta_2 \mid \theta_3]^{\mathrm{T}}$$

$$\{P_J\} = [0 \mid 0 -20 -30 \mid 0]^{\mathrm{T}}$$

在本例及后面例题的结点位移向量和结点力向量中，凡涉及力、长度和转角的单位，均分别采用 kN、m 和 rad，具体计算过程中为简明起见，不再表明向量中各元素的单位，而仅示一数值。

(3) 建立结构坐标系的单元刚度矩阵

单元 ① 的杆端位移未知量为 v_1 和 u_2、v_2、θ_2，其他位移量 u_1、θ_1 为零，故只要将单刚式 (10-45) 中的第 1、3 行和列删去，就得

$$[K]^{(1)} = \begin{bmatrix} K_{11} & K_{12} \\ \hline K_{21} & K_{22} \end{bmatrix} = \begin{bmatrix} 1.5EI & 0 & -1.5EI & 1.5EI \\ & 0.5EA & 0 & 0 \\ \text{对} & & 1.5EI & -1.5EI \\ \text{称} & & & 2EI \end{bmatrix} \begin{matrix} 1 \\ \\ 2 \end{matrix}$$

在矩阵上方和右侧所注数字标志（大）行和列所对应的结点号。

同理，删去式 (10-45) 中的第 4、5 行和列，得 $[K]^{(2)}$ 为

$$[K]^{(2)} = \begin{bmatrix} K_{22} & \vdots & K_{23} \\ \hline K_{32} & \vdots & K_{33} \end{bmatrix}$$

$$= \begin{matrix} & 2 & & 3 \\ \begin{bmatrix} 0.375(EA+EI) & 0.2165EA-0.6495EI & -0.75EI & -0.75EI \\ & 0.125EA+1.125EI & 1.3EI & 1.3EI \\ \text{对} & & 2EI & EI \\ & \text{称} & & 2EI \end{bmatrix} & \begin{matrix} \\ 2 \\ \\ 3 \end{matrix} \end{matrix}$$

根据弹性支承刚度系数的概念(即发生一单位长度的变形所需对应的力),可得$[K]^{(3)}$为

$$[K]^{(3)} = [K_{22}] = \begin{matrix} & & 2 & \\ & \begin{bmatrix} 0 & 0 & 0 \\ \text{对} & k_N & 0 \\ & \text{称} & 0 \end{bmatrix} & \begin{matrix} \\ 2 \\ \end{matrix} \end{matrix}$$

(4) 建立结构刚度方程

将各单元刚度矩阵子块按下标对号入座得结构总刚度矩阵,于是得结构总刚度方程为

$$\begin{matrix} & 1 & 2 & 3 & \\ \begin{bmatrix} K_{11}^{(1)} & K_{12}^{(1)} & 0 \\ \hline K_{21}^{(1)} & K_{22}^{(1)}+K_{22}^{(2)}+K_{22}^{(3)} & K_{23}^{(2)} \\ \hline 0 & K_{32}^{(2)} & K_{33}^{(2)} \end{bmatrix} \begin{Bmatrix} v_1 \\ u_2 \\ v_2 \\ \theta_2 \\ \theta_3 \end{Bmatrix} = \begin{Bmatrix} 0 \\ 0 \\ -20 \\ -30 \\ 0 \end{Bmatrix} \end{matrix}$$

即有

$$\begin{matrix} & 1 & 2 & & 3 \\ 1 & \begin{bmatrix} 1.5EI & 0 & -1.5EI & 1.5EI & 0 \\ & 0.875EA+0.375EI & 0.2165EA-0.6495EI & -0.75EI & -0.75EI \\ 2 & & 0.125EA+2.625EI+k_N & -0.2EI & 1.3EI \\ & \text{对} & & 4EI & EI \\ 3 & & \text{称} & & 2EI \end{bmatrix} \times \end{matrix}$$

$$\begin{Bmatrix} v_1 \\ u_2 \\ v_2 \\ \theta_2 \\ \theta_3 \end{Bmatrix} = \begin{Bmatrix} 0 \\ 0 \\ -20 \\ -30 \\ 0 \end{Bmatrix}$$

10.5.4 忽略杆件轴向变形影响

如图 10-22(a) 所示的矩形刚架,在一般荷载作用下,横梁轴向变形很小,当层数不多时,竖柱的轴向变形也不大,通常都可以忽略不计。如果考虑横梁的轴向变形影响,就要假设 A 点和 B 点、C 点和 D 点的水平位移不同,然而,实际上相差很小的 u_A 和 u_B、u_C 和 u_D 作为不同的变量时,所建立起来的总刚 $[K]$ 是接近奇异的,在计算连续多跨刚架时,求解方程式(10-52a)须

采用较高的精度，否则就有可能出现不允许的误差。因此，在矩形刚架中，除了必须考虑结点位移差的情况（例如高层刚架中竖柱的轴向变形）外，最好忽略轴向变形的影响。忽略轴向变形影响，可使位移未知数减少，从而使计算机存储量减少，计算速度会得到一定程度的改善。

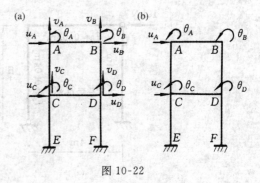

图 10-22

如图 10-22(b) 所示刚架，忽略杆件的轴向变形后，结点 A、B、C、D 不产生竖向位移，横梁在水平方向可以移动，但其两端水平位移相等，于是该刚架只有 6 个位移未知数：

$$\{D_J\} = \begin{bmatrix} u_A & \theta_A & \theta_B & u_C & \theta_C & \theta_D \end{bmatrix}^T$$

上式中没有编入 u_B、u_D，因 $u_A = u_B$，$u_C = u_D$，故结点 A、B 和 C、D 水平位移的编号各为 u_A 和 u_C，这样，横梁 AB 的单刚（参见式 10-23），其第 4 列原属 u_B 的，应叠加到第 1 列上去，使刚度元素 $\dfrac{EA}{l}$ 和 $-\dfrac{EA}{l}$ 相加而为零。实际上，$\dfrac{EA}{l}$ 可以是任意的虚值，而对总刚 $[K]$ 并无影响。对竖柱来说，由于不计轴向变形，即 $v_A = v_B = v_C = v_D = 0$，因此，在柱的单刚（结构坐标系）

$$[K]^{(e)} = \begin{bmatrix} \dfrac{12EI}{l^3} & 0 & -\dfrac{6EI}{l^2} & -\dfrac{12EI}{l^3} & 0 & -\dfrac{6EI}{l^2} \\ & \dfrac{EA}{l} & 0 & 0 & -\dfrac{EA}{l} & 0 \\ & & \dfrac{4EI}{l} & \dfrac{6EI}{l^2} & 0 & \dfrac{2EI}{l} \\ & & & \dfrac{12EI}{l^3} & 0 & \dfrac{6EI}{l^2} \\ & 对 & & & \dfrac{EA}{l} & 0 \\ & & 称 & & & \dfrac{4EI}{l} \end{bmatrix}$$

中删去第 2、5 行和第 2、5 列就可以了。

以上所述忽略杆件轴向变形影响的处理方法，仅适用于矩形刚架中几个位移分量相同或等于零的情况。在带有斜杆的一般刚架中，位移间有较复杂的几何关系，这里就不讨论了。

【例 10-2】 试用先处理法计算图 10-23(a) 所示刚架各杆内力（不考虑轴向变形）。

【解】 (1) 对结点和单元编号，选取结构坐标系 xOy（图 10-23(b)），各单元坐标系及杆件基本数据如表 2 所示

表 2   **单元坐标系及杆件基本数据**

单　　元	单元坐标系 $i \to j$	杆长 /m	$\cos\alpha$	$\sin\alpha$
①	$5 \to 1$	4	0	1
②	$4 \to 3$	4	0	1
③	$2 \to 3$	4	1	0

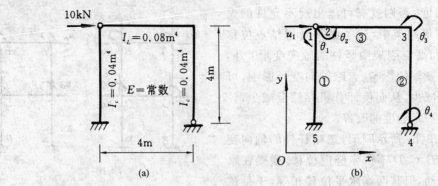

图 10-23

（2）建立结点位移向量和结点力向量，其中在铰结点处，因杆①、③端的角位移 θ_1、θ_2 不相同，均应作为独立的角位移分量看待[①]，各杆均先按两端刚接考虑。此外，因忽略轴向变形影响，结点 1、2 和 3 的水平位移相等，竖向位移分量均为零，于是得

$$\{D_J\} = \begin{bmatrix} u_1\ \theta_1\ \theta_2\ \theta_3\ \theta_4 \end{bmatrix}^T$$

$$\{P_J\} = \begin{bmatrix} 10\ 0\ 0\ 0\ 0 \end{bmatrix}^T$$

（3）建立结构坐标系的单元刚度矩阵，删去单刚式（10-45）中的第 1、2、3、5 行和列，得 $[K]^{(1)}$ 为

$$[K]^{(1)} = \frac{EI_C}{4}\begin{matrix} & u_1 & \theta_1 \\ & \end{matrix}\begin{bmatrix} \dfrac{12}{4^2} & \dfrac{6}{4} \\[2mm] \dfrac{6}{4} & 4 \end{bmatrix} = E\begin{matrix} u_1 & \theta_1 \\ \end{matrix}\begin{bmatrix} 7.5 & 15 \\ 15 & 40 \end{bmatrix}10^{-3}$$

删去式（10-45）中的第 1、2、5 行和列，得 $[K]^{(2)}$ 为

$$[K]^{(2)} = \frac{EI_C}{4}\begin{matrix} \theta_4 & u_1 & \theta_3 \\ \end{matrix}\begin{bmatrix} 4 & \dfrac{6}{4} & 2 \\[2mm] \dfrac{6}{4} & \dfrac{12}{4^2} & \dfrac{6}{4} \\[2mm] 2 & \dfrac{6}{4} & 4 \end{bmatrix} = E\begin{matrix} \theta_4 & u_1 & \theta_3 \\ \end{matrix}\begin{bmatrix} 40 & 15 & 20 \\ 15 & 7.5 & 15 \\ 20 & 15 & 40 \end{bmatrix}10^{-3}$$

同理得 $[K]^{(3)}$ 为

$$[K]^{(3)} = \frac{EI_L}{4}\begin{matrix} \theta_2 & \theta_3 \\ \end{matrix}\begin{bmatrix} 4 & 2 \\ 2 & 4 \end{bmatrix} = E\begin{matrix} \theta_2 & \theta_3 \\ \end{matrix}\begin{bmatrix} 80 & 40 \\ 40 & 80 \end{bmatrix}10^{-3}$$

---

① 本例刚架中有铰结点，有约束杆单元 ①、③ 也可引进铰结端弯矩为零的条件计算单刚，当不考虑轴向变形时，其单刚为

$$[K]^{(1)} = \begin{bmatrix} \dfrac{3EI_C}{l_C^3} \end{bmatrix}\begin{matrix} u_1 \\ \end{matrix} \qquad [K]^{(3)} = \begin{bmatrix} \dfrac{3EI_L}{l_L} \end{bmatrix}\begin{matrix} \theta_3 \\ \end{matrix}$$

这样，铰结端转角未知量 θ_1、θ_2 可不出现。

（4）建立结构总刚度方程

$$E\begin{bmatrix} 7.5+7.5 & 15 & 0 & 15 & 15 \\ & 40 & 0 & 0 & 0 \\ & & 80 & 40 & 0 \\ 对 & & & 40+80 & 20 \\ 称 & & & & 40 \end{bmatrix}10^{-3}\begin{Bmatrix} u_1 \\ \theta_1 \\ \theta_2 \\ \theta_3 \\ \theta_4 \end{Bmatrix}=\begin{Bmatrix} 10 \\ 0 \\ 0 \\ 0 \\ 0 \end{Bmatrix}$$

（列上方标注 u_1　θ_1　θ_2　θ_3　θ_4）

即

$$E\times10^{-3}\begin{bmatrix} 15 & 15 & 0 & 15 & 15 \\ & 40 & 0 & 0 & 0 \\ & & 80 & 40 & 0 \\ 对 & & & 120 & 20 \\ 称 & & & & 40 \end{bmatrix}\begin{Bmatrix} u_1 \\ \theta_1 \\ \theta_2 \\ \theta_3 \\ \theta_4 \end{Bmatrix}=\begin{Bmatrix} 10 \\ 0 \\ 0 \\ 0 \\ 0 \end{Bmatrix}$$

（5）计算结点位移

解结构刚度方程，可得

$$[u_1\ \theta_1\ \theta_2\ \theta_3\ \theta_4]^{\mathrm{T}}=[0.32\ \ -0.12\ \ 0.01333\ \ -0.02667\ \ -0.10667]^{\mathrm{T}}\frac{10^4}{E}$$

（6）计算杆端力

单元①：

先求 $\{F\}^{(1)}=[K]^{(1)}\{D\}^{(1)}$，然后求 $\{\bar{F}\}^{(1)}=[T]\{F\}^{(1)}$，注意形成单元结（端）点位移 $\{D\}^e$ 和扩充杆端力 $\{F\}^{(e)}$，即

$$\begin{Bmatrix} X_5 \\ M_5 \\ \hline X_1 \\ M_1 \end{Bmatrix}^{(1)}=E\times10^{-3}\begin{bmatrix} 7.5 & -15 & -7.5 & -15 \\ & 40 & 15 & 20 \\ 对 & & 7.5 & 15 \\ 称 & & & 40 \end{bmatrix}\begin{Bmatrix} 0 \\ 0 \\ 0.32 \\ -0.12 \end{Bmatrix}\frac{10^4}{E}=\begin{Bmatrix} -6 \\ 24 \\ 6 \\ 0 \end{Bmatrix}$$

$$\{\bar{F}\}^{(1)}=\begin{Bmatrix} \bar{X}_5 \\ \bar{Y}_5 \\ \bar{M}_5 \\ \hline \bar{X}_1 \\ \bar{Y}_1 \\ \bar{M}_1 \end{Bmatrix}^{(1)}=[T]\{F\}^{(1)}=\begin{bmatrix} 0 & 1 & 0 & & & \\ -1 & 0 & 0 & & 0 & \\ 0 & 0 & 1 & & & \\ \hline & & & 0 & 1 & 0 \\ 0 & & & -1 & 0 & 0 \\ & & & 0 & 0 & 1 \end{bmatrix}\begin{Bmatrix} -6 \\ 0 \\ 24 \\ 6 \\ 0 \\ 0 \end{Bmatrix}=\begin{Bmatrix} 0 \\ 6 \\ 24 \\ 6 \\ -6 \\ 0 \end{Bmatrix}$$

单元②：

与上同理，得

$$\begin{Bmatrix} X_4 \\ M_4 \\ \hdashline X_3 \\ M_3 \end{Bmatrix}^{(2)} = E \times 10^{-3} \begin{bmatrix} 7.5 & -15 & -7.5 & -15 \\ & 40 & 15 & 20 \\ \hdashline 对 & & 7.5 & 15 \\ & 称 & & 40 \end{bmatrix} \begin{Bmatrix} 0 \\ -0.10667 \\ \hdashline 0.32 \\ -0.02667 \end{Bmatrix} \frac{10^4}{E} = \begin{Bmatrix} -4 \\ 0 \\ \hdashline 4 \\ 16 \end{Bmatrix}$$

$$\{\overline{F}\}^{(2)} = \begin{Bmatrix} \overline{X}_4 \\ \overline{Y}_4 \\ \overline{M}_4 \\ \hdashline \overline{X}_3 \\ \overline{Y}_3 \\ \overline{M}_3 \end{Bmatrix}^{(2)} = \begin{Bmatrix} 0 \\ 4 \\ 0 \\ \hdashline 0 \\ -4 \\ 16 \end{Bmatrix}$$

单元③：由于单元坐标系与结构坐标系一致，故直接求得杆端力 $\{\overline{F}\}^{(3)} = [K]^{(3)} \cdot \{D\}^{(3)}$ 为

$$\{\overline{F}\}^{(3)} = \begin{Bmatrix} \overline{X}_2 \\ \overline{Y}_2 \\ \overline{M}_2 \\ \hdashline \overline{X}_3 \\ \overline{Y}_3 \\ \overline{M}_3 \end{Bmatrix} = E \times 10^{-3} \begin{bmatrix} 0 & 0 & 0 & 0 & 0 & 0 \\ & 15 & 30 & 0 & -15 & 30 \\ & & 80 & 0 & -30 & 40 \\ \hdashline 对 & & & 0 & 0 & 0 \\ & & & & 15 & -30 \\ & 称 & & & & 80 \end{bmatrix} \begin{Bmatrix} 0.32 \\ 0 \\ 0.01333 \\ \hdashline 0.32 \\ 0 \\ -0.02667 \end{Bmatrix} \frac{10^4}{E} = \begin{Bmatrix} 0 \\ -4 \\ 0 \\ \hdashline 0.32 \\ 4 \\ -16 \end{Bmatrix}$$

（7）绘制 M 图、V 图和 N 图（图 10-24）

由于假设杆件的轴向变形为零，因此根据刚度方程求出的杆端轴力为零，图 10-24(c) 所示的 N 图是根据平衡条件由 V 图得出的，各内力图中括号内数值为考虑轴向变形后的相应内力值（假设横梁 $A_L = 0.8 \text{m}^2$，柱 $A_C = 0.4 \text{m}^2$）。

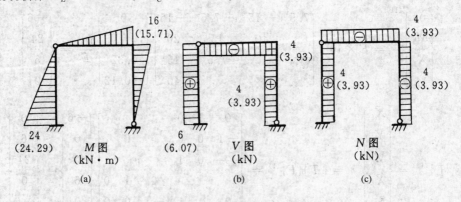

图 10-24

从图 10-24 可知，单层刚架在较小的水平荷载作用下，杆件的轴向变形考虑与否，对内力影响很小。那么，在什么情况下会引起刚架内力的显著差别呢？如图 10-25(a) 所示仍取例 10-2 刚架，在刚架柱顶增设竖向反对称荷载 100kN，这时，杆件轴向变形考虑与否，其内力就有显著差别，图 10-25(a)、(b)、(c) 中括号内的数值为考虑轴向变形下的内力值。这是因为当刚架柱中轴力相当大时，由于柱的长度改变，引起刚架几何形状的变化，影响结点位移，从而影响刚架的内力。当横梁刚度增大，其影响更大，因此，在高层刚架或承受较大轴向力的刚架中，轴向变

形影响不应忽略。

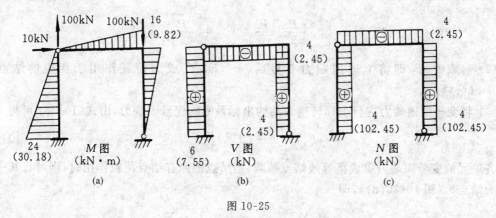

图 10-25

10.6　非结点荷载处理

在以上分析中,认为荷载均作用在结构的结点上,同时,荷载作用方向均看作沿着结构坐标系的坐标轴方向,因此,当实际结构上的荷载为非结点荷载时,必须用等效结点荷载来处理。

当荷载作用于结点但并不是沿着坐标轴方向时,则可将它分解为垂直于坐标轴方向和沿坐标轴方向的两个分量。至于用等效结点荷载来代替非结点荷载,其处理原则为在等效结点荷载作用下结构的结点位移与实际荷载作用下结构的结点位移应相等。为此,可采用位移法(第9章)中在原结构的独立结点位移处设置附加约束,形成基本结构,再解除附加约束的办法处理之。以图 10-26(a) 所示结构为例,可按下述步骤和方法处理:

(1) 假想将有跨中荷载作用的单元ⓔ的两端结点位移完全约束住,设置两个附加刚臂和两根链杆,如图 10-26(b) 所示,这样,单元ⓔ成为两端固定的杆件,在两端结点上产生在单元

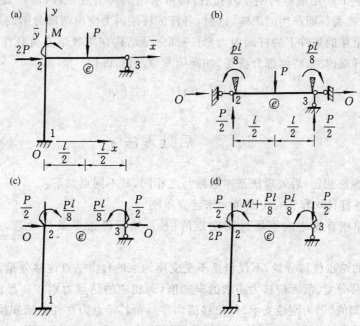

图 10-26

坐标系中的固端力 $\{\bar{F}_0\}^{(e)}$,即

$$\{\bar{F}_0\}^{(e)} = \begin{bmatrix} 0 & \dfrac{P}{2} & \dfrac{Pl}{8} & \vdots & 0 & \dfrac{P}{2} & \dfrac{-Pl}{8} \end{bmatrix}^{\mathrm{T}}$$

(2) 解除约束,即将上述固端力变号后,$-\{\bar{F}_0\}^{(e)}$ 成为荷载作用于相应的结点上(图 10-26(c))。

(3) 将变号的固端力进行坐标转换为结构坐标系中的变号固端力,由式(10-38)可得

$$\{F_0\}^{(e)} = -[T]^{\mathrm{T}}\{\bar{F}_0\}^{(e)} \tag{10-58}$$

再将各单元的变号固端力集成得等效结点荷载。当结点上原有结点荷载作用时,则可将其一起组合为结点力(图 10-26(d)),即

$$\{P_J\} = \left\{ \begin{matrix} X_1 \\ Y_1 \\ M_1 \\ \hdotsfor{1} \\ 2P \\ 0 \\ -M \\ \hdotsfor{1} \\ 0 \\ Y_3 \\ 0 \end{matrix} \right\} + \left\{ \begin{matrix} 0 \\ 0 \\ 0 \\ \hdotsfor{1} \\ 0 \\ -\dfrac{P}{2} \\ -\dfrac{Pl}{8} \\ \hdotsfor{1} \\ 0 \\ -\dfrac{P}{2} \\ \dfrac{Pl}{8} \end{matrix} \right\} = \left\{ \begin{matrix} X_1 \\ Y_1 \\ M_1 \\ 2P \\ -\dfrac{P}{2} \\ -M-\dfrac{Pl}{8} \\ 0 \\ Y_3-\dfrac{P}{2} \\ \dfrac{Pl}{8} \end{matrix} \right\}$$

(4) 根据上述 $\{P_J\}$ 组成结构刚度方程后,即可求出结构结点位移,但当最后求杆端内力时,还须考虑因变换荷载而产生的影响,这时,各杆的杆端内力应由两部分组成,其中一部分是在结点位移被约束住的条件下的杆端内力,另一部分是结构在等效结点荷载作用下发生结点位移并解算出的杆端内力,将两部分叠加,如同第 9 章那样,即得

$$\{F\}^{(e)} = [\bar{K}]^{(e)}\{\bar{D}\}^{(e)} + \{\bar{F}_0\}^{(e)} \tag{10-59}$$

10.7　后处理法

与前述先处理法相比,后处理法基本思路与之相同,其不同点如下:

(1) 结构中各杆件均作为自由式单元来建立单刚。

(2) 由各杆单刚首先集成原始总刚度矩阵 $[\tilde{K}]$,然后经边界条件处理,得到总刚度矩阵 $[K]$。

(3) 结构中的结点位移分量,不仅包括不受支座约束的自由结点位移分量,也包括受约束的可能的结点位移分量。前者位移为需求的未知值,而相应的结点力则往往是已知的;后者的位移值往往是已知值(当为刚性支承时,位移值为零),而其结点力往往是未知反力。

(4) 结构中每个结点位移分量数是相同的(平面刚架中是 3),原始总刚度矩阵 $[\tilde{K}]$ 的阶数

由结点总数乘以一个结点的位移分量数即可确定。

下面着重介绍边界条件的处理,而有关后处理法的具体分析步骤将通过例题介绍。

在后处理法中,由于结构各单元均采用自由式单元,其集合而成的结构,解除了与外界的一切约束,成为一个自由体,即结构具有刚体位移,由各自由式单刚集成的是原始总刚度矩阵 $[\widetilde{K}]$,因此结构总刚度方程式(10-52a)应写成

$$[\widetilde{K}]\{D_J\} = \{P_J\} \tag{10-60}$$

上式不可能有确定的解。然而实际结构都是以一定的约束形式与外界固定在一起,或者给予结构边界一个确定的已知位移。为使式(10-60)有确定的解,必须将已知位移边界条件引入到式(10-60)中去,这就是边界条件处理。常用的边界条件处理有下列三种方法。

10.7.1　划行划列法

采用这种方法,将式(10-60)中的有关行、列重新排列,把受约束的结点位移分量靠后,调整后的 $\{D_J\}$ 按未知结点位移 $\{D_\delta\}$ 和已知结点位移 $\{D_R\}$ 分块,并将 $\{P_J\}$ 按已知结点力 $\{P_\delta\}$ 和未知结点力(即未知反力)$\{P_R\}$ 分块,相应地 $[\widetilde{K}]$ 亦分为四个子矩阵,即

$$[\widetilde{K}] = \begin{bmatrix} K_{\delta\delta} & K_{\delta R} \\ K_{R\delta} & K_{RR} \end{bmatrix} \tag{10-61}$$

结构原始刚度方程式(10-60)可写成

$$\begin{bmatrix} K_{\delta\delta} & K_{\delta R} \\ K_{R\delta} & K_{RR} \end{bmatrix} \begin{Bmatrix} D_\delta \\ D_R \end{Bmatrix} = \begin{Bmatrix} P_\delta \\ P_R \end{Bmatrix} \tag{10-62}$$

展开上式得

$$[K_{\delta\delta}]\{D_\delta\} + [K_{\delta R}]\{D_R\} = \{P_\delta\} \tag{10-63a}$$

$$[K_{R\delta}]\{D_\delta\} + [K_{RR}]\{D_R\} = \{P_R\} \tag{10-63b}$$

由式(10-63(a))可求解未知结点位移 $\{D_\delta\}$:

$$\{D_\delta\} = [K_{\delta\delta}]^{-1}(\{P_\delta\} - [K_{\delta R}]\{D_R\}) \tag{10-64}$$

于是,由式(10-63(b))可得未知结点力 $\{P_R\}$。注意到

$$\{P_R\} = \{R\} + \{P_{LR}\} \tag{10-65}$$

上式中 $\{R\}$ 为支座反力向量;$\{P_{LR}\}$ 为在支座约束方向的结点荷载,由此可求得支座反力向量 $\{R\}$ 为

$$\{R\} = -\{P_{LR}\} + [K_{R\delta}]\{D_\delta\} + [K_{RR}]\{D_R\} \tag{10-66}$$

当支座位移为零即 $\{D_R\} = \{0\}$ 时,式(10-63a、b)可简化为

$$[K_{\delta\delta}]\{D_\delta\} = \{P_\delta\} \tag{10-67a}$$

$$[K_{R\delta}]\{D_\delta\} = \{P_R\} \tag{10-67b}$$

这时,未知结点位移 $\{D_\delta\}$ 和支座反力 $\{R\}$ 分别为

$$\{D_\delta\} = [K_{\delta\delta}]^{-1}\{P_\delta\} \tag{10-68a}$$

$$\{R\} = -\{P_{LR}\} + [K_{R\delta}]\{D_\delta\} \tag{10-68b}$$

由于$\{D_R\} = \{0\}$,相当于把式(10-60)中对应于已知支座位移分量为零的行与列划去,就可得式(10-67a),因此,这种边界条件处理方法常称为划行划列法。

经边界条件处理($\{D_R\}$中或含非零元)后的结构刚度方程(10-63a)可表示为

$$[K_{\delta\delta}]\{D_\delta\} = (\{P_\delta\} - [K_{\delta R}]\{D_R\})$$

上式及式(10-67(a))可统一用下式表示

$$[K]\{D_J\} = \{P_J\} \tag{10-69}$$

式(10-69)与前述先处理法中的式(10-52a)一致,$[K]$为结构总刚度矩阵。

这种边界条件处理方法,对支座约束集中在一端的结构较为合适;如果约束点既分散又多,结点编号又不能使其集中在一起,就会导致刚度矩阵带宽的增加以及由于需要重新组织系统方程,编制程序也较复杂,故不宜使用此法。

10.7.2 主对角元置大数法

设结点位移分量i项的D_i为已知位移d_0,这样,结构原始刚度方程

$$[\widetilde{K}]\{D_J\} = \{P_J\}$$

中的第i个方程实际为

$$D_i = d_0$$

现将$[\widetilde{K}]$中的i行主对角元k_{ii}置一个相当大的数R(一般取$R = 10^{20}$左右),并将式(10-60)的右端结点力向量中的P_i改为$R \cdot d_0$,这样,第i个刚度方程变为

$$k_{i1}D_1 + k_{i2}D_2 + \cdots + RD_i + \cdots + k_{in}D_n = Rd_0$$

当R足够大时,以上方程便等价于

$$D_i = d_0$$

若已知位移$d_0 = 0$,则方程右端项P_i就不用改变,仅将主角元k_{ii}置大数即可,该法虽为近似法,但在程序设计中容易实现,故应用广泛。

10.7.3 主角元置1法

为了讨论方便起见,将结构原始刚度方程(10-60)改写为

$$\begin{bmatrix} k_{11} & k_{12} & \cdots & k_{1i} & \cdots & k_{1n} \\ k_{21} & k_{22} & \cdots & k_{2i} & \cdots & k_{2n} \\ \vdots & \vdots & & \vdots & & \vdots \\ k_{i1} & k_{i2} & \cdots & k_{ii} & \cdots & k_{in} \\ \vdots & \vdots & & \vdots & & \vdots \\ k_{n1} & k_{n2} & \cdots & k_{ni} & \cdots & k_{nn} \end{bmatrix} \begin{Bmatrix} D_1 \\ D_2 \\ \vdots \\ D_i \\ \vdots \\ D_n \end{Bmatrix} = \begin{Bmatrix} P_1 \\ P_2 \\ \vdots \\ P_i \\ \vdots \\ P_n \end{Bmatrix} \tag{10-70}$$

若已知结点位移分量 D_i 等于 d_0，则可将 $[\tilde{K}]$ 中第 i 行的主角元 k_{ii} 改成1，将第 i 行的其他元素均改为零，而右端的 P_i 改成 d_0，于是，式(10-70)中第 i 行方程可写成

$$D_i = d_0$$

也即已引进了 $D_i = d_0$ 的已知边界条件。为了节省存放单元，应利用刚度矩阵的对称性，仅需存放上三角（或下三角）元素，为了边界条件处理后不破坏其对称性，对应于第 i 行的第 i 列也作相应处理，即保持 $k_{ii} = 1$ 外，第 i 列的其他元素也改为零。同时，为了不影响其他方程，荷载向量也要作相应变更，如此，方程改写为

$$\begin{Bmatrix} k_{11} & k_{12} & \cdots & k_{1i-1} & 0 & \cdots & k_{1n} \\ k_{21} & k_{22} & \cdots & k_{2i-1} & 0 & \cdots & k_{2n} \\ \vdots & \vdots & & \vdots & \vdots & & \vdots \\ k_{i-11} & k_{i-12} & \cdots & k_{i-1i-1} & 0 & \cdots & k_{i-1n} \\ 0 & 0 & \cdots & 0 & 1 & \cdots & 0 \\ \vdots & \vdots & & \vdots & \vdots & & \vdots \\ k_{n1} & k_{n2} & \cdots & k_{ni-1} & 0 & \cdots & k_{nn} \end{Bmatrix} \begin{Bmatrix} D_1 \\ D_2 \\ \vdots \\ D_{i-1} \\ D_i \\ \vdots \\ D_n \end{Bmatrix} = \begin{Bmatrix} P_1 - k_{1i}d_0 \\ P_2 - k_{2i}d_0 \\ \vdots \\ P_{i-1} - k_{i-1i}d_0 \\ d_0 \\ \vdots \\ P_n - k_{ni}d_0 \end{Bmatrix} \quad (10\text{-}71)$$

该法是一个精确法，但不如主角元置大数法简便。本章以下例题采用划行划列法，后两种方法常在电算中采用。

【例 10-3】　试用后处理法计算图 10-27(a) 所示桁架各杆内力，设各杆 EA 为常数。

【解】　(1) 对各结点和单元编号，建立结构坐标系 xOy（图 10-27(b)），各单元坐标系和各单元的基本数据如表 3 所示。

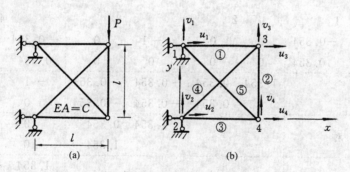

图 10-27

表 3　　　　　　　　　　　　　　单元坐标系和各杆件数据

单　元	单元坐标系 $i \to j$	杆　长	$\cos\alpha$	$\sin\alpha$
①	$1 \to 3$	l	1	0
②	$3 \to 4$	l	0	-1
③	$2 \to 4$	l	1	0
④	$2 \to 3$	$\sqrt{2}l$	0.7071	0.7071
⑤	$1 \to 4$	$\sqrt{2}l$	0.7071	-0.7071

(2) 建立结点位移向量和结点力向量(支点 1、2 各有两方向的反力)

$$\{D_J\} = [u_1\ v_1\ \vdots\ u_2\ v_2\ \vdots\ u_3\ v_3\ \vdots\ u_4\ v_4]^T$$

$$\{P_J\} = [X_1\ Y_1\ \vdots\ X_2\ Y_2\ \vdots\ 0\ -P\ \vdots\ 0\ 0]^T$$

(3) 建立结构坐标系的单元刚度矩阵

由式(10-44)得

$$[K]^{(1)} = \frac{EA}{l}\begin{bmatrix} 1 & 0 & -1 & 0 \\ & 0 & 0 & 0 \\ 对 & & 1 & 0 \\ 称 & & & 0 \end{bmatrix}\begin{matrix}1\\ \\3\\ \end{matrix} \qquad [K]^{(2)} = \frac{EA}{l}\begin{bmatrix} 0 & 0 & 0 & 0 \\ & 1 & 0 & -1 \\ 对 & & 0 & 0 \\ 称 & & & 1 \end{bmatrix}\begin{matrix}3\\ \\4\\ \end{matrix}$$

$$[K]^{(3)} = \frac{EA}{l}\begin{bmatrix} 1 & 0 & -1 & 0 \\ & 0 & 0 & 0 \\ 对 & & 1 & 0 \\ 称 & & & 0 \end{bmatrix}\begin{matrix}2\\ \\4\\ \end{matrix} \qquad [K]^{(4)} = \frac{0.354EA}{l}\begin{bmatrix} 1 & 1 & -1 & -1 \\ & 1 & -1 & -1 \\ 对 & & 1 & 1 \\ 称 & & & 1 \end{bmatrix}\begin{matrix}2\\ \\3\\ \end{matrix}$$

$$[K]^{(5)} = \frac{0.354EA}{l}\begin{bmatrix} 1 & -1 & -1 & 1 \\ & 1 & 1 & -1 \\ 对 & & 1 & -1 \\ 称 & & & 1 \end{bmatrix}\begin{matrix}1\\ \\4\\ \end{matrix}$$

(4) 形成原始总刚度方程

$$\frac{EA}{l}\begin{bmatrix} 1.354 & -0.354 & 0 & 0 & -1 & 0 & -0.354 & 0.354 \\ 0.354 & 0 & 0 & 0 & 0 & 0.354 & -0.354 \\ & & 1.354 & 0.354 & -0.354 & -0.354 & -1 & 0 \\ & & 0.354 & -0.354 & -0.354 & 0 & 0 \\ & & & & 1.354 & 0.354 & 0 & 0 \\ & 对 & & & & 1.354 & 0 & -1 \\ & & 称 & & & & 1.354 & -0.354 \\ & & & & & & & 1.354 \end{bmatrix}$$

$$\begin{Bmatrix} u_1 \\ v_1 \\ u_2 \\ v_2 \\ u_3 \\ v_3 \\ u_4 \\ v_4 \end{Bmatrix} = \begin{Bmatrix} X_1 \\ Y_1 \\ X_2 \\ Y_2 \\ 0 \\ -P \\ 0 \\ 0 \end{Bmatrix}$$

（5）已知支座位移边界条件为

$$[u_1 \ v_1 \ \vdots \ u_2 \ v_2]^\mathrm{T} = [0 \ 0 \ \vdots \ 0 \ 0]^\mathrm{T}$$

（6）对应上述已知位移边界条件，将原始总刚度方程中第 $1\sim4$ 行和第 $1\sim4$ 列划去，即得总刚度方程为

$$\frac{EA}{l}\begin{bmatrix} 1.354 & 0.354 & 0 & 0 \\ & 1.354 & 0 & -1 \\ \text{对} & & 1.354 & -0.354 \\ & \text{称} & & 1.354 \end{bmatrix}\begin{Bmatrix} u_3 \\ v_3 \\ u_4 \\ v_4 \end{Bmatrix} = \begin{Bmatrix} 0 \\ -P \\ 0 \\ 0 \end{Bmatrix}$$

（7）计算结点位移

解结构总刚度方程，可得

$$\begin{Bmatrix} u_3 \\ v_3 \\ u_4 \\ v_4 \end{Bmatrix} = \frac{Pl}{EA}\begin{Bmatrix} 0.5578 \\ -2.1353 \\ -0.4422 \\ -1.6931 \end{Bmatrix}$$

（8）计算杆端力

以单元 ④ 为例，结构坐标系中的杆端力为

$$\{F\}^{(4)} = \begin{Bmatrix} X_2 \\ Y_2 \\ X_3 \\ Y_3 \end{Bmatrix}^{(4)} = \frac{0.354EA}{l}\begin{bmatrix} 1 & 1 & -1 & -1 \\ & 1 & -1 & -1 \\ \text{对} & & 1 & 1 \\ & \text{称} & & 1 \end{bmatrix} \cdot \frac{Pl}{EA}\begin{Bmatrix} 0 \\ 0 \\ 0.5578 \\ -2.1353 \end{Bmatrix} = P\begin{Bmatrix} 0.5578 \\ 0.5578 \\ -0.5578 \\ -0.5578 \end{Bmatrix}$$

由 $\{\overline{F}\}^{(e)} = [T]\{F\}^{(e)}$，得单元坐标系的杆端力为

$$\{\overline{F}\}^{(4)} = \begin{Bmatrix} \overline{X}_2 \\ \overline{Y}_2 \\ \overline{X}_3 \\ \overline{Y}_3 \end{Bmatrix}^{(4)} = 0.7071\begin{bmatrix} 1 & 1 & 0 \\ -1 & 1 & \\ & & 1 & 1 \\ 0 & & -1 & 1 \end{bmatrix} \cdot P\begin{Bmatrix} 0.5578 \\ 0.5578 \\ -0.5578 \\ -0.5578 \end{Bmatrix} = P\begin{Bmatrix} 0.7888 \\ 0 \\ -0.7788 \\ 0 \end{Bmatrix}$$

对于单元 ①、③，由于单元坐标系与结构坐标系一致，因此，由结构坐标系的杆端力求单元坐标系的杆端力时，不必再乘转换矩阵 $[T]$。

（9）计算支座反力

取原始刚度方程中的第 $1\sim4$ 行，因 $u_1 = v_1 = u_2 = v_2 = 0$，故可得

$$\{R\} = \begin{Bmatrix} X_1 \\ Y_1 \\ X_2 \\ Y_2 \end{Bmatrix} = \frac{EA}{l}\begin{bmatrix} -1 & 0 & -0.354 & 0.354 \\ 0 & 0 & 0.354 & -0.354 \\ -0.354 & -0.354 & -1 & 0 \\ -0.354 & -0.354 & 0 & 0 \end{bmatrix}\begin{Bmatrix} 0.5578 \\ -2.1353 \\ -0.4422 \\ -1.6931 \end{Bmatrix}\frac{Pl}{EA}$$

$$= P \left\{ \begin{array}{c} -1 \\ 0.4422 \\ \hline 1 \\ 0.5578 \end{array} \right\}$$

（10）校核

考虑桁架的整体平衡条件

$\sum X = 0$：　　$-P + P = 0$

$\sum Y = 0$：　　$P - 0.4422P - 0.5578P = 0$

计算无误。

【例 10-4】 试用后处理法计算图 10-28 所示等截面连续梁的弯矩图。

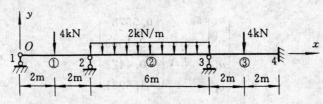

图 10-28

【解】（1）对结点和单元编号，选取结构坐标系 xOy（图 10-28），各单元坐标系及杆件基本数据如表 4 所示。

表 4　　　　　　　　　　　　　　**单元坐标及杆件基本数据**

单　　元	单元坐标系 $i \to j$	杆长 /m	$\cos\alpha$	$\sin\alpha$
①	$1 \to 2$	4	1	0
②	$2 \to 3$	6	1	0
③	$3 \to 4$	4	1	0

（2）建立结点位移向量和结点力向量

结点位移向量为

$$\{D_J\} = \begin{bmatrix} u_1 & v_1 & \theta_1 & | & u_2 & v_2 & \theta_2 & | & u_3 & v_3 & \theta_3 & | & u_4 & v_4 & \theta_4 \end{bmatrix}^T$$

计算荷载产生的单元固端力（单位分别是 kN，kN · m）：

$$\{\overline{F}\}^{(1)} = \begin{bmatrix} 0 & 2 & 2 & | & 0 & 2 & -2 \end{bmatrix}^T$$

$$\{\overline{F}\}^{(2)} = \begin{bmatrix} 0 & 6 & 6 & | & 0 & 6 & -6 \end{bmatrix}^T$$

$$\{\overline{F}\}^{(3)} = \begin{bmatrix} 0 & 2 & 2 & | & 0 & 2 & -2 \end{bmatrix}^T$$

将以上固端力变号组合为结点力向量（各单元坐标系与结构坐标系一致）

$$\{P_J\} = \begin{bmatrix} 0 & -2 & -2 & 0 & -8 & -4 & 0 & -8 & 4 & 0 & -2 & 2 \end{bmatrix}^T$$

（3）建立结构坐标系的单元刚度矩阵

因为结构坐标系与各单元坐标系一致，故 $[K]^{(e)} = [\overline{K}]^{(e)}$。此连续梁在竖向荷载作用下，不产生轴向变形，由式（10-23）可得各单元刚度矩阵为（长度单位是 m）

$$
[k]^{(1)} = EI
\begin{array}{cc}
12 \\
\left[
\begin{array}{ccc:ccc}
0 & 0 & 0 & 0 & 0 & 0 \\
0 & \dfrac{3}{16} & \dfrac{3}{8} & 0 & -\dfrac{3}{16} & \dfrac{3}{8} \\
0 & \dfrac{3}{8} & 1 & 0 & -\dfrac{3}{8} & \dfrac{1}{2} \\
\hdashline
0 & 0 & 0 & 0 & 0 & 0 \\
0 & -\dfrac{3}{16} & -\dfrac{3}{8} & 0 & \dfrac{3}{16} & -\dfrac{3}{8} \\
0 & \dfrac{3}{8} & \dfrac{1}{2} & 0 & -\dfrac{3}{8} & 1
\end{array}
\right]
\begin{array}{c}
{}^{(1)} \\ {} \\ 1 \\ {} \\ {} \\ {} \\ 2 \\ {}
\end{array}
\end{array}
$$

$$
[k]^{(2)} = EI
\begin{array}{cc}
23 \\
\left[
\begin{array}{ccc:ccc}
0 & 0 & 0 & 0 & 0 & 0 \\
0 & \dfrac{1}{18} & \dfrac{1}{6} & 0 & -\dfrac{1}{18} & \dfrac{1}{6} \\
0 & \dfrac{1}{6} & \dfrac{2}{3} & 0 & -\dfrac{1}{6} & \dfrac{1}{3} \\
\hdashline
0 & 0 & 0 & 0 & 0 & 0 \\
0 & -\dfrac{1}{18} & -\dfrac{1}{6} & 0 & \dfrac{1}{18} & -\dfrac{1}{6} \\
0 & \dfrac{1}{6} & \dfrac{1}{3} & 0 & -\dfrac{1}{6} & \dfrac{2}{3}
\end{array}
\right]
\begin{array}{c}
{}^{(2)} \\ {} \\ 2 \\ {} \\ {} \\ {} \\ 3 \\ {}
\end{array}
\end{array}
$$

$$
[k]^{(3)} = EI
\begin{array}{cc}
34 \\
\left[
\begin{array}{ccc:ccc}
0 & 0 & 0 & 0 & 0 & 0 \\
0 & \dfrac{3}{16} & \dfrac{3}{8} & 0 & -\dfrac{3}{16} & \dfrac{3}{8} \\
0 & \dfrac{3}{8} & 1 & 0 & -\dfrac{3}{8} & \dfrac{1}{2} \\
\hdashline
0 & 0 & 0 & 0 & 0 & 0 \\
0 & -\dfrac{3}{16} & -\dfrac{3}{8} & 0 & \dfrac{3}{16} & -\dfrac{3}{8} \\
0 & \dfrac{3}{8} & \dfrac{1}{2} & 0 & -\dfrac{3}{8} & 1
\end{array}
\right]
\begin{array}{c}
{}^{(3)} \\ {} \\ 3 \\ {} \\ {} \\ {} \\ 4 \\ {}
\end{array}
\end{array}
$$

（4）建立原始结构总刚度矩阵

$$
[\widetilde{K}] = EI
\begin{bmatrix}
0 & 0 & 0 & 0 & 0 & 0 & 0 & 0 & 0 & 0 & 0 & 0 \\
0 & \frac{3}{16} & \frac{3}{8} & 0 & -\frac{3}{16} & \frac{3}{8} & 0 & 0 & 0 & 0 & 0 & 0 \\
0 & \frac{3}{8} & 1 & 0 & -\frac{3}{8} & \frac{1}{2} & 0 & 0 & 0 & 0 & 0 & 0 \\
0 & 0 & 0 & 0 & 0 & 0 & 0 & 0 & 0 & 0 & 0 & 0 \\
0 & -\frac{3}{16} & -\frac{3}{8} & 0 & \frac{35}{144} & -\frac{5}{24} & 0 & -\frac{1}{18} & \frac{1}{6} & 0 & 0 & 0 \\
0 & \frac{3}{8} & \frac{1}{2} & 0 & -\frac{5}{24} & \frac{5}{3} & 0 & -\frac{1}{6} & \frac{1}{3} & 0 & 0 & 0 \\
0 & 0 & 0 & 0 & 0 & 0 & 0 & 0 & 0 & 0 & 0 & 0 \\
0 & 0 & 0 & 0 & -\frac{1}{18} & -\frac{1}{6} & 0 & \frac{35}{144} & \frac{5}{24} & 0 & -\frac{3}{16} & \frac{3}{8} \\
0 & 0 & 0 & 0 & \frac{1}{6} & \frac{1}{3} & 0 & \frac{5}{24} & \frac{5}{3} & 0 & -\frac{3}{8} & \frac{1}{2} \\
0 & 0 & 0 & 0 & 0 & 0 & 0 & 0 & 0 & 0 & 0 & 0 \\
0 & 0 & 0 & 0 & 0 & 0 & 0 & -\frac{3}{16} & -\frac{3}{8} & 0 & \frac{3}{16} & -\frac{3}{8} \\
0 & 0 & 0 & 0 & 0 & 0 & 0 & \frac{3}{8} & \frac{1}{2} & 0 & -\frac{3}{8} & 1
\end{bmatrix}
\begin{matrix} \\ \Big\} 1 \\ \\ \Big\} 2 \\ \\ \Big\} 3 \\ \\ \Big\} 4 \end{matrix}
$$

（5）建立原始结构总刚度方程

$$
EI
\begin{bmatrix}
0 & 0 & 0 & 0 & 0 & 0 & 0 & 0 & 0 & 0 & 0 & 0 \\
0 & \frac{3}{16} & \frac{3}{8} & 0 & -\frac{3}{16} & \frac{3}{8} & 0 & 0 & 0 & 0 & 0 & 0 \\
0 & \frac{3}{8} & 1 & 0 & -\frac{3}{8} & \frac{1}{2} & 0 & 0 & 0 & 0 & 0 & 0 \\
0 & 0 & 0 & 0 & 0 & 0 & 0 & 0 & 0 & 0 & 0 & 0 \\
0 & -\frac{3}{16} & -\frac{3}{8} & 0 & \frac{35}{144} & -\frac{5}{24} & 0 & -\frac{1}{18} & \frac{1}{6} & 0 & 0 & 0 \\
0 & \frac{3}{8} & \frac{1}{2} & 0 & -\frac{5}{24} & \frac{5}{3} & 0 & -\frac{1}{6} & \frac{1}{3} & 0 & 0 & 0 \\
0 & 0 & 0 & 0 & 0 & 0 & 0 & 0 & 0 & 0 & 0 & 0 \\
0 & 0 & 0 & 0 & -\frac{1}{18} & -\frac{1}{6} & 0 & \frac{35}{144} & \frac{5}{24} & 0 & -\frac{3}{16} & \frac{3}{8} \\
0 & 0 & 0 & 0 & \frac{1}{6} & \frac{1}{3} & 0 & \frac{5}{24} & \frac{5}{3} & 0 & -\frac{3}{8} & \frac{1}{2} \\
0 & 0 & 0 & 0 & 0 & 0 & 0 & 0 & 0 & 0 & 0 & 0 \\
0 & 0 & 0 & 0 & 0 & 0 & 0 & -\frac{3}{16} & -\frac{3}{8} & 0 & \frac{3}{16} & -\frac{3}{8} \\
0 & 0 & 0 & 0 & 0 & 0 & 0 & \frac{3}{8} & \frac{1}{2} & 0 & -\frac{3}{8} & 1
\end{bmatrix}
\begin{Bmatrix} u_1 \\ v_1 \\ \theta_1 \\ u_2 \\ v_2 \\ \theta_2 \\ u_3 \\ v_3 \\ \theta_3 \\ u_4 \\ v_4 \\ \theta_4 \end{Bmatrix}
=
\begin{Bmatrix} 0 \\ -2 \\ -2 \\ 0 \\ -8 \\ -4 \\ 0 \\ -8 \\ 4 \\ 0 \\ -2 \\ 2 \end{Bmatrix}
$$

（6）已知支座位移边界条件为

$$[\,u_1\ v_1\ \vdots\ u_2\ v_2\ \vdots\ u_3\ v_3\ \vdots\ u_4\ v_4\ \theta_4\,]^{\mathrm{T}} = [\,0\ 0\ \vdots\ 0\ 0\ \vdots\ 0\ 0\ \vdots\ 0\ 0\ 0\,]^{\mathrm{T}}$$

（7）建立结构总刚度方程

将原始结构总刚度方程中对应于上列这些支座位移边界条件的行和列划去，即得结构总刚度方程（按 $[K]\{D\}=\{P\}$ 并加入各量应有之单位）为

$$\frac{EI}{m}\begin{bmatrix} 1 & \frac{1}{2} & 0 \\ \frac{1}{2} & \frac{5}{3} & \frac{1}{3} \\ 0 & \frac{1}{3} & \frac{3}{5} \end{bmatrix}\begin{Bmatrix} \theta_1 \\ \theta_2 \\ \theta_3 \end{Bmatrix} = \begin{Bmatrix} -2 \\ -4 \\ 4 \end{Bmatrix} \times \mathrm{kN\cdot m}$$

（8）计算结点位移

解结构总刚度方程，得结点位移为

$$\{D\} = \begin{Bmatrix} \theta_1 \\ \theta_2 \\ \theta_3 \end{Bmatrix} = \begin{Bmatrix} -0.59 \\ -2.82 \\ 2.96 \end{Bmatrix} \frac{\mathrm{kN\cdot m^2}}{EI}$$

（9）求各杆杆端内力 $\{\overline{F}\}^e = [k]^e\{\overline{D}\}^e + \{\overline{F}_0\}^e$（力的单位是 kN，弯矩的单位是 kN·m）

单元 ①

$$\begin{Bmatrix} \overline{Y}_1 \\ \overline{M}_1 \\ \overline{Y}_2 \\ \overline{M}_2 \end{Bmatrix}^{(1)} = EI\begin{bmatrix} \frac{3}{16} & \frac{3}{8} & -\frac{3}{16} & \frac{3}{8} \\ \frac{3}{8} & 1 & -\frac{3}{8} & \frac{1}{2} \\ -\frac{3}{16} & -\frac{3}{8} & \frac{3}{16} & -\frac{3}{8} \\ \frac{3}{8} & \frac{1}{2} & -\frac{3}{8} & 1 \end{bmatrix} \times \frac{1}{EI} \begin{Bmatrix} 0 \\ -0.59 \\ 0 \\ -2.82 \end{Bmatrix} + \begin{Bmatrix} 2 \\ 2 \\ 2 \\ -2 \end{Bmatrix} = \begin{Bmatrix} 0.72 \\ 0 \\ 3.28 \\ -5.11 \end{Bmatrix}$$

单元 ②

$$\begin{Bmatrix} \overline{Y}_2 \\ \overline{M}_2 \\ \overline{Y}_3 \\ \overline{M}_3 \end{Bmatrix}^{(2)} = EI\begin{bmatrix} \frac{1}{18} & \frac{1}{6} & -\frac{1}{18} & \frac{1}{6} \\ \frac{1}{6} & \frac{2}{3} & -\frac{1}{6} & \frac{1}{3} \\ -\frac{1}{18} & -\frac{1}{6} & \frac{1}{18} & -\frac{1}{6} \\ \frac{1}{6} & \frac{1}{3} & -\frac{1}{6} & \frac{2}{3} \end{bmatrix} \times \frac{1}{EI} \begin{Bmatrix} 0 \\ -2.82 \\ 0 \\ 2.96 \end{Bmatrix} + \begin{Bmatrix} 6 \\ 6 \\ 6 \\ -6 \end{Bmatrix} = \begin{Bmatrix} 6.02 \\ 5.11 \\ 5.98 \\ -4.96 \end{Bmatrix}$$

单元 ③

$$\begin{Bmatrix} \overline{Y}_3 \\ \overline{M}_3 \\ \overline{Y}_4 \\ \overline{M}_4 \end{Bmatrix}^{(3)} = EI\begin{bmatrix} \frac{3}{16} & \frac{3}{8} & -\frac{3}{16} & \frac{3}{8} \\ \frac{3}{8} & 1 & -\frac{3}{8} & \frac{1}{2} \\ -\frac{3}{16} & -\frac{3}{8} & \frac{3}{16} & -\frac{3}{8} \\ \frac{3}{8} & \frac{1}{2} & -\frac{3}{8} & 1 \end{bmatrix} \times \frac{1}{EI} \begin{Bmatrix} 0 \\ 2.96 \\ 0 \\ 0 \end{Bmatrix} + \begin{Bmatrix} 2 \\ 2 \\ 2 \\ -2 \end{Bmatrix} = \begin{Bmatrix} 3.11 \\ 4.96 \\ 0.99 \\ -0.52 \end{Bmatrix}$$

（10）绘弯矩图（单位是 kN·m）

根据上述结果，得连续梁的弯矩图如图 10-29 所示。

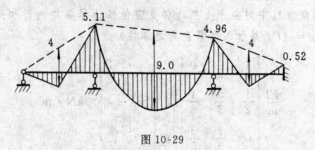

图 10-29

【例 10-5】 试用后处理法计算图 10-30(a)所示刚架各杆杆端内力，考虑杆件轴向变形。已知 $E=$ 常数，$A_1=0.4\text{m}^2$，$A_2=0.8\text{m}^2$，$I_1=0.04\text{m}^4$，$I_2=0.08\text{m}^2$。

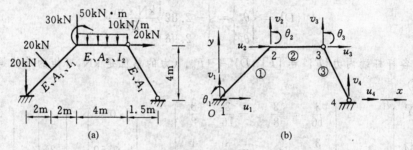

图 10-30

【解】 （1）对结点和单元编号，选取结构坐标系 xOy（图 10-30(b)），各单元坐标系及杆件基本数据如表 5 所示。

表 5 　　　　　　　　　　　各单元坐标系及杆件数据

单 元	单元坐标系 $i \rightarrow j$	杆长 /m	$\cos\alpha$	$\sin\alpha$
①	$1 \rightarrow 2$	$4\sqrt{2}$	0.7071	0.7071
②	$2 \rightarrow 3$	4	1	0
③	$3 \rightarrow 4$	4.272	0.3511	-0.9363

（2）建立结点位移向量和结点力向量

结点位移向量为

$$\{D_J\} = [u_1 \; v_1 \; \theta_1 \; \vdots \; u_2 \; v_2 \; \theta_2 \; \vdots \; u_3 \; v_3 \; \theta_3 \; \vdots \; u_4 \; v_4]^T$$

其中 D_3 实际是铰结点 3 的左截面三个位移分量。

计算荷载产生的单元固端力，仅单元 ①、② 有：

$$\{\overline{F}_0\}^{(1)} = [0 \; 10 \; 14.142 \; \vdots \; 0 \; 10 \; -14.142]^T$$

$$\{\overline{F}_0\}^{(2)} = [0 \; 20 \; 13.333 \; \vdots \; 0 \; 20 \; -13.333]^T$$

由式(10-58)，将以上固端力变号，进行坐标变换为结构坐标系中的变号固端力：

$$\{F_0\}^{(1)} = -[T]^{\mathrm{T}}\{\overline{F}_0\}^{(1)} = -\begin{bmatrix} 0.7071 & -0.7071 & 0 & & & \\ 0.7071 & 0.7071 & 0 & & 0 & \\ 0 & 0 & 1 & & & \\ \hline & & & 0.7071 & -0.7071 & 0 \\ & 0 & & 0.7071 & 0.7071 & 0 \\ & & & 0 & 0 & 1 \end{bmatrix}\begin{Bmatrix} 0 \\ 10 \\ 14.142 \\ \hline 0 \\ 10 \\ -14.142 \end{Bmatrix}$$

$$= \begin{Bmatrix} 7.071 \\ -7.071 \\ -14.142 \\ \hline 7.071 \\ -7.071 \\ 14.142 \end{Bmatrix}$$

$$\{F_0\}^{(2)} = [0 \; -20 \; -13.333 \; \vdots \; 0 \; -20 \; 13.333]^{\mathrm{T}}$$

与结点荷载一起组合为结点力向量

$$\{P_J\} = \begin{Bmatrix} 0 \\ -20 \\ 0 \\ \hline 0 \\ -30 \\ -50 \\ \hline 20 \\ 0 \\ 0 \\ \hline 0 \\ 0 \end{Bmatrix} + \begin{Bmatrix} 7.071 \\ -7.071 \\ -14.142 \\ \hline 7.071 \\ -7.071 \\ 14.142 \\ \hline 0 \\ 0 \\ 0 \\ \hline 0 \\ 0 \end{Bmatrix} + \begin{Bmatrix} 0 \\ 0 \\ 0 \\ \hline 0 \\ -20 \\ -13.333 \\ \hline 0 \\ -20 \\ 13.333 \\ \hline 0 \\ 0 \end{Bmatrix} = \begin{Bmatrix} 7.071 \\ -27.071 \\ -14.142 \\ \hline 7.071 \\ -57.071 \\ -49.191 \\ \hline 20 \\ -20 \\ 13.333 \\ \hline 0 \\ 0 \end{Bmatrix}$$

（3）建立结构坐标系单元刚度矩阵

$$[K]^{(1)} = E \times 10^{-2} \begin{matrix} & & 1 & & & 2 & \\ \begin{pmatrix} 3.6681 & 3.4029 & -0.5303 & -3.6681 & -3.4029 & -0.5303 \\ & 3.6681 & 0.5303 & -3.4029 & -3.6681 & 0.5303 \\ & & 2.8284 & 0.5303 & -0.5303 & 1.4142 \\ \hline 对 & & & 3.6681 & 3.4029 & 0.5303 \\ & & & & 3.6681 & -0.5303 \\ & 称 & & & & 2.8284 \end{pmatrix} \begin{matrix} \\ 1 \\ \\ \\ 2 \\ \end{matrix} \end{matrix}$$

$$[K]^{(2)} = E \times 10^{-2} \begin{matrix} & 2 & & & 3 & \\ \begin{pmatrix} 20 & 0 & 0 & -20 & 0 & 0 \\ & 1.5 & 3 & 0 & -1.5 & 3 \\ & & 8 & 0 & -3 & 4 \\ \hline 对 & & & 20 & 0 & 0 \\ & & & & 1.5 & -3 \\ & 称 & & & & 8 \end{pmatrix} \begin{matrix} \\ 2 \\ \\ \\ 3 \\ \end{matrix} \end{matrix}$$

$$[K]^{(3)} = E \times 10^{-2} \begin{matrix} & 3 & & & 4 \end{matrix} \begin{bmatrix} 1.1542 & -3.0780 & 0 & -1.1542 & 3.0780 \\ & 8.2084 & 0 & 3.0780 & -8.2084 \\ & & 0 & 0 & 0 \\ \hline \text{对} & & & 1.1542 & -3.0780 \\ & & \text{称} & & 8.2084 \end{bmatrix} \begin{matrix} 3 \\ \\ \\ 4 \end{matrix}$$

（4）建立原始结构总刚度矩阵（见下页）

（5）建立原始结构总刚度方程（见后页）

（6）已知支座位移边界条件为

$$[u_1\ v_1\ \theta_1\ \vdots\ u_4\ v_4]^{\mathrm{T}} = [0\ 0\ 0\ \vdots\ 0\ 0]^{\mathrm{T}}$$

（7）建立结构总刚度方程

将原始结构总刚度方程（后页）中对应于这些支座位移边界条件的行和列划去，即得总刚度方程为

$$E \times 10^{-2} \begin{bmatrix} 23.6681 & 3.4029 & 0.5303 & -20 & 0 & 0 \\ & 5.1681 & 2.4697 & 0 & -1.5 & 3 \\ & & 10.8284 & 0 & -3 & 4 \\ \hline \text{对} & & & 21.1542 & -3.078 & 0 \\ & & & & 9.7084 & -3 \\ & & \text{称} & & & 8 \end{bmatrix} \begin{Bmatrix} u_2 \\ v_2 \\ \theta_2 \\ u_3 \\ v_3 \\ \theta_3 \end{Bmatrix} = \begin{Bmatrix} 7.071 \\ -57.071 \\ -49.191 \\ 20 \\ -20 \\ 13.333 \end{Bmatrix}$$

（8）计算结点位移

解结构总刚度方程，可得

$$[u_2\ v_2\ \theta_2\ \vdots\ u_3\ v_3\ \theta_3]^{\mathrm{T}}$$

$$= [0.686719\quad -0.714912\quad 0.00786034\ \vdots\ 0.687699\quad 0.199288\quad 0.355561]^{\mathrm{T}} \frac{10^4}{E}$$

（9）求各杆杆端内力

单元①：

$$\{F\}^{(1)} = \begin{Bmatrix} X_1 \\ Y_1 \\ M_1 \\ \hline X_2 \\ Y_2 \\ M_2 \end{Bmatrix}^{(1)} = E \times 10^{-2} \begin{bmatrix} 3.6681 & 3.4029 & -0.5303 & -3.6681 & -3.4029 & -0.5303 \\ & 3.6681 & 0.5303 & -3.4029 & -3.6681 & 0.5303 \\ & & 2.8284 & 0.5303 & -0.5303 & 1.4142 \\ \hline \text{对} & & & 3.6681 & 3.4029 & 0.5303 \\ & & & & 3.6681 & -0.5303 \\ & & \text{称} & & & 2.8284 \end{bmatrix}$$

$$\begin{Bmatrix} 0 \\ 0 \\ 0 \\ \hline 0.686719 \\ -0.714912 \\ 0.0078603 \end{Bmatrix} \frac{10^4}{E} + \begin{Bmatrix} -7.071 \\ 7.071 \\ 14.142 \\ \hline -7.071 \\ 7.071 \\ -14.142 \end{Bmatrix} = \begin{Bmatrix} -16.1 \\ 36.04 \\ 89.58 \\ \hline 1.96 \\ -21.9 \\ 62.41 \end{Bmatrix}$$

$$[\tilde{K}]=E\times10^{-2}$$

	1			2			3			4	
1	3.6681	3.4029	−0.5303	−3.6681	−3.4029	0.5303	0	0	0	0	0
	3.4029	3.6681	0.5303	−3.4029	−3.6681	0.5303	0	−1.5	−3	0	0
	−0.5303	0.5303	2.8284	−0.5303	−0.5303	1.4142	0	−3	−4	0	0
2				3.6681+20	3.4029	0.5303	−20	0	0	0	0
				3.6681+1.5	−0.5303+3	0	−1.5	3	−1.1542	3.078	
					2.8284+8	0	−3	4	3.0780	−8.2084	
3			对				20+1.1542	−3.078	0	−1.1542	3.078
					称		1.5+8.2084	−3	3.0780	−8.2084	
								8	0	0	
4									1.1542	−3.078	
									8.2084		

$$
\begin{Bmatrix}
X_1 \\
Y_1 - 20 \\
M_1 \\
7.071 \\
-57.071 \\
-49.191 \\
20 \\
-20 \\
13.333 \\
X_4 \\
Y_4
\end{Bmatrix}
= E \times 10^{-2}
$$

（对称）

	u_1	v_1	θ_1	u_2	v_2	θ_2	u_3	v_3	θ_3	u_4	v_4
u_1	3.6681	3.4029	-0.5303	-3.6681	-3.4029	-0.5303	0	0	0	0	0
v_1		3.6681	0.5303	-3.4029	-3.6681	0.5303	0	0	0	0	0
θ_1			2.8284	0.5303	-0.5303	1.4142	0	0	0	0	0
u_2				23.6681	3.4029	0.5303	-20	0	0		
v_2					5.1681	2.4697	0	-1.5	3		
θ_2						10.8284	0	-3	4		
u_3							21.1542	-3.078	0	-1.1542	3.078
v_3								9.7084	-3.078	3.078	-8.2084
θ_3									8	0	0
u_4										1.1542	-3.078
v_4											8.2084

$$\{\overline{F}\}^{(1)} = \begin{Bmatrix} \overline{X}_1 \\ \overline{Y}_1 \\ \overline{M}_1 \\ \overline{X}_2 \\ \overline{Y}_2 \\ \overline{M}_2 \end{Bmatrix}^{(1)} = \begin{bmatrix} 0.7071 & 0.7071 & 0 & & & \\ -0.7071 & 0.7071 & 0 & & 0 & \\ 0 & 0 & 1 & & & \\ & & & 0.7071 & 0.7071 & 0 \\ & 0 & & -0.7071 & 0.7071 & 0 \\ & & & 0 & 0 & 1 \end{bmatrix} \begin{Bmatrix} -16.1 \\ 36.04 \\ 89.58 \\ 1.96 \\ -21.9 \\ 62.41 \end{Bmatrix} = \begin{Bmatrix} 14.1 \\ 36.87 \\ 89.59 \\ -14.1 \\ -16.87 \\ 62.41 \end{Bmatrix}$$

单元②：

$$\{\overline{F}\}^{(2)} = \begin{Bmatrix} \overline{X}_2 \\ \overline{Y}_2 \\ \overline{M}_2 \\ \overline{X}_3 \\ \overline{Y}_3 \\ \overline{M}_3 \end{Bmatrix}^{(2)} = E \times 10^{-2} \begin{bmatrix} 20 & 0 & 0 & -20 & 0 & 0 \\ & 1.5 & 3 & 0 & -1.5 & 3 \\ & & 8 & 0 & -3 & 4 \\ \text{对} & & & 20 & 0 & 0 \\ & & & & 1.5 & -3 \\ & \text{称} & & & & 8 \end{bmatrix} \begin{Bmatrix} 0.686719 \\ -0.714912 \\ 0.007860 \\ 0.687699 \\ 0.199288 \\ 0.355561 \end{Bmatrix} \frac{10^4}{E}$$

$$+ \begin{Bmatrix} 0 \\ 20 \\ 13.33 \\ 0 \\ 20 \\ -13.33 \end{Bmatrix} = \begin{Bmatrix} -1.96 \\ -8.1 \\ -112.41 \\ 1.96 \\ 48.1 \\ 0 \end{Bmatrix}$$

单元③：

$$\{F\}^{(3)} = \begin{Bmatrix} X_3 \\ Y_3 \\ X_4 \\ Y_4 \end{Bmatrix}^{(3)} = E \times 10^{-2} \begin{bmatrix} 1.1542 & -3.078 & -1.1542 & 3.078 \\ & 8.2084 & 3.078 & -8.2084 \\ \text{对} & & 1.1542 & -3.078 \\ & \text{称} & & 8.2084 \end{bmatrix} \begin{Bmatrix} 0.687699 \\ 0.199288 \\ 0 \\ 0 \end{Bmatrix} \frac{10^4}{E}$$

$$= \begin{Bmatrix} 18.03 \\ -48.09 \\ -18.03 \\ 48.09 \end{Bmatrix}$$

$$\{\overline{F}\}^{(3)} = \begin{Bmatrix} \overline{X}_3 \\ \overline{Y}_3 \\ \overline{X}_4 \\ \overline{Y}_4 \end{Bmatrix}^{(3)} = \begin{bmatrix} 0.3511 & -0.9363 & & \\ 0.9363 & 0.3511 & & 0 \\ & & 0.3511 & -0.9363 \\ & 0 & 0.9363 & 0.3511 \end{bmatrix} \begin{Bmatrix} 18.03 \\ -48.09 \\ -18.03 \\ 48.09 \end{Bmatrix} = \begin{Bmatrix} 51.36 \\ 0 \\ -51.36 \\ 0 \end{Bmatrix}$$

*10.8   用虚功原理推导杆件的刚度矩阵

应用势能原理和变形体虚功原理进行单元分析具有普遍的适用性，它是结构有限元分析中常用的方法。本节应用变形体虚功原理推导等截面直杆的刚度矩阵。

10.8.1　用结点位移表示单元的位移模式

图 10-31 中的杆件 ij 是从结构中取出的杆单元 ⓔ，位移后单元的位置为 $i'j'$，其两端的位移分量分别为 u_i、v_i、θ_i 和 u_j、v_j、θ_j，与之对应的杆端力分别为 X_i、Y_i、M_i 和 X_j、Y_j、M_j。

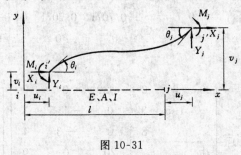

图 10-31

由材料力学可知，对于单元的轴向位移 u 和挠度 v 的位移模式，可分别取 x 的线性函数和多项式函数来表示，即可设

$$u = a_0 + a_1 x \tag{10-72a}$$

$$v = b_0 + b_1 x + b_2 x^2 + b_3 x^3 \tag{10-72b}$$

写成矩阵形式为

$$\left.\begin{array}{l} u = [1 \ x]\{a\} \\ v = [1 \ x \ x^2 \ x^3]\{b\} \end{array}\right\} \tag{a}$$

上式中

$$\left.\begin{array}{l} \{a\} = [a_0 \ a_1]^{\mathrm{T}} \\ \{b\} = [b_0 \ b_1 \ b_2 \ b_3]^{\mathrm{T}} \end{array}\right\} \tag{b}$$

$\{a\}$、$\{b\}$ 中的各参数是位移模式的待定常数，它们可以由单元端点的位移来表示。将单元结点 $i(x=0)$ 及结点 $j(x=l)$ 处的位移 u_i、v_i、$\theta_i = \left(\dfrac{\mathrm{d}v}{\mathrm{d}x}\right)_{x=0}$ 及 u_j、v_j、$\theta_j = \left(\dfrac{\mathrm{d}v}{\mathrm{d}x}\right)_{x=l}$ 分别代入式 (10-72(a)) 和式 (10-72(b))，得

$$\left.\begin{array}{l} u_i = a_0 \\ u_j = a_0 + a_1 l \end{array}\right\} \tag{c}$$

$$\left.\begin{array}{l} v_i = b_0 \\ v_j = b_0 + b_1 l + b_2 l^2 + b_3 l^3 \\ \theta_i = b_1 \\ \theta_j = b_1 + 2b_2 l + 3b_3 l^2 \end{array}\right\} \tag{d}$$

分别求解式 (c)、式 (d)，得

$$\left.\begin{array}{l} a_0 = u_i \\ a_1 = \dfrac{u_j - u_i}{l} \end{array}\right\} \tag{e}$$

$$
\left.
\begin{aligned}
b_0 &= v_i \\
b_1 &= \theta_i \\
b_2 &= \frac{3}{l^2}(-v_i + v_j) - \frac{1}{l}(2\theta_i + \theta_j) \\
b_3 &= \frac{2}{l^3}(v_i - v_j) + \frac{1}{l^2}(\theta_i + \theta_j)
\end{aligned}
\right\}
\tag{f}
$$

将式(e)、式(f)中的各参数代入位移模式(10-72(a))和式(10-72(b)),得

$$
u = \left(1 - \frac{x}{l}\right)u_i + \frac{x}{l}u_j = N_{ui}u_i + N_{uj}u_j
$$

$$
= [N_{ui}\ N_{uj}]\begin{Bmatrix} u_i \\ u_j \end{Bmatrix}^{(e)} = [N_u]\{u\}^{(e)}
\tag{10-73}
$$

$$
v = \left(1 - \frac{3x^2}{l^2} + \frac{2x^3}{l^3}\right)v_i + \left(x - \frac{2x^2}{l} + \frac{x^3}{l^2}\right)\theta_i + \left(\frac{3x^2}{l^2} - \frac{2x^3}{l^3}\right)v_j + \left(-\frac{x^2}{l} + \frac{x^3}{l^2}\right)\theta_j
$$

$$
= N_{vi}v_i + N_{\theta i}\theta_i + N_{vj}v_j + N_{\theta j}\theta_j
$$

$$
= [N_{vi}\ N_{\theta i}\ N_{vj}\ N_{\theta j}]\begin{Bmatrix} v_i \\ \theta_i \\ v_j \\ \theta_j \end{Bmatrix}^{(e)} = [N_v]\{v\}^{(e)}
\tag{10-74}
$$

在式(10-73)和式(10-74)中

$$
\left.
\begin{aligned}
\{u\}^{(e)} &= [u_i\ u_j]^{T(e)} \\
\{v\}^{(e)} &= [v_i\ \theta_i\ v_j\ \theta_j]^{T(e)}
\end{aligned}
\right\}
\tag{10-75}
$$

$$
\left.
\begin{aligned}
[N_u] &= [N_{ui}\ N_{uj}] \\
N_{ui} &= 1 - \frac{x}{l} \\
N_{uj} &= \frac{x}{l}
\end{aligned}
\right\}
\tag{10-76}
$$

$$
\left.
\begin{aligned}
[N_v] &= [N_{vi}\ N_{\theta i}\ N_{vj}\ N_{\theta j}] \\
N_{vi} &= 1 - \frac{3x^2}{l^2} + \frac{2x^3}{l^3} \\
N_{\theta i} &= x - \frac{2x^2}{l} + \frac{x^3}{l^2} \\
N_{vj} &= \frac{3x^2}{l^2} - \frac{2x^3}{l^3} \\
N_{\theta j} &= -\frac{x^2}{l} + \frac{x^3}{l^2}
\end{aligned}
\right\}
\tag{10-77}
$$

$[N_u]$、$[N_v]$称为位移的形函数矩阵,可合写为$[N]$。

综合式(10-73)和式(10-74),位移模式可写成矩阵形式

$$\{f\} = \begin{Bmatrix} u \\ v \end{Bmatrix} = \begin{bmatrix} H_u(x) \\ H_v(x) \end{bmatrix}[A]\{D\}^{(e)} = [N]\{D\}^{(e)} \tag{10-78}$$

上式中端点位移向量

$$\{D\}^{(e)} = [u_i\ v_i\ \theta_i\ \vdots\ u_j\ v_j\ \theta_j]^{\mathrm{T}} \tag{g}$$

将形函数矩阵表达为

$$[N] = [H_u\quad H_v]^{\mathrm{T}}[A]$$

其中的

$$[H_u(x)] = [1\ 0\ 0\ x\ 0\ 0]$$
$$[H_v(x)] = [0\ 1\ x\ 0\ x^2\ x^3]$$

$$[A] = \begin{bmatrix} 1 & 0 & 0 & 0 & 0 & 0 \\ 0 & 1 & 0 & 0 & 0 & 0 \\ 0 & 0 & 1 & 0 & 0 & 0 \\ -\dfrac{1}{l} & 0 & 0 & \dfrac{1}{l} & 0 & 0 \\ 0 & -\dfrac{3}{l^2} & -\dfrac{2}{l} & 0 & \dfrac{3}{l^2} & -\dfrac{1}{l} \\ 0 & \dfrac{2}{l^3} & \dfrac{1}{l^2} & 0 & -\dfrac{2}{l^3} & \dfrac{1}{l^2} \end{bmatrix} \tag{h}$$

式(10-78)就是用结点位移表示的单元位移模式。

10.8.2　用结点位移表示单元的应变和应力

图 10-31 所示的杆单元产生拉压和弯曲变形,若忽略剪切变形影响,则单元各截面上各点的线应变由拉压应变 ε_a 和弯曲应变 ε_b(平截面上某点至中性轴距离为 y,曲率 $\dfrac{1}{\rho} = \dfrac{\mathrm{d}^2 v}{\mathrm{d}x^2}$)两部分组成,因此,参照式(10-78),可得单元的应变向量为

$$\{\varepsilon\} = \begin{bmatrix} \varepsilon_a \\ \varepsilon_b \end{bmatrix} = \begin{Bmatrix} \dfrac{\mathrm{d}u}{\mathrm{d}x} \\ -y\dfrac{\mathrm{d}^2 v}{\mathrm{d}x^2} \end{Bmatrix} = \begin{bmatrix} H_u'(x) \\ -yH_v''(x) \end{bmatrix}[A]\{D\}^{(e)}$$

或写为

$$\{\varepsilon\} = [B]\{D\}^{(e)} \tag{10-79}$$

上式表示结点位移与单元应变之间的转换关系,其中的[B]称为应变矩阵,即

$$[B] = \begin{bmatrix} H_u'(x) \\ -yH_v''(x) \end{bmatrix}[A] \tag{i}$$

式中

$$\begin{aligned} H_u'(x) &= [0\ 0\ 0\ 1\ 0\ 0] \\ H_v''(x) &= [0\ 0\ 0\ 0\ 2\ 6x] \end{aligned} \Bigg\} \tag{j}$$

设以 σ_a 和 σ_b 分别表示单元的拉压应力和弯曲应力，则根据虎克定律，可写出用结点位移表示的单元应力向量 $\{\sigma\}$ 为

$$[\sigma] = \begin{Bmatrix} \sigma_a \\ \sigma_b \end{Bmatrix} = E\{\varepsilon\} = E[B]\{D\}^{(e)} \tag{10-80}$$

10.8.3 由虚功原理推导杆单元的刚度矩阵

设单元内各点产生的虚位移为 $\{f^*\}$，与此相应的单元两端的结点虚位移为 $\{D^*\}^{(e)}$，则根据式(10-78)，有

$$\{f^*\} = [N]\{D^*\}^{(e)} \tag{k}$$

根据式(10-79)，可得单元内的虚应变向量为

$$\{\varepsilon^*\} = [B]\{D^*\}^{(e)} \tag{l}$$

于是，杆单元内的应力 $\{\sigma\}$ 由于虚应变 $\{\varepsilon^*\}$ 而所作的虚功 $W_{内}$ 为

$$W_{内} = \iiint \{\varepsilon^*\}^{\mathrm{T}}\{\sigma\}\mathrm{d}V$$

$$= E\{D^*\}^{T(e)}\iiint [B]^{\mathrm{T}}[B]\mathrm{d}V\{D\}^{(e)}$$

与此同时，杆单元的结点力(外力) $\{F\}^{(e)} = [X_i\ Y_i\ M_i\ \vdots\ X_j\ Y_j\ M_j]^{\mathrm{T}}$ 由于虚位移 $\{D^*\}^{(e)}$ 而所作的虚功 $W_{外}$ 为

$$W_{外} = \{D^*\}^{\mathrm{T}(e)}\{F\}^{(e)}$$

由变形体的虚功原理 $W_{外} = W_{内}$，可得

$$\{D^*\}^{\mathrm{T}(e)}\{F\}^{(e)} = E\{D^*\}^{\mathrm{T}(e)}\iiint [B]^{\mathrm{T}}[B]\mathrm{d}V\{D\}^{(e)} \tag{10-81}$$

由于虚位移 $\{D^*\}^{(e)}$ 的任意性，故由上式可得

$$\{F\}^{(e)} = E\iiint [B]^{\mathrm{T}}[B]\mathrm{d}V\{D\}^{(e)} = [K]^{(e)}\{D\}^{(e)} \tag{10-82}$$

其中

$$[K]^e = E\iiint [B]^{\mathrm{T}}[B]\mathrm{d}V \tag{10-83}$$

这就是平面杆件结构中杆单元的刚度矩阵的一般表达式(隐式)。

将 $[B]$ 的表达式(i)代入式(10-83)，进行一系列的积分，并注意到杆件横截面对主轴的惯性矩 $I = \iint y^2\mathrm{d}A$，于是可得杆单元刚度矩阵的具体表达式(显式)为

$$[K]^{(e)} = \begin{bmatrix} \dfrac{EA}{l} & 0 & 0 & -\dfrac{EA}{l} & 0 & 0 \\[2mm] & \dfrac{12EI}{l^3} & \dfrac{6EI}{l^2} & 0 & -\dfrac{12EI}{l^3} & \dfrac{6EI}{l^2} \\[2mm] & & \dfrac{4EI}{l} & 0 & -\dfrac{6EI}{l^2} & \dfrac{2EI}{l} \\[2mm] 对 & & & \dfrac{EA}{l} & 0 & 0 \\[2mm] & & & & \dfrac{12EI}{l^3} & -\dfrac{6EI}{l^2} \\[2mm] & & 称 & & & \dfrac{4EI}{l} \end{bmatrix} \qquad (10\text{-}84)$$

习　　题

[**10-1**]　单元刚度矩阵各元素(如 k_{23}、k_{56})的物理意义是什么?单元刚度矩阵有哪些性质?

[**10-2**]　矩阵位移法要求单元坐标系与结构坐标系怎样对接、转换?先处理法与后处理法的主要区别是什么?这两种方法各有什么优缺点?

[**10-3**]　总刚度矩阵的某一个元素、某一行元素和某一列元素的物理意义是什么?怎样才能实现将各单刚中的元素按照"对号入座"办法输入总刚的正确位置?总刚度矩阵有哪些性质?

[**10-4**]　(1) 在如图 10-32 所示结构坐标系中,已知桁架结点 A 的位移$[u_A \quad v_A]^T$,则写成单元①A端轴向位移$\bar{u}_A^①$ = _____,单元②A端轴向位移$\bar{u}_A^②$ = _____,单元③A端轴向位移$\bar{u}_A^③$ = _____。

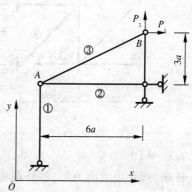

图 10-32

(2) 设上图中长度 $a = 1m$,已知结点 A、B 发生的位移分量为$[u_A \quad v_A \mid u_B \quad v_B]^T = [1.5 \quad 2.1 \mid 2.5 \quad 3.6]^T$mm,杆的轴向刚度为$\dfrac{EI}{l} = 40$kN/mm,求相应的轴力 N_{AB}。

[**10-5**]　(1) 在如图 10-33(a) 所示结构坐标系中,刚架结点位移编号 1,2,3,各杆 E、I、A 均为常数,结构刚度矩阵中元素 K_{22} = _____。

(2) 用先处理法列出图 10-33(b) 刚架的结构刚度方程,已知各杆的 $I = 0.01\text{m}^4$,$A = 0.1\text{m}^2$,$E = $ 常数。

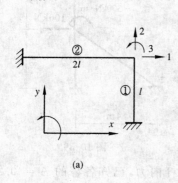

(a)

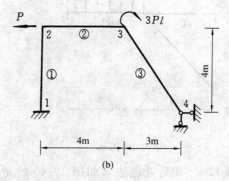

(b)

图 10-33

[**10-6**]　用先处理法求如图 10-34 所示桁架各杆轴力,已知各杆长度 $l_1 = l_2 = l_3 = 4\text{m}$,$A_1 = A_3 = 400\text{mm}^2$,$A_2 = 800\text{mm}^2$,$E = $ 常数。

[**10-7**]　用先处理法求如图 10-35 所示连续梁各杆内力(不考虑轴向变形),已知各杆的 $I = 0.01\text{m}^4$,$E = 3 \times 10^7 \text{kN/m}^2$。

[**10-8**]　用后处理法列出如图 10-36 所示桁架的结构刚度矩阵,已知$E = 100\text{kN/mm}^2$,$A = 80\text{mm}^2$。

[**10-9**]　列出如图 10-37 所示结构的结点荷载向量。

[**10-10**]　已知如图 10-38 所示结构的结点位移向量

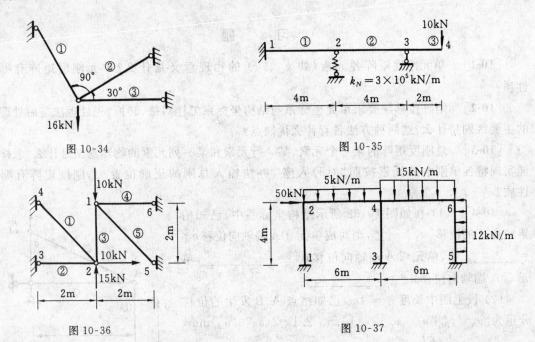

图 10-34　　　　　　　　　　图 10-35

图 10-36　　　　　　　　　　图 10-37

$\{D\} = \begin{bmatrix} 0 & 0 & 0 & \vdots & 0 & 0 & 0 & \vdots & 7.428 & -48.285 & 47.995 & \vdots & 0 & 0 & 0 \end{bmatrix}^T \times 10^{-5}$，试求各杆件杆端力，并画出内力图。各杆截面相同 $E = 1 \times 10^7 \mathrm{kN/m^2}$，$A = 0.24\mathrm{m^2}$，$I = 0.0072\mathrm{m^4}$。

[**10-11**]　用后处理法求如图 10-39 所示刚架各杆内力，已知各杆的 $I = 0.01\mathrm{m^4}$，$A = 0.2\mathrm{m^2}$，$E = 3 \times 10^7 \mathrm{kN/m^2}$。

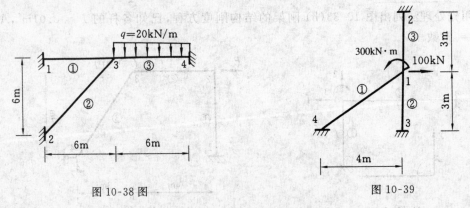

图 10-38 图　　　　　　　　　　图 10-39

[**10-12**]　用后处理法求如图 10-40 所示刚架各杆内力，已知各杆的 $A = 0.2\mathrm{m^2}$，$I = 0.01\mathrm{m^4}$，$E = 3 \times 10^7 \mathrm{kN/m^2}$。

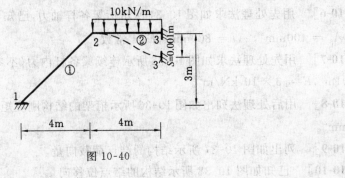

图 10-40

部分习题答案及提示

[10-4] (b) $N = 62.6\text{kN}$,可参照书公式(10-28)中的 $\overline{V}_x$ 找到 $\overline{u}_i$、$\overline{u}_j$,再由式(10-19) 计算。

[10-5] (b) 已知 A 值表示考虑轴向变形,每结点三个位移分量,利用式(10-23)、式(10-41)。

$$[K] = E \times 10^{-2} \begin{array}{c} \\ \\ \\ \\ \\ \\ \\ \\ \end{array} \begin{bmatrix} \overset{2}{} & & & \overset{3}{} & & & \overset{4}{} \\ 2.6875 & 0 & 0.375 & -2.5 & 0 & 0 & 0 \\ & 2.6875 & 0.375 & 0 & -0.1875 & 0.375 & 0 \\ & & 2 & 0 & -0.375 & 0.5 & 0 \\ & & & 3.2814 & 0.9139 & 0.192 & 0.192 \\ & \text{对} & & & 1.5021 & -0.231 & 0.144 \\ & & & & & 1.8 & 0.4 \\ & & \text{称} & & & & 0.8 \end{bmatrix} \begin{array}{c} \\ \\ 2 \\ \\ \\ 3 \\ \\ 4 \end{array}$$

$$\{P_J\} = \begin{bmatrix} -P & 0 & 0 & \vdots & 0 & 0 & 3pl & \vdots & 0 & 0 & 0 \end{bmatrix}^{\mathrm{T}}$$

[10-6] $\begin{bmatrix} N_1 & N_2 & N_3 \end{bmatrix}^{\mathrm{T}} = \begin{bmatrix} 12.79 & 9.84 & -2.13 \end{bmatrix}^{\mathrm{T}} \text{kN}$

[10-7] $\{D_J\} = \begin{bmatrix} V_2 & \theta_2 & \vdots & \theta_3 & \vdots & V_4 & \theta_4 \end{bmatrix}^{\mathrm{T}}$

$\{P_J\} = \begin{bmatrix} 0 & 0 & \vdots & 0 & \vdots & -10 & 0 \end{bmatrix}^{\mathrm{T}}$

$$[k]^{(2)} = \begin{bmatrix} \dfrac{9}{16} & \dfrac{9}{8} & \dfrac{9}{8} \\[2mm] \dfrac{9}{8} & 3 & \dfrac{3}{2} \\[2mm] \dfrac{9}{8} & \dfrac{3}{2} & 3 \end{bmatrix} \times 10^5$$

$$[K] = \begin{bmatrix} \dfrac{33}{8} & 0 & \dfrac{9}{8} & 0 & 0 \\[2mm] 0 & 6 & \dfrac{3}{2} & 0 & 0 \\[2mm] \dfrac{9}{8} & \dfrac{3}{2} & 9 & -\dfrac{9}{2} & 3 \\[2mm] 0 & 0 & -\dfrac{9}{2} & 9 & -\dfrac{9}{2} \\[2mm] 0 & 0 & 3 & -\dfrac{9}{2} & 6 \end{bmatrix} \times 10^5$$

$\begin{bmatrix} M_1 & M_2 \end{bmatrix}^{(1)} = \begin{bmatrix} 0.59 & 3.82 \end{bmatrix}$ kN·m

[10-8] $\{D_J\} = \begin{bmatrix} u_1 & v_1 & \vdots & u_2 & v_2 & \vdots & u_3 & v_3 & \vdots & u_4 & v_4 & \vdots & u_5 & v_5 & \vdots & u_6 & v_6 \end{bmatrix}^{\mathrm{T}}$

$\{P_J\} = \begin{bmatrix} 10 & -10 & \vdots & 10 & 15 & \vdots & 0 & 0 & \vdots & 0 & 0 & \vdots & 0 & 0 & \vdots & 0 & 0 \end{bmatrix}^{\mathrm{T}}$

$$[K]^{(1)} = 1414 \begin{bmatrix} \overset{4}{} & & \overset{2}{} & \\ 1 & -1 & -1 & 1 \\ & 1 & 1 & -1 \\ \text{对} & \text{称} & 1 & -1 \\ & & & 1 \end{bmatrix} \begin{array}{c} \\ 4 \\ \\ 2 \end{array}$$

$$[K]^{(4)} = 4000 \begin{bmatrix} \overset{1}{} & & \overset{6}{} & \\ 1 & 0 & -1 & 0 \\ & 0 & 0 & 0 \\ \text{对} & \text{称} & 1 & 0 \\ & & & 0 \end{bmatrix} \begin{array}{c} 1 \\ \\ 6 \end{array}$$

$$\begin{array}{cc} 1 & 2 \end{array}$$

$$[K] = \begin{bmatrix} 5414 & -1414 & 0 & 0 \\ & 5414 & 0 & -4000 \\ 对 \quad 称 & & 5414 & -1414 \\ & & & 5414 \end{bmatrix} \begin{matrix} \\ 1 \\ \\ 2 \end{matrix}$$

[10-9] $\{P_J\} = [0 \quad 0 \quad 0 \; \vdots \; 50 \quad -15 \quad -15 \; \vdots \; 0 \quad 0 \quad 0 \; \vdots \; 0 \quad -60 \quad -30 \; \vdots \; -24 \quad 0 \quad 16 \; \vdots$
$-24 \quad 45 \quad 29]^T$

[10-10] $\{\overline{F}\}^{(3)} = [29.712\text{kN} \quad 63.828\text{kN} \quad 77.234\text{kN} \cdot \text{m} \; \vdots$
$-29.712\text{kN} \quad 56.172\text{kN} \quad -54.275\text{kN} \cdot \text{m}]^T$

[10-11] $\{\overline{F}\}^{(1)} = [-79.065\text{kN} \quad 22.167\text{kN} \quad 72.48\text{kN} \cdot \text{m} \; \vdots$
$79.065\text{kN} \quad -22.167\text{kN} \quad 38.35\text{kN} \cdot \text{m}]^T$

[10-12] $\{\overline{F}\}^{(1)} = [83.44\text{kN} \quad -10.72\text{kN} \quad -13.69\text{kN} \cdot \text{m} \; \vdots$
$-83.44\text{kN} \quad 10.72\text{kN} \quad -39.92\text{kN} \cdot \text{m}]^T$

11 弯矩分配法和剪力分配法

众所周知,用力法、位移法及混合法分析超静定结构时,都需要求解多元联立方程组,当未知量较多时,手算求解结构内力的工作颇为繁重。为了避免解算联立方程,人们曾提出多种算法,并在 20 世纪中叶流行,如弯矩分配法、迭代法等。本章介绍在目前工程界中仍具有应用价值、物理概念鲜明、易于掌握的弯矩分配法和剪力分配法。就它们的本质来说,都属位移法的范畴,其原理及符号规则均与位移法相同,只是计算过程直接以杆端内力为目标而不用方程求解未知位移。

11.1 弯矩分配法的基本概念

对于结点无线位移的超静定结构,用位移法求解是为了消除基本结构各个刚结点上的附加约束反力矩,是表达为联立方程的形式,通过解方程而一次完成的。用弯矩分配法计算多结点的结构时,为消除附加约束反力矩,是对每个附加约束逐次松弛、反复多次进行的,从结点被锁固的状态出发,将各结点逐次恢复转角位移的过程,直接表达为各杆端弯矩的逐次修正的过程;当松弛结束时,变形和内力趋于实际的最终状态。其计算过程的数学实质是松弛法求解联立代数方程的过程,各杆端弯矩逐次渐近于精确值,所以又称弯矩分配法为渐近法。为了说明弯矩分配法的概念和步骤,先定义几个常用的系数。

11.1.1 转动刚度系数 S

不同杆件对于杆端转动的抵抗能力是不同的。杆端转动刚度(系数)S_{AB} 的定义是:杆件 AB 的 A 端(或称近端)发生单位转角时,A 端产生的弯矩值。此值不仅与杆件的弯曲线刚度 $i = EI/l$ 有关,而且与杆件另一端(或称远端)的支承情况有关。图 11-1(a)、(b)、(c) 分别为不同支承情况的等截面杆,相应的近端转动刚度(系数)分别为

(1) 远端为固定支座

$$S_{AB} = M_{AB} = 4i$$

(2) 远端为铰支座

$$S_{AB} = M_{AB} = 3i$$

(3) 远端为定向支座

$$S_{AB} = M_{AB} = i$$

当杆件 AB 两端同时正对称转动单位转角(图 11-2(a))或反对称转动单位转角(图 11-2(b))时,A 端和 B 端所产生的弯矩大小分别为 $\pm 2i$ 或 $6i$,称为该杆在 A 端和 B 端的正对称或反对称转动刚度(系数)。

11.1.2 传递系数 C

当杆件 AB 仅在 A 端有转角时,B 端的弯矩 M_{BA} 与 A 端弯矩 M_{AB} 之比值,称为该杆从 A 端

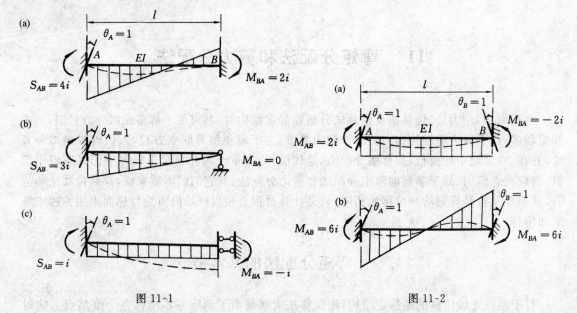

图 11-1   图 11-2

传至 B 端的弯矩传递系数,用 C_{AB} 表示。因此,图 11-1(a)、(b)、(c)所示各杆的传递系数分别为

(1) 远端为固定支座 $\qquad C_{AB} = \dfrac{M_{BA}}{M_{AB}} = \dfrac{2i}{4i} = \dfrac{1}{2}$

(2) 远端为铰支座 $\qquad\qquad C_{AB} = \dfrac{0}{3i} = 0$

(3) 远端为定向支座 $\qquad\quad C_{AB} = \dfrac{-i}{i} = -1$

11.1.3   弯矩分配系数 μ

如图 11-3(a)所示结构在结点 A 处作用顺时针方向的集中力矩 m_A,欲求各杆端弯矩 M_{Aj},即分析结点 A 处的三个杆端如何分担外力矩 m_A。

现借用位移法求解这个分配系数。设各杆轴向变形忽略不计,则结点 A 仅有转角位移而无线位移,基本结构如图 11-3(b)所示,约束反力矩以顺时针向为正,位移法方程为

$$r_{11}Z_1 + R_{1P} = 0$$

由 M_P 图和 $\overline{M}_1$ 图(图 11-3(b)、(c))可得

$$R_{1P} = -m_A$$

$$r_{11} = S_{AB} + S_{AC} + S_{AD} = \sum S_A$$

于是 $\qquad\qquad Z_1 = \theta_A = -R_{1P}/r_{11} = m_A/\sum S_A$

由于结点 A 的转动,各杆端获得的弯矩是 $\overline{M}_1 Z_1$,即

$$M_{AB} = S_{AB} \cdot Z_1 = \frac{S_{AB}}{\sum S_A}(-R_{1P}) = \mu_{AB} \cdot m_A$$

$$M_{AC} = S_{AC} \cdot Z_1 = \frac{S_{AC}}{\sum S_A}(-R_{1P}) = \mu_{AC} \cdot m_A \qquad (11\text{-}1)$$

$$M_{AD} = S_{AD} \cdot Z_1 = \frac{S_{AD}}{\sum S_A}(-R_{1P}) = \mu_{AD} \cdot m_A$$

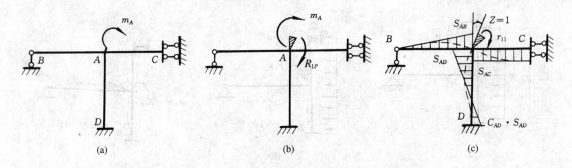

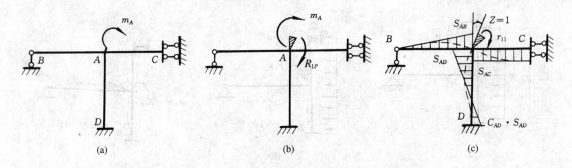

图 11-3

称它们为分配弯矩,可用 M_{Aj}^{μ} 表示,其正号表示在杆端为顺时针向(图 11-3(c) 结点 A)。由式 (11-1) 中,可得

$$\mu_{AB} = S_{AB}/\textstyle\sum S_A, \quad \mu_{AC} = S_{AC}/\textstyle\sum S_A, \quad \mu_{AD} = S_{AD}/\textstyle\sum S_A \tag{11-2}$$

称为弯矩分配系数,表示结点 A 上各杆端截面承担外力矩 m_A 的比率;同一结点上,某一杆端的转动刚度系数相对地较大,其分配系数就较大,且诸分配系数之总和为 1,即

$$\textstyle\sum \mu_{Aj} = \mu_{AB} + \mu_{AC} + \mu_{AD} = 1$$

此式可作为每一结点弯矩分配系数的计算校核条件。例图 11-3 中当各杆线刚度 i 相等时,有 $\sum S = 8i$,则 $\mu_{AB} = \dfrac{3}{8}, \mu_{AC} = \dfrac{1}{8}, \mu_{AD} = \dfrac{4}{8}$。

根据传递系数的定义,可得结点 A 有关各杆由于转角 $\theta_A = Z_1$ 而产生的远端弯矩(图 11-3(c))分别为

$$M_{BA} = C_{AB} \cdot M_{AB} = 0, \quad M_{CA} = C_{AC} \cdot M_{AC} = -M_{AC}, \quad M_{DA} = C_{AD} \cdot M_{AD} = \frac{1}{2}M_{AD}$$

称为相应杆端 j 的传递弯矩,可用 M_{jA}^C 表示。

如图 11-3(a) 所示承受结点外力矩的单结点结构而言,各杆的最终弯矩已可直接通过相应的分配系数、传递系数分别算得,符合按位移法中叠加原理所得 $M = \overline{M}_1 Z_1 + M_P$ 的结果。

11.1.4 任意荷载作用下单结点结构的弯矩分配法

凡是无结点线位移的结构,上述结点外力矩作用下的弯矩分配法亦可用于任意荷载作用的情况。

如图 11-4(a) 所示结构受均布荷载及截面 C 处集中力矩荷载作用,为用弯矩分配法计算,取基本结构如图 11-4(b) 所示,即"先锁固"刚结点,则在附加约束两侧产生固端弯矩

$$M_{AB}^F = +\frac{1}{12}ql^2$$

$$M_{AC}^F = -\frac{1}{8}ql^2 + \frac{1}{2}\left(\frac{1}{3}ql^2\right) = +\frac{1}{24}ql^2$$

注意 M_{AC}^F 中第二项是由铰支 C 端力矩荷载产生的。于是结点 A 有约束力矩(也称不平衡力矩)

$$R_{1P} = +\left(\frac{1}{12} + \frac{1}{24}\right)ql^2 = +\frac{3}{24}ql^2$$

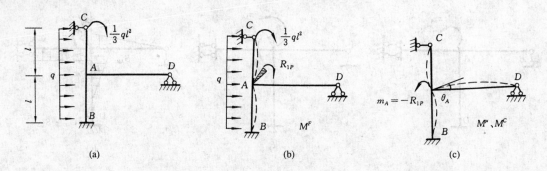

图 11-4

R_{1P} 的存在表示结点 A 暂无转动。为使结点 A 恢复实际松弛状态,须在结点 A 处施加一个与 R_{1P} 反向的结点(转动)力矩 $m_A = -R_{1P} = -\dfrac{3}{24}ql^2$。这一结点力矩就是原有荷载转化到结点 A 处的等效力矩荷载(另有等效集中力荷载通过杆件 AD 传递至固定铰支座 D 而不影响结构的弯矩分布),在此结点力矩作用下,发生结点转动及各杆变形,如图 11-4(c) 中虚线所示,即"后放松"刚结点而转动。此时,即可根据结点 A 处各杆端的弯矩分配系数对结点力矩 m_A 作弯矩分配计算。

最后,应将锁固状态和转动状态相叠加,即分别将每一杆端的固端弯矩、分配弯矩、传递弯矩相叠加,得到各杆端弯矩的最终值。值得注意的是:锁固时的固端弯矩、转动时的分配弯矩、传递弯矩均应带有表示其方向的正、负号。由此绘出最终弯矩图,应能符合图 11-4(a) 所示原结构的荷载特征及结点或截面的平衡条件。

【例 11-1】　如图 11-5(a) 所示为一单结点超静定梁,用弯矩分配法计算并绘制弯矩图。

【解】　计算过程在梁的下方列表进行,其基本数据的准备及弯矩分配计算说明如下:

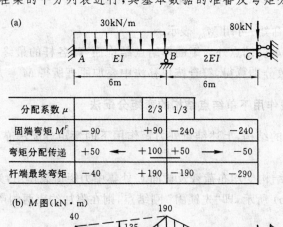

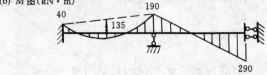

图 11-5

(1) 结点 B 上各杆端的弯矩分配系数

两杆的弯曲线刚度分别为 $i_{BA} = \dfrac{EI}{6} = i, i_{BC} = 2i$,故

$$\sum S_B = 4i_{BA} + i_{BC} = 4i + 2i = 6i$$

$$\mu_{BA} = \frac{4i}{6i} = 2/3, \quad \mu_{BC} = \frac{2i}{6i} = 1/3$$

将分配系数写在图 11-5(a) 梁下的表中第一行内对应位置。

（2）各杆固端弯矩（锁固结点）

$$M_{BA}^F = -M_{AB}^F = \frac{ql^2}{12} = 90\text{kN} \cdot \text{m}$$

$$M_{BC}^F = M_{CB}^F = -\frac{Pl}{2} = -240\text{kN} \cdot \text{m}$$

将这些值写在图 11-5(a) 梁下的表中第二行内对应位置。

（3）进行弯矩分配和传递（转动结点）

先将结点 B 处固端弯矩总和（即约束力矩 $R_{1P} = \sum M_{Bj}^F = -150\text{kN} \cdot \text{m}$）反其号，作为结点转动力矩 $M_B = +150\text{kN} \cdot \text{m}$，乘以各杆端分配系数，即得各个分配弯矩，写在第三行的结点 B 下方的两侧；再乘以各杆的传递系数即得各远端的传递弯矩，如 $M_{CB}^C = +50 \times (-1) = -50\text{kN} \cdot \text{m}$。

（4）计算杆端最终弯矩值并绘 M 图

结点和结构已恢复至实际状态，将图 11-5(a) 梁下表中对应于每一杆端截面的竖列数值相叠加，就得到各杆端的最终弯矩值，写在表的最后一行。结点 B 之左、右两截面的弯矩正好平衡。于是，按杆端弯矩的正负号规则，可绘出最终弯矩图如图 11-5(b) 所示。

单个结点的力矩分配计算的结果是精确解。

对于刚架，用弯矩分配法进行计算时也可用列表方式，以结点各截面及远端截面为竖列，以 μ、M^F、转动及叠加为横行。

11.2　用弯矩分配法计算多结点结构

11.2.1　结点无侧移结构

上节所述单结点结构的弯矩分配法推广应用到多结点结构时，首先，必须是该结构各结点均无线位移（或称无侧移），包括连续梁和刚架；其次，每个结点每次松弛时均按单结点结构那样考虑，各杆远端应为固定（或暂时固定），或铰接，或定向滑动。

如图 11-6(a) 所示等截面杆连续梁各跨弯曲线刚度及荷载已知如图示，刚结点 B、C 的转角 φ_B、φ_C 将是决定全梁变形和内力的基本位移量.应用弯矩分配法计算前，设想附加刚臂约束先使刚结点固定，按各结点所联杆件的线刚度、远端支承情况计算各结点的弯矩分配系数，这项准备工作也可列入表中，图 11-6 中在 "μ" 行之前，先有 "i" 行、"s" 行，并由结点 $\sum S$ 计算 μ，方便检查.须注意各结点上 $\sum \mu = 1.00$.第二项准备工作，计算各杆端的固端弯矩为

$$M_{BA}^F = +\frac{1}{8}q(6a)^2 = +4.5qa^2$$

$$M_{CD}^F = -\frac{1}{8}q(8a)^2 = -8.0qa^2$$

填入表后可见结点 B、C 的原始约束力矩分别有

$$\sum M_B^F = M_{BC}^F + M_{BA}^F = +4.5qa^2$$

$$\sum M_C^F = M_{CB}^F + M_{CD}^F = -8.0qa^2$$

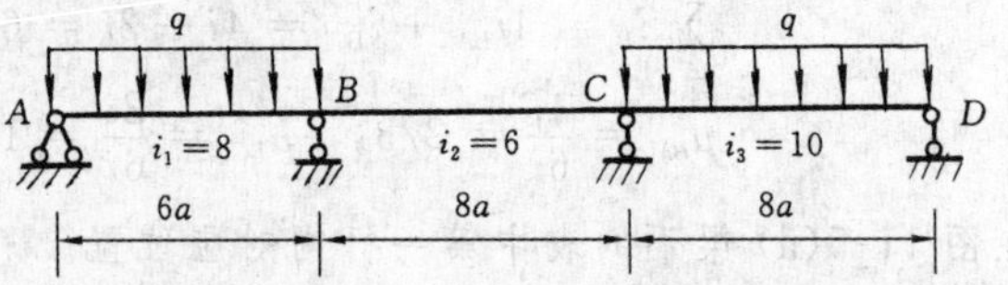

结 构 力 学

杆件i	8		6		10	
杆端S	l	24	24	24	30	
截面	AB	BA	BC	CB	CD	DC
分配系数 μ		0.5	0.5	0.44	0.56	
固端弯矩 M^F	0	+4.5	0	0	−8.0	0 (qa^2)
结点C第一次放松+8.0			+1.76 ←	+3.52	+4.48 →	0
结点B第一次放松−6.26	0 ←	−3.13	−3.13 →	−1.56		
杆端最终弯矩	0	--- ---	--- ---	--- ---	--- ---	0 (qa^2)

图 11-6

对于各个约束力矩采取逐一放松约束、反复消除的方法进行。首先放松约束力矩较大的结点 C，即施加一反向的结点力矩 $m'_C=-\sum M^F_C=+8.0qa^2$，此时，结点 B 应保持固定，结点 C 将转动一个角度，按单结点情况对杆件 CB、CD 进行弯矩分配和传递，这一步计算写在图 11-6 的表中"μ"行后第三行内，在结点 C 处两个分配弯矩值的下方画一横线，以表示该处约束力矩 $\sum M^F_C$ 暂已消除。

其次要放松结点 B。此约束中，现有原荷载产生的约束力矩 $\sum M^F_B(+4.5qa^2)$，加上由结点 C 传递而来的 B 端反力矩（$+1.76qa^2$），故须施加结点力矩 $m'_B=-6.26qa^2$，以放松、转动结点 B。此时结点 C 应重新固定，在结点 B 转动一个角度时，方可按单结点情况对杆件 BC、BA 进行弯矩分配和传递。这一步计算填写在图 11-6 的表中"μ"行后第四行内，在结点 B 处两分配弯矩值的下方也画一横线，以表示该结点的约束力矩暂已消除。

这是本结构弯矩分配法计算的第一轮。可以看到，此时，结点 C 的约束中又有了由结点 B 传递来而产生的反力矩（$-1.56qa^2$），不过比上次的约束力矩值降低了。为消除此一约束力矩，须按上述方法作转动 - 分配 - 传递，并在各结点轮流进行，每放松一次，结点就增加了一个转动角度的修正量。循环此步骤，反复计算若干轮，逐次消除两结点上的约束力矩，直至约束力矩降低为各结点的最大初始约束力矩的 1% 左右或所需精度时，便可认为该约束力矩已可略去，即附加约束已放松完毕，结点已转动到最后状态，便可停止计算（即最后一次分配弯矩下画出横线后，除远端为固端支座外，就不再向对方结点传递）。

最后，对各结点的每一杆端截面（在表中各竖列），将其固端弯矩和历次的分配弯矩、传递弯矩相叠加而求得杆端最终弯矩，结点上应能达成力矩平衡。

若欲知结点转角大小，可将其中一个截面的几次分配弯矩之和，除以该截面的转动刚度即得。

【例 11-2】 用弯矩分配法计算图 11-7(a)）所示连续梁的各杆端弯矩，并绘最终弯矩图。各杆弯曲刚度示于图中。

【解】 右端悬臂 DE 段的内力是静定的，设将 DE 段截离，并以弯矩 M_{DE}、剪力 V_{DE} 反向作用于连续梁结点 D 处，结点 D 即可作为铰支端处理，如图 11-7(b) 所示。结点 B 和 C 的转动将

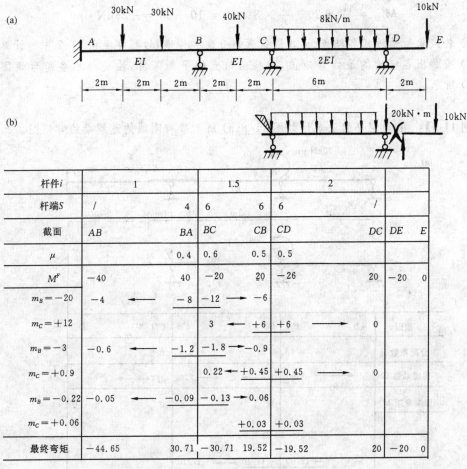

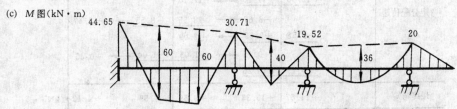

杆件i		1		1.5		2			
杆端S	l		4	6	6	6		l	
截面	AB		BA	BC	CB	CD		DC	DE	E
μ			0.4	0.6	0.5	0.5				
M^F	−40		40	−20	20	−26		20	−20	0
$m_B = −20$	−4	←	−8	−12	→ −6					
$m_C = +12$				3	+6	+6	→	0		
$m_B = −3$	−0.6	←	−1.2	−1.8	→−0.9					
$m_C = +0.9$				0.22	←+0.45	+0.45	→	0		
$m_B = −0.22$	−0.05	←	−0.09	−0.13	→0.06					
$m_C = +0.06$					+0.03	+0.03				
最终弯矩	−44.65		30.71	−30.71	19.52	−19.52		20	−20	0

(c) M 图(kN·m)

图 11-7

被控制。

(1) 计算结点 B、C 处弯矩分配系数(为方便设 $EI = 6$)如表中前三行。

(2) 计算固端弯矩(查用第 9 章单杆反力表)

$$M_{BA}^F = -M_{AB}^F = \sum \frac{P}{l_1^2} a^2 b = \frac{30}{36}(2^2 \times 4 + 4^2 \times 2) = 40 \text{kN·m}$$

$$M_{CB}^F = -M_{BC}^F = \frac{1}{8} \times 40 \times 4 = 20 \text{kN·m}$$

计算 M_{CD}^F 时,应当注意,CD 跨的 C 端作为固定,D 端为铰支,由分布荷载产生 C 端的反力矩($-ql^2$)/8,又由 D 端顺时针向外力矩$+20$kN·m 作用的影响,而得 $\frac{1}{2}(20$kN·m$)$ 的反力矩,二者叠加,故

— 117 —

$$M_{CD}^F = \frac{1}{2} \times 20 - \frac{1}{8} \times 8 \times 6^2 = 10 - 36 = -26 \text{kN} \cdot \text{m}$$

（3）轮流单独地放松各结点、逐次进行弯矩分配和传递,过程详见图 11-7 中的计算表格。

（4）叠加出各杆端的最终弯矩值,并检验结点的平衡条件,由此绘出各跨弯矩图,如图 11-7(c) 所示。

*【例 11-3】 用弯矩分配法求作如图 11-8(a) 所示带有刚域的连续梁的弯矩图。

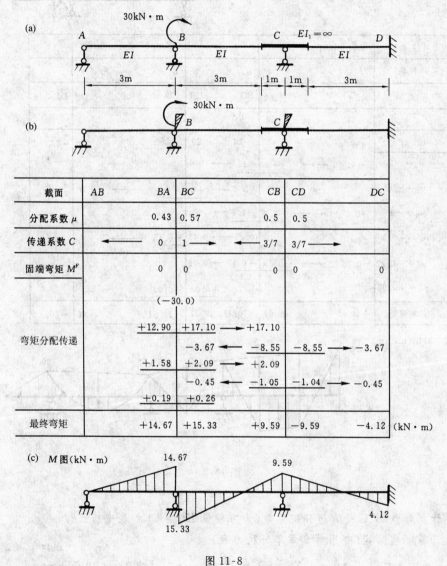

截面	AB	BA	BC	CB	CD	DC
分配系数 μ		0.43	0.57	0.5	0.5	
传递系数 C	←———	0	1 ——→	←— 3/7	3/7 ——→	
固端弯矩 M^F	0	0	0	0	0	0
弯矩分配传递		(−30.0)				
		+12.90	+17.10 ——→	+17.10		
			−3.67 ←—	−8.55	−8.55 ——→	−3.67
		+1.58	+2.09 ——→	+2.09		
			−0.45 ←—	−1.05	−1.04 ——→	−0.45
		+0.19	+0.26			
最终弯矩	+14.67	+15.33		+9.59	−9.59	−4.12 (kN·m)

图 11-8

【解】 设想在结点 B、C 设置附加刚臂约束后（图 11-8(b)）,杆 BC、CD 即为具有刚域的单根杆件。

（1）计算弯矩分配系数与传递系数

对于具有刚域的杆件,须利用第 9 章的公式(9-16)计算其两端的转动刚度系数、弯矩传递系数。令 $i_0 = \dfrac{EI}{3m}$,则杆 $BC:l_0 = 3\text{m}, a = 0, b = 1/3$

$$S_{BC} = 4i_0[1 + 3a + 3a^2] = 4i_0$$

$$C_{BC} = \frac{1}{2}\left[\frac{1 + 3(a+b) + 6ab}{1 + 3a + 3a^2}\right] = \frac{1}{2}\left[1 + 3\left(\frac{1}{3}\right)\right] = 1$$

$$S_{CB} = 4i_0(1 + 3b + 3b^2) = 4i_0\left(1 + \frac{3}{3} + \frac{3}{9}\right) = \frac{28}{3}i_0$$

$$C_{CB} = \frac{1}{2}\left[\frac{1 + 3(a+b) + 6ab}{1 + 3b + 3b^2}\right] = \frac{1}{2}\left[\frac{1 + (3/3)}{1 + 1 + (1/3)}\right] = \frac{3}{7}$$

杆 CD：$l_0 = 3\text{m}$，$a = 1/3$，$b = 0$，同样可求得

$$S_{CD} = \frac{28}{3}i_0, \quad C_{CD} = \frac{3}{7}$$

据此计算结点 C 处弯矩分配系数

$$\mu_{CB} = \mu_{CD} = \frac{S_{CB}}{S_{CB} + S_{CD}} = \frac{1}{2} = 0.5$$

而因杆 BA 的 $S_{BA} = 3i_0$，结点 B 处的弯矩分配系数

$$\mu_{BA} = \frac{S_{BA}}{S_{BA} + S_{BC}} = \frac{3i_0}{3i_0 + 4i_0} = \frac{3}{7} \approx 0.43$$

$$\mu_{BC} = \frac{4}{7} \approx 0.57$$

应将各杆两端的传递系数也列入表中。

（2）固端弯矩

本例沿梁轴无横向荷载，仅有结点 B 处的顺时针向集中力矩 30kN·m，故各杆端 $M^F = 0$，但须将结点 B 处约束反力矩 $R_{1P} = -30\text{kN·m}$ 写在括号内（它不属任一截面），如图 11-9 中的计算表所示。

（3）弯矩分配与传递

首先消除结点 B 处约束力矩，然后轮流反复进行，须注意各杆两个方向不同的传递系数。

（4）最终弯矩图

如图 11-8（c）所示，在结点 B 的两侧具有不相等的弯矩，其代数和应与集中力矩荷载相等、反号。

【例 11-4】 用弯矩分配法求作图 11-9（a）所示刚架的弯矩图。各杆 $EI =$ 常数。

【解】 此刚架左、右伸臂 AB、DE 段的内力是静定的。可将其截离并以等效力作用于 B、D 两结点作为荷载，如图 11-9（b）所示，结点 B 化为铰支座，结点 D 成为两杆刚接。结点 C、D 的转角是需加以控制并求其分配系数的。

（1）计算弯矩分配系数

因各杆弯曲线刚度均为 $i = \dfrac{EI}{6}$，故

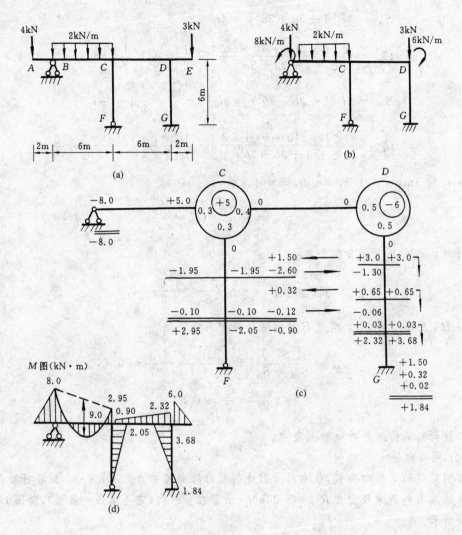

图 11-9

$$\sum S_C = S_{CB} + S_{CF} + S_{CD} = 3i + 3i + 4i = 10i$$

$$\mu_{CB} = \frac{3i}{10i} = 0.3, \quad \mu_{CF} = 0.3, \quad \mu_{CD} = \frac{4i}{10i} = 0.4$$

$$\sum S_D = S_{DC} + S_{DG} = 4i + 4i = 8i$$

$$\mu_{DC} = \frac{4i}{8i} = 0.5, \quad \mu_{DG} = 0.5$$

为运算方便,采用图 11-9(c) 所示图式作为计算格式。今将各分配系数写入相应结点外圈的对应位置。

（2）计算固端弯矩

注意铰支端 B 处逆时针向集中力矩 -8kN·m 对 C 端的影响,

$$M_{CB}^F = \frac{1}{2} \times (-8) + \frac{1}{8} \times 2 \times 6^2 = +5.0 \text{kN} \cdot \text{m}$$

结点 D 处顺时针向集中力矩将产生约束反力矩（-6kN·m）。今将各固端弯矩值写在图 11-9(c) 相应杆端,而在两结点处的内圈中分别写该结点的初始约束反力矩值。

（3）弯矩分配与传递

从约束力矩绝对值较大的结点开始,计算过程如图 11-9(c) 所示。其中单横线表示经弯矩分配消除了一次约束力矩;双横线表示计算结束,其下数字即为各杆端的最终弯矩值。

（4）绘出刚架弯矩图,如图 11-9(d) 所示。

在对称结构上运用弯矩分配法时,可取半结构以简化计算,如图 11-10(a) 所示三跨刚架。

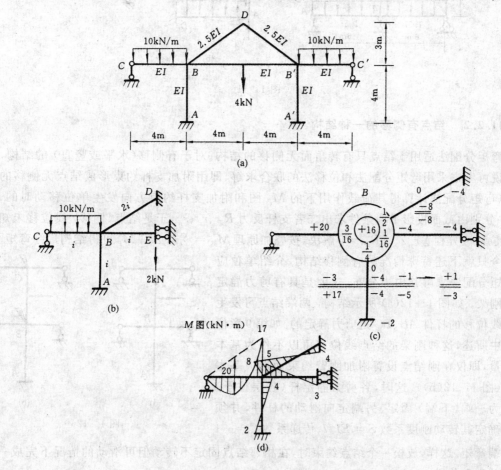

图 11-10

承受正对称荷载,结点 D 和 B、B′ 不发生反对称的水平线位移,又因杆件 BB′、DB、DB′ 长度不变,结点 D 就无竖向位移。今取图 11-10(b) 所示半结构分析时,结点 D 处应作为固定端支承。设 $i = EI/4$ 各杆的弯曲线刚度注于图 11-10(b) 中。

结点 B 处有 $\sum S_B = S_{BC} + S_{BA} + S_{BE} + S_{BD}$

$$= 3i + 4i + i + 4(2i) = 16i$$

由此计算分配系数和各固端弯矩、结点约束力矩,写入图 11-10(c) 相应位置并作分配、传递计算,半结构的最终弯矩如图 11-10(d) 所示。

再如图 11-11(a) 所示箱形框架,分析受竖向荷载的弯矩图作法。

对称于竖杆 CD 无水平外力,可取图 11-11(b) 所示半结构分析;又因结点 A 处竖向反力 R_A 及荷载均反对称于半结构中的 x-x 轴,结点 A、B 本无竖向位移,即可取图 11-11(c) 所示 1/4 结构分析。

经一次弯矩分配即可求得各杆端最终弯矩值。按对称性将可作出的全框架弯矩图。读者可试分析中央无支杆时的计算图式。

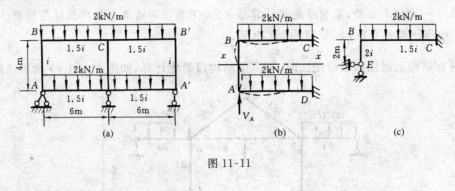

图 11-11

11.2.2　结点有侧移的一种结构

弯矩分配法适用于结点只有转角而无侧移的结构。对于有侧移（水平或竖直）的结构，一般地说可考虑采用弯矩分配法和位移法的联合求解，即用附加支杆约束形成结点无侧移的结构，以弯矩分配法计算得其荷载作用下的 M_P 图和附加支杆约束方向发生单位移动时的 $\overline{M}_i$ 图，并分别由截面投影平衡条件求出二者支杆反力 R_{iP}、r_{ii}、r_{ji}，于是结点（侧移）线位移未知量 Z_i 以位移法方程 $\sum r_{ji}Z_i + R_{iP} = 0$ 解决，按叠加原理 $M_{终} = \sum \overline{M}_i Z_i + M_P$ 可得结构最终弯矩图。

今只就下述特殊情况的有侧移结构，介绍单独应用弯矩分配法求解其内力分布，这就是具有剪力静定杆的刚架，如图 11-12(a) 所示结构，两端结点可发生相对线位移的杆件 AB、BC 是剪力静定的。如第 9 章位移法中所述，这种刚架的结点线位移可以不作为基本位移量，即仅在刚结点设置附加刚臂约束而形成基本结构（图 11-12(b)）。这时，各剪力静定杆（各层柱子）均作为一端（下端）固定、另端定向滑动的杆件，并须据此确定其转动刚度系数 $S = EI/l$、传递系数 $C = -1$

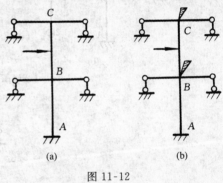

图 11-12

和固端弯矩。这样，放松一个结点约束时，在相邻结点固定不转动但可滑动的情况下完成一次弯矩分配和传递。

图 11-13(a) 为一两端简支的箱形框架，承受竖向荷载而无水平外力，因此，结构及外力正

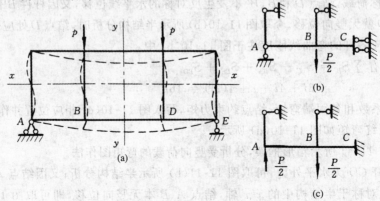

图 11-13

对称于竖向轴 y、反对称于水平向 x 轴,可取如图 11-13(b) 所示 1/4 结构作分析。其中杆 AB、BC 为剪力静定杆。注意到支点 A 和 C 的受力特点及结构变形状态的特点,又可将计算简图等效转化为图 11-13(c)。对于这两个计算简图,均可应用弯矩分配法求解内力。

【例 11-5】 试用弯矩分配法计算如图 11-14(a) 所示多层刚架。

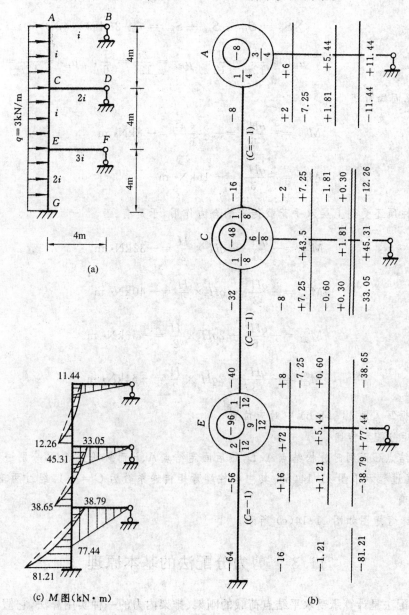

图 11-14

【解】 竖杆 AC、CE、EG 均按下端固定、上端滑动考虑。

(1)计算弯矩分配系数

$$\sum S_A = S_{AC} + S_{AB} = i + 3i = 4i$$

$$\mu_{AC} = \frac{i}{4i} = \frac{1}{4}, \quad \mu_{AB} = \frac{3i}{4i} = \frac{3}{4}$$

$$\sum S_C = S_{CA} + S_{CE} + S_{CD} = i + i + 3 \times (2i) = 8i$$

$$\mu_{CA} = \frac{i}{8i} = \frac{1}{8}, \quad \mu_{CE} = \frac{1}{8}, \quad \mu_{CD} = \frac{6i}{8i} = \frac{3}{4}$$

$$\sum S_E = S_{EC} + S_{EG} + S_{EF} = i + 2i + 3 \times (3i) = 12i$$

$$\mu_{EC} = \frac{i}{12i} = \frac{1}{12}, \quad \mu_{EG} = \frac{2i}{12i} = \frac{1}{6}, \quad \mu_{EF} = \frac{9i}{12i} = \frac{3}{4}$$

（2）计算固端弯矩

$$M_{AC}^F = -\frac{qH^2}{6} = -\frac{3 \times 4^2}{6} = -8 \text{kN} \cdot \text{m}$$

$$M_{CA}^F = -\frac{qH^2}{3} = -16 \text{kN} \cdot \text{m}$$

注意到下层柱顶还受到上层水平荷载传来的合力作用，于是有

$$M_{CE}^F = -\frac{qH^2}{6} - qH \times \frac{H}{2} = -32 \text{kN} \cdot \text{m}$$

$$M_{EC}^F = -\frac{qH^2}{3} - qH \times \frac{H}{2} = -40 \text{kN} \cdot \text{m}$$

$$M_{EG}^F = -\frac{qH^2}{6} - 2qH \times \frac{H}{2} = -56 \text{kN} \cdot \text{m}$$

$$M_{GE}^F = -\frac{qH^2}{3} - 2qH \times \frac{H}{2} = -64 \text{kN} \cdot \text{m}$$

将以上各数据写入图 11-14(b) 中对应位置。

（3）弯矩分配和传递

先固定结点 C 而同时放松结点 A、E，然后固定结点 A、E 而放松结点 C，分别进行弯矩分配和传递，计算过程示于图 11-14(b)。其中各柱端弯矩传递系数为 $C = -1$。经过两轮的计算，结果已足够精确。

（4）最终弯矩图如图 11-14(c) 所示。

11.3　剪力分配法的基本原理

剪力分配法是计算承受水平结点荷载的刚架、排架内力的一种实用算法，它假设刚架横梁为无限刚性，即不计刚性结点转动的影响、只考虑结点的侧移，从而使位移法的计算大为简化。实际的横梁不是无限刚性，所以用剪力分配法计算所得的结果是近似的。当刚架横梁与立柱的线刚度之比为 $i_b/i_c \geqslant 3$ 时，采用剪力分配法计算的精度能满足工程上的要求。当 $i_b/i_c < 3$ 时，计算误差较大，可采用修正的办法来调整。

由于剪力分配法计算十分简便，且具有传力直观明确的优点，所以，在工程实际中，尤其在结构方案比较或初步设计中，常被采用。下面先介绍此法中用到的几个物理常数。

11.3.1 抗剪刚度与抗剪柔度

1. 两端固定的等截面柱

如图 11-15 所示两端固定（或刚接）的等截面柱子，当柱端发生相对线位移 Δ 时，柱顶的剪力 V_{BA}（或反力 R_B）等于

$$V_{BA} = R_B = \frac{12EI}{h^3} \cdot \Delta \tag{a}$$

式中，系数 $12EI/h^3$ 是杆端相对侧移 $\Delta = 1$ 时产生的剪力，称为抗剪刚度，或侧移刚度，通常以 D 表示：

$$D_{AB} = \frac{12EI}{h^3} = \frac{12i}{h^2} \tag{11-3}$$

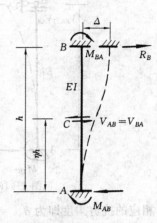

图 11-15

在式（a）中，若取 $V_{BA} = R_B = 1$，并以 δ 代替 Δ，则有

$$\delta_{AB} = \frac{h^3}{12EI} = \frac{h^2}{12i} \tag{11-4}$$

称 δ_{AB} 为柱的抗剪柔度，表示当柱子承受单位剪力时柱顶产生的相对侧移。

由以上两式可知，单柱的抗剪刚度与抗剪柔度互为倒数：$\delta_{AB} = 1/D_{AB}$。

如图 11-15 所示柱子的中点 C 为弯矩等于零的截面，称为反弯点。以 ηh 表示反弯点离柱底的高度，反弯点高度比为 $\eta = M_{AB}/(M_{AB} + M_{BA})$。两端固定不转动的柱 $\eta = 0.5$。

2. 一端固定、另端铰接的等截面柱

如图 11-16 所示为下端固定、上端铰接的等截面柱，当柱顶发生相对侧移 Δ 时，其顶端的剪力 V_{BA}（或反力 R_B）等于

$$V_{BA} = R_B = \frac{3EI}{h^3} \cdot \Delta = \frac{1}{4}\left(\frac{12EI}{h^3}\right)\Delta \tag{b}$$

式中，系数 $\frac{1}{4}\left(\frac{12EI}{h^3}\right)$ 称为该柱的修正抗剪刚度，即

$$D'_{AB} = \frac{1}{4}D_{AB} \tag{11-5}$$

修正抗剪柔度为

$$\delta'_{AB} = \frac{h^3}{3EI} = 4\delta_{AB} = 4\left(\frac{1}{D_{AB}}\right) = \frac{1}{D'_{AB}}$$

如图 11-16 所示柱子的反弯点在上端铰 B 处，即 $\eta = 1.0$。

3. 下端固定、上端铰接的单阶柱

如图 11-17 所示变截面的单阶柱，上、下段截面惯性矩分别为 I_1、I_2，全柱高 h_2，上柱高为 h_1。当柱顶发生相对侧移 Δ 时，可用力法求出柱顶剪力值为

$$V_{BA} = \frac{3EI_2}{h_2^3}\left[\frac{1}{1 + \left(\frac{1}{n} - 1\right)\lambda^3}\right] \cdot \Delta$$

式中，$n = \dfrac{I_1}{I_2}$，$\lambda = \dfrac{h_1}{h_2}$，则其抗剪刚度可表为

$$D^0_{AB} = \frac{3EI_2}{h_2^3}\left[\frac{1}{1 + \left(\frac{1}{n} - 1\right)\lambda^3}\right] \tag{11-6}$$

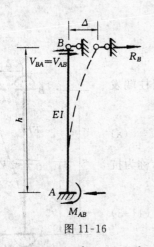

图 11-16

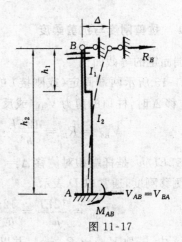

图 11-17

相应的抗剪柔度即为 $\delta_{AB}^0 = 1/D_{AB}^0$。

11.3.2 并联体系

图 11-18(a) 表示横梁具有无限刚性的刚架,联结着若干竖柱各为等截面杆,在结点上受集中荷载 P 作用,当横梁发生平移时,各柱两端的相对线位移相同(图 11-18(b)),而各柱剪力不等,这就称为并联柱。并联各柱共同承担水平荷载,可运用位移法求得各柱内剪力。今有

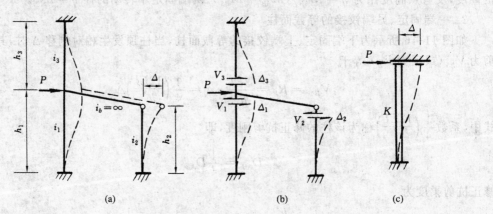

图 11-18

$$\Delta_1 = \Delta_2 = \Delta_3 = \Delta \quad (\text{变形条件})$$

刚架各柱剪力与其侧移刚度相关,分别表示为(物理关系)

$$\left. \begin{aligned} V_1 &= \frac{12i_1}{h_1^2} \cdot \Delta = D_1\Delta \\ V_2 &= \frac{1}{4}\left(\frac{12i_2}{h_2^2}\right) \cdot \Delta = D_2'\Delta \\ V_3 &= \frac{12i_3}{h_3^2} \cdot \Delta = D_3\Delta \end{aligned} \right\} \qquad (c)$$

根据如图 11-18(b) 所示横梁隔离体的平衡条件 $\sum X = 0$,得

$$P - V_1 - V_2 - V_3 = 0$$

将式(c)代入上式,即求得横梁结点的侧移

$$\Delta = \frac{1}{D_1 + D_2' + D_3} \times P = \frac{1}{\sum D} \times P$$

于是,式(c)中各柱剪力为

$$
\left.
\begin{aligned}
V_i &= \frac{D_i}{\sum D} \times P = \gamma_i P \\
\gamma_i &= \frac{D_i}{\sum D}
\end{aligned}
\right\}
\tag{11-7}
$$

式中,γ_i 称为柱子的剪力分配系数,其物理意义是当刚架受结点单位横向荷载($P = 1$)作用时,端点位移相等的各柱分别承担的剪力。γ_i 与 D_i 值成正比,柱子的抗剪刚度越大,所分担的剪力也越大。

今以图 11-18(c) 所示合成柱等效代替图 11-18(a) 的刚架各柱的并联体系。该合成柱的总抗剪刚度 K 即为并联体系各柱抗剪刚度之总和,就是式(11-7)中的分母 $\sum D$:

$$K = D_1 + D_2' + D_3 = \sum D \tag{11-8}$$

并联体系总抗剪柔度 f 等于总抗剪刚度之倒数:

$$f = \frac{1}{K}$$

K 和 f 将用于结构中更大范围的合成柱之间剪力分配系数的计算。

11.3.3 串联体系

图 11-19(a) 表示在刚架中各柱与若干具有无限刚性的横梁相连接,若在刚架顶层结点作用一水平集中荷载 P,各刚结点只发生移动而无转动,所以可用计算简图 11-19(b) 表示。各层柱内剪力相等,各柱两端的相对位移各不相同,分别为 Δ_1、Δ_2、Δ_3,这就称为串联柱。为求串联柱的抗剪刚度,今有顶层的总侧移:

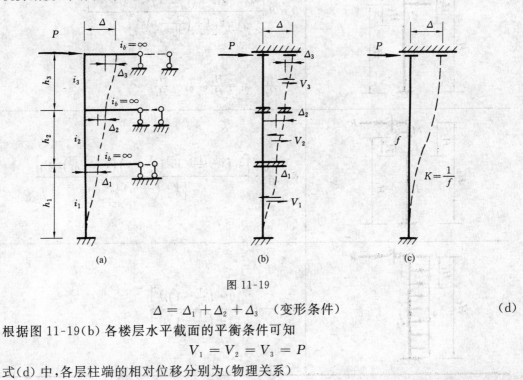

图 11-19

$$\Delta = \Delta_1 + \Delta_2 + \Delta_3 \quad \text{(变形条件)} \tag{d}$$

根据图 11-19(b) 各楼层水平截面的平衡条件可知

$$V_1 = V_2 = V_3 = P$$

式(d)中,各层柱端的相对位移分别为(物理关系)

$$\Delta_1 = \frac{h_1^3}{12EI_1}V_1 = \frac{h_1^2}{12i_1}P = \delta_1 \cdot P$$

$$\Delta_2 = \frac{h_2^3}{12EI_2}V_2 = \frac{h_2^2}{12i_2}P = \delta_2 \cdot P \left.\right\}$$ 　　(e)

$$\Delta_3 = \frac{h_3^3}{12EI_3}V_3 = \frac{h_3^2}{12i_3}P = \delta_3 \cdot P$$

δ_i 为各层柱的,于是

$$\Delta = (\delta_1 + \delta_2 + \delta_3)P = (\textstyle\sum \delta)P \tag{11-9}$$

现以如图 11-19(c) 所示合成柱等效代替图 11-19(a) 刚架各柱的串联体系。此合成柱的总抗剪柔度 f 为当顶端 $P = 1$ 时所产生的总位移,由式(11-9)可知

$$f = (\delta_1 + \delta_2 + \delta_3)\times 1 = \textstyle\sum \delta \tag{11-10}$$

即串联体系的抗剪总柔度为各柱抗剪柔度之总和,其倒数即等于串联体系的抗剪总刚度

$$K = \frac{1}{f}$$

11.3.4 单阶铰接柱柱顶的荷载反力

变截面的单阶柱顶端为铰接,在任意外荷载作用下,其柱顶反力(亦称固端剪力)可用力法求得。列于表 11-1 可备查用。

表 11-1　　　　　　　　　　　　　　　单阶铰接柱柱顶反力

柱受力简图	柱顶反力(固端剪力 V^F)
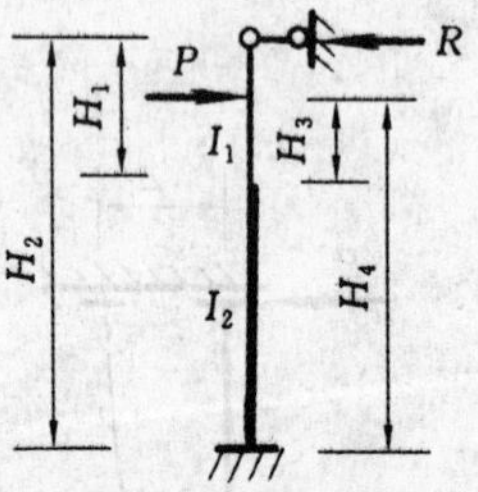	$R = P\dfrac{\left[\lambda_1^2(3-\lambda_1) + \left(\dfrac{1}{n}-1\right)(3-\lambda_2)\lambda_2^2\lambda^3\right]}{2\left[1 + \left(\dfrac{1}{n}-1\right)\lambda^3\right]}$ $n = \dfrac{I_1}{I_2}$ $\lambda = \dfrac{H_1}{H_2}; \quad \lambda_1 = \dfrac{H_4}{H_2}; \quad \lambda_2 = \dfrac{H_3}{H_1}$
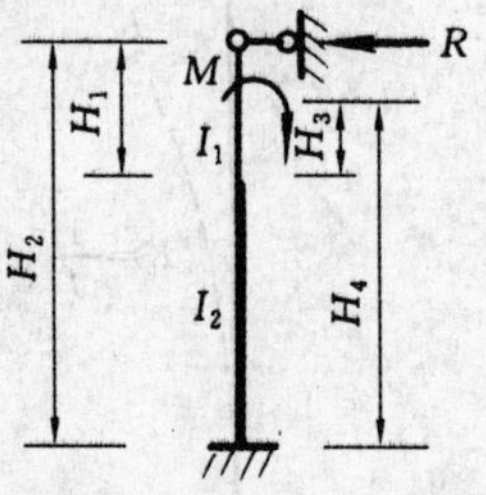	$R = \dfrac{3M}{H_2} \cdot \dfrac{\left[\lambda_1\left(1-\dfrac{1}{2}\lambda_1\right) + \left(\dfrac{1}{n}-1\right)\left(1-\dfrac{1}{2}\lambda_2\right)\lambda_2\lambda^2\right]}{\left[1 + \left(\dfrac{1}{n}-1\right)\lambda^3\right]}$
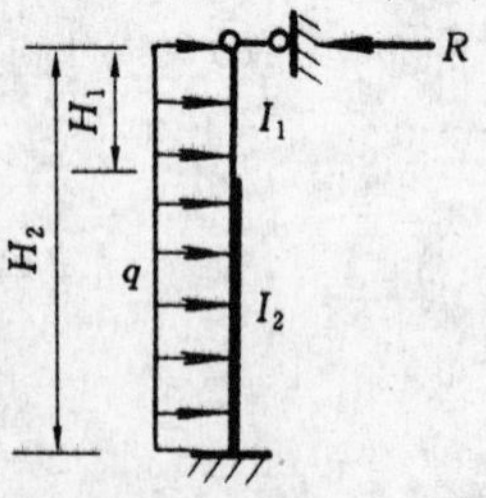	$R = \dfrac{3}{8}qH_2\dfrac{\left[1 + \left(\dfrac{1}{n}-1\right)\lambda^4\right]}{\left[1 + \left(\dfrac{1}{n}-1\right)\lambda^3\right]}$

11.4　用剪力分配法计算受水平荷载作用的排架和刚架

实际的结构所受的水平荷载不仅作用在顶层结点上,更有各种非结点荷载。为了能用剪力分配法进行计算,需将非结点荷载转化成等效结点荷载,这就是采用位移法的基本结构,在柱顶与刚性横梁的联结点旁设置附加水平支杆。附加支杆阻止柱的水平移动,就产生约束反力 R_{1P},这种超静定的约束反力可查阅表 9-1 及表 11-1 等已有资料而求得。为消除事实上并不存在的附加支杆和约束反力,需在原结构的结点处施加一个与 R_{1P} 等值反向的集中力。原结构为若干柱子与刚性横梁连接而成,在柱顶结点荷载 $-R_{1P}$ 作用下将恢复结点的移动,此时就可用上节所述原理计算各柱剪力乃至弯矩分布。

【例 11-6】　如图 11-20(a) 所示排架在右柱 3 的上段受一水平荷载(起重吊车的横向制动力)作用,试求排架各柱弯矩图。

【解】　刚性横梁连接各柱顶端,这是并联体系。为求等效结点荷载,在右柱顶附加支杆约束(图 11-20(b))。

(1) 计算柱顶固端剪力和约束反力

对于右柱 3,参照表 11-1(H_1 为上柱长,H_2 为全长)求出

$$\lambda = \frac{H_1}{H_2} = \frac{2.2}{7.7} = 0.286, \quad n_1 = \frac{I_1}{I_2} = \frac{1}{4.63} = 0.216$$

$$\lambda_1 = \frac{H_4}{H_2} = \frac{6.1}{7.7} = 0.792, \quad \lambda_2 = \frac{H_3}{H_1} = \frac{0.6}{2.2} = 0.273$$

柱顶固端剪力

$$V_3^F = P \frac{\left[\lambda_1^2(3-\lambda_1) + \left(\frac{1}{n}-1\right)(3-\lambda_2)\lambda_2^2\lambda^3 \right]}{2\left[1 + \left(\frac{1}{n}-1\right)\lambda^3 \right]}$$

$$= 8.04 \times \frac{1.402}{2.168} = 5.20\text{kN}(向左)$$

其他两柱 $V_1^F = V_2^F = 0$,于是附加支杆的总反力为

$$R_{1P} = \sum V^F = 5.20\text{kN}(向左)$$

(2) 计算剪力分配系数

柱 1、3 为单阶铰接柱,按式(11-6)计算其抗剪刚度

$$D_1 = D_3 = \frac{3EI_2}{H_2^3}\left[\frac{1}{1 + \left(\frac{1}{n_1}-1\right)\lambda^3} \right] = \frac{3EI_2}{H_2^3}\left[\frac{1}{1 + (4.63-1)\times 0.286^3} \right] = 2.765\frac{EI_2}{H_2^3}$$

柱 2 为不同的单阶柱,其下柱 $I_3 = 5.63I_1$,$n_2 = \frac{1}{5.63}$,$(I_3 = 1.216I_2)$,$\lambda = 0.286$,抗剪刚

度为 $D_2 = \frac{3EI_3}{H_2^3}\left[\frac{1}{1 + \left(\frac{1}{n_2}-1\right)\lambda^3} \right] = 3.292\frac{EI_2}{H_2^3}$

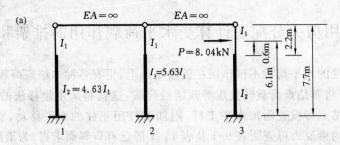

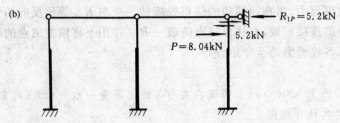

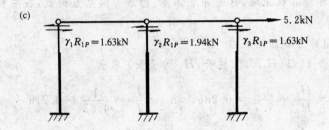

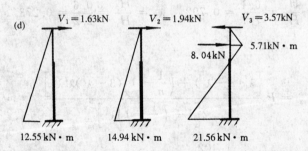

图 11-20

并联体系总抗剪刚度 $\sum D = (2.765 \times 2 + 3.292)\dfrac{EI_2}{H_2^3} = 8.822\dfrac{EI_2}{H_2^3}$，各柱的剪力分配系数为

$$\gamma_1 = \gamma_3 = \frac{D_1}{\sum D} = \frac{2.765}{8.822} = 0.3134$$

$$\gamma_2 = \frac{D_2}{\sum D} = \frac{3.292}{8.822} = 0.3732$$

(3) 进行剪力分配。以 R_{1P} 反向作用在柱顶(即指向右方)，各柱的分配剪力为

$$\gamma_1 R_{1P} = \gamma_3 R_{1P} = 0.3134 \times 5.20 = 1.630\text{kN}$$

$$\gamma_2 R_{1P} = 0.3732 \times 5.20 = 1.940\text{kN}$$

刚度较大者分担荷载的较大份额；将各柱的分配剪力标记在图 11-20(c) 中结构的相应柱端。

（4）绘制弯矩图

可按 $M = \overline{M}_1 Z_1 + M_P$ 的方式叠加，第一项为由于侧移产生各柱顶分配剪力引起的弯矩图，第二项为设置附加支杆的基本结构上由原荷载引起的弯矩图。也可先将各柱顶的最终剪力 $V_i = \gamma_i R_{1P} + V_i^F$ 求出：

$$V_1 = 1.63\text{kN}, \quad V_2 = 1.94\text{kN}, \quad V_3 = 1.63 + (-5.20) = -3.57\text{kN}$$

然后按图 11-20(d) 所示各悬臂柱作出弯矩图。

【例 11-7】　用剪力分配法分析某一轴线上的九跨排架，柱顶一集中水平荷载 P 如图 11-21 所示，各钢筋混凝土等高柱为等截面 400×700，其中一跨设置交叉的柱间支撑（铰接角钢斜杆）各为 2∟$100 \times 80 \times 8$，已知数据如下：

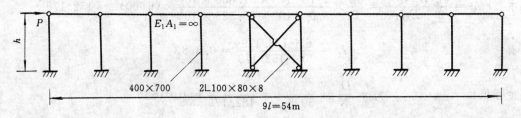

图 11-21

$$E_h = 3.0 \times 10^4 \text{N/mm}^2, \quad I_h = \frac{1}{12} \times 700 \times 400^3 = 37.333 \times 10^8 \text{mm}^4$$

$$E_g = 2.1 \times 10^5 \text{N/mm}^2, \quad A_g = 2 \times 15.944 \text{cm}^2 = 31.888 \times 10^2 \text{mm}^2$$

【解】　等截面排架柱顶端的抗剪刚度为 $D_1 = \dfrac{3E_h I_h}{h^3}$；柱间支撑单元的抗剪刚度 k_2，按图 11-22 计算：设 $h = l = 6\text{m}$，该单元柱顶同时向右侧移单位距离 1 时，两铰接钢斜杆分别将缩短和伸长 $\sqrt{2}/2$，产生的轴力为

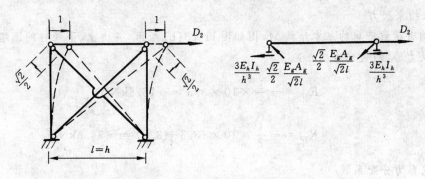

图 11-22

$$N = \frac{EA}{l_0}\delta = \frac{\sqrt{2}}{2}\frac{E_g A_g}{\sqrt{2}l}$$

故　　　　$$D_2 = \frac{3E_h I_h}{h^3} \times 2 + \frac{\sqrt{2}}{2}\frac{E_g A_g}{\sqrt{2}l}\cos 45° \times 2 = \frac{6E_h I_h}{h^3} + \frac{E_g A_g}{\sqrt{2}l}$$

排架总抗剪刚度为

$$K = \sum D = 8 \times \frac{3E_h I_h}{h^3} + \frac{6E_h I_h}{h^3} + \frac{E_g A_g}{\sqrt{2}\,l} = \frac{30E_h I_h}{h^3} + \frac{E_g A_g}{\sqrt{2}\,l}$$

可计算各部分的剪力分配系数($h = l$)：

柱间支撑单元

$$\gamma_2 = \frac{D_2}{K} = \frac{\dfrac{6E_h I_h}{h^3} + \dfrac{E_g A_g}{\sqrt{2}\,l}}{\dfrac{30E_h I_h}{h^3} + \dfrac{E_g A_g}{\sqrt{2}\,l}} = \frac{6 + \dfrac{\sqrt{2}}{2}\dfrac{E_g A_g h^2}{E_h I_h}}{30 + \dfrac{\sqrt{2}}{2}\dfrac{E_g A_g h^2}{E_h I_h}} = \frac{6 + \psi}{30 + \psi}$$

其中

$$\psi = \frac{\sqrt{2}}{2}\frac{E_g A_g h^2}{E_h I_h} = \frac{\sqrt{2}}{2} \times \frac{2.1 \times 10^5 \times 31.888 \times 10^2}{3.0 \times 10^4 \times 37.333 \times 10^8} \times (6\,000)^2 = 152.179$$

则有

$$\gamma_2 = \frac{6 + 152.179}{30 + 152.179} = 0.868\,3$$

其他每根柱

$$\gamma_1 = \frac{D_1}{K} = \frac{3}{30 + \psi} = \frac{3}{182.179} = 0.016\,45$$

由此可见,排架柱顶受水平集中力作用时,一个柱间支撑单元承担了大部分荷载,占 86.83%(与交叉钢杆截面大小有关),功效非常显著;而每根单柱所承担的荷载远远低于按 10 柱平分的 10%;按 $\Delta = V/D_1$ 计算各柱顶的水平位移也减小许多。若不计交叉斜杆中受压杆的作用,则柱间支撑单元将承担荷载的 77.38%,其他柱各占 2.83%。在用柱顶剪力计算各柱底弯矩时,对于柱间支撑单元中的两柱,其柱顶剪力可按 D_1/D_2 的比例求得。

【例 11-8】 用剪力分配法绘制如图 11-23(a)所示刚架的弯矩图。

【解】 两层刚架柱分别有刚性横梁连接,每层均为并联体系。为求等效结点荷载须设置两个附加支杆于结点 F、H 处(图 11-23(b))。

(1)求约束反力

左柱均布荷载产生的基本结构 M_P 图如图 11-23(b)所示,并由上、下两柱的固端剪力求得支杆约束反力为(假设向右为正)

$$R_{2P} = -\frac{1}{2} \times 10 \times 3.3 = -16.5\text{kN}$$

$$R_{1P} = -\frac{1}{2} \times 10 \times (3.3 + 3.6) = -34.5\text{kN}$$

(2)求剪力分配系数

上层并联二柱的 h、i 值相等;即 $\sum D_2 = 2 \times D_{BC}$;下层并联三柱的 $\sum D_1 = 3 \times D_{AB}$。故分别有

$$\gamma_{BC} = \gamma_{EF} = \frac{1}{2}$$

$$\gamma_{AB} = \gamma_{DE} = \gamma_{GH} = \frac{1}{3}$$

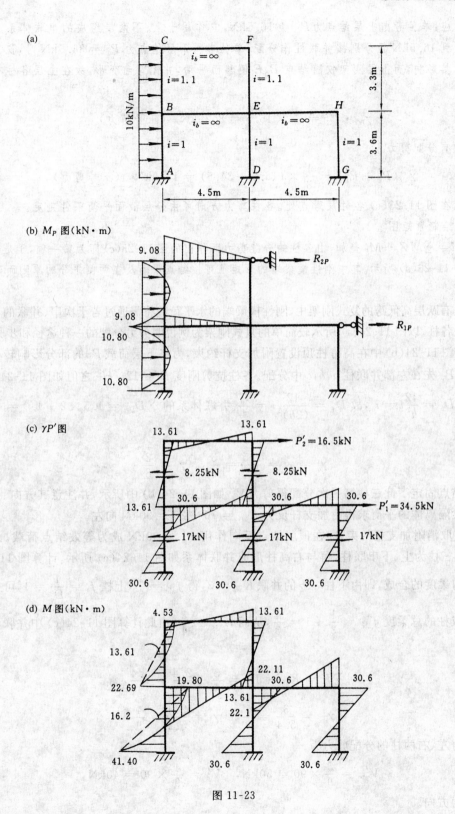

(a)

(b) M_P 图(kN·m)

(c) $\gamma P'$ 图

(d) M 图(kN·m)

图 11-23

（3）进行剪力分配

等效结点荷载有两个，$P_2' = 16.5$kN，$P_1' = 34.5$kN，均向右方。应当注意，此两荷载有不同的作用效应:单独考虑上层结点力 $P_2' = 16.5\text{kN}$,它作用于上、下两层组成的串联体系,即上、下层均受到 16.5kN 且分别按并联柱作分配;单独考虑下层结点力 $P_1' = 34.5\text{kN}$ 时,仅下层并联体系受其影响,而上层刚架仅随结点 B、E 侧移而平动,并无弯曲变形。故在上层各柱有分配剪力

$$\gamma_{BC} \cdot P_2' = \frac{1}{2} \times 16.5 = 8.25\text{kN} \quad (\text{正号剪力})$$

下层各柱有分配剪力

$$\gamma_{AB}(P_2' + P_1') = \frac{1}{3} \times (16.5 + 34.5) = 17.0\text{kN} \quad (\text{正号剪力})$$

分别标记在图 11-23(c) 各柱反弯点处。各柱剪力方向可由分层截面平衡条件判定。

(4) 绘制弯矩图

按 $M = \sum \overline{M}_i Z_i + M_P$ 叠加,由各柱的分配剪力而作出的图 11-23(c) 即为第一项,于是最终弯矩图如图 11-23(d) 所示。其中刚性横梁端的弯矩值可按结点平衡及在两侧平分的原则而确定。

在具有跃层高低跨的复式刚架中,刚性横梁端的水平荷载将需通过若干次串、并联的计算分配于相关各柱。以图 11-24(a) 所示较简单的复式刚架为例说明剪力分配的一种途径和步骤。

(1) 图 11-24(b) 中在高跨柱顶设置附加支杆约束,为将下层荷载 P_1 的部分影响转移到顶层,此时 P_1 先在左部并联柱 a,b,c 中分配。各柱抗剪刚度 $D = 12i/H^2$ 之值如图 11-24(b) 所示,因取 $D_a = \frac{12}{h^2}i = i_a$,故 $D_d = \frac{12}{(2h)^2}i = \frac{i_d}{4}$。并联体系的 $\sum D_{abc} = 1.5 \times 2 + 1.0 = 4$,可得分配系数

$$\gamma_a = \gamma_b = \frac{1.5}{4} = \frac{3}{8}, \quad \gamma_c = \frac{2}{8}$$

在局部结点固定下此三柱第一次分配得剪力 V^F 如图 11-24(b) 中所示,并注意其方向。于是由上层横梁隔离体的平衡求得附加支杆反力 $R_{1P} = 70 + 20 = 90\text{kN}$ 向左。

(2) 取消附加支杆约束,即在顶层结点反向作用 $P_2' = 90\text{kN}$ 成为等效结点荷载。此时图 11-24 中三柱为上、下串联柱,再与右高柱形成并联体系如图 11-24(c) 所示。计算图 11-24 中三柱抗剪柔度的合成,即由下柱 a、b 的并联 $K_{\overline{ab}} = 3$,得 $f_{\overline{ab}} = \frac{1}{3}$,上柱 $f_c = \frac{1}{D_c} = 1$,可得左部串联合成柱的总柔度 $f_{\overline{abc}} = \frac{1}{3} + 1 = \frac{4}{3}$,从而 $K_{\overline{abc}} = \frac{3}{4}$。由此计算图 11-24(c) 中并联剪力分配系数:

$$\sum K = K_{\overline{abc}} + D_d = \frac{3}{4} + \frac{2.4}{4} = \frac{5.4}{4},$$

$$\gamma_{\overline{abc}} = \frac{3}{5.4} = \frac{5}{9}, \quad \gamma_d = \frac{2.4}{5.4} = \frac{4}{9}$$

于是可得左、右两柱的分配剪力为

$$V_{\overline{abc}}' = \frac{5}{9} \times 90 = 50\text{kN}, \quad V_d' = \frac{4}{9} \times 90 = 40\text{kN}$$

属正剪力方向。

(3) 各柱最终剪力。可先将 P_2' 产生的各柱剪力 V' 表示。在图 11-24(d) 中,左部串联的上、下柱剪力相等,而下柱 a,b 还须并联分配 50kN。然后将图 11-24(b) 与图 11-24(d) 中剪力叠加,即

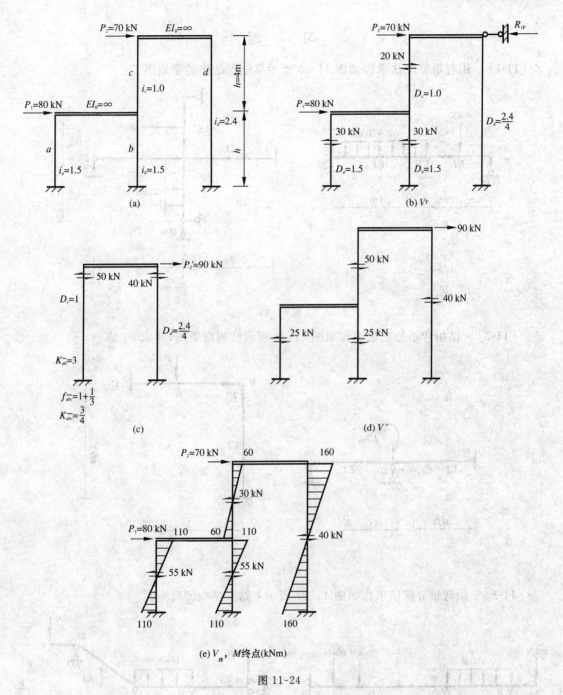

图 11-24

$V_F + V' = V_{终}$ 得如图 11-24(e) 所示最终剪力,其中 c 柱的剪力 $V_c = -20 + 50 = 30\text{kN}$。任一横向截面隔离体均应满足 $\sum X = 0$。由此即可作出各柱的最终弯矩图,横梁上可以不画出。

　　以上介绍的剪力分配法计算明快,但因为近似法,假设刚架横梁为无限刚性,即结点只有侧移而无转动。当梁柱线刚度之比 < 3 时误差较大,须对上述计算作出修正:一是刚结点转动的影响,要按结点上梁、柱情况对柱的抗剪刚度乘以修正系数;二是各柱两端并非均为嵌固,所得分配剪力所在的弯矩零点不是都在柱中央,η 值要修正。这些称为"D 值法"的修正内容可见《多层及高层房屋结构设计》上册(上海科技出版社,1990 年) 等专著的详表。

习 题

[**11-1**] 用弯矩分配法求作如图 11-25 所示单结点结构的弯矩图。

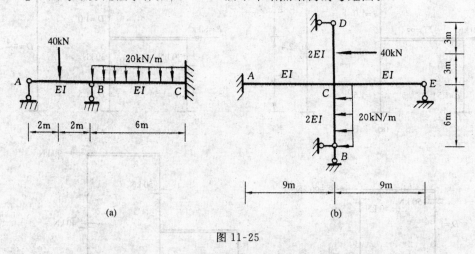

(a)   (b)

图 11-25

*[**11-2**] 试用弯矩分配法求作如图 11-26 所示结构弯矩图,并求 φ_B 值。

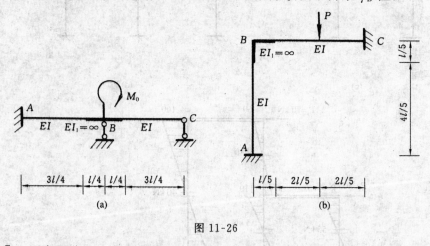

(a)   (b)

图 11-26

[**11-3**] 用弯矩分配法求作如图 11-27 所示多结点结构的弯矩图

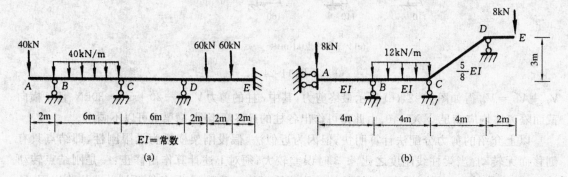

(a)   (b)

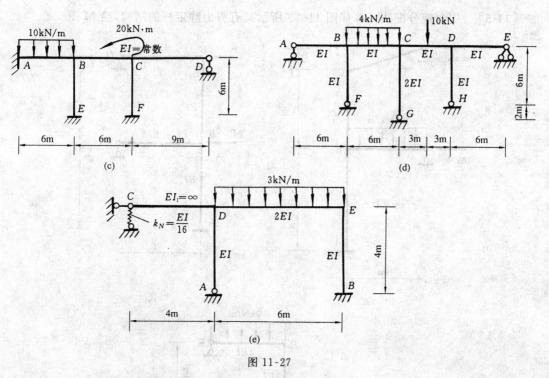

图 11-27

[**11-4**]　利用对称性求作如图 11-28 所示的结构弯矩图

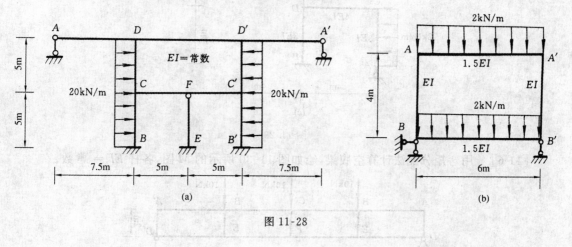

图 11-28

[**11-5**] 用弯矩分配法计算如图 11-29 所示具有剪力静定杆的结构,绘 M 图。

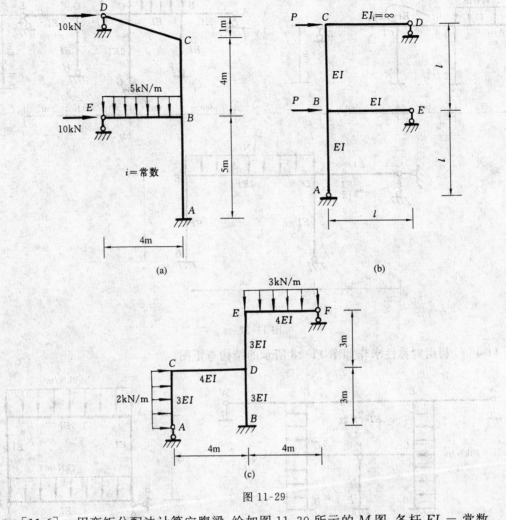

图 11-29

[**11-6**] 用弯矩分配法计算空腹梁,绘如图 11-30 所示的 M 图,各杆 $EI =$ 常数。

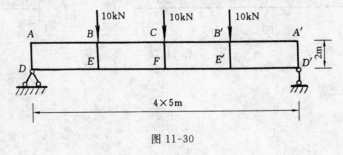

图 11-30

[**11-7**] 用剪力分配法求作结构弯矩图。

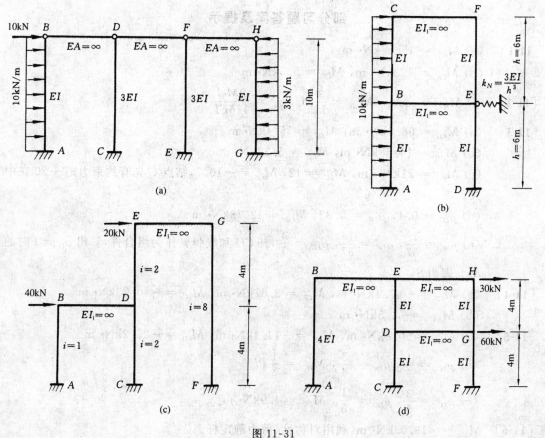

图 11-31

部分习题答案及提示

[11-1]　(a) $M_{BA} = 45.87$kN· m

(b) $M_{CA} = 7.2$kN· m, $M_{CE} = 5.5$kN· m

* [11-2]　(a) $M_{BA} = \dfrac{7}{11}M_0$, $M_{AB} = \dfrac{3}{11}M_0$, $\varphi_B = \dfrac{9M_0l}{176EI}$

[11-3]　(a) $M_{CB} = 66.3$kN· m, $M_{DC} = 15.4$kN· m

(b) $M_{AB} = 14.68$kN· m, $M_{CD} = 5.32$kN· m

(c) $M_{BA} = 21$kN · m, $M_{BC} = 12$, $M_{CB} = -10.7$,结点 C 先有约束力矩 $+20$ 在中央。

(d) $\mu_{BC} = 0.4$, $\mu_{CB} = 0.32$, $M_{CB} = 12.73$kN· m

(e) $\mu_{DC} = \dfrac{12}{37}$, $\mu_{DE} = \dfrac{16}{37}$, $\mu_{ED} = \dfrac{4}{7}$,杆 CD 和线弹簧作为组合件,算出 $\varphi_D = 1$ 时的 $\overline{M}_{DC}$ 即为 S_{DC}。

[11-4]　(a) $M_{CD} = -47.4$kN· m, $M_{CF} = 2.87$kN· m, $M_{BC} = -40.23$kN· m

(b) $M_{AA'} = -4.5$kN· m

[11-5]　(a) $M_{BE} = 50.8$kN· m, $M_{BC} = -14.4$kN· m, $M_{CB} = -25.2$kN· m

(b) $\mu_{BC} = \dfrac{1}{4}$, $\mu_{BE} = \dfrac{3}{4}$, $M_{BC} = \dfrac{1}{8}Pl$

(c) $\mu_{DC} = \dfrac{3}{5}$, $\mu_{DB} = \dfrac{1}{5}$, $M_{DC} = 4.9$kN· m

[11-6]　$M_{AB} = -19.03$kN· m,利用对称性、剪力静定杆。

[11-7]　(a) $M_{AB} = -170.3$kN· m, $M_{CD} = M_{EF} = -135.9$kN· m

(b) $M_{AB} = -150$kN· m, $M_{DE} = -120$kN· m,线弹簧参与下层柱分配。

(c) $M_{AB} = -25$kN· m, $M_{CD} = -50$kN· m, $M_{FG} = -90$kN· m

(d) $M_{AB} = -80$kN· m, $M_{CD} = -70$kN· m,右跨须转化荷载和成为串联合成柱。

12 超静定结构的影响线

可移动的活荷载作用于超静定结构不同位置时,对结构所产生的效应常利用影响线求算,即先就一个移动着的单位集中荷载的作用求出某一约束力的变化规律,再计算实际移动荷载组作用下该约束力的最大值或最小值。有了超静定结构各处内力、反力的影响线,还可便于进行结构的构造布局及施工程序的设计等工作。本章讨论超静定的连续梁、刚架、拱及桁架等结构的内力、反力影响线的绘制方法 —— 从原理上区分为静力法和挠度法(机动法)。超静定结构的影响线呈曲线形式,因此需要计算承载杆上较多位置的影响纵标。无论用静力法或挠度法确定影响纵标,均需运用超静定问题的各种分析方法 —— 力法、位移法及渐近法等。

12.1 超静定梁的影响线

众所周知,荷载作用下连续梁的诸支座截面弯矩一经求得,则其他各处的弯矩、剪力及支座反力等就极易由平衡条件求出。所以连续梁的支座截面弯矩影响线是基本未知力影响线。

12.1.1 静力法作影响线

先由单跨超静定梁和多跨连续梁来说明用静力计算求出基本未知量与荷载位置 x 的函数关系并从而绘图。

1. 影响线方程

对于如图 12-1(a) 所示单跨梁,今选用力法求 R_B,设解除支座 B 处竖向约束得基本结构如图12-1(b) 所示,单位移动荷载 $P=1$ 位于距左端为 $x=\alpha l$ 处。力法方程为

$$\delta_{11} \cdot R_B + \delta_{1P} = 0$$

其中 $\quad \delta_{11} = \int \overline{M}_1^2 \dfrac{\mathrm{d}s}{EI} = \dfrac{l^3}{3EI}$ 为常数,

由图(c)、(d) 相乘可得

$$\delta_{1P} = \int \overline{M}_1 \overline{M}_P(x) \dfrac{\mathrm{d}s}{EI} = -\dfrac{l^3}{6EI}(3\alpha - \alpha^3)$$

是荷载作用位置的函数。于是可写出 $R_B(x)$ 影响线方程为

$$R_B(x) = \dfrac{1}{2}(3\alpha - \alpha^3)$$

据此,给出沿跨度若干等分处的 α 值即可求得各纵标值,如图 12-1(e) 所示即为由四等分点纵标而绘成的 R_B 影响线,正号表示 R_B 始终向上。

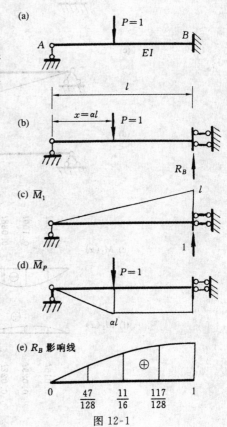

图 12-1

2. 用静力法求作连续梁支点弯矩影响线

如图 12-2(a) 所示等截面三跨连续梁,为求单位竖向荷载 $P=1$ 移至某一位置时,支点 1 截面的弯矩 M_1 值,可设想用力法或弯矩分配法计算。但具体计算时,须将荷载分别置于第一跨(设坐标为 x_1)、第二跨(设坐标为 x_2)、第三跨(设坐标为 x_3),分别求得 M_1 影响线在每一跨内的曲线方程式 $M_1(x_1)$、$M_1(x_2)$、$M_1(x_3)$。例如,当采用力法计算时,若所取基本结构为分跨的简支梁,多余约束未知力有 $M_1(x)$ 和 $M_2(x)$;设荷载 $P=1$ 作用于基本结构第二跨时,$\overline{M}_P$ 图及基本结构的单位弯矩 $\overline{M}_1$ 图、$\overline{M}_2$ 图分别如图 12-2(b)、(c)、(d) 所示,由此可求得

$$\delta_{1P} = \int_{l_2} \overline{M}_1 \overline{M}_P \frac{\mathrm{d}s}{EI} = \frac{1}{EI} \times \frac{l}{2}\alpha(1-\alpha)l \times \frac{(2-\alpha)}{3}$$

$$\delta_{2P} = \int_{l_2} \overline{M}_2 \overline{M}_P \frac{\mathrm{d}s}{EI} = \frac{1}{EI} \times \frac{l}{2}\alpha(1-\alpha)l \times \frac{(1+\alpha)}{3}$$

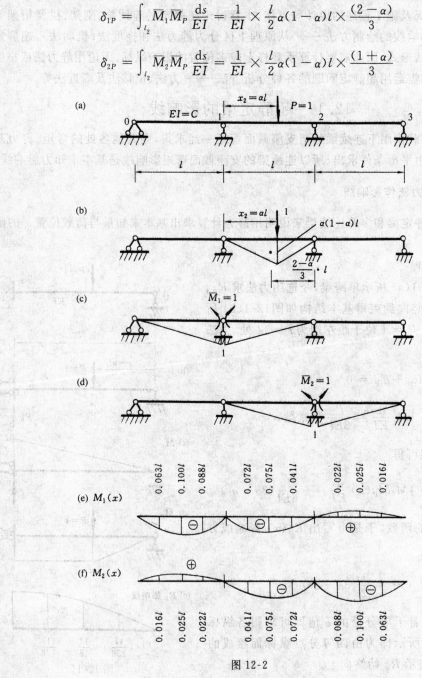

图 12-2

相应的力法方程为

$$
\begin{cases}
\dfrac{2l}{3EI}M_1(x_2) + \dfrac{1}{6EI}M_2(x_2) + \dfrac{l^2}{6EI}\alpha(1-\alpha)(2-\alpha) = 0 \\[2mm]
\dfrac{l}{6EI}M_1(x_2) + \dfrac{2l}{3EI}M_2(x_2) + \dfrac{l^2}{6EI}\alpha(1-\alpha)(1+\alpha) = 0
\end{cases}
$$

由此可解得当 $P = 1$ 在第二跨时

$$M_1(x_2) = -\frac{l}{15}\alpha(1-\alpha)(7-5\alpha)$$

$$M_2(x_2) = -\frac{l}{15}\alpha(1-\alpha)(2+5\alpha) \tag{12-1}$$

同理,可求出第一跨和第三跨的 M_1 影响线方程为

$$M_1(x_1) = -\frac{4l}{15}\alpha(1-\alpha^2) \tag{12-1a}$$

$$M_1(x_3) = \frac{l}{15}\alpha(1-\alpha)(2-\alpha) \tag{12-1b}$$

同时产生的 M_2 暂从略。若将每跨四等分点的 α 值分别代入 $M_1(x)$ 方程,即可绘出如图 12-2(e) 所示的 M_1 影响线。其中负号表示荷载作用于该区段时将使支点 1 截面产生负弯矩(上缘受拉)。

由于结构对称支点 2 截面的弯矩 M_2 影响线,与 M_1 呈对称形式,如图 12-2(f) 所示。

由上述可见,用静力法作 n 次超静定结构的某一约束力影响线时,须同时求解 n 个未知约束力的影响线方程,这对于高次超静定结构不很适宜。

12.1.2 挠度法作影响线

1. 挠度法的原理

挠度法也可称机动法。在静定梁中,曾用机动法将解除某项约束后承载杆可能发生的刚体位移图形作为该项约束力的影响线,所依据的是虚位移原理。对于超静定结构,除虚位移原理外,更可以运用虚外功互等定理 $T_{ij} = T_{ji}$ 的推理——位移互等定理、反力位移互等定理,使在所求约束力方向给出一个强迫位移时,承载杆所发生的挠曲线成为该约束力的影响线。例如图 12-1 单跨超静定梁中,R_B 影响线的形状就是强迫右支座 B 发生一竖向位移时所形成的挠曲线。强迫位移的形成可有两种方式。

如果用解除与所求约束力相应的约束的方式,可令该项约束力作用于超静定次数已由 n 降为 $n-1$ 的结构上而形成一定的强迫位移。如图 12-3(a) 所示连续梁。为求支点 1 截面弯矩 M_1 影响线,可解除截面 1 左、右的抗转动约束(成为铰接),并施加一对单位弯矩,如图 12-3(b) 所示,使左、右截面产生相对转角 θ_{11},同时全梁必发生挠曲变形,此挠曲线称它为 $\delta_{P1}(x)$。根据位移互等定理,$\delta_{1P}^c(x) = \delta_{P1}^c(x)$;而按图 12-3(b) 体系建立力法方程后可得

$$M_1(x) = -\frac{\delta_{1P}^c(x)}{\delta_{11}} = -\frac{\delta_{P1}^c(x)}{\theta_{11}} \tag{12-2}$$

这表示,在 $n-1$ 次超静定体系上,沿未知约束力 M_1 方向发生强迫位移 θ_{11} 时所产生的挠曲线

$\delta^c_{P1}(x)$，反其号即可作为约束力 M_1 的影响线，θ_{11} 是将挠度值 δ_{P1} 化作影响线纵标时的比例系数。显然，式(12-2)中的分子、分母两种位移均应由单位约束力 $M_1 = 1$ 在 $n-1$ 次超静定梁上产生的弯矩分布图而计算确定。图 12-3(c)就是按式(12-2)求得的 M_1 影响线。

如果强迫位移在原结构的杆轴上直接给定，这将是很有利的，这时根据反力位移互等定理，由单位荷载 $P = 1$ 作用于结构任一位置时产生的某约束力 r'_{iP}，等于在该约束方向给出一个单位强迫位移 $\delta = 1$ 时所引起的单位荷载处(承载杆)的挠度 δ'_{Pi}，仅符号相反，即

$$r'_{iP} = -\delta'_{Pi} \tag{12-3}$$

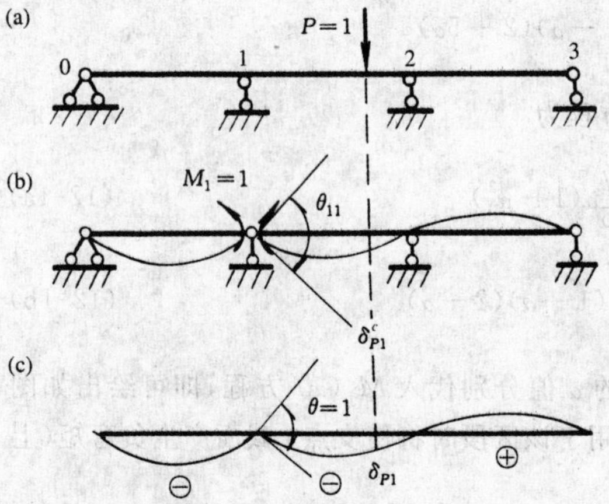

图 12-3

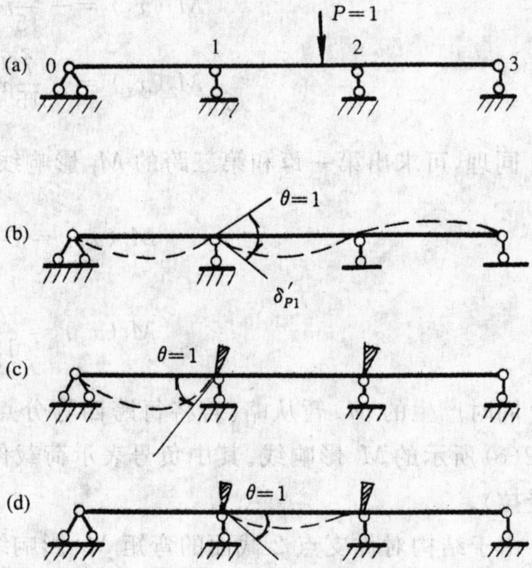

图 12-4

若在图 12-4(a)所示连续梁的支点截面 1 处给出在 M_1 正弯矩方向一个相对转角 $\theta = 1$，如同杆轴在该处有一制造误差的折角，并产生符合全梁支承条件的挠曲线如图 12-4(b)所示，此即 M_1 影响线

$$M_1(x) = -\delta'_{P1}(x) \tag{12-3a}$$

式中的负号，和式(12-2)一样，表示沿正号约束力方向的强迫位移所产生的挠度，在作为约束力影响线的纵标时应反其号，即在基线下方者为负号、在基线上方者为正号。

在确定上式中挠曲线 $\delta'_{P1}(x)$ 各处纵标时，可采用如图 12-4(c)或图 12-4(d)所示的位移法基本结构。在杆件 10 或杆件 12 的端点 1 处施加单位转角 $\theta = 1$，用位移法或弯矩分配法求解全梁的弯矩分布图(由图 12-4(c)或图 12-4(d)所得结果是相同的)，然后据此计算各段梁的挠度。

这种直接给定未知力方向一个单位强迫位移的方式，能快捷地获得未知约束力的影响线形状，也将便于应用在其他结构的影响线绘制中。

具体的挠度计算办法如下：在等截面的梁跨 ij 上，已知两端的弯矩 M_i、M_j 如图 12-5(a)所示，运用虚拟单位荷载法，$P_k = 1$ 作用于距左端 i 为 $x = \alpha l$ 处，由两图相乘可得梁的挠度计算公式为

$$\delta_{P1}(x) = \frac{l^2}{6EI}[\alpha(1-\alpha)(2-\alpha)M_i + \alpha(1-\alpha^2)M_j]$$

$$= \frac{l^2}{6EI}[f_i(\alpha) \cdot M_i + f_j(\alpha) \cdot M_j] \tag{12-4}$$

式中
$$f_i(\alpha) = \alpha(1-\alpha)(2-\alpha)$$

$$f_j(\alpha) = \alpha(1-\alpha^2)$$

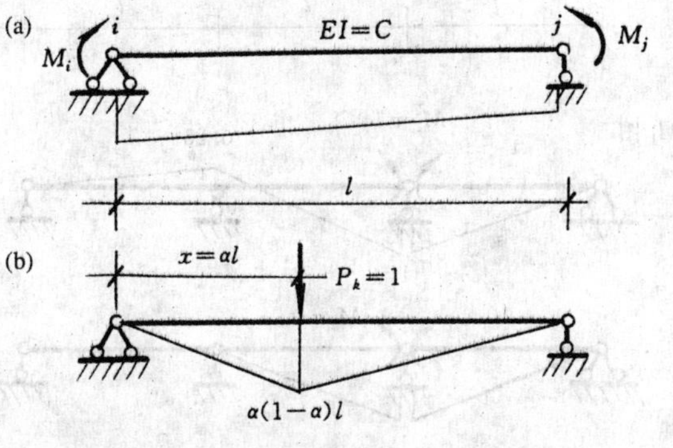

图 12-5

M_i、M_j 均以使梁的下缘受拉时为正,反之为负。若利用表 12-1,则可迅速按式(12-4)算出若干等分点处的挠度纵标值。当遇一端(j 端)为定向滑动支承的梁时,由 i 端转动而产生的挠曲变形,可按梁长 $l' = 2l_{ij}$ 考虑,且以对称情况 $M_j = M_i$ 代入式(12-4),计算 $0 \leqslant \alpha \leqslant 0.5$ 范围内的若干纵标。

表 12-1　　　　　　　　　　**荷载移动位置 α 的函数值**

α	$f_i(\alpha) = \alpha(1-\alpha)(2-\alpha)$	$f_j(\alpha) = \alpha(1-\alpha^2)$
0.00	0.0000	0.0000
0.10	0.1710	0.0990
0.20	0.2880	0.1920
0.25	0.3281	0.2344
0.30	0.3570	0.2730
0.40	0.3840	0.3360
0.50	0.3750	0.3750
0.60	0.3360	0.3840
0.70	0.2730	0.3570
0.75	0.2344	0.3281
0.80	0.1920	0.2880
0.90	0.0990	0.1710
1.00	0.0000	0.0000

2. 挠度法绘制连续梁支点弯矩影响线

按上述两种方式求作连续梁由于支点截面的相对转角所引起的挠曲线,其差别仅在于相应的弯矩图产生的原因不同、求解方法有不同的选择。今仍以三跨等截面连续梁(图12-6(a))支点 1 截面的弯矩影响线为例说明如下。

(1) 解除约束法

图 12-6(b) 为连续梁的 $n-1$ 次超静定体系,为求支点 1 截面弯矩 $M_1(x) = -\delta_{P1}(x)/\theta_{11}$,在施加一对单位力矩下,可用任一方法求得超静定体系的弯矩分布,并利用图 12-6(c) 所示虚拟单位荷载状态,可得

$$EI\theta_{11} = \frac{l}{3} + \frac{l}{3} - \frac{l}{6} \times 0.25 = \frac{15}{24}l$$

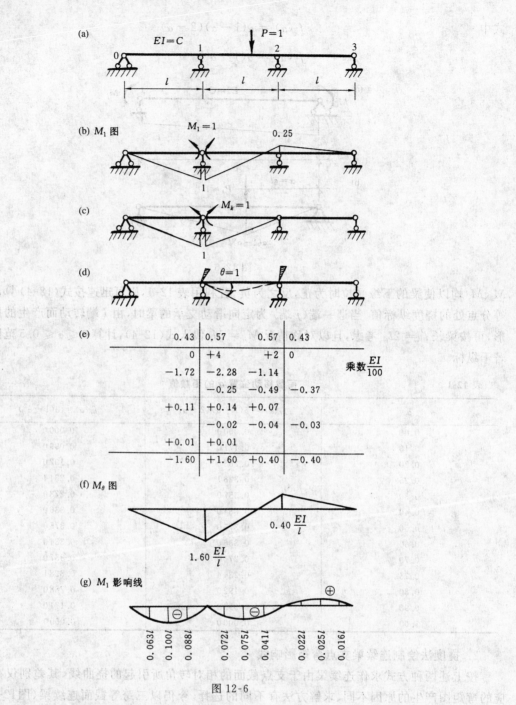

图 12-6

相应的各跨挠曲线可按弯矩图 12-6(b)、利用式(12-4)计算,于是可得未知约束力 M_1 的影响线图 12-6(g)。

(2) 施加单位位移法

图 12-6(d) 为先用刚臂将各刚结点锁住,再给支点 1 处右截面(相对于左截面)施加一个单位转角 $\theta = 1$,此时杆件 12 的左、右两固端弯矩分别为 $+\dfrac{4EI}{l}$、$+\dfrac{2EI}{l}$。然后可用位移法或逐个结点放松的弯矩分配法计算由此 $\theta = 1$ 引起的各杆端弯矩(图 12-6(e)),全梁的弯矩分布 M_θ

图如图12-6(f)所示。可以看出若将图12-6(b)所示 M_1 图的各纵标乘以 $\dfrac{1}{\theta_{11}}=\dfrac{24EI}{15l}=1.60\dfrac{EI}{l}$ 后,其结果与 M_θ 图相符。

于是,利用挠度计算公式(12-4)及表12-1即可求得相应于 M_θ 图的各跨挠曲线,例如其中第二跨(杆件12)的挠度计算如下:

$$\delta_{P1}(x_2)=\frac{l^2}{6}\left[\frac{1.60}{l}\alpha(1-\alpha)(2-\alpha)-\frac{0.40}{l}\alpha(1-\alpha^2)\right]$$

$$=\frac{4}{60}l\{\alpha(1-\alpha)[4(2-\alpha)-(1+\alpha)]\}$$

$$=\frac{l}{15}\alpha(1-\alpha)(7-5\alpha)$$

按挠度法公式(12-3(a)), $M_1(x)=-\delta_{P1}(x)$ 。显然此影响方程与前面用静力法所得的式(12-1)相同。今取各跨四分点处纵标值如图12-6(g)所示,即 M_1 影响线。

如果是变截面的梁跨,则在设法解得由 $\theta=1$ 引起的 M_θ 图后,不能由上列方式写出每跨的挠曲线,而需将梁跨分成若干段单元,每段取一平均的 EI 值;求每一分段点的挠度时,可按该跨简支情况,逐点施加虚拟单位荷载得各 $\overline{M}_k$ 图;然后各用分段图乘得总和的方法计算,可由电算实现其表达式为

$$\delta_{P1}=\int_l M_\theta\cdot\overline{M}_k\frac{\mathrm{d}s}{EI}=\sum_{i=1}^m\{\overline{M}_k\}^{e\mathrm{T}}[f_M]^e\{M_\theta\}^e \tag{12-5}$$

其中 m 为梁跨内的分段数,通过矩阵相乘的是第 i 段前后两分点的弯矩值,中间的转换矩阵表示直线图形相乘的数量关系,即

$$\{\overline{M}_k\}^e=\begin{Bmatrix}\overline{M}_{k,i-1}\\ \overline{M}_{k,i}\end{Bmatrix},\quad \{\overline{M}_\theta\}^e=\begin{Bmatrix}M_{\theta,i-1}\\ M_{\theta,i}\end{Bmatrix}$$

$$[f_M]^e=\frac{\Delta l_i}{6EI_i}\begin{bmatrix}2&1\\1&2\end{bmatrix}$$

Δl_i 为分段长度, EI_i 为该段截面抗弯刚度之平均值。于是,若求跨内所有 n 个分段点的挠度值可按下式计算

$$\{\delta_{P1}\}=[\overline{M}_k]^{\mathrm{T}}[f_M]\{M_\theta\} \tag{12-6}$$

其中

$$\{\overline{M}_k\}=\begin{bmatrix}\{\overline{M}_k\}_1^①&\{\overline{M}_k\}_2^①&\cdots&\{\overline{M}_k\}_n^①\\ \{\overline{M}_k\}_1^②&\{\overline{M}_k\}_2^②&\cdots&\{\overline{M}_k\}_n^②\\ \vdots&\vdots&\cdots&\vdots\\ \{\overline{M}_k\}_1^⑩&\{\overline{M}_k\}_2^⑩&\cdots&\{\overline{M}_k\}_n^⑩\end{bmatrix}$$

每一列为加载于一个分段点时所得各段的两端弯矩值:

$$[f_M]=\begin{bmatrix}[f_M]^①&&&\\ &[f_M]^②&&0\\ &&\ddots&\\ &&&[f_M]^⑩\end{bmatrix},\quad \{M_\theta\}=\begin{Bmatrix}\{M_\theta\}^①\\ \{M_\theta\}^②\\ \vdots\\ \{M_\theta\}^⑩\end{Bmatrix}$$

12.1.3 任意截面的弯矩、剪力影响线

求连续梁任意截面的内力影响线,较方便的办法是利用已求得的支点弯矩影响线,按照截面所在跨内的静力平衡关系而得出。设梁跨 ij 两端的弯矩 M_i、M_j 为已知函数,则按静力叠加原理,图 12-7(a) 所示情况等于图 12-7(b)、图 12-7(c) 两者叠加,故可写出截面 K 的内力为

$$\left.\begin{aligned} M_K &= M_K^0 + \frac{l-a}{l}M_i + \frac{a}{l}M_j \\ V_K &= V_K^0 + \frac{1}{l}[M_j - M_i] \end{aligned}\right\} \tag{12-7}$$

上式对于单位移动荷载的任一作用位置都是成立的,因此式中各项含义均为影响线的纵标。其中 M_K^0 和 V_K^0 是 ij 跨作为简支梁考虑、有荷载 $P = 1$ 移动时(图 12-7(b))截面 K 的弯矩影响线和剪力影响线的纵标,显然仅在该跨内分布;左右两支点弯矩 M_i 和 M_j 的影响线纵标在各跨均有分布。按式(12-7)叠加后的影响线图形呈曲线,在该截面 K 处的曲线斜率或纵标值有突变。算例见后述。

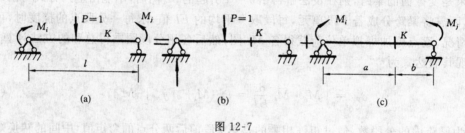

图 12-7

12.1.4 支座反力影响线

在前述基础上,也可有两种方式绘制连续梁的支座反力影响线。

1. 利用支点弯矩影响线

连续梁的支座反力与支座两侧的梁端截面剪力有关。参照图 12-8(a),在支座 i 的左(i)跨内和右($i+1$)跨内有

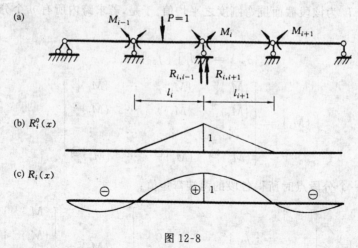

图 12-8

$$R_{i,i-1} = -V_{i,i-1}, \quad R_{i,i+1} = V_{i,i+1}$$

引用剪力表达式(12-7),可写出

$$R_i = R_i^0 + \frac{1}{l_i}(M_{i-1} - M_i) + \frac{1}{l_{i+1}}(M_{i+1} - M_i) \tag{12-8}$$

表明 R_i 影响线与四条影响线有关,其中 R_i^0 是基本结构简支梁的支座 i 反力的影响线,如图 12-8(b) 所示。

2. 直接用机动法

设在支座 i 的约束方向直接给出强迫单位位移,并求相应的全梁的挠曲线 δ_{Pi}(图 12-8(c))。这可从图 12-9(a) 所示位移法的基本结构情况出发,因此,挠曲线 δ_{Pi} 可分解为两部分,其一为不考虑梁的挠曲变形、仅由支座 i 发生移动 $\delta = 1$ 使左、右两跨各如简支梁产生的刚体位移图 δ_{Pi}^0,如图 12-9(b) 所示,即弦线位置;其二是超静定梁相应于弯矩分布图 M_δ 的挠曲线 δ_{Pi}^M,如图 12-9(d) 所示,该弯矩图(图 12-9(c))是由支座 i 移动 $\delta = 1$ 引起的。故 R_i 影响线可表达为

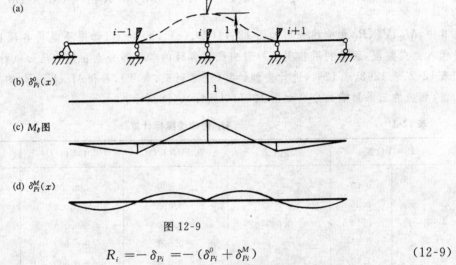

图 12-9

$$R_i = -\delta_{Pi} = -(\delta_{Pi}^0 + \delta_{Pi}^M) \tag{12-9}$$

即叠加两个位移图后,以基线上方为正号、下方为负号,成为 R_i 影响线(即如图 12-8(c))。

对于端支座的反力例如图 12-10 中的 R_A,求其影响线时可考虑采用解除该支座约束的方法,将它作为基本未知力,在 $n-1$ 次超静定梁上用力法方程求得

$$R_A = -\frac{\delta_{1P}^c}{\delta_{11}} = -\frac{\delta_{P1}^c}{\delta_{11}}$$

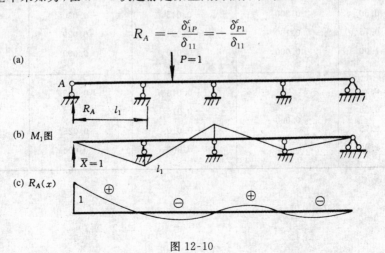

图 12-10

其中挠曲线 δ_{P1}^r 由 $\bar{R}_A = 1$ 所产生，它对应于图 12-10(b) 所示弯矩分布 M_1 图；δ_{11} 是 A 处的竖向位移值。于是 R_A 影响线如图 12-10(c) 所示，其各处纵标计算方法同前。

【**例 12-1**】 试绘制三跨等截面连续梁（图 12-11(a)）中第二跨内截面 K 的弯矩、剪力影响线及支座 1 的反力影响线。

【**解**】 由前述已知支点 1、2 截面的弯矩 M_1、M_2 影响线，示于图 12-11(b)、(c)。按式 (12-7)、式 (12-8) 有

$$M_K = M_K^0 + 0.6M_1 + 0.4M_2$$

$$V_K = V_K^0 + \frac{1}{l}(M_2 - M_1)$$

$$R_1 = R_1^0 + \frac{1}{l_1}(0 - M_1) + \frac{1}{l_2}(M_2 - M_1) = R_1^0 + \frac{1}{l}(M_2 - 2M_1)$$

其中，M_K^0、V_K^0、R_1^0 影响线分别如图 12-11(d)、(e)、(h) 所示。如果不是将各项已知量的方程式代入上式整理，而是利用各项已知影响线在各跨的若干等分点 α 处的已知纵标，则可逐项列入表 12-2、表 12-3、表 12-4，进行叠加计算（注意到正、负号），可得 M_K、V_K、R_1 的各分点影响纵标值，相应的三条影响线分别如图 12-11(f)、(g)、(i) 所示。

表 12-2 M_K 影响线纵标计算

$P=1$ 位置 α		$M_K^0(1/l)$	$0.6M_1(1/l)$	$0.4M_2(1/l)$	M_K
第一跨	0.00			0.000	0.000	0.000
	0.25		−0.038	+0.006	−0.032l
	0.50	0.000	−0.060	+0.010	−0.050l
	0.75		−0.053	+0.009	−0.044l
	1.00		0.000	+0.000	0.000
第二跨	0.25	0.150	−0.043	−0.016	+0.091l
	0.40	0.240	−0.048	−0.026	+0.166l
	0.50	0.200	−0.045	−0.030	+0.125l
	0.75	0.100	−0.024	−0.029	+0.047l
	1.00	0.000	0.000	0.000	0.000
第三跨	0.25		+0.013	−0.035	−0.022l
	0.50	0.000	+0.015	−0.040	−0.025l
	0.75		+0.010	−0.025	−0.015l
	1.00		0.000	0.000	0.000

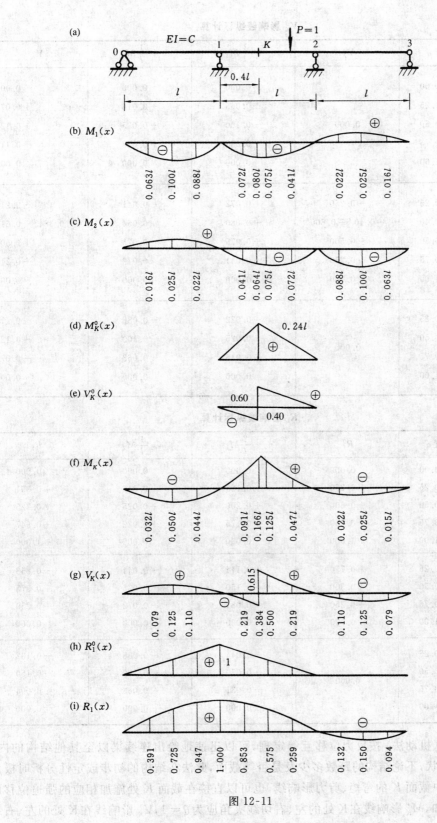

图 12-11

表 12-3 V_K 影响线纵标计算

$P=1$ 位置 α		V_K^0	$-\dfrac{1}{l}M_1$	$+\dfrac{1}{l}M_2$	V_K
第一跨	0.00		0.000	0.000	0.000
	0.25		+0.063	+0.016	+0.079
	0.50	0.000	+0.100	+0.025	+0.125
	0.75		+0.088	+0.022	+0.110
	1.00		0.000	0.000	0.000
第二跨	0.25	−0.250	+0.072	−0.041	−0.219
	0.40	−0.40/+0.600	+0.080	−0.064	−0.384/+0.616
	0.50	+0.500	+0.075	−0.075	+0.500
	0.75	+0.250	+0.041	−0.072	+0.219
	1.00	0.000	0.000	0.000	0.000
第三跨	0.25		−0.022	−0.088	−0.110
	0.50	0.000	−0.025	−0.100	−0.125
	0.75		−0.016	−0.063	−0.079
	1.00		0.000	0.000	0.000

表 12-4 R_1 影响线纵标计算

$P=1$ 位置 α		R_1^0	$-\dfrac{2}{l}M_1$	$+\dfrac{1}{l}M_2$	R_1
第一跨	0.00	0.000	0.000	0.000	0.000
	0.25	+0.250	+0.125	+0.016	+0.391
	0.50	+0.500	+0.200	+0.025	+0.725
	0.75	+0.750	+0.175	+0.022	+0.947
	1.00	+1.000	0.000	0.000	+1.000
第二跨	0.25	+0.750	+0.144	−0.041	+0.853
	0.50	+0.500	+0.150	−0.075	+0.575
	0.75	+0.250	+0.081	−0.072	+0.259
	1.00	0.000	0.000	0.000	0.000
第三跨	0.25		−0.044	−0.088	−0.132
	0.50	0.000	−0.050	−0.100	−0.150
	0.75		−0.031	−0.063	−0.094
	1.00		0.000	0.000	0.000

用挠度法（机动法）按反力位移互等定理，可以迅速地绘出连续梁以至其他结构的内力、反力影响线形状，不论结构的跨数多少及是否等截面，此法在结构的初步或定性分析时极为实用。对于上例中截面 K 的弯矩、剪力影响线，也可以直接在截面 K 处施加相应的强迫位移而获得，并因此可知，M_K 影响线在 K 处的左、右切线夹角应为 $\theta=1$，V_K 影响线在 K 处的左、右纵标突变值应为 $\delta=1$。

　　绘成了各个约束力 S_K 的影响线，就可用来计算某种活载（行列荷载组）移动作用下的最大影响量 $S_{K\max} = \sum P_i \cdot y_i + \sum q \cdot \omega$。由于超静定结构的影响线均为曲线形，判定荷载最不利作用位置时，不能像第六章中对于静定结构的折线形影响线那样使用固定的判别式，但欲获得 S_K 最大值的布载原则是一致的，即应将较密集的重荷载放在影响线纵标较大处、避免在异号区段（跨）布载及对于车辆荷载须考虑往返行驶的工况。确定 $S_{K\max}$ 得通过适当的布载试算、移动、比较。如今，从绘制影响线到布载寻求 S_K 最大值的一套步骤均可编成电算程序，由机器完成许多计算工作。

12.2　连续梁的内力包络图

　　连续梁的结构设计必须以该梁在恒载及指定的活荷载作用下每一横截面上可能出现的弯矩、剪力的最大值和最小值（可能为负号）为依据，其中活荷载内力可利用相应的内力影响线进行最不利的加载计算，而各项内力影响线已用挠度法（机动法）绘制，例如图 12-12 中所示。但考虑到，连续梁上仅少数靠近支座的截面弯矩影响线将会在该截面所属的跨内出现正、负变号情况，其他截面弯矩影响线均呈每跨一个符号、邻跨正负交替的形式，按这后一特点，最不利的活荷载布局是在同符号影响线的数跨内布载，从而求得同号的活载内力最大值。以均匀分布的活载 p 为例，图 12-12 中表示了对应于各影响量最小值及最大值的活载布局情况。

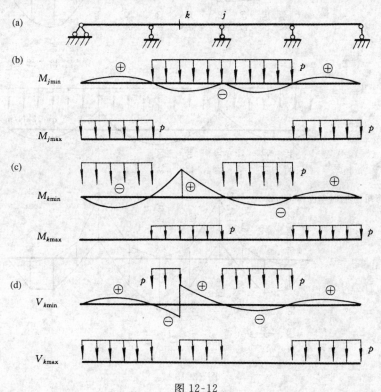

图 12-12

　　由此可见，为求各截面最小、最大的活荷载弯矩值，可不必利用每个截面的弯矩影响线作加载计算，而只需逐跨单独布置活荷载，分别作出全梁的 M 图，即可对每一截面的 M 纵标作出组合。例如当活荷载为均布荷载 $p = 18\text{kN/m}$ 时，如图 12-13（a）所示三跨连续梁在单跨布载情况下的弯矩分布图，分别如图 12-13（b）、（c）、（d）所示。该梁的恒载为 $q = 12\text{kN/m}$，恒载弯矩

结 构 力 学

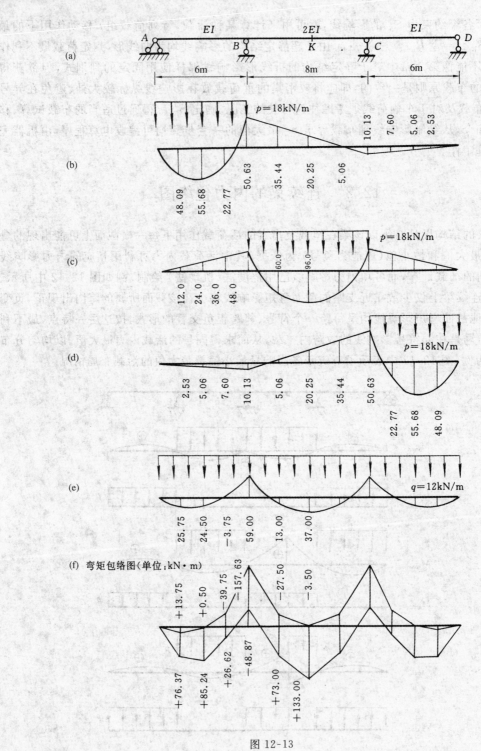

图 12-13

图如图 12-13(e) 所示。于是，可选出同一截面上出现的各正号活荷载弯矩（或各负号弯矩）与恒载下该截面的弯矩相加，即得该截面的弯矩最大值（或最小值）纵标。例如第 2 跨的中点截面 K，有

$$M_{K\max} = 96 + 37 = 133\text{kN}\cdot\text{m}$$

— 154 —

$$M_{K\min} = -20.25 - 20.25 + 37.0 = -3.5 \text{kN·m}$$

由若干等分点截面的弯矩最大值纵标、最小值纵标分别连成两条包络曲线,如图 12-13(f) 所示。这样所得的弯矩包络图在支座附近截面上的误差并不大。

连续梁截面的剪力影响线在截面所属的跨内是正、负变号的,如图 12-12(d) 所示,求活荷载剪力最大值时,本应在该跨半跨布载,但为简便起见,也和其他跨一样,分别按全跨布载。例如图 12-13 中连续梁承受均布活荷载 $p = 18\text{kN/m}$ 及恒载 $q = 12\text{kN/m}$ 时,各情况的剪力图如图 12-14(a)、(b)、(c)、(d) 所示,由此组合出每跨两端的最小和最大的剪力值纵标,例如第三个支座 C 的左侧截面有

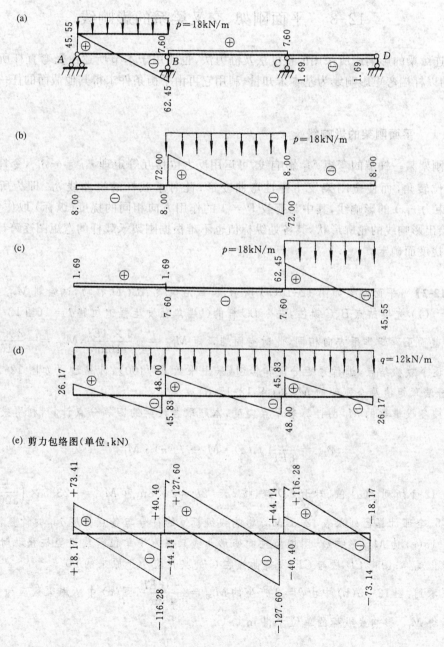

(e) 剪力包络图(单位:kN)

图 12-14

$$V_{C左\max} = 7.6 - 48 = -40.4\text{kN}$$

$$V_{C左\min} = -72 - 7.6 - 48 = -127.6\text{kN}$$

在每一跨内分别以一条直线连接两端的最大值纵标、最小值纵标,作为每跨的两条剪力包络线,如图 12-14(e) 所示。这样的剪力包络图在跨中附近截面的剪力纵标大于应有的最不利数值,是偏于安全的。

对于汽车、火车的车列荷载,使连续梁各截面可能产生的最大内力值,可参照有关规程利用影响线布置活荷载而计算。

*12.3 平面刚架、交叉梁系的影响线

绘制连续梁的影响线所采用的挠度法及静力法,也能用于本节所述由受弯直杆所组成的结构,且均以杆端弯矩影响线为基本未知量,利用它再由平衡条件求得其他截面的任一内力影响线。

12.3.1 平面刚架的影响线

欲求刚架某一杆端的弯矩 M_1 影响线,可运用反力位移互等定理 $r_{1P} = -\delta_{P1}$,令杆端形成一强迫单位转角,而使全刚架发生弹性弯曲变形,此时承载杆的挠曲线 δ_{P1} 即为所求弯矩 M_1(即约束力 r_{1P})的影响线,其中与荷载 $P = 1$ 的作用方向相同的挠度(纵标)取作负号。这样,极易绘出影响线的轮廓形状,其各处纵标值也不难根据刚架承载杆的弯矩图逐跨计算相应的各分点挠度而确定。

【例 12-2】 平面刚架如图 12-15(a) 所示,荷载沿横梁 ABCD 移动,试绘制 M_{CB} 影响线。

【解】 (1) 先设结点 B、C 锁住,并令 BC 杆的 C 端单独发生强迫位移 $\theta = 1$(图 12-15(b)),方向与该截面正弯矩作用方向相同,此时有固端弯矩 $M_{CB}^F = -\dfrac{4 \times 4EI}{16\text{m}}$,$M_{BC}^F = -\dfrac{2 \times 4EI}{16\text{m}}$。

(2) 逐个放松结点,进行弯矩分配和传递(采用乘数 $EI/100$),计算过程如图 12-15(c) 所示,得各杆端弯矩值及全刚架的 M_θ 图(图 12-15(d))。

(3) 按各段横梁的 M_θ 图计算若干点挠度,本题取各段梁的四等分点计算,利用式(12-4)

$$\delta_{P1} = \frac{l^2}{6EI}\big[f_i(\alpha) \cdot M_i + f_j(\alpha) \cdot M_j\big]$$

并利用表 12-1 所列 $f(\alpha)$ 值。对于 CD 跨,按 $l' = 2l = 2 \times 8\text{m}$ 和 $M_j = +23.5 \times \left(\dfrac{EI}{100\text{m}}\right)$ 计算至 $\alpha \leqslant 0.5$。全部计算已列入表 12-5,M_{CB} 影响线纵标 y 的符号与各点挠度 δ_{P1} 的计算值符号相反。图 12-15(e) 为 M_{CB} 影响线,图中竖柱的变形曲线只当水平单位荷载沿竖柱移动时,才代表 M_{CB} 的变化规律;图中 CB 段与 CF 段挠曲线在 C 处夹角应小于原来的 90°。

应注意到:图 12-15(b) 中由 $\theta = 1$ 产生的 $M_{CB}^F = \dfrac{-16EI}{16\text{m}}$,图(c) 中所用渠数应为 $\dfrac{EI}{100\text{m}}$,最后计算所得 M_{CB} 影响线纵标的单位才得 m。

(a)

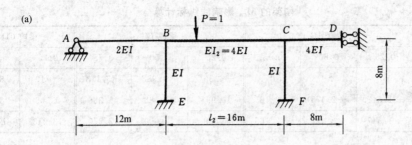

(b)

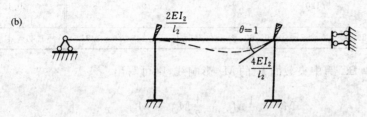

(c)

	BA	BE	BC	CB	CF	CD	DC
μ	0.25	0.25	0.50	0.50	0.25	0.25	
M^F	0	0	−50	−100			
			+25	+50	+25	+25	−25
	+6.2	+6.3	+12.5	+6.2	−1.6	−1.5	+1.5
			−1.6	−3.1	−1.6	−1.5	+1.5
	+0.4	+0.4	+0.8				
M	+6.6	+6.7	−13.3	−46.9	+23.4	+23.5	−23.5

乘数 $\dfrac{EI}{100m}$

(d) M_θ 图

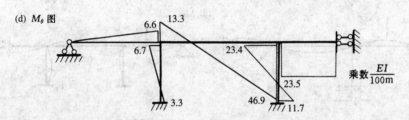

乘数 $\dfrac{EI}{100m}$

(e) M_{CB} 影响线 (单位:m)

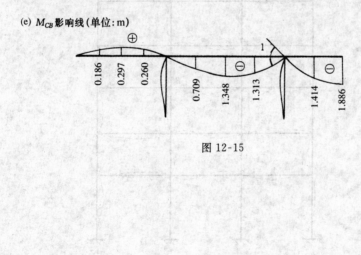

图 12-15

表 12-5 刚架的 M_{CB} 影响线纵标计算

	梁段 AB			梁段 BC			梁段 CD	
α	0.25	0.50	0.75	0.25	0.50	0.75	0.25	0.50
$f_i(\alpha)M_i$	0	0	0	-4.364	-4.988	-3.118	7.710	8.813
$f_j(\alpha)M_j$	-1.547	-2.475	-2.165	10.993	17.588	15.388	5.508	8.813
$\sum=$	-1.547	-2.475	-2.165	6.629	12.600	12.270	13.218	17.626
乘 $\left(\dfrac{EI}{100}\right)\dfrac{l_i^2}{6EI_i}$	0.120			0.107			0.107	
$y=-\delta_{P1}(\mathrm{m})$	+0.186	+0.297	+0.260	-0.709	-1.348	-1.313	-1.414	-1.886

若要绘制本例中 BC 跨中央截面 K 的 M_k 影响线,则可写出

$$M_k = \frac{1}{2}M_{BC} + \frac{1}{2}M_{CB} + M_K^0$$

其中 M_K^0 为简支梁 BC 的跨中截面弯矩影响线。M_K 影响线的形状如图 12-16(a) 所示。运用挠度法作出的其他几处截面内力影响线形状如图 12-16(b)、(c)、(d) 所示。

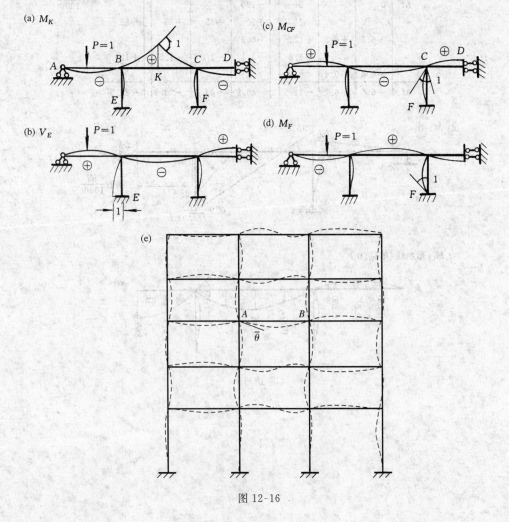

图 12-16

影响线的分布形状在结构设计时布置活荷载（临时荷载）的最不利位置时提供依据,这在桥梁、房屋建设工程中都有应用。

对于图 12-16(e) 所示多层多跨刚架,若就其中第三层中跨梁端弯矩 M_{AB} 勾画影响线,可在此 A 端作一强迫转角 θ,方向与下方受拉的正弯矩相同,首先绘出 AB 跨两端为固定时的挠曲线,然后根据 A、B 结点放松转动的方向,绘出结点带动相关杆件挠曲反应的状态,并逐步推向诸多结点与杆件。暂设刚架各结点不发生侧移,最后所得各梁挠曲线即为 M_{AB} 影响线的形状,按前述规则,对于竖直向下的荷载而言,凡是位于原梁轴下方的曲线各纵标为负值,上方为正值区。

12.3.2 交叉梁系的影响线

交叉梁系承受垂直于梁系平面的竖向荷载的作用,主梁和横梁将受弯并受扭,当按第 8 章 8.9 节所述简化计算时,略去杆件在结点处的抗扭刚度,结点的主、横梁间仅有竖向链杆连接,仅传递竖向力。这样,交叉的各梁都成为具有弹性支承的连续梁,当按挠度法令某一杆端作强迫挠曲转角 $\theta = 1$ 时,问题就与前节所述连续梁的影响线计算相似;若利用预先准备的连续梁因某一支座竖向移动而产生的各支座反力、支点弯矩的影响量值（效应）表,就较易计算（甚至通过手算）确定所有结点的挠度和各梁段的挠曲线纵标。

图 12-17(a) 为一无扭交叉梁系的平面图,主梁两端为铰支。今以主梁 AC 中间结点 B 处弯矩 M_{BA} 的影响线为例,说明其按挠度法的计算步骤如下:

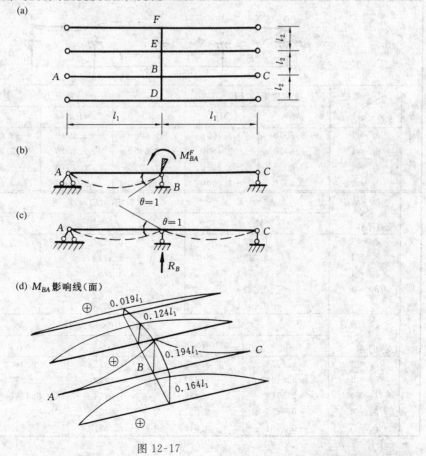

图 12-17

(1) 将主梁 AC 作为连续梁,如图 12-17(b) 所示在中间结点 B 处设置附加约束阻止转角和竖向移动,在 BA 杆的 B 端引入单位强迫转角 $\theta = 1$,即有约束反力矩。

(2) 放松结点 B 的抗转约束,保持竖向约束(可应用弯矩分配法),求得主梁无结点移动时的弯矩分布及竖向约束反力 R_B(以向上作用为正号),如图 12-17(c) 所示。

(3) 在交叉梁系的其他所有交叉结点处设置竖向约束,而放松上述 AC 梁的结点 B 处的竖向约束,即将竖向约束反力 R_B 反向作用为结点荷载(以向下作用为正号),建立以梁格(纵横各为连续梁)所有结点的竖向位移 $\{\Delta\}$ 为未知量的位移法方程组

$$[K]\{\Delta\} = \{R\} \tag{12-10}$$

其中荷载项 $\{R\}$ 中除已知结点 B 处有反向作用的 R_B 外,其余结点因竖向本无外力故均为零;系数矩阵 $[K]$ 中的各元素可利用已备的连续梁支座移动效应表(摘录如表 12-6)而写出,例如,其每一列元素代表一个结点处的约束单独发生竖向单位移动、带动主横两梁而引起的各约束反力值。由方程式(12-10)求解的梁格结点竖向位移 $\{\Delta\}$ 乘以(-1),按 $r_{ij} = -\delta_{ji}$ 即为 M_{BA} 影响线在各结点处的纵标。

(4) 各主梁、横梁的弯矩 M_θ 图可由各结点挠度值推求而得(亦利用连续梁支座移动效应表 12-6),主梁 AC 的弯矩图应由前后两次叠加而成。

(5)利用式(12-4)及表12-1即可求出各梁段相应于其弯矩分布的挠曲线纵标,乘以

表 12-6　　　　　　　　　　　　**等截面连续梁支座向下单位移动的效应**

	效应 支点下移	支点弯矩($\times EI/l^2$)		支座反力($\times EI/l^3$)			
三 等 跨		M_1	M_2	R_0	R_1	R_2	R_3
	$\delta_0 = 1$	-1.6000	0.4000	-1.6000	3.6000	-2.4000	0.4000
	$\delta_1 = 1$	3.6000	-2.4000	3.6000	-9.6000	8.4000	-2.4000
	$\delta_2 = 1$	-2.4000	3.6000	-2.4000	8.4000	-9.6000	3.6000
	$\delta_3 = 1$	0.4000	-1.6000	0.4000	-2.4000	3.6000	-1.6000

	效应 支点下移	支点弯矩($\times EI/l^2$)		
四 等 跨		M_1	M_2	M_3
	$\delta_0 = 1$	-1.6071	0.4286	-0.1071
	$\delta_1 = 1$	3.6429	-2.5714	0.6429
	$\delta_2 = 1$	-2.5714	4.2857	-2.5714
	$\delta_3 = 1$	0.6429	-2.5714	3.6429
	$\delta_4 = 1$	-0.1071	0.4286	-1.6071

	效应 支点下移	支座反力($\times EI/l^3$)				
		R_0	R_1	R_2	R_3	R_4
	$\delta_0 = 1$	-1.6071	3.6429	-2.5714	0.6429	-0.1071
	$\delta_1 = 1$	3.6429	-9.8571	9.4286	-3.8571	0.6429
	$\delta_2 = 1$	-2.5714	9.4286	-13.7143	9.4286	-2.5714
	$\delta_3 = 1$	0.6429	-3.8571	9.4286	-9.8571	3.6429
	$\delta_4 = 1$	-0.1071	0.6429	-2.5714	3.6429	-1.6071

（－1）即为 M_{BA} 影响线的纵标，此时 AC 梁的结点 B 处保持相对转角 $\theta=1$。M_{BA} 影响线在全梁格上呈空间状态，可称为影响面，如图 12-17(d) 所示。图中纵标值是根据交叉梁系结构（图12-17(a)）数据 —— 主梁全长 $l=2l_1$，横梁节间长 $l_2=l/6$，主、横梁截面惯矩之比 $I_1:I_2=4:1$ —— 而求得的。

另外，图12-18表示了图12-17a)交叉梁系中的横梁上 B 处弯矩 M_{BD} 影响线和主梁支座 C 处反力 R_C 影响线。任一梁段内截面的弯矩，剪力影响线则可由杆端弯矩按平衡关系求得。

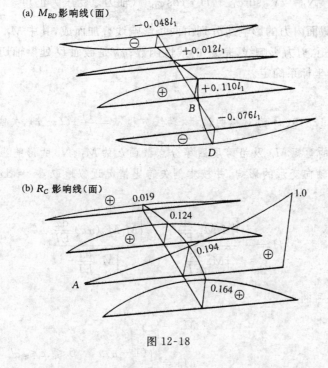

(a) M_{BD} 影响线（面）

$-0.048l_1$

$+0.012l_1$

$+0.110l_1$

B

$-0.076l_1$

D

(b) R_C 影响线（面）

0.019

1.0

0.124

0.194

0.164

A

图 12-18

12.4　超静定拱的影响线

两铰拱和单跨无铰拱的静力分析常用力法，因此本节将先由力法方程求解拱的基本未知力的影响线，再求任意截面内力（反力）的影响线。此节所述方法与结论亦可作为电算的参考。拱轴曲线 $y(x)$ 及截面变化规律 $A(x)$、$I(x)$ 的情况将决定力法方程中的各项位移是否便于积分运算，本节介绍便于积分、可写出影响线方程的情况。对于不便积分的情况，可采用分段有限元的电算，取各段中点的数据为该段平均值以计算所列方程中的各项元素，而影响线纵标则应计算出各分段点之值。

12.4.1　两铰拱的影响线

竖载作用下的对称两铰拱（图 12-19(a)）以水平反力 H 为基本未知力，由力法方程得

$$H=X_1=-\frac{\delta_{1P}}{\delta_{11}} \tag{12-11}$$

其中，主系数 δ_{11} 反映结构本身的变形特征（必要时计入轴向变形的影响），分子 $\delta_{1P}=\int \overline{M}_1 \cdot \overline{M}_P(\alpha)\mathrm{d}s/EI_x$ 是荷载位置 αl 的函数。因 $\delta_{1P}=\delta_{P1}$，故由式(12-11)可认为推力 H 影响线

是由 $H = 1$ 作用下简支曲梁的挠曲线 $\delta_{P1}(\alpha)$ 乘以常数 $-1/\delta_{11}$ 而得。

拱轴上任意截面 D 的内力影响线,可在基本结构上利用基本未知力 H、按平衡条件求得,计算公式为

$$\left.\begin{aligned}M_D &= M_D^0 - H \cdot y_D \\V_D &= V_D^0 \cos\varphi_D - H \cdot \sin\varphi_D \\N_D &= V_D^0 \sin\varphi_D + H \cdot \cos\varphi_D \quad \text{(轴力以受压为正)}\end{aligned}\right\} \tag{12-12}$$

上式表示拱轴任意截面内力的影响线分别由两条影响线叠加而成,其中 M_D^0、V_D^0 代表等跨简支直梁上截面 D 的弯矩、剪力影响线,是 αl 的线性函数;φ_D 是截面 D 处拱轴切线的倾角,其正负号按图 12-19(a) 的坐标系确定。

【例 12-3】 图 12-19(a) 为对称两铰拱,轴线方程 $y = \dfrac{4f}{l^2}x(l-x)$,矢高 $f = \dfrac{l}{5}$,等截面,试绘制拱顶截面 C 的弯矩 M_C 及沿跨度四等分点截面 k 的 M_k、N_k 的影响线。

【解】 今略去轴向变形的影响,并按本例矢跨比情况近似地取 $ds = dx$,以便于积分计算水平推力

$$H = -\frac{\displaystyle\int \overline{M}_1 \overline{M}_P \frac{ds}{EI}}{\displaystyle\int \overline{M}_1^2 \frac{ds}{EI}} = -\frac{\displaystyle\int \overline{M}_1 M_P(\alpha x) \frac{dx}{EI}}{\displaystyle\int \overline{M}_1^2 \frac{dx}{EI}}$$

按图 12-19(b)、(c) 可得

$$\overline{M}_1 = -y$$

$$\overline{M}_P = \begin{cases}(1-\alpha)x, & 0 \leqslant x \leqslant \alpha l \\\alpha(l-x), & \alpha l \leqslant x \leqslant l\end{cases}$$

于是

$$EI\delta_{11} = \int_0^l y^2 dx = \int_0^l \frac{16f^2}{l^4}(lx - x^2)^2 dx = \frac{8}{15}f^2 l$$

$$-EI\delta_{1P} = \int_0^{\alpha l} y(1-\alpha)x dx + \int_{\alpha l}^l y\alpha(l-x)dx = \frac{fl^2}{3}(\alpha - 2\alpha^3 + \alpha^4)$$

故有

$$H = \frac{5l}{8f}(\alpha - 2\alpha^3 + \alpha^4) = \frac{100}{32}(\alpha - 2\alpha^3 + \alpha^4) \tag{a}$$

给出若干 α 值即可得水平推力影响线的若干纵坐标,列于表 12-7 中,H 影响线如图 12-19(d) 所示。

截面 C 和 K 的内力影响线方程分别按该截面之左(标记 Z)、右(标记 Y)两段写出:

$$M_C = M_C^0 - Hf$$

$$M_C^Z = \frac{l}{2}\alpha - \frac{l}{5}H, \quad M_C^Y \text{ 与 } M_C^Z \text{ 对称} \tag{b}$$

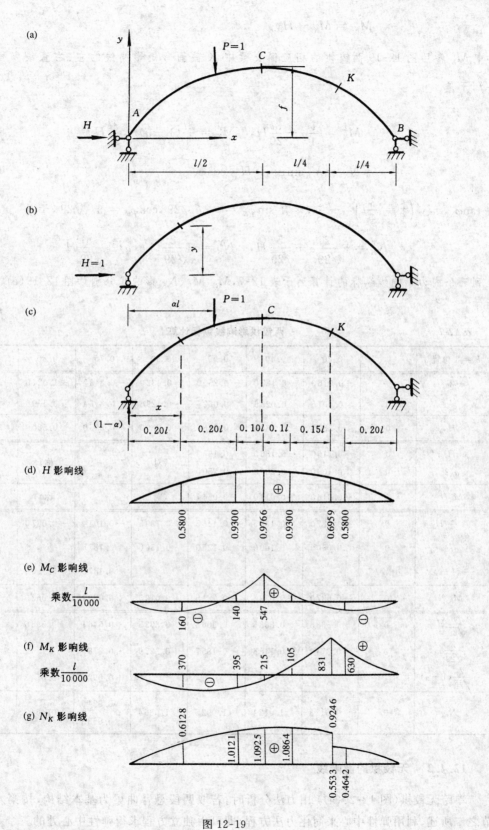

图 12-19

$$M_K = M_K^0 - Hy_K$$

其中 M_K^0 参照图 12-19 两铰拱的相应简支梁中 K 截面弯矩影响线的左、右直线方程，$y_K = \frac{3}{4}f$，于是

$$M_K^z = \frac{l}{4}\alpha - \frac{3l}{20}H, \quad M_K^Y = \frac{3l}{4}(1-\alpha) - \frac{3l}{20}H \tag{c}$$

$$N_K = V_K^0 \sin\varphi_K + H \cdot \cos\varphi_K$$

由 $\tan\varphi_K = y'\left(x = \frac{3}{4}l\right) = -\frac{2}{5}$，即有 $\sin\varphi_K = -2/\sqrt{29}$，$\cos\varphi_K = 5/\sqrt{29}$，于是

$$N_K^z = +\frac{2}{\sqrt{29}}\alpha + \frac{5}{\sqrt{29}}H, \quad N_K^Y = -\frac{2}{\sqrt{29}}(1-\alpha) + \frac{5}{\sqrt{29}}H \tag{d}$$

上列三个内力影响线纵标的计算列于表 12-7，M_C、M_K、N_K 影响线分别如图 12-19(e)、(f)、(g) 所示。

表 12-7   两铰拱影响线纵标计算

$P = 1$ 位置 α	0	0.20	0.40	0.50	0.60	0.75	0.80	1.0
$-2\alpha^3$	0	-0.0160	-0.1280	-0.2500	-0.4320	-0.8437	-1.0240	-2.0
α^4	0	0.0016	0.0256	0.0625	0.1296	0.3164	0.4096	1.0
H	0	0.5800	0.9300	0.9766	0.9300	0.6959	0.5800	0
$-H/5$	0	-0.1160	-0.1860	-0.1953	（对		称）	
$\alpha/2$	0	0.1000	0.2000	0.2500				
M_C/l	0	-0.0160	$+0.0140$	$+0.0547$	（对		称）	
$-\frac{3}{20}H$	0	-0.0870	-0.1395	-0.1465	-0.1395	-0.1044	-0.0870	
$\alpha/4$	0	0.0500	0.1000	0.1250	0.1500	0.1875		
$\frac{3}{4}(1-\alpha)$						0.1875	0.1500	0
M_K/l	0	-0.0370	-0.0395	-0.0215	$+0.0105$	$+0.0831$	$+0.0630$	0
$\frac{5}{\sqrt{29}}H$	0	0.5385	0.8635	0.9068	0.8635	0.6461	0.5385	0
$\frac{2}{\sqrt{29}}\alpha$	0	0.0743	0.1486	0.1857	0.2229	0.2785		
$-\frac{2}{\sqrt{29}}(1-\alpha)$						$+0.0928$	-0.0743	0
N_K	0	0.6128	1.0121	1.0925	1.0864	0.9246 0.5533	0.4642	0

12.4.2 无铰拱的影响线

单跨无铰拱（图 12-20(a)）用力法分析时，若取两段悬臂曲梁为基本结构，按第八章第十节之二所述，利用弹性中心来简化力法方程，即可由独立方程求得弹性中心处的三个基本未知力——水平推力 X_1、竖向剪力 X_2、弯矩 X_3 的影响线方程，表达为

$$X_i = -\frac{\delta_{iP}(\alpha)}{\delta_{ii}}, \quad i = 1, 2, 3 \tag{12-13}$$

αl 表示荷载 $P = 1$ 的移动位置,坐标原点在拱顶;分子、分母的计算可根据结构情况采用积分方法或分段总和方法。

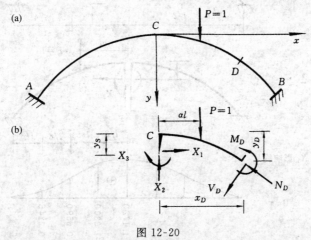

图 12-20

无铰拱上任意截面 D 的内力影响线,根据悬臂曲梁的 CD 段隔离体(图 12-20(b))的平衡条件写出,分别为几条影响线的叠加:

$$\left.\begin{aligned}
M_D &= M_D^0 + X_1(y_D - y_S) + X_2 x_D + X_3 \\
V_D &= V_D^0 + X_1 \sin\varphi_D + X_2 \cos\varphi_D \\
N_D &= N_D^0 + X_1 \cos\varphi_D - X_2 \sin\varphi_D
\end{aligned}\right\} \tag{12-14}$$

其中 M_D^0、V_D^0、N_D^0 是悬臂曲梁上截面 D 的弯矩、剪力、轴力影响线,均为荷载 $P = 1$ 位置 αl 的线性函数;φ_D 是图 12-20 所示坐标系中右半拱上截面 D 处拱轴切线之倾角。

下面仅就可积分的情况举例说明无铰拱影响线的特点。

【例 12-4】 对称无铰拱如图 12-21(a) 所示,已知拱轴方程 $y = \frac{4f}{l^2}x^2$(坐标原点在拱顶),

矢高 $f = \frac{l}{5}$,拱顶截面 C 的惯矩为 I_C,截面变化规律按 $\frac{I_x}{I_C} = \frac{1}{\cos\varphi_x}$ 考虑。试求拱顶 C 截面、沿拱跨四分点截面 K 的内力影响线及左支座的反力影响线。

【解】 由于拱轴曲线的 $ds = \frac{dx}{\cos\varphi_x}$,故有 $\frac{ds}{EI_x} = \frac{dx}{EI_C}$,便于积分计算 δ_{iP} 及 δ_{ii};并按本例矢跨比情况可略去轴向变形的影响。弹性中心至拱顶的距离为

$$y_S = \frac{2\displaystyle\int_0^{l/2} \frac{4f}{l^2}x^2 \frac{dx}{EI_C}}{2\displaystyle\int_0^{l/2} \frac{dx}{EI_C}} = \frac{f}{3}$$

(1) 弹性中心处三个基本未知力的影响线

单位移动荷载 $P = 1$ 在右半拱上任意位置 αl 时(图 12-21(b)),截面 x 的弯矩为

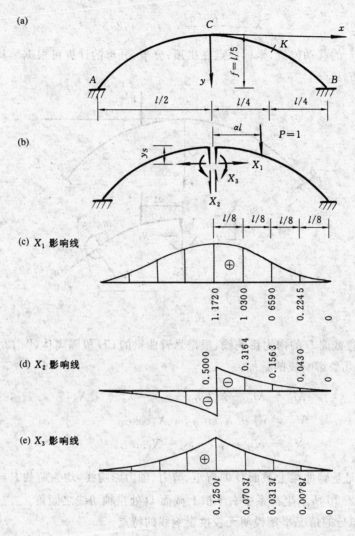

(a)

(b)

(c) X_1 影响线

1.1720　1 0300　0 6590　0.2245　0

(d) X_2 影响线

0.5000　0.3164　0.1563　0.0430　0

(e) X_3 影响线

$0.1250l$　$0.0703l$　$0.0313l$　$0.0078l$　0

图 12-21

$$\overline{M}_P = \begin{cases} 0, & (-l/2 \leqslant x \leqslant \alpha l) \\ -(x-\alpha l), & (\alpha l \leqslant x \leqslant l/2) \end{cases}$$

按图 12-21(b)所设各未知力的方向,各单位未知力单独作用时的弯矩分别为

$$\overline{M}_1 = y - y_S = \frac{4f}{l^2}x^2 - \frac{f}{3}$$

$$\overline{M}_2 = x$$

$$\overline{M}_3 = 1$$

于是

$$EI_C\delta_{11} = 2\int_0^{l/2}\left(\frac{4f}{l^2}x^2 - \frac{f}{3}\right)^2 \mathrm{d}x = \frac{4}{45}f^2l$$

$$EI_C\delta_{22} = 2\int_0^{l/2}x^2\mathrm{d}x = \frac{l^3}{12}$$

$$EI_C \delta_{33} = 2\int_0^{l/2} \mathrm{d}x = l$$

注意到 $\overline{M}_P$ 的适用区间,可得

$$EI_C \delta_{1P} = \int (y - y_S)\overline{M}_P \mathrm{d}x = -\int_{\alpha l}^{l/2} \left(\frac{4f}{l^2}x^2 - \frac{f}{3}\right)(x - \alpha l)\mathrm{d}x$$

$$= -\frac{1}{3}fl^2 \left(\frac{1}{16} - \frac{\alpha^2}{2} + \alpha^4\right)$$

$$EI_C \delta_{2P} = \int x\overline{M}_P \mathrm{d}x = -\int_{\alpha l}^{l/2} x(x - \alpha l)\mathrm{d}x = -\frac{1}{12}l^3\left(\frac{1}{2} - \frac{3}{2}\alpha + 2\alpha^3\right)$$

$$EI_C \delta_{3P} = \int \overline{M}_P \mathrm{d}x = -\int_{\alpha l}^{l/2}(x - \alpha l)\mathrm{d}x = -l^2\left(\frac{1}{8} - \frac{\alpha}{2} + \frac{\alpha^2}{2}\right)$$

由此求得基本未知力的影响线方程为

$$X_1 = -\frac{\delta_{1P}}{\delta_{11}} = \frac{15l}{4f}\left(\frac{1}{16} - \frac{1}{2}\alpha^2 + \alpha^4\right) \tag{e}$$

$$X_2 = -\frac{\delta_{2P}}{\delta_{22}} = \frac{1}{2} - \frac{3}{2}\alpha + 2\alpha^3 \tag{f}$$

$$X_3 = -\frac{\delta_{3P}}{\delta_{33}} = \frac{1}{2}\left(\frac{1}{4} - \alpha + \alpha^2\right) \tag{g}$$

上列三式适用于右半跨 $(0 \leqslant \alpha \leqslant 0.5)$,今将沿拱跨八等分各点的影响线纵标列于表 12-8,其中各纵标单位是与各未知力量纲相符的。本例 $l/f = 5$。X_1、X_2、X_3 影响线分别示于图12-21(c)、(d)、(e)。

表 12-8　　　　　　　　　　弹性中心处基本未知力影响线(右半拱)

未知力 $\diagdown$ α	$0(C)$	$\dfrac{1}{8}$	$\dfrac{1}{4}$	$\dfrac{3}{8}$	$\dfrac{1}{2}(B)$
$X_1(H)$	$0.2344\dfrac{l}{f}$	$0.2060\dfrac{l}{f}$	$0.1318\dfrac{l}{f}$	$0.0449\dfrac{l}{f}$	0
$X_2(V_C)$	0.5000	0.3164	0.1563	0.0430	0
X_3	$0.1250l$	$0.0703l$	$0.0313l$	$0.0078l$	0

当荷载 $P = 1$ 在左半跨上移动时,可将坐标 x 轴反向设置,$\overline{M}_P$ 及 $\overline{M}_1$、$\overline{M}_3$ 的表达式与上述右半拱的情况相同,由于结构对称,所得 X_1、X_3 影响线方程与右半跨的相同,表明对称无铰拱弹性中心处的水平推力和弯矩的影响线是左右对称的。但对于竖向剪力来说,正号的 X_2 在左半跨曲梁上产生负弯矩 $(\overline{M}_2 = -x)$,使 δ_{2P} 式为正号,故得左半跨的 X_2 影响线方程恰与右半跨的反号,这表明拱顶剪力的影响线是左右反对称的。

(2) 拱顶截面 C 的弯矩 M_C 影响线

截面 C 是基本结构悬臂曲梁的自由端,其轴力、剪力就是 X_1、X_2;且 $M_C^0 = 0$,故按式 (12-14) 有

$$M_C = X_1\left(0 - \frac{f}{3}\right) + X_2 \cdot 0 + X_3 = -\frac{l}{15}X_1 + X_3$$

结 构 力 学

将已求得的 X_1 和 X_3 两影响线（对应纵标）按上式作线性叠加,可得如图 12-22(b) 所示的 M_C 影响线,呈左右对称形状。它表明处于跨中附近的荷载将使拱顶截面产生正弯矩且影响较大, 荷载作用于两翼时将使拱顶产生负弯矩。

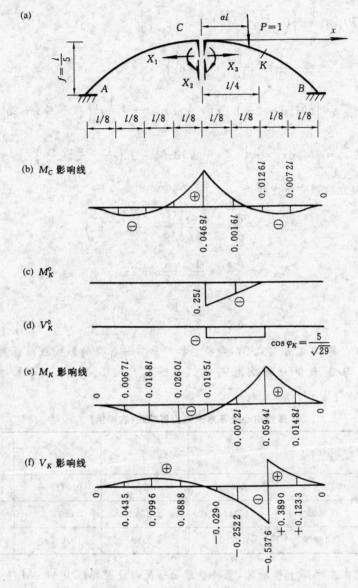

图 12-22

(3) 右半跨上四分点截面 K 的弯矩、剪力影响线

在悬臂曲梁上 M_K^0、V_K^0 影响线如图 12-22(c)、(d) 所示,已知 $\sin \varphi_K = +\dfrac{2}{\sqrt{29}}$, $\cos \varphi_K = +\dfrac{5}{\sqrt{29}}$, X_1 与截面 K 之间 $y_K - y_s = \dfrac{f}{4} - \dfrac{f}{3} = -\dfrac{f}{12}$, 按式 (12-14) 计算,得

$$M_K = -\frac{f}{12}X_1 + \frac{l}{4}X_2 + X_3 + \begin{cases} -\left(\frac{1}{4}-\alpha\right)l, & \left(0 \leqslant \alpha \leqslant \frac{1}{4}\right) \\ 0, & \text{(其他区段)} \end{cases}$$

$$V_K = X_1\left(\frac{2}{\sqrt{29}}\right) + X_2\left(\frac{5}{\sqrt{29}}\right) + \begin{cases} -\dfrac{5}{\sqrt{29}}, & \left(0 \leqslant \alpha \leqslant \dfrac{1}{4}\right) \\ 0, & \text{(其他区段)} \end{cases}$$

在各等分点上按上式将各项纵标值叠加,即得 M_K、V_K 的影响线各点纵标,如图 12-22(e)、(f) 所示。

(4) 左支座竖反力 R_A、反力矩 M_A 的影响线

在图 12-23(a) 中可见,水平反力 $H_A = X_1$,竖向反力(以向上为正)由左半跨的悬臂曲梁平衡条件可写出

$$R_A = X_2 + R_A^0 = X_2 + \begin{cases} 1, & \left(-\dfrac{1}{2} \leqslant \alpha \leqslant 0\right) \\ 0, & \left(0 \leqslant \alpha \leqslant \dfrac{1}{2}\right) \end{cases}$$

式中,R_A^0 表示悬臂梁的固端 A 竖向反力影响线。

反力矩 M_A(即左拱趾截面弯矩,以下侧受拉为正)影响线方程为

$$M_A = X_1\left(f - \frac{f}{3}\right) - X_2 \cdot \frac{l}{2} + X_3 + M_A^0$$

$$= \frac{2f}{3}X_1 - \frac{l}{2}X_2 + X_3 + \begin{cases} -\left(\dfrac{1}{2} - \alpha\right)l, & \left(-\dfrac{1}{2} \leqslant \alpha \leqslant 0\right) \\ 0, & \left(0 \leqslant \alpha \leqslant \dfrac{1}{2}\right) \end{cases}$$

以上两项影响线的纵标计算列于表 12-9,R_A、M_A 影响线分别如图 12-23(b)、(c) 所示。图中符号表示当荷载作用于支座 A 附近时将使支座 A 产生负弯矩,而在右半部的荷载将使它产生正弯矩。显然,右支座竖向反力 $R_B = 1 - R_A$,即 R_B 与 R_A 影响线相互对称。

表 12-9   **左支座反力 R_A、M_A 的影响线纵标计算**

力素项 \ α	$-\dfrac{1}{2}$	$-\dfrac{3}{8}$	$-\dfrac{1}{4}$	$-\dfrac{1}{8}$	0	$+\dfrac{1}{8}$	$+\dfrac{1}{4}$	$+\dfrac{3}{8}$	$+\dfrac{1}{2}$
X_2	0	-0.0430	-0.1563	-0.3164	$-0.500/+0.500$	0.3164	0.1563	0.0430	0
R_A^0	1.00	1.00	1.00	1.00	1.00	0	0	0	0
R_A	1.00	0.9570	0.8437	0.6836	0.50000	0.3164	0.1563	0.0430	0
$\dfrac{2f}{3}X_1$	0	$0.0299l$	$0.0879l$	$0.1373l$	$0.1563l$	$0.1373l$	$0.0879l$	$0.0299l$	0
$-\dfrac{l}{2}X_2$	0	$0.0215l$	$0.0782l$	$0.1582l$	$0.250l/-0.025\,0l$	$-0.1582l$	$-0.0782l$	$-0.0215l$	0
X_3	0	$0.0078l$	$0.0313l$	$0.0703l$	$0.1250l$	$0.0703l$	$0.0313l$	$0.0078l$	0
M_A^0	0	$-0.125\,0l$	$-0.250\,0l$	$-0.375\,0l$	$-0.500\,0l/0$	0	0	0	0
M_A	0	$-0.0658l$	$-0.0526l$	$-0.0092l$	$+0.0313l$	$+0.0494l$	$+0.0410l$	$+0.0162l$	0

对于无铰拱影响线的特点可作如下讨论:

(1) 上例所述绘制基本未知力及其他截面内力影响线的方法,不仅对抛物线拱轴适用,而且也可用于等截面的或变截面的悬链线、圆弧线拱轴。表 12-8 所列三未知力影响线对于符合

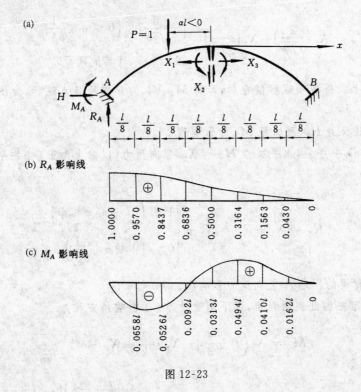

图 12-23

$\dfrac{\mathrm{d}s}{EI_x} = \dfrac{\mathrm{d}x}{EI_C}$ 及略去轴向变形的情况的任何二次抛物线无铰拱都是可用的。

（2）无铰拱弹性中心处三未知力的影响线及其他大多数内力影响线，在两端支点处的切线都是与水平基线重合的，这可由影响线方程的导数 $\dfrac{\mathrm{d}S(\alpha)}{\mathrm{d}\alpha}\Big|_{A,B} = 0$ 证明，也可由机动法（$S(\alpha) = -y_{pi}$）所得悬臂曲梁挠曲线在支点处的特点而说明。在全拱上用机动法可判断其他各项约束力影响形状的大致特征。

（3）由于二次抛物线拱轴是全跨均布荷载作用下、不计轴向变形时的合理拱轴（无论三铰拱、两铰拱及无铰拱，也无论截面有无变化，均可得证），故当设满跨 $q = 1$ 时，由影响线计算其影响量为 $S = q\sum\omega = \sum\omega$，于是可知上例抛物线无铰拱的 M_C、M_A、M_K 影响线各自的总面积均应为零。另外，R_A 影响线的面积应等于 $l/2$，推力 $H = X_1$ 影响线的面积应等于 $l^2/8f$。

12.5　超静定桁架的影响线

超静定桁架作为理想桁架时，各杆只承受轴力，其内力可用矩阵位移法或力法分析。本节介绍用力法来绘制超静定桁架的内力影响线。在连续梁式桁架及多重腹杆梁式桁架中，选取基本结构应尽量减少未知力之间的耦联，并利用对称性，例如图 12-24(a)、(b)、(c) 中所示形式。取静定桁架为基本结构，由力法方程组求解出多余约束未知力的影响线 $X_i(x)$ 后，其他任意杆件的内力（反力）S_m 影响线方程即可写为

$$S_m(x) = \sum \bar{S}_{mi} X_i(x) + S_m^0(x) \tag{12-15}$$

式中，$\bar{S}_{mi}$ 为各基本未知力 X_i 等于单位力且单独作用时产生于杆件 m 的轴力；$S_m^0(x)$ 为静定基

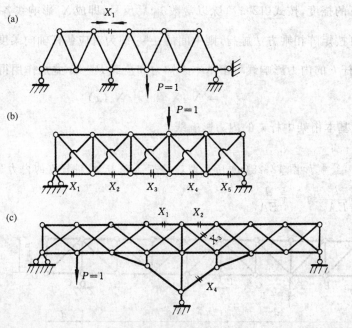

图 12-24

本结构中该杆的内力影响线。

所以关键在于绘制基本未知力的影响线。显然,多跨梁式超静定桁架的内力影响线须随荷载 $P = 1$ 的移动而分跨求作,而且在每一节间内是直线形式(因承受结点荷载),因此需求出各结点处的影响线纵标值。

如果采用挠度法(引入强迫单位位移)绘制某一杆件为基本未知力 X_i 的影响线,运用反力位移互等定理,有

$$X_i(x) = r_{iP} = -\delta_{Pi}(x) \tag{12-16}$$

即强迫该杆在切口处沿拉力正方向发生单位长度改变 $\delta_i = 1$,使在移动荷载 $P = 1$ 处所产生的挠度(图)$\delta_{Pi}(x)$ 就是 X_i 影响线,符号相反。为此须先解出 $\delta_i = 1$ 时所有各杆内力,再算出各跨内逐点加载 $P = 1$ 时的各杆内力,然后可相乘而求得各结点处的 δ_{Pi} 之值。

又如果采用静力法,就是直接置单位荷载 $P = 1$ 于桁架各结点处,用力法方程求出多余未知力 X_i,这适用于低次超静定桁架。例如图 12-24(a) 所示一次超静定桁架,以杆 a 为多余约束,据力法方程有 $X_1 = -\delta_{1P}/\delta_{11}$,由位移互等定理得

$$X_1 = \frac{-\delta_{P1}(x)}{\delta_{11}} \tag{12-17}$$

式中,δ_{11} 为 $X_1 = 1$ 时由全桁架各内力 $\overline{N}_{m1}$ 而计算

$$\delta_{11} = \sum \overline{N}_{mi} \cdot \frac{l_m}{EA_m} \cdot \overline{N}_{m1} \tag{12-18}$$

δ_{P1} 为由 $X_1 = 1$ 引起的桁架各结点竖向位移,须在各跨逐点加载 $P = 1$ 而求出各杆力 N_{mP} 后,计算

$$\delta_{P1} = \sum N_{mP} \cdot \frac{l_m}{EA_m} \cdot \overline{N}_{m1} \tag{12-19}$$

此值正号为向下的挠度,按式(12-17)除以常数 δ_{11} 后反号,即成 X_1 影响线各结点处纵标。以上两式的计算均可按矩阵相乘方法施行,则中间的 $\dfrac{l_m}{EA_m}$ 即为对应各杆轴向柔度组成的对角阵。

然后,任一杆 k 的内力影响线可由基本未知力和荷载 $P=1$ 叠加作用得

$$N_{k(x)} = \overline{N}_{k1}X_1(x) + N_k^0(x) \qquad (12\text{-}20)$$

其中 N_k^0 为静定基本桁架中杆 k 的内力影响线。

【例 12-5】 绘制如图 12-25(a) 所示两跨桁架上弦杆 a、斜杆 b 的内力影响线,下弦承载。设各杆轴向柔度 $\dfrac{l_i}{EA_i}$ 均等于 $\dfrac{d}{EA}$。

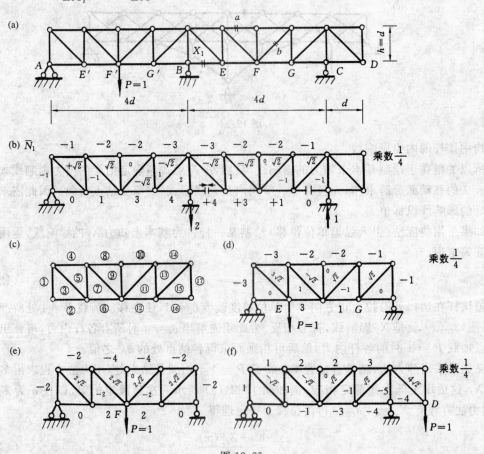

图 12-25

【解】 结构超静定一次,选支座 B 右侧的下弦杆为多余约束,基本结构为两跨独立简支桁架,按力法方程式(12-17),用图 12-25(b) 表示。当 $X_1=1$ 时基本结构各种内力 $\overline{N}_{m1}$ 情况,采用了乘数 $\dfrac{1}{4}$。为便于用矩阵方式运算,先将跨内杆件编号如图(c)。按式(12-18) 计算

$$\frac{EA}{d}\cdot\delta_{11} = \frac{2}{4^2}\left[(\sqrt{2})^2\times 4 + 1\times 5 + 2^2\times 2 + 3^2\times 2 + 4^2\times 1\right] + \left(\frac{2}{4}\right)^2 = \frac{114}{16}$$

为求 $\delta_{P1}(x)$ 即桁架下弦各结点由 $X_1=1$ 引起的挠度,逐点加载所产生的内力 N_{mP} 的情况以图

(d)、(e) 表示,因两跨节间对称、跨内第一结点与第三结点加载的结果对称而简化,另有右伸臂结点 D 上加载结果如图(f) 所示。于是第一跨内各点挠度计算可按式(12-19) 表示为:

$$\delta_{P1} = \begin{Bmatrix} \delta_{E'1} \\ \delta_{F'1} \\ \delta_{G'1} \end{Bmatrix} = (\{\overline{N}_{mE'}\}\{\overline{N}_{mF'}\}\{\overline{N}_{mG'}\})^T \times \frac{d}{EA} \times \{\overline{N}_{m1}\}$$

将上列各图中内力按序写入相应列矩阵 $\{\overline{N}_m\}$,其中 $\dfrac{d}{EA}$ 为对角矩阵,可得

$$\begin{Bmatrix} \delta_{E'1} \\ \delta_{F'1} \\ \delta_{G'1} \end{Bmatrix} = \frac{1}{16} \begin{Bmatrix} 19 \\ 30 \\ 25 \end{Bmatrix} \frac{d}{EA}$$

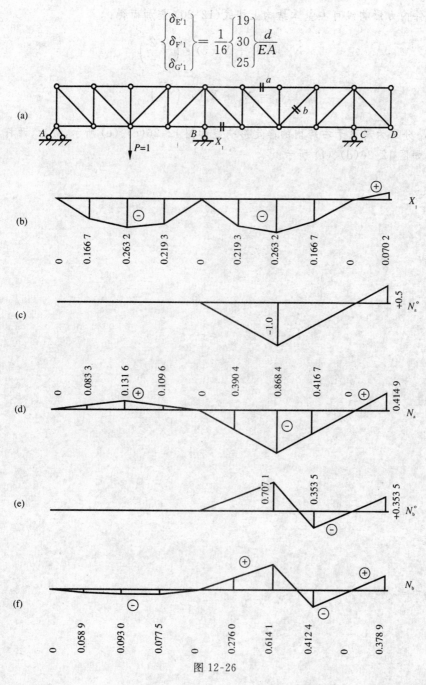

图 12-26

同理可得第 2 跨各点挠度为

$$\begin{Bmatrix} \delta_{E1} \\ \delta_{F1} \\ \delta_{G1} \\ \delta_{P1} \end{Bmatrix} = \frac{1}{16} \begin{Bmatrix} 25 \\ 30 \\ 19 \\ -8 \end{Bmatrix} \frac{d}{EA}$$

然后,根据 $X_{1(x)} = -\delta_{P1}(x)/\delta_{11}$ 可绘出 X_1 影响线各点纵标如图 12-26(b) 所示,注意在 δ_{P1} 为正号处(基线下方)作为 X_1 纵标为负号。

其他杆件内力影响线可在基本结构上按式(12-20)叠加而得:

$$N_a = N_a^0 + X_1(x) \cdot \left(-\frac{2}{4}\right)$$

$$N_b = N_b^0 + X_1(x)\left(\frac{\sqrt{2}}{4}\right)$$

式中,N_a^0、N_b^0 分别为局限于右跨内的静定影响线如图 12-26(c)、(e) 所示,最后,两杆内力影响线各处纵标如图 12-26(d)、(f) 所示。

习 题

[**12-1**] 求解如图 12-27 所示超静定内力 $X_1 = \dfrac{\delta_{1P}}{\delta_{11}}$ 中的 δ_{1P} 和现在欲得的 δ_{P1} 含义与关系如何?试用静力法绘制 M_A、M_B 影响线。

[**12-2**] 如图 12-28 所示以支点弯矩为基本未知力,求作 M_B、V_D 影响线,标注每跨四等分点处纵标。$EI =$ 常数。

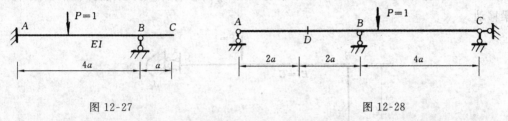

图 12-27　　　　　　　　　　　　图 12-28

[**12-3**] 以图 12-28 为例说明用静力法和用挠度法绘制 M_B、R_B 影响线的原理、步骤的差别。

[**12-4**] 试画出如图 12-29 所示超静定梁影响线的形状并注以正、负号。

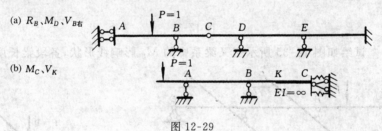

图 12-29

[**12-5**] 用挠度法绘制如图 12-30 所示等截面连续梁的 M_B、R_A 影响线,标注各跨四等分点纵标。

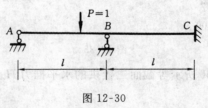

图 12-30

[**12-6**] 用挠度法绘制如图 12-31 所示超静定梁的 M_B 影响线,标注全长五等分点处纵标。

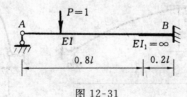

图 12-31

[**12-7**] 用挠度法求如图 12-32 所示 M_B、R_B 影响线方程。

*[**12-8**] 用挠度法求如图 12-33 所示单位移动力矩 $m = 1$ 作用下的右支座反力 R_B 影响线方程。

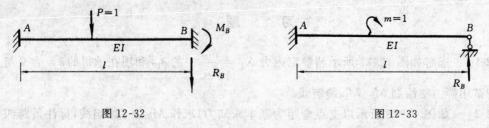

图 12-32   图 12-33

*[**12-9**] 试绘出如图 12-34 所示刚架中的 M_C、H_A 的影响线形状,或加算若干纵标,荷载沿横梁移动。

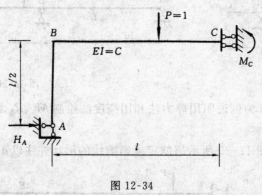

图 12-34

*[**12-10**] 试绘如图 12-35 所示交叉梁系中的 M_B 影响线形状,各段梁长度相等。

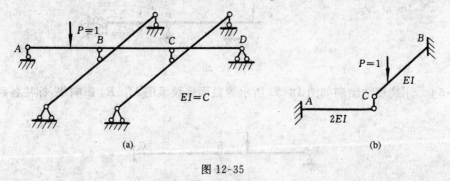

(a)   (b)

图 12-35

[**12-11**] 试求如图 12-36 所示等截面二铰拱的水平推力 H、拱顶截面弯矩 M_C 的影响线。略去轴向变形影响。

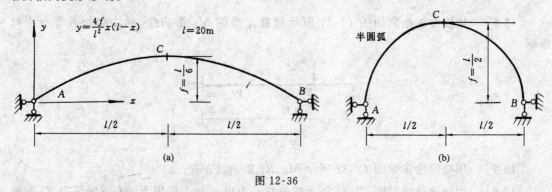

(a)   (b)

图 12-36

[**12-12**] 试求如图 12-37 所示无铰拱弹性中心处未知水平力 X_1、竖向力 X_2、弯矩 X_3 及 M_C、M_B 的影响线。不计轴向变形影响。

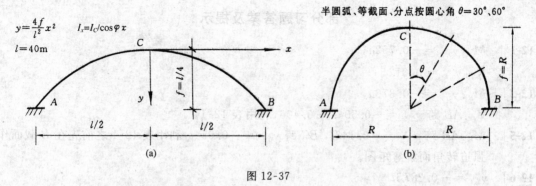

图 12-37

[**12-13**]　试绘制如图 12-38 所示等截面杆超静定桁架中 N_1、R_B 的影响线，下弦承载。

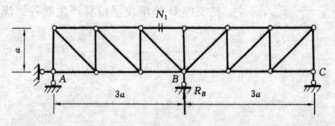

图 12-38

[**12-14**]　试设计如图 12-39 所示桁架杆 N_1 影响线的绘制步骤。

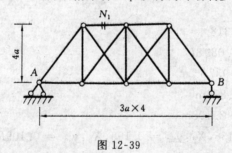

图 12-39

部分习题答案及提示

[12-1]　$M_A:y_{0.5}=-0.752a$,

　　　　$R_B:y_{0.5}=0.3125$

[12-2]　$M_B:y_{0.5}=-0.376a$,

　　　　$V_D:AB$ 跨 $y_{0.5}=-0.594/+0.406$,利用表 12-1。

[12-5]　$M_B:AB$ 跨 $y_{0.5}=-0.143l$，BC 跨 $y_{0.5}=-0.054l$,利用表 12-1 之前先在 B 截面作

　　　　强迫转角而解弯矩图。

[12-6]　$y_{0.4}=-0.2875l$

[12-7]　可利用杆单元右端位移形函数。

[12-8]　$R_{Bm}=-\theta_{mB}=-y'_{mB}$,而 y_{mB} 是支座 B 作单位竖位移产生的各处挠度。

*[12-9]　$M_C:y_{0.5}=-\dfrac{7}{32}l$,

　　　　$H_A:y_{0.5}=\dfrac{9}{32}$

*[12-10]　(a) $y_B=0.2083l$, $y_C=-0.0417l$

　　　　(b) AC 跨 $y_{0.5}=-\dfrac{5}{48}l$, CB 跨 $y_{0.5}=-\dfrac{7}{24}l$

[12-11]　(a) $H:y_{0.5}=\dfrac{75}{64}$

　　　　(b) $H:y_{0.5}=0.318$

　　　　　　$M_C:y_{0.5}=0.0898l$

[12-12]　(a) $X_1:y_{0.5}=0.9376$

　　　　　　$M_C:y_{0.5}=1.876$m

　　　　　　$M_B:y_{0.75}=-2.108$m

　　　　(b) $X_1:y_C=0.456$,$X_2:y_{30°}=0.195$,$X_3:y_{30°}=0.109R$

　　　　　　$M_C:y_C=0.152R$

　　　　　　$M_B:y_C=0.108R$, $y_{60°}=-0.048R$

[12-13]　$N_1:AB$ 跨 $y_a=0.131$,$R_B:BC$ 跨 $y_{2a}=0.421$

13   结构动力学

13.1   概   述

13.1.1   动力学问题的特征

前面各章论述了结构在静荷载作用下的计算问题。所谓静荷载是指其大小、方向和作用点不随时间变化，而且加载速率非常缓慢，以致由其引起的惯性力与作用荷载相比可以略去不计。动力荷载则不然，其大小、方向和作用点不仅随时间变化，而且加载速率较快，由此而产生的惯性力在结构计算中不容忽视。可以这样说，考虑惯性力的影响是结构动力学的最主要特征。惯性的大小是和结构位移加速度的大小有关，而位移值的大小又受惯性力的影响。为了解决这个难题，需要用建立微分方程的办法来求解。

根据达朗贝尔原理，在建立平衡方程时要把惯性力包含在内。这样，就把动力学问题化成静力问题。与静力平衡方程所不同的是动力平衡方程是微分方程，它的解（即动力反应）是随时间变化的，因而动力分析比静力分析更加复杂。

13.1.2   动力荷载的分类

在实际工程中，动力荷载按其时间的变化规律来分，主要有下列几类：

（1）周期荷载。这类荷载随时间周期地变化。如按正弦或余弦函数规律变化的荷载就是其中的一种（图 13-1(a)），通常称它为简谐荷载。机器转动时所产生的荷载即为简谐荷载。图 13-1(b) 所示的为周期撞击荷载，如打桩时落锤撞击所产生的荷载。

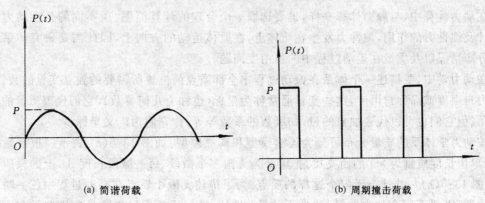

(a) 简谐荷载　　　　　　　　　　　　(b) 周期撞击荷载

图 13-1   荷载时程图

（2）冲击荷载。这类荷载作用时间很短，荷载值急剧减小（或增加），如爆炸时所产生的荷载（图 13-2）。

（3）突加常量荷载。这类荷载突然作用于结构上，荷载值在较长时间内保持不变，如起重机起吊重物时所产生的荷载（图 13-3）。

（4）随机荷载。前述三类荷载是时间的确定函数，对于任一时刻的荷载值都是确定的，称

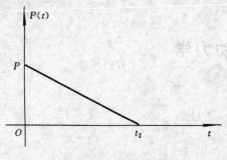

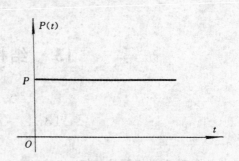

图 13-2　冲击荷载　　　　　　　　　　　图 13-3　突加常量荷载

之为确定性动力荷载。此外,还有一类动力荷载,诸如地震、风和波浪作用所产生的荷载极无规律,只能用数理统计方法来分析,称它为随机荷载(图 13-4)。

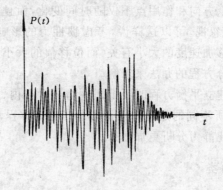

图 13-4　随机荷载

13.2　动力自由度

在动力计算中,与静力计算一样,也要选取一个合理的计算简图。所不同的是在动力计算中要计及惯性力的作用,惯性力发生在质体上,在质体运动的方向上,因此需要研究体系中质量的分布情况以及质量在运动过程中的自由度问题。

在动力学中,要描述一个体系在振动过程中全部质点的位置所需要的独立变量的数目,称为动力自由度或简称自由度。这些变量通常称为坐标(也称为几何参数),它们代表质量的位移或转角。但它们也可以代表抽象的量,如级数的系数等等,称它们为广义坐标。

按动力学体系的质量分布可分为连续模型和离散模型。如图 13-5(a) 表示一根质量连续分布(单位长度质量为 $\overline{m}$)的简支梁,把梁分为无限多个微段,每一微段长度 dx 上的微质点为 $\overline{m}\,dx$(图 13-5(b)),共计有无限个这样的质点。为了描述无限个质点在振动过程中任一瞬间所处的位置,需要无限个独立的(即线性无关的)坐标,换句话说质量连续分布模型具有无限个自由度。

实际上所有结构的质量分布都是连续型的,因此都具有无限个自由度。如果任何结构都按无限自由度计算,一般都很复杂,而且无必要。为了使计算上得到简化,应从减少体系的自由度着手,减少体系自由度的方法有下述两种。

13.2.1   集中质量法

这种方法是把体系的连续分布质量离散成有限个集中质量(实际上是质点),集中质量体系的自由度是有限的,从而使计算得以简化。

本章只讨论平面结构振动,为了进一步减少振动的自由度数,为此,在结构受弯杆件中,不考虑轴向变形的影响。如图 13-5(a) 所示的简支梁将连续分布质量化成四个集中质量(图 13-5(c)),在振动过程中,只要用 y_1 和 y_2 两个独立坐标就可以确定各质点所处的位置,这样就把原来具有无限自由度的简支梁简化为两个自由度。

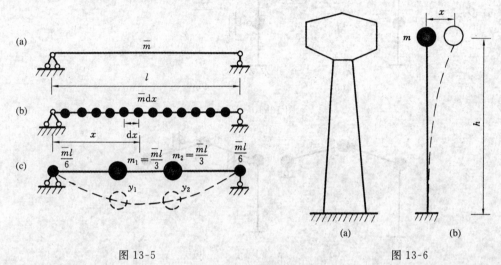

图 13-5   图 13-6

如图 13-6(a) 所示的水塔,由于质量大部分集中在塔顶上,通常可简化成单质点体系(图 13-6(b)),显然,只有一个自由度。图 13-7 所示结构各杆件的弯曲刚度 $EI = \infty$,支座 A 为弹性支承,结构上虽有三个质量,但在振动过程中,只要用一个坐标 α(支座 B 处刚性杆的转角),即可确定所有质量的位置,因而只有一个自由度。如图 13-8 所示的结构只有一个质量,但在振动过程中,需要用 x 和 y 两个独立坐标方可确定该质量的位置,因而有两个自由度。如图 13-9 所示由两段杆件组成的悬臂梁,AB 段为弹性杆,不计质量;BC 段为刚性杆,是具有连续分布质量的质块,要用 y 和 α 两个坐标(取 O 点为坐标参考点)方可确定质块的位置,即具有两个自由度。

对于较复杂的体系,可以反过来用限制集中质量运动的办法确定体系的自由度。如图

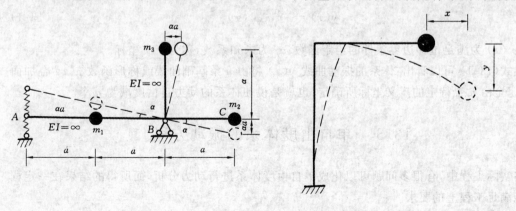

图 13-7   图 13-8

13-10(a) 所示的结构具有两个集中质量,为了限制
它们的运动,至少要在集中质量上共增设三个附加
链杆(图 13-10(b)),才能将它们完全固定,因此有三
个自由度。又如图 13-11(a) 所示结构具有三个集中
质量,只要加两个附加链杆(图 13-11(b)),就可将它
们完全固定,因而有两个自由度。

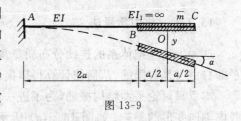

图 13-9

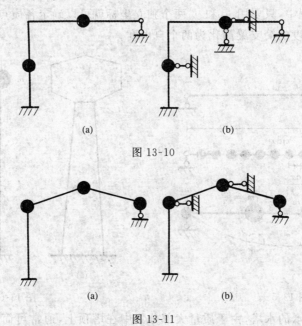

(a)   (b)

图 13-10

(a)   (b)

图 13-11

从上述两个例子中,可以看到:为了使体系上所有集中质量完全固定,在集中质量上所需
增设的最少链杆数即为体系的动力自由度数。值得注意的是动力自由度数不一定等于集中质
量数,而且它与超静定次数无关。

13.2.2　广义坐标法

集中质量法是从物理角度提供一个减少动力自由度的简化方法。此外,也可以从数学角度
提供一个减少动力自由度的简化方法。这个方法是假定体系的振动曲线为

$$y(x) = \sum_{k=1}^{n} a_k \varphi_k(x) \tag{13-1}$$

式中,$\varphi_k(x)$ 为满足位移边界条件的给定函数;a_k 为未知系数,称为广义坐标。

从式(13-1) 可以看出:体系的振动曲线 $y(x)$ 将由 n 条基础曲线或称形函数 $\varphi(x)$ 叠加而
成,它完全由 n 个待定的广义坐标所确定,也就是说使体系的动力自由度减为 n 个。

13.3　单自由度体系的振动方程

在实际工程中,有很多问题可以化成单自由度体系进行动力分析,而所得的结果在一定程
度上能满足工程上的要求。

单自由度体系虽然是最简单的振动体系,但它能反映出振动的基本特性,是动力分析的基

础。掌握这个基本的体系振动问题,学习多自由度体系的振动就不难了。

本章只限于讨论微小振幅的振动,此时体系的动力特性保持不变。按这种小振幅振动建立的振动方程是线性的,故称为线性振动。对于线性振动,叠加原理有效。

在结构动力分析中,用考虑惯性力作用的达朗贝尔原理建立振动方程,与静力学相仿,有以下两种基本方法。

13.3.1 按平衡条件建立振动方程 —— 刚度法

图 13-12(a) 表示单自由度体系的振动模型。图中,m 为集中质量,C 为阻尼器,$P(t)$ 为动力荷载,F_I 和 F_D 分别为在振动过程中,任一时刻质量上的惯性力和阻力,$y(t)$ 为质量的水平位移。

为了建立动力平衡方程,取质量 m 作为隔离体,如图 13-12(b) 所示。隔离体上受到以下四种力作用:

1. 动力荷载 $P(t)$
2. 阻力 $F_D(t)$

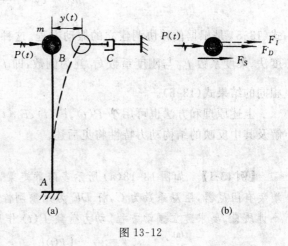

图 13-12

在体系振动过程中,实际上都会遇到不同程度的阻力作用。这种阻力通常称它为阻尼。产生阻尼的因素是多种多样的。如构件在变形过程中材料的内摩擦,支承部分的摩擦,空气和液体介质的影响等等。

阻尼的理论有好几种,本章只介绍黏滞阻尼理论。按照这种理论,阻力 F_D 的大小和质量运动的速度成正比,它的数学表达式为

$$F_D(t) = -c\dot{y}(t) \tag{13-2}$$

式中,负号表示阻力的方向总是与质量速度的方向相反;c 为阻尼系数。

3. 弹性力 $F_s(t)$

它是在振动过程中,由于杆件的弹性变形所产生的恢复力。它的大小与质量的位移成正比,但方向相反,可表达为

$$F_S(t) = -k_{11}y(t) \tag{13-3}$$

式中,k_{11} 为刚度系数,它的意义是使质量沿其运动方向产生单位位移时所产生的弹性力。

4. 惯性力 $F_I(t)$

它的大小等于质量 m 与其位移加速度的乘积,而方向与加速方向相反,可表达为

$$F_I(t) = -m\ddot{y}(t) \tag{13-4}$$

根据达朗贝尔原理,即把惯性力($-m\ddot{y}$)加在质体上,参与动平衡方程,亦称惯性力法,对于图 13-12 情况可列出隔离体的动力平衡方程为

$$F_I + F_D + F_s + P(t) = 0 \tag{13-5}$$

将式(13-2)—式(13-4)代入式(13-5),即得

$$m\ddot{y} + c\dot{y} + k_{11}y = P(t) \tag{13-6}$$

上式是根据平衡条件建立的单自由度体系振动方程。它是一个二阶线性常系数微分方程。这种推导方法涉及体系的刚度系数,所以称为刚度法。

13.3.2 按位移协调建立方程 —— 柔度法

动力方程也可以根据位移协调来推导。质点位移 $y(t)$，可以视为由于动力荷载 $P(t)$、惯性力 $F_I(t)$ 和阻力 $F_D(t)$ 共同作用下产生的。如图 13-12(a) 所示，质体的动位移 $y(t)$，根据叠加原理，可表达为

$$y(t) = f_{11}F_I(t) + f_{11}F_D(t) + f_{11}P(t) \qquad (13\text{-}7)$$

式中，f_{11} 表示在质量的运动方向上施加单位力所产生的位移，称它为柔度系数。

将式(13-2)和式(13-4)代入式(13-7)，即得

$$m\ddot{y} + c\dot{y} + \frac{1}{f_{11}}y = P(t) \qquad (13\text{-}8)$$

式(13-8)是根据位移协调建立的振动方程。这种推导方法涉及体系的柔度系数，所以称为柔度法。柔度系数 f_{11} 与刚度系数 k_{11} 互为倒数，即 $f_{11} = \dfrac{1}{k_{11}}$，将它代入式(13-8)，即得出与刚度法相同的结果式(13-6)。

上述原理和方法也可用于 $P(t)$、$F_I(t)$、$F_D(t)$ 三力不全作用于质体上的情况。振动方程的解及其中反映的结构动力特性将见后述。

【**例 13-1**】 如图 13-13(a)所示多跨静定梁，支座 B 为弹性支承，弹簧的刚性系数为 k_N，F 端装有阻尼器，阻尼系数为 C，杆 DF 为无限刚性，杆上有两个各为 m 的集中质量，刚性杆 AC 不计质量。要求建立振动方程。动力荷载 $P(t)$ 作用的位置是暂定的。

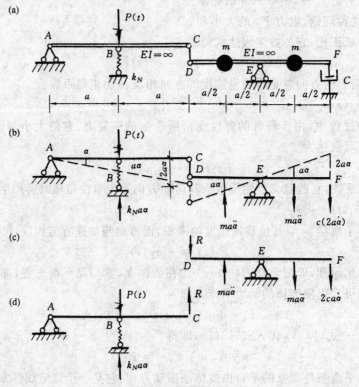

图 13-13

【解】　本题采用刚度法建立方程较方便。在振动中,取 AB 杆 A 端转角 α 为坐标,相应的瞬间位移图如图 13-13(b) 所示,此时产生的弹性力 $k_N a\alpha$、惯性力 $ma\ddot{\alpha}$、阻力 $2ca\dot{\alpha}$,其方向都与运动方向相反。

建立振动方程时,先计算附属部分 DF 杆上的约束力,取图 13-13(c) 所示隔离体,由 $\sum M_E = 0$,得

$$Ra - ma\ddot{\alpha}a - 2ca\dot{\alpha}a = 0$$

即

$$R = ma\ddot{\alpha} + 2ca\dot{\alpha}$$

然后将 R 反向作用在基本部分 AC 上(图 13-13(d)),并由 $\sum M_A = 0$,得

$$2Ra + k_N a\alpha a - P(t)a = 0$$

将约束力 R 代入上式,经整理后,即得振动方程

$$m\ddot{\alpha} + 2c\dot{\alpha} + \frac{1}{2}k_N \alpha = \frac{P(t)}{2a}$$

【例 13-2】　如图 13-14(a) 所示的简支外伸梁,AB 为弹性杆,不计质量,BC 为刚性杆,具有均布质量 $\overline{m}$。要求建立振动方程。

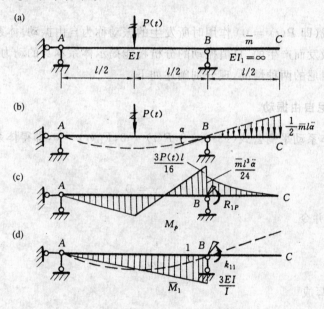

图 13-14

【解】　质体的运动为刚性杆绕支座 B 的转动,故取 B 处转角 α 作为坐标,绘出梁及质体的位移和受力图如图 13-14(b) 所示。图中惯性力为三角形分布,它的方向与运动方向相反。现以刚度法建立振动方程,步骤如下:

(1) 先在支座 B 处装上限制转动的附加约束,给出外荷载(包括惯性力)作用下的弯矩图 M_P(图 13-14(c)),并标出附加约束上的反力矩 R_{1P},它的方向取与 α 的方向一致。由图 13-14(b) 中惯性力的分布可知其合力作用在距 B 为 $\frac{2l}{3}$ 处。由结点 B 隔离体的平衡,可得

$$R_{1P} = \frac{\overline{m}l^3\ddot{\alpha}}{24} - \frac{3P(t)l}{16}$$

（2）结构施于质体的弹性恢复力表现在运动中，若使附加约束沿 α 方向转动单位转角（图 13-14(d) 的虚线），并绘出相应的弯矩图 $\overline{M}_1$。附加约束上的反力矩 k_{11} 即为对于 B 处转动的恢复力，可由结点 B 隔离体的平衡得到

$$k_{11} = \frac{3EI}{l}$$

当转角内实际的 α 时，这个力矩为 $k_{11} \cdot \alpha$。

（3）最后因刚臂约束并不存在，结点 B 处应处于平衡，即可列出如下的刚度法方程

$$k_{11}\alpha + R_{1P} = 0$$

将 R_{1P}、k_{11} 代入上式，并经整理，即得振动方程

$$\overline{m}\ddot{\alpha} + \frac{72EI}{l^4}\alpha = \frac{9}{2l^2}P(t)$$

13.4　单自由度体系的自由振动

在没有动力荷载（即 $P(t) = 0$）作用时所发生的振动称为自由振动。体系的自由振动是由于初位移或初速度激发而产生的。自由振动的分析将能揭示体系本身的动力特性。自由振动又分为无阻尼的和有阻尼的两种情况，现分别阐述如下。

13.4.1　无阻尼自由振动

根据单自由度体系动平衡公式(13-6)，令 $P(t) = 0$，$F_D(t) = 0$，即得体系的无阻尼自由振动方程为

$$m\ddot{y} + k_{11}y = 0 \tag{13-9}$$

将上式各项除以 m，并令

$$\omega^2 = \frac{k_{11}}{m} \tag{13-10}$$

于是式(13-9)可改写成

$$\ddot{y} + \omega^2 y = 0 \tag{13-11}$$

式(13-11)为二阶常系数齐次线性微分方程，它的通解为

$$y(t) = A\cos\omega t + B\sin\omega t \tag{13-12a}$$

将 $y(t)$ 对时间 t 求导，即得质量运动的速度

$$\dot{y}(t) = v(t) = -A\omega\sin\omega t + B\omega\cos\omega t \tag{13-13}$$

式(13-12a)和式(13-13)中的积分常数 A 和 B 可由振动的初始条件初位移 y_0 和初速度 v_0 来确定。

根据初始条件:$t=0$ 时,$y(0)=y_0$,$v(0)=v_0$。将它们代入式(13-12a)和式(13-13)中,解得

$$A = y_0, \quad B = \frac{v_0}{\omega}$$

将上述结果代入式(13-12a)中,于是得到

$$y(t) = y_0 \cos\omega t + \frac{v_0}{\omega}\sin\omega t \tag{13-12b}$$

令

$$\left. \begin{array}{l} y_0 = D\sin\varphi \\[2mm] \dfrac{v_0}{\omega} = D\cos\varphi \end{array} \right\} \tag{13-14}$$

则式(13-12b)可改写成质体位移随时间变化的规律

$$y(t) = D\sin(\omega t + \varphi) \tag{13-15}$$

式中,D 表示振动过程中质体最大的位移,称为振幅;φ 称为初相角,它表示 $t=0$ 时质量 m 所处的位置。根据式(13-14)可求得

$$\left. \begin{array}{l} D = \sqrt{y_0^2 + \left(\dfrac{v_0}{\omega}\right)^2} \\[4mm] \tan\varphi = \dfrac{y_0\omega}{v_0} \end{array} \right\} \tag{13-16}$$

从式(13-15)可见,质体的无阻尼自由振动是简谐振动,它的变化规律示于图 13-15(a)。

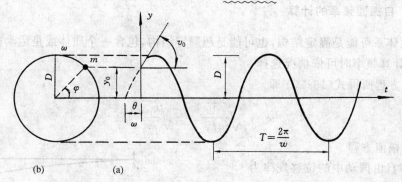

图 13-15

从图 13-15(a)的图像可以看出,简谐振动是周期性的运动。这种运动也可以看成质量 m 以角速度 ω 作匀速圆周运动,如图 13-15(b)所示。角速度 ω 的单位是单位时间所经过的弧度。运动一周或一圈所经过的弧度为 2π,运动一周或一圈所需要的时间称为自振周期,记作 T,它的数学表达式为

$$T = \frac{2\pi}{\omega} \tag{13-17}$$

自振周期的单位为秒,它的倒数称为工程频率,以 f 表示,可表示为

$$f = \frac{1}{T} \tag{13-18}$$

工程频率表示单位时间内的振动次数,它的单位为赫兹(Hz)。

从式(13-17)和式(13-18),可得

$$\omega = 2\pi f = \frac{2\pi}{T} \tag{13-19}$$

上式表明:ω 是在 2π 秒内的振动次数,称为自振频率。从圆周运动的角度来看,ω 是角速度,因此又称它为圆频率。

还有几个物理量与计算 ω 有关。根据式(13-10),自振频率又可表示为

$$\omega = \sqrt{\frac{k_{11}}{m}} = \sqrt{\frac{1}{mf_{11}}} = \sqrt{\frac{g}{Wf_{11}}} = \sqrt{\frac{g}{y_s}} \tag{13-20}$$

式中,g 为重力加速度;W 为重力;y_s 表示在质量上沿振动方向施加荷载 W 时,沿质量振动方向所产生的静位移。

在机器中,还常用每分钟内的振动次数 N 来表示频率,它的算式为

$$N = 60f = \frac{60}{2\pi}\sqrt{\frac{k_{11}}{m}} = \frac{60}{2\pi}\sqrt{\frac{g}{y_s}} \tag{13-21}$$

式(13-20)表明,自振频率(或自振周期)与体系的质量和体系的刚度有关,而质量和刚度是体系固有的属性,因此自振频率也是体系的固有属性,它与外在因素无关,所以自振频率又称为固有频率。

自振频率或自振周期是体系动力性能的重要指标,所以对它的计算是结构动力分析中的重要内容。

13.4.2　自振圆频率的计算

单自由度体系可能是静定结构,也可能是超静定结构,包含一个质体或是运动方向不相同的两个质体,计算频率时可依情况选择

(1) 振动方程所得式(13-20)即

$$\omega = \sqrt{\frac{1}{mf_{11}}} = \sqrt{\frac{k_{11}}{m}}$$

(2) 利用幅值方程

由于质体自由振动中的位移规律为

$$y(t) = A \cdot \sin(\omega t + \varphi)$$

同时其惯性力随时间变化规律为

$$I(t) = -m\ddot{y}(t) = -m(-\omega^2)A\sin(\omega t + \varphi)$$

可见两者方向相同、变化与相位相同,当惯性力达到最大值(幅值)$I^0 = m\omega^2 A$ 时,质体位移也达到其幅值 A(或用 D 表示)。例如图 13-16(a) 的梁上一个质体 m 处于自由振动中,图(b)所示将其位移幅值 A 看成是惯性力幅值引起的,则可写出

$$m\omega^2 A \cdot f_{11} = A \tag{13-22a}$$

因 $A \neq 0$,故得　　$\omega^2 = \dfrac{1}{mf_{11}}$

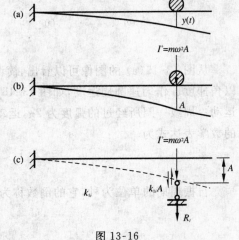

图 13-16

若是采用附加支杆于最大位移的质体处(图 13-16(c)),取支点杆段为隔离体,写出弹性恢复力参与的投影平衡方程:

$$R_1 = k_{11} \cdot A - m\omega^2 A = 0 \tag{13-22b}$$

也可得

$$\omega^2 = \frac{k_{11}}{m}$$

此外,由能量守恒(变形应变势能与质体动能)也可导出同样的圆频率计算公式。

【例 13-3】 图 13-17 表示的简支梁,跨中悬挂一弹簧,其刚度系数为 $k_1 = \dfrac{12EI}{l^3}$,弹簧下端挂有质量 m,将发生竖向振动。梁的弯曲刚度为 EI,不计梁的质量。求自振频率 ω。

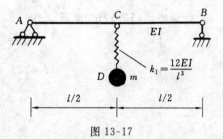

图 13-17

【解】 此题为静定结构,通常用柔度法计算较方便。为了求体系的柔度系数,需要在沿质量振动方向施加一竖向单位力,由此结构成为串联体系。

已知弹簧的柔度为 $f_1 = \dfrac{1}{k_1} = \dfrac{l^3}{12EI}$;简支梁在同一方向的柔度 $f_2 = \dfrac{l^3}{48EI}$。于是串联体系的柔度为

$$f_{11} = f_1 + f_2 = \frac{l^3}{12EI} + \frac{l^3}{48EI} = \frac{5l^3}{48EI}$$

根据公式(13-20),得

$$\omega = \sqrt{\frac{1}{mf_{11}}} = \sqrt{\frac{48EI}{5ml^3}} = 3.098\sqrt{\frac{EI}{ml^3}}$$

【例 13-4】 如图 13-18(a)所示刚架,结点 B 处有一重物 $W = 5000\text{N}$ 作用,刚架各杆的惯性矩 $I = 2500\text{cm}^4$;弹性模量 $E = 2.1 \times 10^7\text{N/cm}^2$。略去刚架本身质量不计。并知振动时的初始条件为:初位移 $y_0 = y_s$(静位移);初速度 $v_0 = 20\text{cm/s}$,试求该刚架的自振频率 ω 和振幅 D,并求 $t = 2\text{s}$ 时的动位移。

【解】 该体系具有一个自由度的静定结构,采用 B 处竖向柔度。单位力作用下的弯矩图 $\overline{M}_1$ 示于图 13-18(b),根据弯矩图自乘得柔度系数

$$f_{11} = \frac{1}{3} \times 200 \times 200 \times 200 \times \frac{1}{EI} + \frac{1}{3} \times$$

$$200 \times 250 \times 200 \times \frac{1}{EI}$$

$$= \frac{6 \times 10^6}{EI}\text{cm}^3$$

于是静位移为

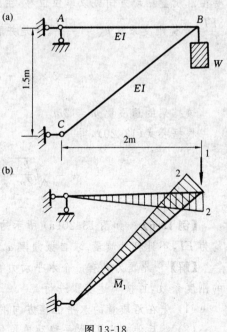

图 13-18

$$y_s = f_{11}W = \frac{6 \times 10^6}{2.1 \times 10^7 \times 2500} \times 5\,000 = 0.571 \text{cm}$$

由此可得自振频率

$$\omega = \sqrt{\frac{g}{y_s}} = \sqrt{\frac{980}{0.571}} = 41.43 \text{rad/s}$$

将初始条件代入式(13-16),即可求得振幅

$$D = \sqrt{y_0^2 + \left(\frac{v_0}{\omega}\right)^2} = \sqrt{(0.571)^2 + \left(\frac{20}{41.43}\right)^2} = 0.748 \text{cm}$$

应用公式(13-12b)求动位移

$$\omega t = 41.43 \times 2 = 82.86 \text{rad}$$

$$y(t=2) = \frac{v_0}{\omega}\sin 82.86 + y_0\cos 82.86$$

$$= \frac{20}{41.43} \times 0.924 + 0.571 \times 0.382 = 0.664 \text{cm}$$

【例 13-5】 图 13-19 表示两跨铰接排架,结点 F 上有一水平弹簧支承,它的刚度系数为 $k_N = \dfrac{6EI}{l^3}$。已知各柱的弯曲刚度均为 EI,不计质量,各横梁的弯曲刚度 $EI_1 = \infty$,质量为 m_1。求自振频率。

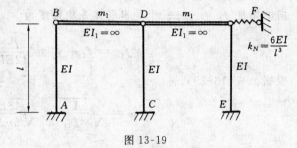

图 13-19

【解】 此题是超静定结构,通常用刚度法计算较方便。为了求体系的刚度系数,需要在沿质量振动方向施以单位位移,由此结构成为并联体系。已知各柱的抗剪刚度均为 $k_{11} = \dfrac{3EI}{l^3}$,弹簧刚度系数 $k_N = \dfrac{6EI}{l^3}$。于是并联体系的刚度为

$$k_{11} = 3 \times k_{11} + k_N = 3 \times \left(\frac{3EI}{l^3}\right) + \frac{6EI}{l^3} = \frac{15EI}{l^3}$$

该排架的总质量 $m = 2m_1$
根据公式(13-20),得

$$\omega = \sqrt{\frac{k_{11}}{2m_1}} = \sqrt{\frac{15EI}{2m_1 l^3}} = 2.739\sqrt{\frac{EI}{m_1 l^3}}$$

【例 13-6】 如图 13-20(a) 所示的刚架,在结点 B 上有一集中质量 m,各杆件的弯曲刚度均为 EI,不计杆件质量。求自振频率 ω。

【解】 此题为具有一个水平动力自由度的超静定体系,以刚度法求解为宜。为了求体系的刚度系数,可按下述步骤进行。

(1) 先在沿质量的水平位移方向附设一水平支杆,如图 13-20(b) 所示。

(2) 然后使支座 D 水平移动单位位移,由此产生的弯矩分布可用位移法或弯矩分配法求

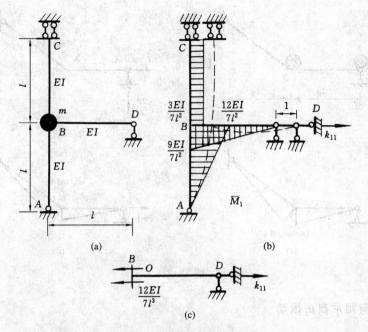

图 13-20

得。各杆的弯矩和变形均示于图 13-20(b) 中。

（3）据此求出各柱端剪力。并示于图 13-20(c) 的隔离体上，由 $\sum X = 0$，即可求得附加支杆约束力

$$k_{11} = \frac{12EI}{7l^3}$$

由式(13-20)，得

$$\omega = \sqrt{\frac{k_{11}}{m}} = \sqrt{\frac{12EI}{7ml^3}} = 1.309\sqrt{\frac{EI}{ml^3}}$$

【例 13-7】　如图 13-21(a) 所示结构上有两集中质量，杆件 EI 相等而不计其质量，试求自振频率。

【解】　两个质量发生运动的方向不同，但独立位移即自由度仅一个，这是特点。此情况宜用列出幅值方程的方法。先将结点 C 的水平振幅定为 A_1，按结点 B 实际位移垂直于杆 AB 方向应该是 $\frac{5}{3}A_1$，图 13-21(b) 中表明了该斜向惯性力幅值为 $I_B^0 = 3m\omega^2\left(\frac{5}{3}\right)A_1$。在两处惯性力共同作用下，$C$ 点的最大水平位移计算须作出 M_I 图和 $\overline{M}_1$ 图，于是

$$EIA_1 = \frac{4a}{3}\left(14 \times \frac{3}{2}\right)a^2 \cdot (m\omega^2 A_1) + \frac{5a}{3}\left(14 \times \frac{3}{2}\right)a^2 \cdot (m\omega^2 A_1)$$

$$= 63a^3 m\omega^2 A_1$$

上式即为幅值方程，因 $A_1 \neq 0$，故　　　$$\omega^2 = \frac{EI}{63ma^3}$$

即得　　　　　　　　　　　　　　　　$$\omega = \sqrt{\frac{EI}{63ma^3}}$$

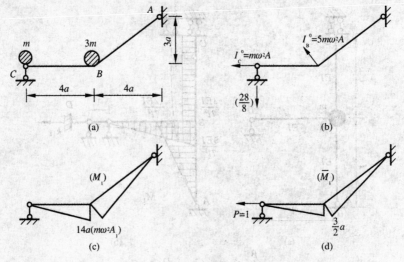

图 13-21

13.4.3　有阻尼自由振动

无阻尼自由振动由于预设不消耗体系的振动能量,从而使振动无休止地延续下去。这是一种理想的情况。事实上任何结构体系的振动,由于阻尼的存在,在振动过程中不断消耗能量,以致体系的自由振动经过一段时间之后,最终衰减为零。

根据动平衡公式(13-6),令 $P(t) = 0$,即得体系的有阻尼自由振动方程为

$$m\ddot{y} + c\dot{y} + ky = 0 \tag{13-23}$$

以质量 m 除上式各项,并为使方程规整令 $2n = \dfrac{c}{m}$,$\omega^2 = \dfrac{k}{m}$,于是上式可改写成

$$\ddot{y} + 2n\dot{y} + \omega^2 y = 0 \tag{13-24}$$

式中的 n 称为衰减系数。对于此方程的位移 y 采用下式变换后将可显示其特征

$$y(t) = e^{-nt}S(t) \tag{13-25}$$

上式的一阶和二阶导数分别为

$$\left.\begin{array}{l} \dot{y}(t) = e^{-nt}(\dot{S} - nS) \\ \ddot{y}(t) = e^{-nt}(\ddot{S} - 2n\dot{S} + n^2 S) \end{array}\right\} \tag{a}$$

将式(13-25)和式(a)代入式(13-24)中,并经整理,即得"替代方程"

$$\ddot{S} + (\omega^2 - n^2)S = 0 \tag{13-26}$$

根据 $n = \dfrac{c}{2m}$ 值的不同,上式有下述三种解:

1. $n > \omega$(强阻尼情况)

此时,式(13-26)可改写成

$$\ddot{S} - (n^2 - \omega^2)S = 0$$

上式的解为

$$S = A_1 \operatorname{sh}(\sqrt{n^2 - \omega^2})t + A_2 \operatorname{ch}(\sqrt{n^2 - \omega^2})t \qquad\qquad\qquad (b)$$

将此式代入式(13-25),得

$$y = e^{-nt}[A_1 \operatorname{sh}(\sqrt{n^2 - \omega^2})t + A_2 \operatorname{ch}(\sqrt{n^2 - \omega^2})t] \qquad (13\text{-}27)$$

式中,A_1,A_2 为积分常数,可由初始条件确定。

式(13-27)并非周期函数,据其绘得的位移时程曲线如图 13-22 所示。该图形表明体系离开初始位置后,回到静止位置,不发生振动。

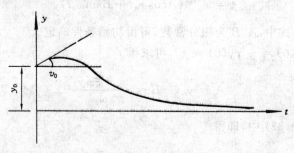

图 13-22

2. $n = \omega$(临界阻尼情况)

此时由公式(13-26),得

$$\ddot{S} = 0$$

其解为

$$S = B_1 + B_2 t$$

将上式代入式(13-25),得

$$y = e^{-nt}(B_1 + B_2 t) \qquad\qquad\qquad (13\text{-}28)$$

式中,B_1,B_2 为积分常数,可由初始条件确定。

式(13-28)不是周期函数,表明体系也不发生振动。

现在临界阻尼情况 $n = \omega$,又因 $n = \dfrac{c}{2m}$,故得相应的临界阻尼系数

$$c_{\mathrm{cr}} = 2m\omega$$

并将具体的阻尼系数 c 与 c_{cr} 之比称为阻尼比

$$\xi = \frac{c}{c_{\mathrm{cr}}} \qquad\qquad\qquad (13\text{-}29)$$

以衡量具体阻尼之大小,它是结构振动中很重要的参数。

另由

$$n = \frac{c}{2m} = \frac{c}{c_{\mathrm{cr}}} \cdot \frac{c_{\mathrm{cr}}}{2m} = \xi\omega \qquad\qquad\qquad (13\text{-}30)$$

可知 $n = \omega$ 的临界阻尼情况中 $\xi = 1$。

3. $n < \omega$(弱阻尼情况)

当 $\omega > n$ 时,令

$$\omega_d = \sqrt{\omega^2 - n^2} \tag{13-31}$$

则由式(13-26)得

$$\ddot{S} + \omega_d^2 S = 0$$

其解为

$$S = A\cos\omega_d t + B\sin\omega_d t \tag{c}$$

将式(c)代入式(13-25)中,并考虑到 $n = \xi\omega$,于是得到

$$y = e^{-\xi\omega t}(A\cos\omega_d t + B\sin\omega_d t) \tag{13-32}$$

此为衰减的周期函数,式中,A、B 为积分常数,可由初始条件确定。

当 $t = 0$ 时,由 $y(0) = y_0$,$\dot{y}(0) = v_0$,可求得

$$A = y_0, \quad B = \frac{v_0 + \xi\omega y_0}{\omega_d}$$

将上述结果代入式(13-32)中,即得

$$y = e^{-\xi\omega t}\left(y_0\cos\omega_d t + \frac{v_0 + \xi\omega y_0}{\omega_d}\sin\omega_d t\right) \tag{13-33}$$

采用 $y_0 = D\sin\varphi_d$,和 $\dfrac{v_0 + \xi\omega y_0}{\varphi_d} = D\cos\varphi_d$ 作三角变换,

式(13-33)可写成如下的简明形式

$$y = e^{-\xi\omega t}D\sin(\omega_d t + \varphi_d) \tag{13-34}$$

式中

$$\left.\begin{array}{l} D = \sqrt{y_0^2 + \left(\dfrac{v_0 + \xi\omega y_0}{\omega_d}\right)^2} \\[2mm] \tan\varphi_d = \dfrac{\omega_d y_0}{(v_0 + \xi\omega y_0)} \end{array}\right\} \tag{13-35}$$

式(13-34)即为单自由度体系有阻尼自由振动时的位移计算式。该式表明有阻尼自由振动的振幅为 $De^{-\xi\omega t}$,它随时间的增加而减小;阻尼比 ξ 越大,衰减越快。图 13-23 表示单自由度体系有阻尼自由振动的位移时程曲线。图中虚线为随时间衰减的振幅包络线。

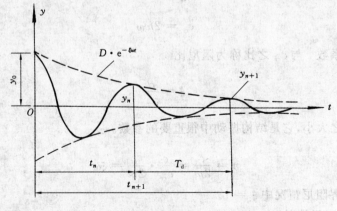

图 13-23

现在来分析振动每经过一个周期 T_d 时振幅衰减的情况。设 t_n 时刻的振幅为 $y_n = De^{-\xi\omega t_n}$，（此处 n 为序号），经过一个周期 T_d 后的时刻为 t_{n+1}，这时的振幅为 $y_{n+1} = De^{-\xi\omega t_{n+1}}$，两振幅之比为

$$\frac{y_n}{y_{n+1}} = \frac{De^{-\xi\omega t_n}}{De^{-\xi\omega t_{n+1}}} = e^{-\xi\omega(t_n - t_{n+1})} = e^{\xi\omega(t_{n+1} - t_n)} = e^{\xi\omega T_d} \tag{d}$$

可见振幅是按公比为 $e^{\xi\omega T_d}$ 的几何级数规律递减的。如上式等号两边取对数，则

$$\ln\frac{y_n}{y_{n+1}} = \ln e^{\xi\omega T_d} = \xi\omega t_d = \xi\omega \frac{2\pi}{\omega_d} \approx 2\pi\xi \tag{13-36}$$

令 $2\pi\xi = \gamma$ 即有阻尼比的计算式

$$\xi = \frac{\gamma}{2\pi} \tag{13-37}$$

上式的 γ 称为振幅的对数递减率（常数）。因此只要从实验中测得振幅 y_n 和 y_{n+1}，即可取对数 $\ln\frac{y_n}{y_{n+1}}$ 得 γ 而由式(13-37)确定阻尼比 ξ。

对于钢筋混凝土结构，它的阻尼比大约为 5%，而钢结构的大约为 $1\% \sim 2\%$。由于结构的阻尼比很小，因此，计算结构的自振频率时，可以不考虑阻尼的影响，即公式(13-31)可写成

$$\omega_d = \sqrt{\omega^2 - n^2} = \sqrt{\omega^2 - (\xi\omega)^2} = \omega\sqrt{1 - \xi^2} \approx \omega \tag{e}$$

与之相应的自振周期可作为

$$T_d = \frac{2\pi}{\omega_d} \approx \frac{2\pi}{\omega} = T \tag{f}$$

即有阻尼的自振圆频率、自振周期实与无阻尼的几乎相等。

【例 13-8】　如图 13-24 所示刚架，它的横梁为无限刚性，质量 $m = 2500\text{kg}$，由于柱顶施以水平位移 y_0（初始振幅）作有阻尼自由振动。已测得对数递减率 $\gamma = 0.1$。试求：(1) 振幅衰减至初始振幅 5% 时所需的周数 n；(2) 若在 25s 内振幅衰减到初始振幅 5% 时，柱子的总抗剪刚度 K 应是多少？(3) 阻尼比 ξ 是多少？

【解】　(1) 求振动周数 n

振动到第 n 周即经 nT_d 后振幅 y_n 为

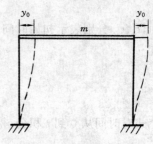

图 13-24

$$y_n = y_0 e^{-\xi\omega t_n} = y_0 e^{-\xi\omega(nT_d)} = y_0 e^{-\xi\omega n2\pi/\omega_d}$$
$$= y_0 e^{-2\pi\xi n}$$

由 $2\pi\xi = \gamma$，$y_n = 0.05y_0$ 可得

$$0.05y_0 = y_0 e^{-\gamma n}$$

$$0.05 = e^{-\gamma n}$$

取对数

$$\ln 0.05 = -\gamma n$$

故 $n = -\dfrac{\ln 0.05}{0.1} = 30$

（2）从振动周期、频率，按公式求总抗剪刚度 K

$$t_n = nT_d \approx nT = n2\pi \sqrt{\dfrac{m}{K}}$$

由上式，得 $K = \dfrac{(2\pi n)^2 m}{t_n^2} = \dfrac{(2\times 3.1416\times 30)^2 \times 25\times 10^2}{25^2} = 142.12\times 10^3\,\mathrm{N/m}$

注意其中的单位换算（$1\mathrm{N} = 1\mathrm{kg}\times 1\mathrm{m/s^2}$）。

（3）求 ξ

根据公式(13-37)得阻尼比

$$\xi = \dfrac{\gamma}{2\pi} = \dfrac{0.1}{2\times 3.1416} = 0.016$$

13.5 单自由度体系的强迫振动

强迫振动是指体系在动力荷载（也称干扰力）作用下所产生的振动。强迫振动可分为无阻尼强迫振动和有阻尼强迫振动两种情况。

13.5.1 无阻尼强迫振动

从 13.1 节中知道，确定性的动力荷载有好几种，现在分别讨论下面几种特殊形式的动力荷载作用下体系的振动情况。

1. 瞬时冲击荷载

瞬时冲击荷载的特点是其作用时间与体系的自振周期相比非常短。假定单自由度体系处于静止状态，在极短时间 Δt 内作用一冲击荷载 P 于质点上，如图13-25(a)所示。瞬时冲击荷载 P 与其作用时间 Δt 的乘积称为瞬时冲量，以图中阴影的面积表示。

根据动量定律，体系的质点在时间 $t-t_0$ 内的动量变化等于冲量，即

$$mv - mv_0 = P(t-t_0)$$

式中，t_0、v_0 分别表示初始时间和初始速度。由于体系 $t_0 = 0$ 时处于静止状态，于是得到 t 时的速度

$$v = \dfrac{Pt}{m} \tag{a}$$

将上式对时间从 0 到 t 积分，得 t 时的质体的位移

$$y = \dfrac{1}{2}\cdot\dfrac{P}{m}\cdot t^2 \tag{b}$$

当荷载作用时间 $t = \Delta t$ 时，式(a)、式(b)分别为

$$v = \dfrac{P\Delta t}{m} \tag{c}$$

$$y = \frac{1}{2}\frac{P}{m}(\Delta t)^2 \qquad\qquad (d)$$

体系在瞬时冲击荷载移去后,运动成为自由振动。这时的初始速度和初始位移分别用式(c)和式(d)表示。由于荷载作用时间Δt极短,式(d)表明初始位移y是一个二阶微量。因此,可以看作$y = 0$。这样,体系在瞬时冲击荷载作用下无阻尼自由振动的初始条件为$y = 0, v = \frac{P\Delta t}{m}$。它的解可从式(13-12(b))得到

$$y(t) = \frac{v}{\omega}\sin\omega t = \frac{P\Delta t}{m\omega}\sin\omega t \qquad\qquad (13\text{-}38)$$

质点振动的位移时程曲线绘于图13-25(b)中。式(13-38)的瞬时冲击荷载是从$t = 0$开始作用的。如果瞬时冲击荷载不是从$t = 0$开始作用,而是从$t = \tau$开始作用,那么公式(13-38)中的位移反应时间t应改成$(t-\tau)$,即式(13-38)应改成

$$\left.\begin{aligned}y(t) &= \frac{P\Delta t}{m\omega}\sin\omega(t-\tau) \quad (t > \tau)\\ y(t) &= 0 \quad\qquad\qquad\qquad (t < \tau)\end{aligned}\right\} \qquad (13\text{-}39)$$

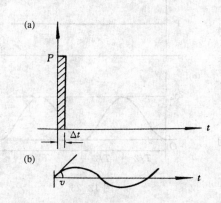
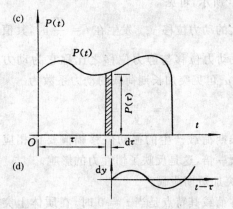

图 13-25

2. 一般动力荷载

在一般动力荷载$P(t)$作用下,如图13-25(c)所示,可以把整个荷载看成是无数的瞬时冲击荷载$P(\tau)$的连续作用之和。在极小的时间间隔$d\tau$内,由瞬时冲击荷载$P(\tau)$引起的位移由公式(13-39)得到

$$dy(t) = \frac{P(\tau)d\tau}{m\omega}\sin\omega(t-\tau) \qquad\qquad (13\text{-}40)$$

整个动力荷载作用下任一时刻t的位移反应,可以看成是时间$\tau = 0$到$\tau = t$无数瞬时冲击荷载引起的位移反应叠加之和。也就是说等于把公式(13-40)从0到t进行积分,即

$$y(t) = \int_0^t \frac{P(\tau)}{m\omega}\sin\omega(t-\tau)d\tau \qquad\qquad (13\text{-}41)$$

上式为单自由度体系在一般动力荷载作用于质点时,产生无阻尼振动的位移反应计算式。式中,τ是瞬时冲击荷载作用的时间,它是积分过程中的时间变量,经积分后便消失了。

式(13-41)的重叠积分在动力学中称为杜哈默(Duhamal)积分,在数学上称为卷积或褶积。

如果初始位移 y_0 和初始速度 v_0 不为零,则位移反应为

$$y(t) = y_0\cos\omega t + \frac{v_0}{\omega}\sin\omega t + \frac{1}{m\omega}\int_0^t P(\tau)\sin\omega(t-\tau)\mathrm{d}\tau \qquad (13\text{-}42)$$

假定体系初始处于静止状态,应用式(13-42)可以推导出以下几种常见的动力荷载作用下体系的位移反应算式。

3. 突加长期荷载

当 $t=0$ 时,在体系上突然施加常量荷载 P,而且一直保持不变(图13-26(a))。将 $P(t)=P$ 代入式(13-42)中,经积分,即得位移反应的算式为

$$y(t) = \frac{P}{m\omega^2}(1-\cos\omega t) = Pf_{11}(1-\cos\omega t) = y_s(1-\cos\omega t) = y_s\left(1-\cos\frac{2\pi t}{T}\right) \qquad (13\text{-}43)$$

式中,y_s 为静荷载 P 作用下的静位移;T 为体系的自振周期。

根据公式(13-43)绘出的位移时程曲线如图13-26(b)所示,可见

最大的动力位移 y_{max} 发生在 $t=\frac{T}{2}$ 时,其值为 $2y_s$。最大动力位移与静力位移之比称它为动力系数,记作 μ。可见突加长期荷载的动力系数为

$$\mu = \frac{y_{max}}{y_s} = 2$$

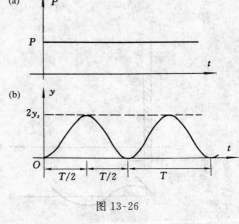

图 13-26

即突加长期荷载产生的振动位移幅值要比相应的静位移大一倍,这是反映了惯性力的影响。

4. 突加短期荷载

这种荷载其特点是当 $t=0$ 时,在质体上突然施加常量荷载 P,而且一直保持不变,直到 $t=t_1$ 时突然卸去,如图13-27实线部分所示。

体系在这种荷载作用下的位移反应,需按两个阶段分别计算。

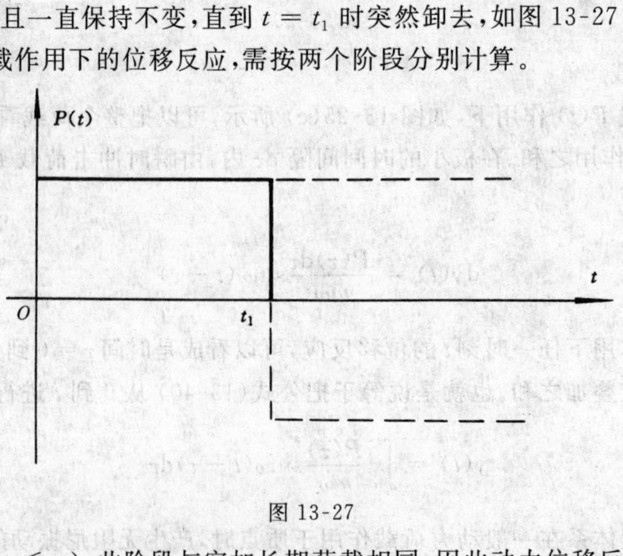

图 13-27

第一阶段($0 \leqslant t \leqslant t_1$):此阶段与突加长期荷载相同,因此动力位移反应仍按公式(13-43)

计算。即

$$y(t) = y_s(1 - \cos\omega t)$$

第二阶段（$t \geqslant t_1$）：此阶段的动力位移反应可用叠加原理推求最为方便。此阶段的荷载可以看作突加长期荷载（P）（图 13-27 中坐标上方实线所续虚线部分）叠加上 $t = t_1$ 时的负突加长期荷载（$-P$）（图 13-27 中坐标下方虚线部分）。故当 $t \geqslant t_1$ 时，利用公式（13-43）可得

$$
\begin{aligned}
y(t) &= y_s(1 - \cos\omega t) - y_s[1 - \cos\omega(t - t_1)] \\
&= y_s[\cos\omega(t - t_1) - \cos\omega t] \\
&= 2y_s\sin\frac{\omega t_1}{2}\sin\omega\left(t - \frac{t_1}{2}\right)
\end{aligned}
\tag{13-44}
$$

体系的最大位移反应与荷载作用的时间 t_1 有关。

当 $t_1 \geqslant \dfrac{T}{2}$ 时，最大动力位移反应发生在第一阶段，此时动力系数为

$$\mu = 2$$

当 $t_1 < \dfrac{T}{2}$ 时，最大动力位移反应发生在第二阶段，由式（13-44）得知最大动力位移发生时有 $\sin\omega\left(t - \dfrac{t_1}{2}\right) = 1$，即

$$y_{\max} = 2y_s\sin\frac{\omega t_1}{2} = 2y_s\sin\frac{\pi t_1}{T}$$

因此动力系数为

$$\mu = 2\sin\frac{\pi t_1}{T} \tag{13-45}$$

第二阶段的动力位移反应除了用上述叠加原理推导外，还可以直接利用式（13-42）积分得到，或者利用第一阶段终了时刻（$t = t_1$）的位移和速度作为第二阶段的初始条件，按自由振动推求。

【例 13-9】　图 13-28(a) 为具有一集中质量 m_2 的简支梁。现有重量为 P 的另一质量 m_1 在距质量 m_2 高度 h 处自由落下，两个质量相互碰撞，碰撞时间极短。图 13-28(b) 为动力荷载随时间变化的情况。假定两个质量碰撞瞬间不分离，彼此一起运动；而且碰撞时接触面不产生局部变形，动量保持不变。试求无阻尼的动力位移和动力系数。

【解】　根据假定

$$m_1 v_1 = (m_1 + m_2)v_0 = M v_0 \tag{a1}$$

式中，v_0 为两个质量的共有速度，$v_1 = \sqrt{2gh}$ 为下落质量 m_1 在碰撞前一瞬时的速度，M 为总质量。由上式得

$$v_0 = \frac{m_1}{M}v_1$$

重量 P 产生的梁中央静位移为 y_s，质量 m_1 下落后，体系的自振频率为

$$\omega = \sqrt{\frac{1}{Mf_{11}}} = \sqrt{\frac{P}{My_s}}$$

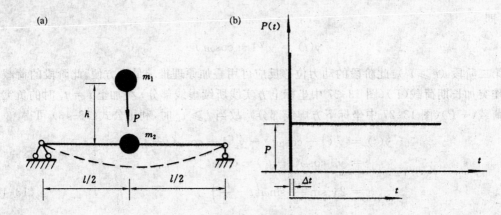

图 13-28

碰撞瞬间,受冲击荷载作用,而后受突加长期荷载 P 作用。动力位移可由式(13-38)和式(13-43)叠加而得

$$y(t) = \frac{v_0}{\omega}\sin\omega t + \frac{P}{M\omega^2}(1-\cos\omega t) \tag{b1}$$

考虑到

$$\frac{v_0}{\omega} = \frac{m_1 v_1}{M\omega} = \frac{Pv_1\omega}{gM\omega^2} = y_s\frac{v_1\omega}{g}$$

$y(t)$ 式改写成

$$y(t) = y_s\left(\frac{v_1\omega}{g}\sin\omega t + 1 - \cos\omega t\right) \tag{c1}$$

由上式可得动力系数

$$\mu(t) = \frac{v_1\omega}{g}\sin\omega t + 1 - \cos\omega t$$

为了求 $\mu(t)$ 的最大值,可令 $\dfrac{\mathrm{d}\mu(t)}{\mathrm{d}t} = 0$,得

$$\tan\omega t_1 = -\frac{v_1\omega}{g}$$

式中,t_1 为 μ 达到最大时的时刻。

由三角关系

$$\sin\omega t_1 = \frac{v_1\omega}{\sqrt{v_1^2\omega^2 + g^2}}, \quad \cos\omega t_1 = -\frac{g}{\sqrt{v_1^2\omega^2 + g^2}}$$

将上式代入 $\mu(t)$,经整理得最大位移动力系数

$$\mu_{\max} = 1 + \sqrt{1 + \frac{v_1^2\omega^2}{g^2}} \tag{d1}$$

考虑到

$$\frac{v_1^2\omega^2}{g^2} = \frac{v_1^2 P}{g^2 M y_s} = \frac{2gh m_1 g}{g^2 M y_s} = \frac{2h}{y_s}\cdot\frac{m_1}{M}$$

于是

$$\mu_{\max} = 1 + \sqrt{1 + \frac{2h}{y_s}\frac{m_1}{M}}$$ (e1)

当 $h = 0$ 或 $m_2 \gg m_1$ 时,最大位移动力系数 $\mu_{\max}$ 均为 2。

5. 三角形冲击荷载

图 13-29 表示三角形冲击荷载,它的变化规律为

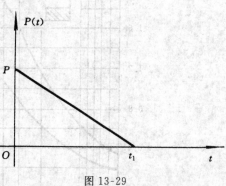

$$\begin{cases} P(t) = P\left(1 - \frac{t}{t_1}\right) & t \leqslant t_1 \\ P(t) = 0 & t > t_1 \end{cases}$$

在三角形冲击荷载作用下单自由度体系的质点位移反应可分两个阶段按式(13-42)积分求得。

图 13-29

第一阶段($0 \leqslant t \leqslant t_1$)

$$y(t) = \frac{1}{m\omega}\int_0^t P\left(1 - \frac{\tau}{t_1}\right)\sin\omega(t - \tau)\mathrm{d}\tau = \frac{P}{m\omega^2}\left[(1 - \cos\omega t) + \frac{1}{t_1}\left(\frac{\sin\omega t}{\omega} - t\right)\right]$$

$$= y_s\left[1 - \cos 2\pi\left(\frac{t}{T}\right) + \frac{1}{2\pi}\left(\frac{T}{t_1}\right)\sin 2\pi\left(\frac{t}{T}\right) - \frac{t}{t_1}\right]$$ (13-46)

第二阶段($t \geqslant t_1$),可按已知 t_1 时的 y_1 和 v_1 利用式(13-12b)的自由振动考虑

$$y(t) = y_1\cos\omega(t - t_1) + \frac{v_1}{\omega}\sin\omega(t - t_1)$$

最后也写成含 $\frac{t}{T}$ 的表达式。

对于三角形冲击荷载,最大位移反应可用速度为零(即位移的一阶导数)条件下的时间值来计算。最大位移反应在哪个阶段出现,这与 $\frac{t_1}{T}$(荷载持续时间与自振周期之比)有关。计算表明,当 $\frac{t_1}{T} > 0.4$ 时,最大位移反应在第一阶段出现,否则,就在第二阶段出现。

从前面几种动力荷载作用下单自由度体系的位移反应可知,最大位移反应与 $\frac{t_1}{T}$ 有关。当已知动力荷载形式时每给定一个 $\frac{t_1}{T}$ 值就可得出相应的 μ 值(动力系数)。若以 $\frac{t_1}{T}$ 作为横坐标,以 μ 作为纵坐标,绘出的曲线(图 13-30)称它为位移反应谱(动力系数 μ 与静力位移 y_s 的乘积即为位移的最大反应)。除了位移反应谱,还有速度反应谱和加速度反应谱。对于单自由度体系,作出给定动力荷载的反应谱曲线后,只要求出体系的自振周期,就可从反应谱曲线中查得最大反应值。例如图 13-28(a)的梁中受如图 13-29 所示的冲击荷载,已知 P 和 t_1 值及梁的自振周期 $T = 2t$,则可由图 13-30 中查得 $\mu = 1.2$,于是质体的 $y_{\max} = 1.2y_s$。显然,这在工程上是很有现实意义的。

6. 简谐荷载

这是周期性变化的动荷载,最具典型性,是本章后述强迫振动的主要荷载式样。简谐荷载 $P(t) = P \cdot \sin\theta t$,称 θ 为荷载频率,P 为荷载幅值。讨论质体体系在此种荷载作用下的动位移反

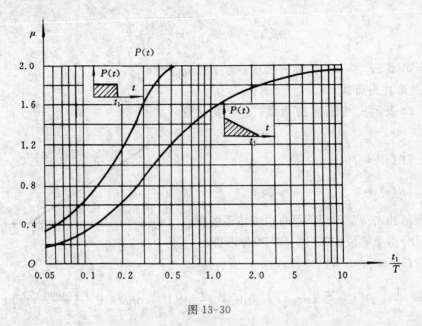

图 13-30

应,今由运动方程导出。

如图 13-31(a) 所示单自由度体系,质体 m 受简谐荷载并有惯性力作用,不计阻尼影响,可写出质体的位移式及平衡式

$$y(t) = f_{11}[P \cdot \sin\theta t - m\ddot{y}(t)]$$
$$k_{11} \cdot y(t) = P \cdot \sin\theta t - m\ddot{y}(t)$$

(13-47)

令 $\dfrac{1}{mf_{11}} = \dfrac{k_{11}}{m} = \omega^2$,则有

$$\ddot{y}(t) + \omega^2 y(t) = \frac{P}{m}\sin\theta t$$

(13-47a)

此即荷载作用下的质体运动方程,为二阶线性常系数非齐次的微分方程,其通解应由齐次解 $\bar{y}(t)$ 和特解 $y^*(t)$ 组成

式(13-47a) 的齐次解犹如自由振动中的

$$\bar{y}(t) = c_1 \cdot \cos\omega t + c_2 \cdot \sin\omega t$$

反映荷载因素的特解,设为

$$y^*(t) = A \cdot \sin\theta t$$

今将上式代入式(13-47a) 得

$$- A\theta^2 \sin\theta t + A\omega^2 \sin\theta t = \frac{P}{m}\sin\theta t$$

因简谐因子并非总为零,故有

$$A = \frac{1}{(\omega^2 - \theta^2)} \cdot \frac{P}{m} = \frac{P}{m\omega^2}\left(\frac{1}{1 - \dfrac{\theta^2}{\omega^2}}\right)$$

(13-48)

于是振动微分方程的通解为

$$y(t) = c_1 \cdot \cos\omega t + c_2 \cdot \sin\omega t + \left(\frac{1}{1 - \frac{\theta^2}{\omega^2}}\right)\frac{P}{m\omega^2} \cdot \sin\theta t \tag{13-49}$$

式中，c_1，c_2 可由初始条件确定。式(13-49) 表明，体系的振动由两部分组成：一部分是按自振频率 ω 作振动，它是伴随简谐荷载的作用而产生的，称为伴生态自由振动。实际上由于阻尼的存在，这部分振动在振动开始不久就会衰减掉。另一部分是按简谐荷载的频率 θ 作振动，它不会随时间的延长而衰减，故称为稳态振动，或称纯受迫振动。这样，振动的稳态解为

$$y(t) = \left(\frac{1}{1 - \frac{\theta^2}{\omega^2}}\right)\frac{P}{m\omega^2}\sin\theta t = \mu \cdot y_s \cdot \sin\theta t \tag{13-50}$$

式中，$y_s = \dfrac{P}{m\omega} = P \cdot f_{11}$ 是荷载幅值产生的静位移，质体的最大动位移即为振幅 $y_{max} = \mu \cdot y_s$，其中 μ 为放大系数，称动力系数。

$$\mu = \frac{1}{1 - \left(\frac{\theta}{\omega}\right)^2} \tag{13-51}$$

它反映了惯性力的影响。上式表明，μ 是 $\dfrac{\theta}{\omega}$ 的函数，其关系可用图 13-31(b)（也称位移反应谱）表示。图 13-31(b) 表明：

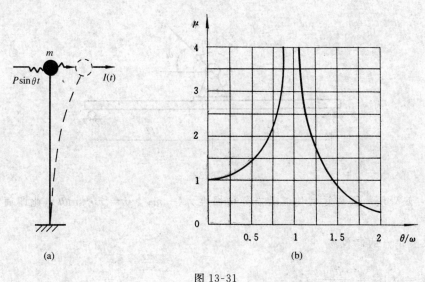

图 13-31

（1）当 $\omega \gg \theta$ 时，即 $\dfrac{\theta}{\omega} \to 0$，这时 $\mu \to 1$。这种情况相当于静力作用。通常当 $\dfrac{\theta}{\omega} \leqslant \dfrac{1}{5}$，可按静力计算振幅。

（2）当 $\omega = \theta$ 时，即 $\dfrac{\theta}{\omega} = 1$，这时 $\mu \to \infty$。即振幅趋于无限大，这种现象称为共振。实际上由于阻尼的存在，共振时振幅不会无限增大。但发生共振或接近共振在工程中都是危险的。在工程实践中，为了避免发生共振现象，应避开 $0.75 < \dfrac{\theta}{\omega} < 1.25$ 区段，这区段称为共振区。

(3) 当 $\omega \ll \theta$ 时，即 $\dfrac{\theta}{\omega} \gg 1$，这时按式(13-51)计算，$\mu$ 值为负值，并且趋近于零。这表明高频简谐荷载作用下，振幅趋近于零，体系几乎处于静止状态。

现在来说明一下 μ 的正负号问题。由式(13-51)可知，当 $\theta < \omega$ 时，μ 为正，表示动力位移与动力荷载的指向一致；当 $\theta > \omega$ 时，μ 为负值，表示动力位移与动力荷载的指向相反，即图中右部曲线本应位于横坐标下方，这仅在不计阻尼时出现。既然位移随时间作简谐变化，所以在工程设计中，要求的是振幅绝对值，即动力系数只需取绝对值，不必考虑其正负号。故图 13-31(b)中将 $\dfrac{\theta}{\omega} > 1$ 时部分的 μ 画在横坐标的上方。

最后来讨论减少振幅的方法。当 $\dfrac{\theta}{\omega} < 1$ 时，称为共振前区。这时，应设法加大结构的刚度即提高自振频率 ω，这样可降低 μ 值使振幅减小。这种方法称为"刚性方案"；当 $\dfrac{\theta}{\omega} > 1$ 时，称为共振后区。这时，应设法减小结构的自振频率，这样也可使振幅减小。这种方法称为"柔性方案"。

【例 13-10】 如图 13-32 所示简支梁中点装有一台电动机。电动机和梁的总重力 $G = 30000\text{N}$，偏心旋转块重力 $Q = 4500\text{N}$，偏心矩 $r = 0.268\text{cm}$，每分钟转速 $n = 860$ 转。梁跨度 $l = 400\text{cm}$，弹性模量 $E = 2.1 \times 10^{7}\text{N/cm}^{2}$，截面惯性矩 $I = 4570\text{cm}^{4}$，截面抵抗矩 $W = 3.81\text{cm}^{3}$。不考虑阻尼影响。试求梁的挠度和强度。已知许用应力 $[\sigma] = 20000\text{N/cm}^{2}$，许用挠度 $[f] = \dfrac{l}{500}$。

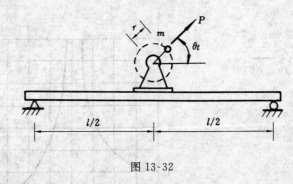

图 13-32

【解】 偏心块的圆周运动使其具有竖向惯性力 $(-m\ddot{y}, y = r \cdot \sin\theta t)$，此即简谐荷载。计算步骤如下：

(1) 求梁中点的静位移

$$y_s = f_{11}G = \frac{l^3}{48EI} \cdot G$$

$$= \frac{400^3}{48 \times 2.1 \times 10^7 \times 4570} \times 30000 = 139 \times 10^{-7} \times 30000 = 0.417\text{cm}$$

(2) 求梁的自振频率
由公式(13-20)，得

$$\omega = \sqrt{\frac{g}{y_s}} = \sqrt{\frac{980}{0.417}} = 48.5\text{rad/s}$$

（3）求简谐荷载频率

$$\theta = \frac{2\pi n}{60} = \frac{2\pi \times 860}{60} = 90.06\text{rad/s}$$

（4）求简谐荷载的幅值，即伴随偏心块旋转角速度 θ 产生的惯性力幅值 $mr\theta^2$

$$P = \frac{Q}{g}\theta^2 r = \frac{4500}{980} \times 90.06^2 \times 0.268 = 10000\text{N}$$

（5）求动力系数

$$\mu = \frac{1}{1-\left(\frac{\theta}{\omega}\right)^2} = \frac{1}{1-\left(\frac{90.06}{48.5}\right)^2} = -0.408$$

取绝对值 $\qquad\qquad\qquad\qquad \mu = 0.408$

（6）求梁的挠度最大值（静力作用产生的挠度与动力作用产生的挠度之和）

$$f = f_{静} + f_{动} = f_{11} \cdot G + f_{11}P \cdot \mu = f_{11}(G + P \cdot \mu)$$
$$= 139 \times 10^7 \times (30000 + 10000 \times 0.408) = 0.474\text{cm} < \left[\frac{l}{500}\right] = 0.800\text{cm}$$

（7）求梁下缘最大拉应力（静力作用与动力作用产生的应力之和）

$$\sigma = \sigma_{静} + \sigma_{动} = \frac{\frac{Gl}{4}}{W} + \frac{Pl\mu/4}{W}$$
$$= \frac{l}{4W}(G + P\mu) = \frac{400}{4 \times 381} \times (30000 + 10000 \times 0.408)$$
$$= 8940\text{N/cm}^2 < [\sigma] = 20000\text{N/cm}^2 .$$

计算结果表明，梁具有足够的强度和刚度。

【例 13-11】 如图 13-33(a) 所示简支梁跨中有一集中质量 m，支座 A 处受动力矩 $M\sin\theta t$ 作用，不计梁的质量，试求质点的动位移和支座 A 处的动转角的幅值。

【解】 该体系的动力荷载 $M\sin\theta t$ 不是作用在质量上，因而不能直接用式（13-50）求动位移，可由建立体系的振动方程来求解。现用柔度法来建立振动方程，步骤如下：

（1）设惯性力和动力荷载分别为单位力和单位力偶作用在体系上，并绘出相应的弯矩图分别如图 13-33(b)、(c) 所示。运用图乘法可求得

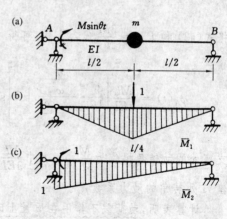

图 13-33

$$f_{11} = \frac{l^3}{48EI}; \quad f_{22} = \frac{l}{3EI} \left. \right\} \tag{a2}$$
$$f_{12} = f_{21} = \frac{l^2}{16EI}$$

(2) 根据叠加原理列出位移

质点的动位移是惯性力 F_I 和动力荷载共同作用下产生的,按叠加原理,可表示为

$$y(t) = f_{11}(-m\ddot{y}) + f_{12}M\sin\theta t$$

将式(a2)代入上式,经整理后得

$$\ddot{y} + \omega^2 y = \frac{P^*}{m}\sin\theta t \tag{b2}$$

式中

$$\omega^2 = \frac{1}{mf_{11}} = \frac{48EI}{ml^3}, \qquad P^* = \frac{f_{12}}{f_{11}}M = \frac{3M}{l}$$

根据式(13-50)的稳态解为

$$y(t) = \frac{P^*}{m\omega^2} \cdot \frac{1}{1 - \dfrac{\theta^2}{\omega^2}}\sin\theta t = \frac{Ml^2}{16EI}\mu\sin\theta t \tag{c2}$$

质点的动位移幅值 $y_{\max} = A = \dfrac{Ml^2}{16EI}\mu$,其中 $\dfrac{Ml^2}{16EI}$ 为动荷载幅值 M 所引起的质点静位移

y_s,它等于 $\Delta_{1P} = Mf_{12}$,μ 为动力系数,同式(13-51)。

支座 A 处的动转角也是由惯性力 F_I 和动力荷载共同作用下产生的,按叠加原理可表示为

$$\varphi_A(t) = -f_{21}m\ddot{y}(t) + f_{22}M\sin\theta t$$

对式(c2)求导两次后代入上式,可得

$$\varphi_A(t) = \left(f_{21} \cdot P^* \frac{\theta^2}{\omega^2}\mu + f_{22}M\right)\sin\theta t$$

将式(a2)和 $P^* = \dfrac{3M}{l}$ 代入上式,可得

$$\varphi_A(t) = \frac{Ml}{3EI}\left\{\frac{9}{16} \cdot \frac{\dfrac{\theta^2}{\omega^2}}{1 - \dfrac{\theta^2}{\omega^2}} + 1\right\}\sin\theta t = \frac{Ml}{3EI}\left[\frac{1 - \dfrac{7}{16}\left(\dfrac{\theta}{\omega}\right)^2}{1 - \left(\dfrac{\theta}{\omega}\right)^2}\right]\sin\theta t = \frac{Ml}{3EI}\mu_\phi\sin\theta t \tag{d2}$$

支座处的动转角幅值为 $\dfrac{Ml}{3EI}\mu_\phi$,其中 $\dfrac{Ml}{3EI}$ 为动荷载幅值 M 所引起的静转角,上式中括号内即支

座 A 处转角的动力系数 μ_ϕ。

计算表明,动荷载不作用在质量上时,质点位移的动力系数和其他各处的位移的动力系数是不同的,即体系不能用一个统一的动力系数来表示。

13.5.2 有阻尼强迫振动

单自由度体系考虑阻尼的强迫振动方程为公式(13-6),即

$$m\ddot{y} + c\dot{y} + k_{11}y = P(t)$$

或写成

$$\ddot{y} + 2\xi\omega\dot{y} + \omega^2 y = \frac{P(t)}{m}$$

在有阻尼的自由振动中已述,取 $\dfrac{c}{m} = 2\xi\omega$,称 ξ 为阻尼比。

1. 任意荷载作用下的有阻尼强迫振动

单自由度体系在任意荷载作用下的有阻尼强迫振动,可以把整个荷载作用看成是无数个瞬时冲击荷载的连续作用之和。在极短的 $d\tau$ 时间内,由冲量 $P(\tau)d\tau$ 引起的质点位移应为

$$dy(t) = \frac{P(\tau)d\tau}{m\omega_d} e^{-\xi\omega(t-\tau)} \sin\omega_d(t-\tau) \qquad (13\text{-}52)$$

对式(13-52)从 $\tau = 0$ 到 $\tau = t$ 进行积分,即得任意荷载作用下的位移反应为

$$y(t) = \frac{1}{m\omega_d} \int_0^t P(\tau) e^{-\xi\omega(t-\tau)} \sin\omega_d(t-\tau) d\tau \qquad (13\text{-}53)$$

式(13-53)为初始处于静止状态的单自由度体系,在任意荷载作用下的位移反应计算式。如果体系的初始条件不等于零,式(13-53)应改写成

$$y(t) = e^{-\xi\omega t}(A\cos\omega_d t + B\sin\omega_d t) + \frac{1}{m\omega_d} \int_0^t P(\tau) e^{-\xi\omega(t-\tau)} \sin\omega_d(t-\tau) d\tau \qquad (13\text{-}53a)$$

上式中两个常数 A 和 B 由初始条件确定。上式等号右边第一项为有阻尼的自由振动,随时间的增加将很快衰减以至消失。

现在应用式(13-53a)的第二部分来讨论突加荷载及简谐荷载下单自由度体系稳态振动的动力位移反应。设体系初始时是处于静止状态。

2. 突加长期荷载

此时,将质体上的突加长期荷载 $P(t) = P$ 代入式(13-53(a)),经积分得

$$y(t) = \frac{P}{m\omega^2}\left[1 - e^{-\xi\omega t}\left(\cos\omega_d t + \frac{\xi\omega}{\omega_d}\sin\omega_d t\right)\right]$$

$$= y_s\left[1 - e^{-\xi\omega t}\left(\cos\omega_d t + \frac{\xi\omega}{\omega_d}\sin\omega_d t\right)\right] \qquad (13\text{-}54)$$

位移动力系数为

$$\mu = \frac{y(t)}{y_s} = 1 - e^{-\xi\omega t}\left(\cos\omega_d t + \frac{\xi\omega}{\omega_d}\sin\omega_d t\right) \qquad (13\text{-}55)$$

当 $t = \dfrac{\pi}{\omega_d}$ 时,μ 值达到最大,即

$$\mu_{max} = 1 + e^{-\xi\omega\pi/\omega_d}$$

通常 ξ 是一个小于 0.2 的数,$\omega_d \approx \omega$,因此上式可表为

$$\mu_{max} = 1 + e^{-\xi\pi} \qquad (13\text{-}56)$$

3. 简谐周期荷载

考虑阻尼影响时受简谐荷载 $P\sin\theta t$ 作用的质体运动方程为

$$\ddot{y} + 2\xi\omega\,\dot{y} + \omega^2 y = \frac{P}{m}\sin\theta t \tag{13-57}$$

式中,θ 为简谐动力荷载的频率。

式(13-57) 的一般解是由齐次解和特解两部分组成。今需讨论的是通常情况下,弱阻尼时的齐次解可由式(13-35) 或式(13-36)、式(13-37) 确定。

反映荷载影响的特解设为

$$y(t) = B_1\cos\theta t + B_2\sin\theta t \tag{13-58}$$

将式(13-58) 代入式(13-57) 中,经整理可得

$$B_1 = -\frac{P}{m} \times \frac{2\xi\omega\theta}{(\theta^2 - \omega^2)^2 + 4\xi^2\omega^2\theta^2}$$

$$B_2 = \frac{P}{m} \times \frac{\omega^2 - \theta^2}{(\theta^2 - \omega^2)^2 + 4\xi^2\omega^2\theta^2}$$

于是式(13-57) 的一般解为

$$y(t) = \mathrm{e}^{-\xi\omega t}(A\cos\omega_{\mathrm{d}}t + B\sin\omega_{\mathrm{d}}t) + (B_1\cos\theta t + B_2\sin\theta t) \tag{13-59}$$

振动的第一部分是将在很短时间内衰减而消失的瞬态振动,另一部分按荷载频率 θ 振动,它不会衰减,因而称为稳态振动。图 13-34 表示体系振动的位移时程曲线。

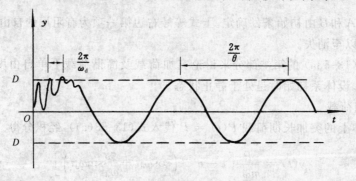

图 13-34

下面来讨论稳态振动。

若令 $B_1 = -D\sin\varepsilon$,$B_2 = D\cos\varepsilon$,则式(13-58) 稳态解可写成

$$y = D\sin(\theta t - \varepsilon) \tag{13-60}$$

式中,ε 为相位角,D 为振幅,它们可利用 B_1,B_2 分别表示为

$$\left.\begin{array}{l} \varepsilon = \tan^{-1}\dfrac{B_1}{B_2} = \tan^{-1}\left(\dfrac{2\xi\omega\theta}{\omega^2 - \theta^2}\right) \\[4mm] D = \dfrac{P}{m}\dfrac{1}{\sqrt{(\omega^2 - \theta^2)^2 + 4\xi^2\omega^2\theta^2}} = \dfrac{P}{m\omega^2}\dfrac{1}{\sqrt{\left[1 - \left(\dfrac{\theta}{\omega}\right)^2\right]^2 + 4\xi^2\left(\dfrac{\theta}{\omega}\right)^2}} = y_s\mu \end{array}\right\} \tag{13-61}$$

式中,μ 为动力系数,可表示为

$$\mu = \frac{1}{\sqrt{\left[1 - \left(\dfrac{\theta}{\omega}\right)^2\right]^2 + 4\xi\left(\dfrac{\theta}{\omega}\right)^2}} \qquad (13\text{-}62)$$

上式表明，μ 值不仅与比值 $\dfrac{\theta}{\omega}$ 有关，而且还与阻尼比 ξ 有关。图 13-35 表示了 μ 在阻尼比 ξ 具有各种不同数值时与比值 $\dfrac{\theta}{\omega}$ 的关系图（即位移反应谱）。

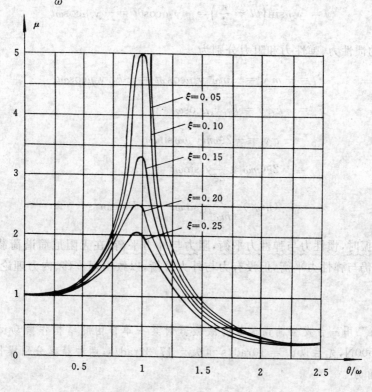

图 13-35

由前两式得稳态振动的质体位移

$$y(t) = \mu y_s \sin(\theta t - \varepsilon) \qquad (13\text{-}63)$$

从图 13-35 或公式（13-62）可以得出以下几点论断：

（1）阻尼对简谐荷载的动力系数影响较大。随着 ξ 值的增大，μ 值迅速下降，特别是在 $\dfrac{\theta}{\omega}$ 值趋近 1 处，μ 的峰值削平得最明显。在 θ 远离 ω 时，阻尼影响可以不计。

（2）共振时，$\dfrac{\theta}{\omega} = 1$，由式（13-62）得出动力系数为

$$\mu = \frac{1}{2\xi}$$

实际上 μ 的最大值并不发生在 $\dfrac{\theta}{\omega} = 1$ 处。μ 的最大值可对式（13-62）求极值的方法得

$$\mu_{\max} = \frac{1}{2\xi\sqrt{1 - \xi^2}}$$

由于 ξ 值很小,因此近似地认为

$$\mu_{max} \approx \frac{1}{2\xi} \qquad (13\text{-}64)$$

当 $\omega = \theta$ 时,由式(13-61)可得 $\varepsilon = \dfrac{\pi}{2}$,这时,动位移公式(13-63)为

$$y = y_s \mu \sin\left(\theta t - \frac{\pi}{2}\right) = -y_s \mu \cos\theta t = -y_s \mu \cos\omega t$$

与其相应的惯性力、弹性力和阻力分别为

$$F_I = -m\ddot{y} = -m\omega^2 y_s \mu \cos\omega t = -k_{11} y_s \mu \cos\omega t$$

$$F_s = -k_{11} y = k_{11} y_s \mu \cos\omega t$$

$$F_D = -c\dot{y} = -2\xi\omega m y_s \mu\omega \sin\omega t$$

$$= -2\xi(m\omega^2)\frac{1}{2\xi}y_s \sin\omega t$$

$$= -(m\omega^2)\frac{P}{(m\omega^2)}\sin\omega t = -P\sin\omega t。$$

可见,在共振时,惯性力与弹性力平衡,阻力与外力平衡。在无阻尼简谐荷载作用下,体系共振时,惯性力仍与弹性力平衡,但没有力与外力平衡,以致出现位移、内力理论上趋于无限大的情况。

【例 13-12】 用一台发生简谐荷载的激振器对某一单自由度结构作振动试验,已知激振器的力幅 $P = 500\text{N}$,先后以 $\theta_1 = 10\text{rad/s}$ 和 $\theta_2 = 17.32\text{rad/s}$,两种频率分别操作,分别量得位移幅值和相位角为

$$D_1 = 4.995 \times 10^{-5}\text{m}, \qquad \varepsilon_1 = 2.55°$$

$$D_2 = 9.823 \times 10^{-5}\text{m}, \qquad \varepsilon_2 = 10.8°$$

试反求该结构的质量 m、体系刚度 k、自振频率 ω 和阻尼比。

【解】 由式(13-61)中 $\tan\varepsilon = \dfrac{2\xi\omega\theta}{\omega^2 - \theta^2} = \dfrac{2\xi\dfrac{\theta}{\omega}}{1 - \left(\dfrac{\theta}{\omega}\right)^2}$ 的三角函数关系,可得

$$\cos\varepsilon = \frac{1 - \left(\dfrac{\theta}{\omega}\right)^2}{\sqrt{\left[1 - \left(\dfrac{\theta}{\omega}\right)^2\right]^2 + \left(2\xi\dfrac{\theta}{\omega}\right)^2}}$$

再由振幅公式(13-61), $D = \dfrac{P}{m\omega^2} \cdot \dfrac{1}{\sqrt{\left[1 - \left(\dfrac{\theta}{\omega}\right)^2\right]^2 + \left[2\xi\left(\dfrac{\theta}{\omega}\right)^2\right]}}$

因单自由度体系 $\omega^2 m = k$,故可写作

$$D = \frac{P}{k} \cdot \frac{\cos\varepsilon}{1 - \left(\frac{\theta}{\omega}\right)^2} = \frac{P\cos\varepsilon}{k - m\theta^2}$$

即
$$k - m\theta^2 = \frac{P\cos\varepsilon}{D} \tag{a3}$$

现以 $\theta_1 = 10\text{rad/s}, D_1 = 4.995 \times 10^{-5}\text{m}, \varepsilon_1 = 2.55°, P = 500\text{N}$ 代入式(a3) 得
$$k - 100m = 100 \times 10^5 \tag{b3}$$

又以 $\theta_2 = 17.32\text{rad/s}, D_2 = 9.823 \times 10^{-5}\text{m}, \varepsilon_2 = 10.8°, P = 500\text{N}$
代入式(a3),得
$$k - 300m = 50 \times 10^5 \tag{c3}$$

解联立方程(b3)、(c3),得
$$m = 25 \times 10^3 \text{kg}$$
$$k = 125 \times 10^5 \text{N/m}$$

由此得
$$\omega = \sqrt{\frac{k}{m}} = \sqrt{500} = 22.36\text{rad/s}$$

将已知 ω、θ_1 及 ε_1 代入公式(13-61)

$$\tan2.55° = \frac{2\xi\left(\frac{10}{22.36}\right)}{1 - \left(\frac{10}{22.36}\right)^2}$$

$$0.0445 = 1.1181\xi$$

解得
$$\xi = 0.0398 = 3.98\%$$

4. 地面运动作用

地面在水平方向发生了运动,单自由度体系将产生强迫振动。如地震和邻近动力设备对结构的影响都属于地面运动作用。下面来讨论地面运动所产生的强迫振动。如图 13-36 所示的结构,在质量 m 上并没有动力荷载直接作用,而地面产生了水平运动 $y_g(t)$,于是结构的质量 m 发生水平相对位移 $y(t)$ 的振动。在振动过程的任一时刻 t,质量 m 具有绝对位移$(y(t) + y_g(t))$、绝对加速度为 $(\ddot{y}(t) + \ddot{y}_g(t))$。作用在质量 m 上的惯性力为

$$F_I(t) = -m(\ddot{y}(t) + \ddot{y}_g(t)) \tag{e}$$

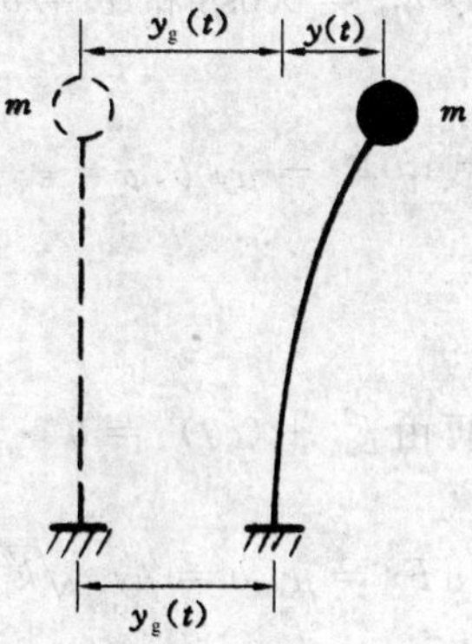

在振动过程中,结构的弹性力 $F_s(t)$ 和阻力 $F_D(t)$ 分别只和质量 m 的相对位移和相对速度有关,因而列出结构的振动方程为

$$-m(\ddot{y} + \ddot{y}_g) - c\dot{y} - k_{11}y = 0$$

或
$$m\ddot{y} + c\dot{y} + k_{11}y = -m\ddot{y}_g$$
$$m\ddot{y} + c\dot{y} + k_{11}y = P_{ef}(t) \tag{13-65}$$

式中
$$P_{ef}(t) = -m\ddot{y}_g(t) \tag{13-66}$$

图 13-36

称为等效动力荷载。上式中的负号,只表明等效荷载的方向和地面运动的加速度方向相反,它在实际分析中没有多大的意义。

根据杜哈默积分公式(13-53),可得式(13-65)的解为

$$y(t) = \frac{1}{\omega_d}\int_0^t \ddot{y}_g(\tau)e^{-\alpha\xi(t-\tau)}\sin\omega_d(t-\tau)\mathrm{d}\tau \qquad (13\text{-}67)$$

质体的这一相对位移决定了结构的弹性变形和内力,显然它与 $\ddot{y}_g(t)$ 及 m、k_{11}、ξ 等因素有关。

*13.6 隔振概念

隔振所涉及的范围很广,本节只作些隔振基本原理的介绍。

在工程中,通常有两类问题需要进行隔振:① 回转式机械引起的干扰力对支承结构产生有害的振动;② 精密仪器安装在具有振动的结构上,对读数产生较大的影响。现对上述两类隔振原理阐述如下。

13.6.1 第一类隔振问题

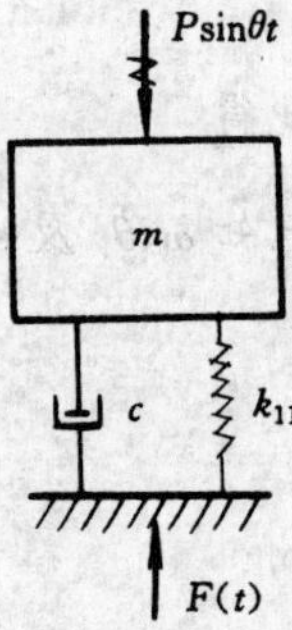

如图 13-37 所示的单自由度体系上安装一台回转机器。当机器运转时,产生简谐力 $P\sin\theta t$。体系的稳态位移反应可由公式(13-63)表示,即为

$$y(t) = y_s\mu\sin(\theta t - \varepsilon)$$

由于体系振动而传到基础上总的力为

$$F = F_s + F_D = k_{11}y + c\dot{y} \qquad (13\text{-}68)$$

将 $y(t)$ 及其导数代入式(13-68)中,得

$$F = y_s\mu[k_{11}\sin(\theta t - \varepsilon) + c\theta\cos(\theta t - \varepsilon)] \qquad (13\text{-}69)$$

令 $k_{11} = b\cos\beta$ 和 $c\theta = b\sin\beta$,于是上式可以改写成

$$F = F_0\sin(\theta t - \varepsilon + \beta) = F_0\sin(\theta t - \varphi) \qquad (13\text{-}70)$$

式中 $F_0 = \mu y_s b$,$\varphi = \varepsilon - \beta$;因具体阻尼系数由式(13-30)为 $c = 2m\omega\xi$,故关于 β 可写出

$$\tan\beta = \frac{c\theta}{k_{11}} = \frac{2m\omega\xi\theta}{k_{11}} = 2\xi\left(\frac{\theta}{\omega}\right) \qquad (a)$$

再由 $k_{11}^2 + (c\theta)^2 = b^2 \cdot 1$,于是

$$F_0 = \mu y_s b = \mu y_s\sqrt{k_{11}^2 + (c\theta)^2} = \mu y_s k_{11}\sqrt{1 + \left(\frac{c\theta}{k_{11}}\right)^2} = P\mu\sqrt{1 + \left(2\xi\frac{\theta}{\omega}\right)^2} \qquad (13\text{-}71)$$

$\mu = \dfrac{1}{1 - \left(\dfrac{\theta}{\omega}\right)^2}$,而 F_0 为传到基础上力的幅值,若将它与简谐力的幅值 P 之比称为隔振效率,并记作 T_R,则

$$T_R = \frac{F_0}{P} = \mu\sqrt{1 + \left(2\xi\frac{\theta}{\omega}\right)^2} = \sqrt{\frac{1 + \left(2\xi\dfrac{\theta}{\omega}\right)^2}{\left[1 - \left(\dfrac{\theta}{\omega}\right)^2\right]^2 + \left(2\xi\dfrac{\theta}{\omega}\right)^2}} \qquad (13\text{-}72)$$

图 13-37

隔振效率的大小表明简谐力对基础振动的影响,当然 T_R 越小越好。由式(13-72)可知,隔振效率是阻尼比 ξ 和频率比 $\dfrac{\theta}{\omega}$ 的函数。根据公式(13-72)可以绘出 T_R 与 ξ、$\dfrac{\theta}{\omega}$ 的曲线示于图13-38。

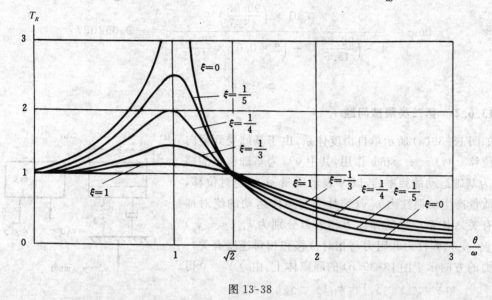

图 13-38

如图13-38所示的曲线与图13-35所示的曲线有相似之处,所不同的是图13-38所示的所有曲线都经过 $\dfrac{\theta}{\omega} = \sqrt{2}$ 的同一点。这点称为临界频率比。从图13-38中,可以看出:只有当 $\dfrac{\theta}{\omega} > \sqrt{2}$ 时,才有隔振效果(即 $T_R < 1$);支承结构的阻尼比 $\xi = \dfrac{c}{2m\omega}$ 越小隔振效果越好。

由 $\varphi = \varepsilon - \beta$,对其两边取正切,可得

$$\tan\varphi = \tan(\varepsilon - \beta) = \frac{\tan\varepsilon - \tan\beta}{1 + \tan\beta\tan\varepsilon}$$

将公式(13-61)的 ε 和式(a)的 β 代入上式,并经整理后得

$$\tan\varphi = \frac{2\xi\left(\dfrac{\theta}{\omega}\right)^3}{1 - \left(\dfrac{\theta}{\omega}\right)^2 + \left(2\xi\dfrac{\theta}{\omega}\right)^2} \tag{13-73}$$

利用上式可确定基础受力与结构上的简谐干扰力之间的相位角 φ。

【例 13-13】　试求例 13-10 简支梁在电动机的干扰力作用下传到基础上力的幅值以及相位角 φ。已知 $\omega = 48.5\text{rad/s}, \theta = 90.06\text{rad/s}, P = 10000\text{N}, \xi = 0.01$。

【解】　(1) 由公式(13-72)得隔振效率为

$$T_R = \sqrt{\frac{1 + \left[2 \times 0.01\left(\dfrac{90.06}{48.5}\right)\right]^2}{\left[1 - \left(\dfrac{90.06}{48.5}\right)^2\right]^2 + \left[2 \times 0.01\left(\dfrac{90.06}{48.5}\right)\right]^2}} = 0.64$$

(2) 由公式(13-71)可求得传到基础上力的幅值,即

$$F_0 = PT_R = 10\,000 \times 0.64 = 6\,400\text{N}。$$

（3）由公式（13-73）确定相位角，即

$$\tan\varphi = \frac{2 \times 0.01 \times \left(\frac{90.06}{48.5}\right)^3}{1 - \left(\frac{90.06}{48.5}\right)^2 + \left(2 \times 0.01 \times \frac{90.06}{48.5}\right)^2} = -0.052\,337\,7$$

$$\varphi = -3°$$

13.6.2　第二类隔振问题

如图 13-39（a）所示单自由度体系，由于基础受到竖向简谐位移 $y_g(t) = y_{g,0}\sin\theta t$ 作用，其中 $y_{g,0}$ 为基础位移的幅值，θ 为基础运动的频率。若以 y 表示质量 m 的绝对位移，那么质量产生的惯性力 $m\ddot{y}$（惯性力与质体运动的绝对加速度有关）；体系产生的弹性力和阻力分别为 $k_{11}(y - y_g)$ 和 $c(\dot{y} - \dot{y}_g)$（弹性力和阻力与相对位移和相对速度有关）。这些力的方向示于图 13-39（b）的隔离体上。由 $\sum Y = 0$ 得

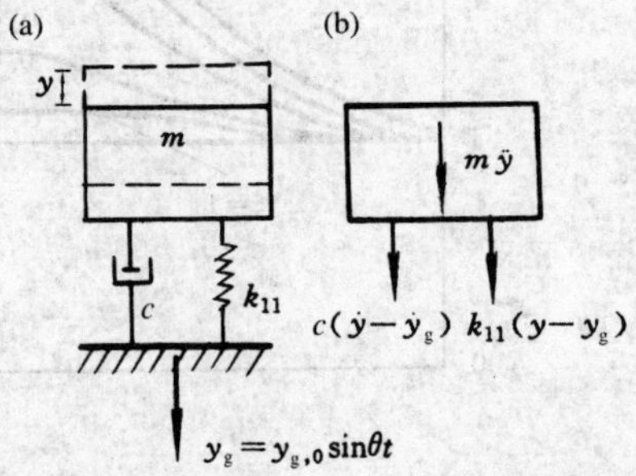

$$m\ddot{y} + c(\dot{y} - \dot{y}_g) + k_{11}(y - y_g) = 0$$

图 13-39

或 $\quad m\ddot{y} + c\dot{y} + k_{11}y = k_{11}y_{g,0}\sin\theta t + c\theta y_{g,0}\cos\theta t$

令 $\quad k_{11}y_{g,0} = F_0\cos\beta$ 和 $c\theta y_{g,0} = F_0\sin\beta$ 并代入上式，得

$$m\ddot{y} + c\dot{y} + k_{11}y = F_0\sin(\theta t + \beta) \tag{13-74}$$

式中有关的两个量： $\quad \tan\beta = \dfrac{c\theta}{k_{11}} = 2\xi\left(\dfrac{\theta}{\omega}\right)$

$$F_0 = y_{g,0}\sqrt{k_{11}^2 + (c\theta)^2} = y_{g,0}k_{11}\sqrt{1 + \left(2\xi\frac{\theta}{\omega}\right)^2}$$

方程（13-74）的稳态振动解为

$$y = \frac{F_0}{k_{11}}\mu\sin(\theta t + \beta - \varepsilon) = y_{g,0}\mu\sqrt{1 + \left(2\xi\frac{\theta}{\omega}\right)^2}\sin(\theta t - \varepsilon + \beta) = y_0\sin(\theta t - \varepsilon + \beta)$$

$$\tag{13-75}$$

式中 $$y_0 = y_{g,0}\mu\sqrt{1 + \left(2\xi\frac{\theta}{\omega}\right)^2} \tag{13-76}$$

y_0 为质量的位移幅值，令它与基础位移幅值之比为隔振效率，则为

$$T_R = \frac{y_0}{y_{g,0}} = \mu\sqrt{1 + \left(2\xi\frac{\theta}{\omega}\right)^2} \tag{13-77}$$

上式与第一类隔振问题所得到的隔振效率完全相同。

13.7　多自由度体系的自由振动

在第四节单自由度体系的自由振动中，主要论述了体系的自振频率（或自振周期）的计算

问题。在多自由度体系的自由振动中,除了要研究体系的自振频率计算外,还要涉及体系的主振型(主模态)计算。

在单自由度体系自由振动中,已经看到,阻尼对体系自振频率的影响很小,因此,在本节中计算体系的自振频率时,对阻尼的影响也不予考虑。此外,在受弯杆件中,略去轴向变形和剪切变形的影响。

13.7.1 柔度法

如图13-40(a)所示为两个自由度体系。在自由振动过程中,任一瞬时,质量 m_1 和 m_2 的位移 $y_1(t)$ 和 $y_2(t)$,可以看作是惯性力 $-m_1\ddot{y}_1(t)$ 和 $-m_2\ddot{y}_2(t)$ 共同作用下产生的位移。这样,应用叠加原理可得

$$
\left.
\begin{aligned}
y_1(t) &= -m_1\ddot{y}_1(t)f_{11} - m_2\ddot{y}_2(t)f_{12} \\
y_2(t) &= -m_1\ddot{y}_1(t)f_{21} - m_2\ddot{y}_2(t)f_{22}
\end{aligned}
\right\}
\tag{13-78}
$$

式中,f_{11}、f_{12}、f_{21}、f_{22} 为柔度系数,它们的意义见图 13-40(b)、(c) 所示。

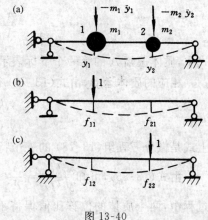

图 13-40

假定微分方程组(13-78)的特解的形式与单自由度体系自由振动的一样,为简谐振动即

$$
\left.
\begin{aligned}
y_1(t) &= A_1\sin(\omega t + \varphi) \\
y_2(t) &= A_2\sin(\omega t + \varphi)
\end{aligned}
\right\}
\tag{13-79}
$$

上式对时间 t 求二阶导数,得

$$
\left.
\begin{aligned}
\ddot{y}_1(t) &= -A_1\omega^2\sin(\omega t + \varphi) \\
\ddot{y}_2(t) &= -A_2\omega^2\sin(\omega t + \varphi)
\end{aligned}
\right\}
\tag{13-80}
$$

将上两式代入式(13-78)中,同时消去公因子 $\sin(\omega t + \varphi)$,并经整理,则得

$$
\left.
\begin{aligned}
\left(f_{11}m_1 - \frac{1}{\omega^2}\right)A_1 + (f_{12}m_2)A_2 &= 0 \\
(f_{21}m_1)A_1 + \left(f_{22}m_2 - \frac{1}{\omega^2}\right)A_2 &= 0
\end{aligned}
\right\}
\tag{13-81}
$$

上式是以质体位移振幅 A_1 和 A_2 为未知量的齐次线性方程组,称它为振型方程(数学上称为特征向量方程)。由于式(13-79)、式(13-80)的特点,可知采用惯性力幅值 $I_i^0 = m_i\omega^2 A_i$ 写出质体位移幅值方程的办法也能得到上式(13-81)。其中 $A_1 = A_2 = 0$ 是一组解,它表明体系不发生振动,这不是我们所要的解。若要体系发生自由振动,应使方程(13-81)有非零解,为此,它的充分必要条件是方程(13-81)的系数行列式等于零,即

$$
D = \begin{vmatrix}
\left(f_{11}m_1 - \dfrac{1}{\omega^2}\right) & f_{12}m_2 \\[2mm]
f_{21}m_1 & \left(f_{22}m_2 - \dfrac{1}{\omega^2}\right)
\end{vmatrix} = 0
\tag{13-82}
$$

由上式可以确定体系的自振频率 ω。因此式(13-82)称为频率方程(数学上称为特征值方程)。

令 $\lambda = \dfrac{1}{\omega^2}$ 代入行列式(13-82)中,展开得 λ 的二次方程,由此可解得两个正实根:λ_1(大值)和 λ_2(小值),相应的两个自振频率为

$$\left.\begin{array}{l} \omega_1 = \sqrt{\dfrac{1}{\lambda_1}} \\[3mm] \omega_2 = \sqrt{\dfrac{1}{\lambda_2}} \end{array}\right\} \tag{13-83}$$

可见,两个自由度体系共有两个自振频率,其中最小的一个 ω_1 称为基本频率或第一频率,较大的 ω_2 称为第二频率。

自振频率确定后,即可根据方程组(13-81)来求质体位移幅值。但由于方程组(13-81)是齐次式,两个方程不是独立的,只能由其中任一方程求出 A_1 和 A_2 的比值。例如对应于 ω_1,由式(13-81)的第一式,得

$$\frac{A_{21}}{A_{11}} = \frac{\left(\dfrac{1}{\omega_1^2} - f_{11} m_1\right)}{f_{12} m_2} = \rho_1 \tag{13-84a}$$

式中,质体振幅 A 的第一个下标表示质体的序号;第二个下标表示频率的序数。

相应的质体运动,由式(13-79)得

$$\left.\begin{array}{l} y_1(t) = A_{11} \sin(\omega_1 t + \varphi_1) \\[2mm] y_2(t) = A_{21} \sin(\omega_1 t + \varphi_1) \end{array}\right\} \tag{13-85}$$

上式是微分方程组(13-78)的一个特解。

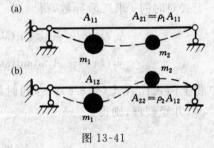

图 13-41

由式(13-85),可知 $\dfrac{y_2(t)}{y_1(t)} = \dfrac{A_{21}}{A_{11}} = \rho_1$。它表明:在振动过程中,两个质体的位移比值保持不变。这种相对位移保持不变的振动形式称为主振型,简称为振型。对应于 ω_1 的振型称为第一振型或基本振型,如图 13-41(a)所示。

对应于 ω_2,由式(13-81)的第一式,得

$$\frac{A_{22}}{A_{12}} = \frac{\left(\dfrac{1}{\omega_2^2} - f_{11} m_1\right)}{f_{12} m_2} = \rho_2 \tag{13-84b}$$

相应的振动形式如图 13-41(b)所示,称为第二振型。也有相应的质体运动,为微分方程组(13-78)的另一个特解。

为了使主振型的振幅有确定的数值比例,通常令某一质量处的位移为1,另一质量处的位移则可由振幅的比值确定。这样求得的主振型称为规格化主振型。

通过上述分析,可以看出:体系的各主振型对应于各个频率,二者均为体系本身的特性所决定。

微分方程组(13-78)的通解可由两个特解的线性组合而成,即体系的自由振动是由各主振型的简谐振动叠加而成的复合振动。

$$y_1(t) = A_{11} \sin(\omega t_1 + \varphi_1) + A_{12} \sin(\omega_2 t + \varphi_2)$$

$$y_2(t) = A_{21} \sin(\omega_1 t + \varphi_1) + A_{22} \sin(\omega_2 t + \varphi_2)$$

应当指出,在一般情况下,由上式确定体系的自由振动不再是简谐运动。只有初始位移和初始速度与主振型相对应这一特定条件下,体系才会按主振型作简谐振动。

【例 13-14】　如图 13-42(a) 所示结构,两处的集中质量 m 相等;支座 C 处为弹性支承,弹簧的刚性系数 $k = \dfrac{3EI}{l^3}$。试求自振频率和振型。

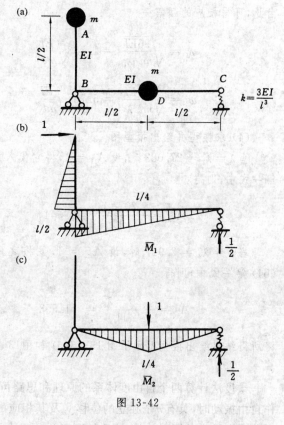

图 13-42

【解】　体系有两自由度,质体运动方向不同。

(1) 求两个方向的柔度系数。绘制 $\overline{M}_1$、$\overline{M}_2$ 图示于图 13-42(b) 和图 13-42(c) 中。由图形相乘及弹簧内力虚功计算得

$$f_{11} = \frac{1}{EI}\left[\frac{1}{3} \times \frac{l}{2} \times \frac{l}{2} \times \frac{l}{2} + \frac{1}{3} \times \frac{l}{2} \times l \times \frac{l}{2}\right] + \frac{1}{2} \times \frac{1}{2} \times \frac{1}{k} = \frac{20l^3}{96EI}$$

$$f_{22} = \frac{2}{EI}\left(\frac{1}{2} \times \frac{l}{2} \times \frac{l}{4} \times \frac{2}{3} \times \frac{l}{4}\right) + \frac{1}{2} \times \frac{1}{2} \times \frac{1}{k_1} = \frac{10l^3}{96EI}$$

$$f_{12} = f_{21} = \frac{1}{EI}\left(\frac{l}{2} \times \frac{l}{4}\right) \times \frac{l}{4} + \frac{1}{2} \times \frac{1}{2} \times \frac{1}{k} = \frac{11l^3}{96EI}$$

(2) 写出振型方程。

将上述柔度系数代入式(13-81)中,即得振型方程

$$\left.\begin{array}{c}\left(\dfrac{20l^3}{96EI}m - \dfrac{1}{\omega^2}\right)A_1 + \dfrac{11l^3}{96EI}mA_2 = 0 \\[3mm] \dfrac{11l^3}{96EI}mA_1 + \left(\dfrac{10l^3}{96EI}m - \dfrac{1}{\omega^2}\right)A_2 = 0\end{array}\right\} \tag{a4}$$

将 $\dfrac{96EI}{ml^3}$ 乘上述方程各项,并令 $\lambda = \dfrac{96EI}{ml^3\omega^2}$,于是式(a4) 写成

$$\left.\begin{array}{c}(20 - \lambda)A_1 + 11A_2 = 0 \\ 11A_1 + (10 - \lambda)A_2 = 0\end{array}\right\} \tag{b4}$$

(3) 写出频率方程,求频率。

由方程(b4)的系数行列式等于零,则得频率方程

$$D = \begin{vmatrix} (20 - \lambda) & 11 \\ 11 & (10 - \lambda) \end{vmatrix} = 0 \tag{c4}$$

上式的展开式为

$$\lambda^2 - 30\lambda + 79 = 0 \tag{d4}$$

解上式得

$$\lambda_1 = 27.083; \quad \lambda_2 = 2.917$$

由此,可得相应的频率

$$\omega_1 = \sqrt{\frac{96EI}{ml^3\lambda_1}} = 1.883\sqrt{\frac{EI}{ml^3}}$$

$$\omega_2 = \sqrt{\frac{96EI}{ml^3\lambda_2}} = 5.737\sqrt{\frac{EI}{ml^3}}$$

(4) 求振型并绘出振型图

当 $\lambda = \lambda_1 = 27.083$ 时,设 $A_{11} = 1$,将它代入方程(b4)第一式中,则得

$$A_{21} = -\frac{20 - \lambda_1}{11} = 0.644$$

当 $\lambda = \lambda_2 = 2.917$ 时,设 $A_{12} = 1$,并将之代入方程(b4)第一式中,则得

$$A_{22} = -\frac{20 - \lambda_2}{11} = -1.553,$$

将所得结果绘出振型图示于图 13-43(a) 和图13-43(b) 中。

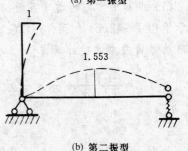

(a) 第一振型

(b) 第二振型

图 13-43

柔度法计算两个自由度体系的原理和思路可推广到任意 n 个自由度体系。在 n 个自由度体系作自由振动时,具有 n 个独立的位移 y_i 及其相应的惯性力 $-m_i\ddot{y}_i(i=1,2,\cdots,n)$,任一质点位移均由若干惯性力共同引起的,按叠加原理并参照式(13-78) 写出 n 个位移方程,集约表示为

$$y_i = -\sum_{j=1}^{n} m_j \ddot{y}_j f_{ij} \quad (i = 1, 2, \cdots, n)$$

或

$$\{y\} = -[F][M]\{\ddot{y}\} \tag{13-86}$$

其 $[F]$ 为 $n \times n$ 阶的柔度矩阵,$[M]$ 为质量矩阵,是 n 阶对角阵。式(13-86) 表示的是 n 行齐次线性微分方程组,它的一般解可由 n 个特解的线性组合。设各特解为

$$y_i(t) = A_i \cdot \sin(\omega t + \varphi)$$

并有相应有

$$\ddot{y}_i(t) = -A_i\omega^2 \cdot \sin(\omega t + \varphi)$$

将其代入式(13-86)并消去公因子 $\sin(\omega t + \varphi)$,即得关于振幅 A_i 的线性代数方程:

$$A_i - \sum m_j\omega^2 f_{ij} \cdot A_j = 0 \quad (i = 1, 2, \cdots, n) \tag{13-87a}$$

或各项除以 ω^2 且合并同类项后,有矩阵形式:

$$([F][M] - \frac{1}{\omega^2}[I])\{A\} = \{0\} \tag{13-87b}$$

称此为振型方程,其中 $\{A\}$ 为振幅向量或振型向量或特征向量,$[I]$ 为对角线元素全为1的对角方阵,或称单位矩阵,圆括号内称为动柔度矩阵。

若将式(13-87a) 展开:

$$\left(m_1 f_{11} - \frac{1}{\omega^2}\right)A + m_2 f_{12}A_2 + \cdots + m_n f_{1n}A_n = 0$$

$$m_1 f_{21}A_1 + \left(m_2 f_{22} - \frac{1}{\omega^2}\right)A_2 + \cdots + m_n f_{2n}A_n = 0$$

$$m_1 f_{i1}A_1 + m_2 f_{i2}A_2 + \cdots + \left(m_i f_{ii} - \frac{1}{\omega^2}\right)A_i + \cdots + m_n f_{in}A_n = 0$$

$$m_1 f_{n1}A_1 + m_2 f_{n2}A_2 + \cdots + m_i f_{ni}A_i + \cdots + \left(m_n f_{nn} - \frac{1}{\omega^2}\right)A_n = 0$$

$$(13\text{-}87\text{c})$$

因 $A_i \neq 0$,则其系数行列式(动柔度矩阵相应行列式)必为零

$$|D|_{n \times n} = 0 \qquad (13\text{-}88)$$

此即相似于式(13-82)的 n 个自由度体系的柔度法频率方程,展开后即可得一个 $\frac{1}{\omega^2}$ 的 n 次代数方程,可解得 n 个正实根即得 n 个频率(称特征值)。将 ω_i 由小到大依次排列,称为频率谱。

将所求得的 $\frac{1}{\omega_i^2}(i = 1, 2, \cdots, n)$ 代入振型方程式(13-87a)的任一行,并令其中一个质体振幅 $A_k = 1$,则可由 $(n-1)$ 个方程解得其他质体振幅的相对值,即为规格化的主振型,可写作振型向量 $\{A\}_i$。其中最低的基频 ω_1 对应的 $\{A\}_1$ 为第一振型,依次有第二振型 …… 可按其中各相对值画出各振型曲线。

【例 13-15】 如图 13-44(a) 所示的对称刚架,质量分布也是对称的。求其自振频率和振型。

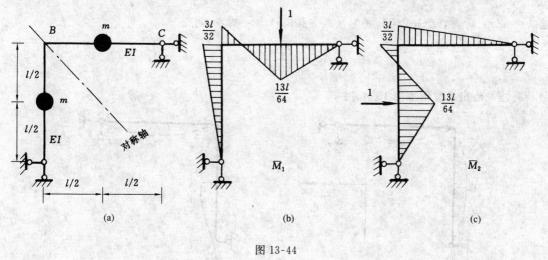

图 13-44

【解】 (1) 求柔度系数。结构是超静定的,作 $\overline{M}_1$、$\overline{M}_2$ 图示于图 13-44(b) 和图 13-44(c),由图形相乘得

$$f_{11} = f_{22} = \frac{23l^3}{1536EI}; \qquad f_{12} = f_{21} = -\frac{9l^3}{1536EI}$$

(2) 列振型方程。将上述柔度系数代入式(13-81) 中,令 $\lambda = \dfrac{1536EI}{ml^3\omega^2}$,经整理后得

$$\left.\begin{array}{l}(23-\lambda)A_1 - 9A_2 = 0 \\ -9A_1 + (23-\lambda)A_2 = 0\end{array}\right\} \tag{a5}$$

(3) 列频率方程,求频率。由式(a5)可写出频率方程

$$D = \begin{vmatrix} (23-\lambda) & -9 \\ -9 & (23-\lambda) \end{vmatrix} = 0 \tag{b5}$$

其展开式为

$$(23-\lambda)^2 - 9^2 = 0$$
$$[(23-\lambda)+9][(23-\lambda)-9] = 0;$$

解得 $\lambda_1 = 32$; $\lambda_2 = 14$

相应的频率为

$$\omega_1 = \sqrt{\frac{1536EI}{ml^3\lambda_1}} = 6.928\sqrt{\frac{EI}{ml^3}} \tag{e5}$$

$$\omega_2 = \sqrt{\frac{1536EI}{ml^3\lambda_2}} = 10.474\sqrt{\frac{EI}{ml^3}}$$

(4) 求振型并绘出振型图

当 $\lambda_1 = 32$ 时,设 $A_{11} = 1$,将它代入方程(a5)第一式中,则得

$$A_{21} = \frac{23-\lambda_1}{9} = -1$$

当 $\lambda = \lambda_2 = 14$ 时,设 $A_{12} = 1$,将它代入方程(a5)第一式中,则得

$$A_{22} = \frac{23-\lambda_2}{9} = 1$$

将所得结果绘出振型图示图 13-45 中。

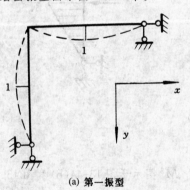

(a) 第一振型

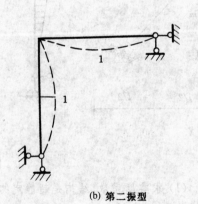

(b) 第二振型

图 13-45

结果表明第一振型是反对称的;第二振型是正对称的。由此可以得到这样的结论:如果结构几何尺寸和质量布置都是对称的,则主振型必分为反对称和正对称的两种。根据此特点,可以用半结构进行分析,从而使计算大为简化。

如图 13-44(a) 所示对称刚架,其质量分布也对称,可沿对称轴取半结构分析。反对称的如图

13-46(a) 所示；正对称的如图 13-46(b) 所示。分别求出各自的柔度 f_{11}、f_{22}，即可按单自由度问题计算各自的自振频率 $\omega_i = \sqrt{\dfrac{1}{mf_{ii}}}$，结果与式(e5) 相同，对应的振型图也易绘出。

(a)
B
m
A
EI
l/2
l/2
(b)
B
m
A
EI
l/2
l/2

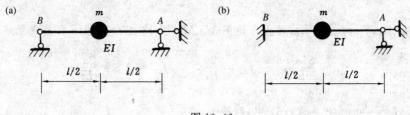

图 13-46

【例 13-16】 如图 13-47(a) 所示一悬臂梁，长度为 $3a$，AB 段抗弯刚度为 EI，不计质量；BC 段为无限刚性，具有均布质量 $\bar{m} = \dfrac{m}{a}$。求频率和振型。

【解】 选质体的质心 O 为参考点，以该点的竖向位移 y 和转角 θ 作为坐标(图 13-47(b))，即体系有两个自由度。对质心的质量为 $m = \bar{m}a$ 及转动惯量为 $J = \dfrac{1}{12}ma^2$（按惯性力对于 O 点为反对称分布而形成的力矩）。在振动过程中，在 O 点上作用有竖向惯性力 $-m\ddot{y}$ 和惯性力矩 $-J\ddot{\theta}$，这样，位移 y 和转角 θ 可用叠加原理写出

$$\left.\begin{aligned} y(t) &= -m\ddot{y}(t)f_{11} - J\ddot{\theta}(t)f_{12} \\ \theta(t) &= -m\ddot{y}(t)f_{21} - J\ddot{\theta}(t)f_{22} \end{aligned}\right\} \tag{a6}$$

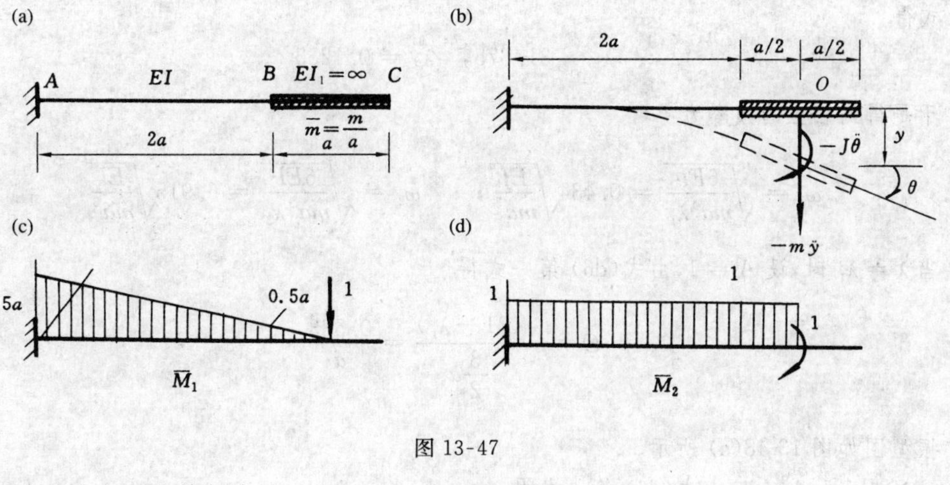

(a)
A
EI
B
$EI_1=\infty$
C
2a
$\bar{m}=\frac{m}{a}$
a
(b)
2a
a/2
a/2
O
$-J\ddot{\theta}$
y
θ
$-m\ddot{y}$
(c)
2.5a
0.5a
1
$\overline{M}_1$
(d)
1
1
1
$\overline{M}_2$

图 13-47

假定上述微分方程组的特解为

$$\left.\begin{aligned} y(t) &= A\sin(\omega t + \varphi) \\ \theta(t) &= \Theta\sin(\omega t + \varphi) \end{aligned}\right\} \tag{b6}$$

式中，A 和 Θ 分别为竖向位移幅值和转角幅值。将式(b6) 及其对时间 t 的二阶导数代入式(a6)，经整理后得出振型方程为

$$\left.\begin{array}{l}\left(mf_{11}-\dfrac{1}{\omega^2}\right)A+(Jf_{12})\Theta=0 \\[3mm] (mf_{21})A+\left(Jf_{22}-\dfrac{1}{\omega^2}\right)\Theta=0\end{array}\right\} \qquad (c6)$$

式中，柔度系数 f_{11}，f_{22}，$f_{12}=f_{21}$，可由弯矩图 $\overline{M}_1$、$\overline{M}_2$（图 13-47(c)、(d)）自乘或互乘得出，即

$$f_{11}=\frac{31a^3}{6EI},\qquad f_{22}=\frac{2a}{EI},\qquad f_{12}=f_{21}=\frac{3a^2}{EI}。$$

将上述系数及 $J=\dfrac{1}{12}ma^2$ 代入求(c6)中，则得

$$\left.\begin{array}{l}(31-\lambda)A+\dfrac{3}{2}a\Theta=0 \\[3mm] \dfrac{18}{a}A+(1-\lambda)\Theta=0\end{array}\right\} \qquad (d6)$$

式中，$\lambda=\dfrac{6EI}{ma^3\omega^2}$。

相应的频率方程为

$$D=\begin{vmatrix}(31-\lambda) & \dfrac{3}{2}a \\[3mm] \dfrac{18}{a} & (1-\lambda)\end{vmatrix}=0 \qquad (e6)$$

式(e6) 的展开式为

$$\lambda^2-32\lambda+4=0$$

解上式得

$$\lambda_1=31.875,\quad \lambda_2=0.1255$$

于是得到相应的频率为

$$\omega_1=\sqrt{\frac{6EI}{ma^3\lambda_1}}=0.434\sqrt{\frac{EI}{ma^3}};\qquad \omega_2=\sqrt{\frac{6EI}{ma^3\lambda_2}}=6.915\sqrt{\frac{EI}{ma^3}}$$

当 $\lambda=\lambda_1$ 时，设 $A=1$，由式(d6) 第一式得

$$\Theta=-\frac{(31-\lambda_1)}{\dfrac{3}{2}a}=\frac{0.583}{a}$$

振型图如图 13-48(a) 所示。

当 $\lambda=\lambda_2$ 时，设 $A=1$，由式(d6) 第一式得

$$\Theta=-\frac{(31-\lambda_2)}{\dfrac{3}{2}a}=-\frac{20.583}{a}$$

振型图如图 13-48(b) 所示。

此题也可另外选取两个独立坐标，但将不能套用式(c6) 的振型方程。

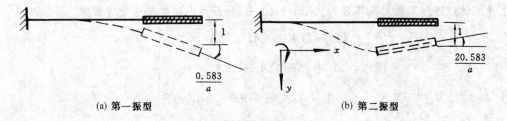

(a) 第一振型　　　　　　　　　　　　　　　(b) 第二振型

图 13-48

【例 13-17】 刚架如图 13-49(a)所示,柱子高度和横梁长度均为 l;梁跨中有一质量为 $2m$,刚度为 $2EI$,柱的中点有一质量为 m,刚度为 EI。试求该刚架的频率和振型。

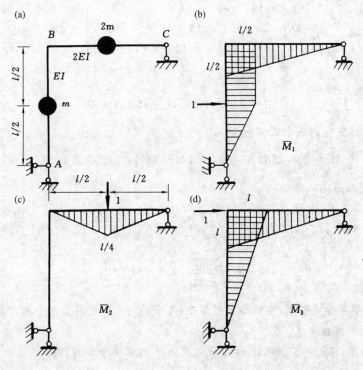

图 13-49

【解】 本题具有三个自由度。(1) 求柔度系数。

作 $\overline{M}_1$、$\overline{M}_2$、$\overline{M}_3$ 图,如图 13-49(b)、(c)、(d)所示。由图形相乘得

$$f_{11} = \frac{5l^3}{24EI};\quad f_{22} = \frac{l^3}{96EI};\quad f_{33} = \frac{l^3}{2EI}。$$

$$f_{12} = f_{21} = \frac{l^3}{64EI};\quad f_{13} = f_{31} = \frac{3l^3}{16EI};\quad f_{23} = f_{32} = \frac{l^3}{32EI}$$

(2) 列特征向量方程(振型方程)。柔度矩阵和质量矩阵分别为

$$[F] = \begin{bmatrix} \dfrac{5}{24} & \dfrac{1}{64} & \dfrac{3}{16} \\[2mm] \dfrac{1}{64} & \dfrac{1}{96} & \dfrac{1}{32} \\[2mm] \dfrac{3}{16} & \dfrac{1}{32} & \dfrac{1}{2} \end{bmatrix} \dfrac{l^3}{EI};\qquad [M] = \begin{bmatrix} 1 & 0 & 0 \\ 0 & 2 & 0 \\ 0 & 0 & 2 \end{bmatrix} m$$

将上述柔度矩阵和质量对角阵代入式(13-87b)中,展开后则得特征向量方程为

$$
\left.
\begin{aligned}
(40-\lambda)A_1 + 6A_2 + 72A_3 &= 0 \\
3A_1 + (4-\lambda)A_2 + 12A_3 &= 0 \\
36A_1 + 12A_2 + (192-\lambda)A_3 &= 0
\end{aligned}
\right\}
\tag{a7}
$$

式中

$$
\lambda = \frac{192EI}{ml^3\omega^2}
\tag{b7}
$$

(3) 列频率方程求频率。由振型方程(a7)的系数组成的行列式等于零即为频率方程：

$$
D = \begin{vmatrix}
(40-\lambda) & 6 & 72 \\
6 & (4-\lambda) & 12 \\
36 & 12 & (192-\lambda)
\end{vmatrix} = 0
$$

其展开式为

$$
\lambda^3 - 236\lambda^2 + 5854\lambda - 16320 = 0
\tag{c7}
$$

用试算法求得上述方程的三个正实根为

$$
\lambda_1 = 208.268270; \quad \lambda_2 = 24.538341; \quad \lambda_3 = 3.1933896
$$

由式(b7)可求得相应的频率

$$
\omega_1 = \sqrt{\frac{192EI}{ml^3\lambda_1}} = 0.960\sqrt{\frac{EI}{ml^3}}; \quad \omega_2 = \sqrt{\frac{192EI}{ml^3\lambda_2}} = 2.797\sqrt{\frac{EI}{ml^3}};
$$

$$
\omega_3 = \sqrt{\frac{193EI}{ml^3\lambda_3}} = 7.754\sqrt{\frac{EI}{ml^3}}
$$

(4) 求主振型并绘振型图。在规格化振型中,可令 $A_{1i} = 1$,则其余两个相对位移 A_{2i}、A_{3i} 可由式(a7)中任意两个方程来求。

先求第一振型。将 $\lambda = \lambda_1$ 和 $A_{11} = 1$ 代入式(a7)的前两个方程,得

$$
\left.
\begin{aligned}
6A_{21} + 72A_{31} - 168.26827 &= 0 \\
-204.26827A_{21} + 12A_{31} + 3 &= 0
\end{aligned}
\right\}
\tag{d7}
$$

方程的解为

$$
A_{21} = 0.1512396; \quad A_{31} = 2.3244560
$$

于是第一振型的列向量可表示为

$$
\{A\}_1 = \begin{Bmatrix} 1 \\ 0.1512396 \\ 2.3244560 \end{Bmatrix}
$$

其次求第二振型。将 $\lambda = \lambda_2$ 和 $A_{12} = 1$ 代入式(a7)的前两个方程,得

$$
\left.
\begin{aligned}
6A_{22} + 72A_{32} + 15.46166 &= 0 \\
-20.538341A_{22} + 12A_{32} + 3 &= 0
\end{aligned}
\right\}
\tag{e7}
$$

方程的解为

$$A_{22} = 0.0196420; \quad A_{32} = -0.2163821$$

于是第二振型的列向量可表示为

$$\{A\}_2 = \left\{ \begin{array}{c} 1 \\ 0.0196420 \\ -0.2163821 \end{array} \right\}$$

最后求第三振型。将 $\lambda = \lambda_3$ 和 $A_{13} = 1$ 代入式 (a7) 的前两个方程,得

$$\left. \begin{array}{r} 6A_{23} + 72A_{33} + 36.80661 = 0 \\ 0.8066104A_{23} + 12A_{33} + 3 = 0 \end{array} \right\} \tag{f7}$$

方程的解为

$$A_{23} = -16.2078760; \quad A_{33} = 0.8394535$$

于是第三振型的列向量可表示为

$$\{A\}_3 = \left\{ \begin{array}{c} 1 \\ -16.2078760 \\ 0.8394535 \end{array} \right\}$$

将求得的振型绘出的振型图示于图 13-50(a)、(b)、(c) 中。

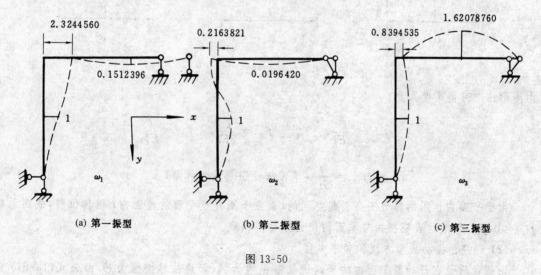

(a) 第一振型　　　　　(b) 第二振型　　　　　(c) 第三振型

图 13-50

【例 13-18】 图 13-51(a) 中 AO 为半径 r 的悬臂圆杆,杆端有一圆盘(图 13-51(b)),与圆盘比较,杆的质量忽略不计。试求考虑圆盘质量、转动惯量和扭转惯量时的振动频率。

【解】 圆盘质块除有杆轴竖平面内的线位移 y 和角位移 θ(图 13-51(a))外,还有盘面内的扭转角 φ(图 13-51(b))。本题共有三个自由度。先明确几项有关的几何性质:

圆盘的半径为 R、厚度为 d、质量密度为 ρ,于是圆盘的质量 $m = \rho \pi R^2 d$。

圆盘对 z 轴的转动惯量 $J_z = \rho \dfrac{\pi R^4}{4} d = \dfrac{1}{4} m R^2$。相应于 O 处倾角 θ, $\dfrac{\pi R^4}{4}$ 是圆盘面积对 Z 轴惯矩。

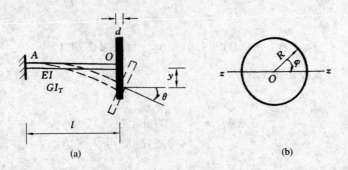

图 13-51

圆盘对圆心(杆轴)O 的扭转惯量 $\quad J_0 = \rho \dfrac{\pi R^4}{2} d = \dfrac{1}{2} m R^2$。$\dfrac{\pi R^4}{2}$ 是圆盘面积对 O 的极惯矩。

圆杆的截面半径为 r,其惯矩 $\quad I = \dfrac{\pi}{4} r^4$。

圆杆的扭转惯矩 $\quad I_T = \dfrac{\pi}{2} r^4 = 2I$。

(1) 求圆杆柔度系数

绘出 $\overline{M}_1$、$\overline{M}_2$ 和 $\overline{M}_T$(单位扭矩图)图示于图 13-52 中。

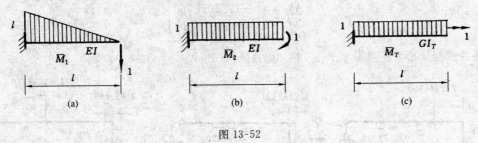

图 13-52

由图形相乘可得柔度系数

$$f_{11} = \frac{l^3}{3EI}, \quad f_{12} = f_{21} = \frac{l^2}{2EI}, \quad f_{22} = \frac{l}{EI}$$

$$f_{33} = \frac{l}{GI_T} \text{(单位扭矩引起的扭转角)}$$

由于平面内作用的静力不会引起空间的(垂直于圆杆竖平面的盘面内)扭转位移,故副系数 $f_{31} = 0$,$f_{32} = 0$。这表明扭振与平面内挠曲振动不耦联。

(2) 列挠曲振动振型方程和频率方程

设圆盘质量在杆轴竖平面内的竖向线位移振幅为 A、倾角位移振幅为 Θ,由公式(13-81)得柔度法的振型方程

$$\left(f_{11} m - \frac{1}{\omega^2} \right) A + f_{12} J_z \Theta = 0$$

$$f_{21} mA + \left(f_{22} J_z - \frac{1}{\omega^2} \right) \Theta = 0$$

将柔度系数及 $J_z = \dfrac{1}{4} m R^2$ 代入上式,得

$$(1-\lambda)A + \frac{3}{8}\frac{R^2}{l}\Theta = 0 \quad\Bigg\}$$

$$\frac{3}{2l}A + \left(\frac{3}{4}\frac{R^2}{l^2} - \lambda\right)\Theta = 0 \quad\Bigg\} \qquad (a8)$$

式中，$\lambda = \dfrac{3EI}{ml^3\omega^2}$。

令振型方程(a8)的系数行列式为零，将其展开得频率方程

$$\lambda^2 - \left(1 + \frac{3}{4}\psi^2\right)\lambda + \frac{3}{16}\psi^2 = 0$$

式中，$\psi = \dfrac{R}{l}$。

解频率方程得

$$\lambda_{\frac{1}{2'}} = \frac{1}{8}\left[(4 + 3\psi^2) \mp \sqrt{16 + 12\psi^2 + 9\psi^4}\right] \qquad (b8)$$

求出 $\lambda_{\frac{1}{2'}}$ 后，即得频率

$$\omega_{2'}^1 = \sqrt{\frac{3EI}{ml^3\lambda_{\frac{1}{2'}}}} = \frac{1}{\sqrt{\lambda_{\frac{1}{2'}}}}\omega_0 \qquad (c8)$$

上式为考虑圆盘转动惯量的频率。其中 $\omega_0 = \sqrt{\dfrac{3EI}{ml^3}}$ 为不考虑圆盘转动惯量的频率。

根据不同的 $\psi = \dfrac{R}{l}$ 值先由式(b8)求出 λ_1、λ_2，而后由式(c8)即可得出 ω_1、ω_2。所得结果列于表 13-1 中。

(3) 列扭转振动方程，求扭振频率

也用柔度法建立扭振微分方程。圆盘在任一时刻 t 的扭角 $\varphi(t)$，其大小是由惯性扭矩 $J_0\ddot{\varphi}(t)$ 作用下产生的，方向与 $\ddot{\varphi}(t)$ 相反。于是得到

$$\varphi(t) = -f_{33}J_0\ddot{\varphi}(t) \qquad (d8)$$

令 $\omega_3^2 = \dfrac{1}{J_0 f_{33}}$，上式可改写成

$$\ddot{\varphi}(t) + \omega_3^2\varphi(t) = 0$$

参照单自由振动方程解式(13-12b)，其解为 $\varphi(t) = \varphi_0\cos\omega_3 t + \dfrac{\dot{\varphi}_0}{\omega_3}\sin\omega_3 t$

式中，φ_0 为初始扭角；$\dot{\varphi}_0$ 为扭角初始速度；将 $f_{33} = \dfrac{l}{GI_T}$，$J_0 = \dfrac{1}{2}mR^2$，$I_T = 2I$ 及 $G = 0.4E$ 代入上式，经整理后得扭振频率

$$\omega_3 = \sqrt{\frac{1}{J_0 f_{33}}} = 0.7303\frac{1}{\psi}\sqrt{\frac{3EI}{ml^3}} = 0.7303\frac{1}{\psi}\omega_0 \qquad (e8)$$

将不同的 $\psi = \dfrac{R}{l}$ 值代入上式，即可求得 ω_3。现将所得结果列于表 13-1 中。

表 13-1   挠曲振动与扭振频率$\left(\text{表中数值乘 } \omega_0 = \sqrt{\dfrac{3EI}{ml^3}}\right)$

$\psi = \dfrac{R}{l}$	0	1/6	1/5	1/4	1/3	1/2	1
ω_1	1	0.992	0.989	0.983	0.970	0.934	0.782
ω_2		13.965	11.677	9.400	7.146	4.946	2.953
ω_3		4.382	3.652	2.921	2.191	1.461	0.7303

表中结果表明,当 $\psi \leqslant \dfrac{1}{3}$ 时,基频 ω_1 变化很小,而 ω_2、ω_3 则随 ψ 的减小迅速增大。

在高层建筑结构的动力分析中,考虑空间作用,扭振与线位移振动彼此耦联。由此,在地震反应计算中,要考虑扭振效应的影响。而且扭振频率越接近基本频率,扭振效应的影响越显著。

13.7.2 刚度法

现以图 13-53(a) 两个自由度体系为例来介绍刚度法。刚度法是以平衡条件建立运动方程的。设取质量作为隔离体如图 13-53(b) 所示,各作用有自身惯性力和弹性恢复力 F_s。根据达朗贝尔原理可得平衡方程

$$\left.\begin{array}{l} -m_1 \ddot{y}_1 - F_{s1} = 0 \\ -m_2 \ddot{y}_2 - F_{s2} = 0 \end{array}\right\} \qquad (13\text{-}89)$$

弹性恢复力 F_s 的大小与质量的位移 y_1 和 y_2 有关。由于所考虑的振动体系是线性的,因而可以用叠加原理表示为

$$\left.\begin{array}{l} F_{s1} = k_{11}y_1 + k_{12}y_2 \\ F_{s2} = k_{21}y_1 + k_{22}y_2 \end{array}\right\} \qquad (13\text{-}90)$$

式中,k_{11},k_{21}、k_{21}、k_{22} 为刚度系数,它们的意义如图 13-53(c) 和图 13-53(d) 所示。将上式代入式 (13-89) 中,则得

$$\left.\begin{array}{l} m_1 \ddot{y}_1 + k_{11}y_1 + k_{12}y_2 = 0 \\ m_2 \ddot{y}_2 + k_{21}y_1 + k_{22}y_2 = 0 \end{array}\right\} \qquad (13\text{-}91)$$

式 (13-91) 即为按刚度法建立的运动微分方程。假定微分方程组特解的形式仍和单自由度体系自由振动的一样为简谐振动,即为

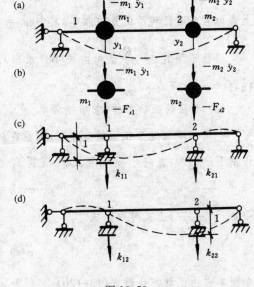

图 13-53

$$\left.\begin{array}{l} y_1(t) = A_1 \sin(\omega t + \varphi) \\ y_2(t) = A_2 \sin(\omega t + \varphi) \end{array}\right\}$$

将上式及其对时间 t 的二阶导数代入式 (13-91) 中,消去公因子 $\sin(\omega t + \varphi)$ 后,经整理得

$$(k_{11} - \omega^2 m_1)A_1 + k_{12}A_2 = 0 \atop k_{21}A_1 + (k_{22} - \omega^2 m_2)A_2 = 0 \Bigg\}$$ (13-92)

上式是以质体位移振幅 A_1 和 A_2 为未知量的齐次线性方程组,称它为振型方程(数学上称为广义特征向量方程)。它也可用弹性力幅值和惯性力幅值在质体上的平衡方程写出。方程组有非零解的必要充分条件是方程组的系数行列式为零,即

$$D = \begin{vmatrix} (k_{11} - \omega^2 m_1) & k_{12} \\ k_{21} & (k_{22} - \omega^2 m_2) \end{vmatrix} = 0$$ (13-93)

由上式可以确定体系的自振频率。因此方程式(13-93)称为频率方程(数学上称为广义特征值方程)。将所求得的自振频率 ω_1 和 ω_2 代入振型方程式(13-92)中,即可求得相应的振型。

对于 n 个自由度的体系作自由振动时,任一质体 m_i 上受有惯性力 $-m_i\ddot{y}_i$ 和弹性力 $-F_{si} = -(k_{i1} \cdot y_1 + k_{i2} \cdot y_2 + \cdots + k_{in} \cdot y_n)$ 的作用,因设每个质体的位移为简谐式 $y_i(t) = A_i \sin(\omega t + \varphi)$,故各力同时达到幅值,从而可用幅值方程表达各质体的平衡:

$$\sum_{j=1}^{n} k_{ij}A_j - \omega^2 m_i A_i = 0 \quad (i = 1,2,\cdots,n)$$

展开并将同类项合并得刚度法的振型方程

$$\begin{array}{l} (k_{11} - m_1\omega^2)A_1 + k_{12}A_2 + \cdots + k_{1n}A_n = 0 \\ k_{21}A_1 + (k_{22} - m_2\omega^2)A_2 + \cdots + k_{2n}A_n = 0 \\ k_{i1}A_1 + \cdots + (k_{ii} - m_i\omega^2)A_i + \cdots + k_{in}A_n = 0 \\ k_{n1}A_1 + k_{n2}A_2 + \cdots + k_{ni}A_i + \cdots + (k_{nn} - m_n\omega^2)A_n = 0 \end{array} \Bigg]$$ (13-94a)

式(13-94a)表达成矩阵形式:

$$([K] - \omega^2[M])\{A\} = 0$$ (13-94b)

其中 $[K]$ 是单个刚度系数组成的刚度矩阵,圆括号内称动刚度矩阵,质量矩阵 $[M]$ 是对角阵。上列齐次线性方程组具有非零解,则必使其系数行列式(动刚度矩阵的行列式)等于零

$$|D|_{n \times n} = 0$$ (13-95)

此即 n 个自由度体系的刚度法频率方程。由此可解出 n 个频率。将各频率依序回代入式(13-94),即可依次确定体系的各主振型。

【例 13-19】 如图 13-54(a)所示刚架,横梁为无限刚性,柱子的刚度为 EI,有两个集中质量 m,试用刚度法求自振频率和振型。

【解】 (1)求质体振动位移方向上的刚度系数

体系有两自由度。先在质量 m 的运动方向上增设附加链杆 C 和 E,然后令链杆 C 和链杆 E 分别移动单位位移,并绘出相应的弯矩图如图 13-54(b)和图 13-54(c)所示。由此,根据截面的静力平衡条件不难求得

$$k_{11} = \frac{3i}{l^2}; \quad k_{12} = k_{21} = -\frac{3i}{l^2}; \quad k_{22} = \frac{27i}{l^2}$$

(2)列振型方程。将所求得的刚度系数代入振型方程(13-92)中,经整理后得到

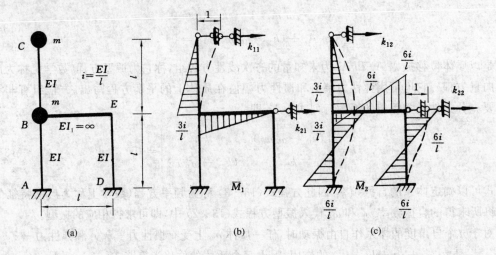

图 13-54

$$(3-\eta)A_1 - 3A_2 = 0 \atop -3A_1 + (27-\eta)A_2 = 0 \Big\} \tag{a9}$$

式中
$$\eta = \frac{ml^3}{EI}\omega^2 \tag{b9}$$

（3）列频率方程并求其解

令式（a9）的系数行列式为零，即为频率方程

$$D = \begin{vmatrix} (3-\eta) & -3 \\ -3 & (27-\eta) \end{vmatrix} = 0 \tag{c9}$$

其展开式为
$$\eta^2 - 30\eta + 72 = 0$$

其解自小到大排列为
$$\eta_1 = 2.6307$$
$$\eta_2 = 27.3693$$

利用式（b9）可求得

$$\omega_1 = \sqrt{\frac{EI}{ml^3}\eta_1} = 1.622\sqrt{\frac{EI}{ml^3}}; \quad \omega_2 = \sqrt{\frac{EI}{ml^3}\eta_2} = 5.232\sqrt{\frac{EI}{ml^3}}。$$

（4）求振型

先求第一振型。现将 $\eta = \eta_1$，$A_{11} = 1$ 代入式（a9）的第一个方程中，得

$$A_{21} = \frac{3-\eta_1}{3} = 0.1231$$

后求第二振型。将 $\eta = \eta_2$，$A_{12} = 1$ 代入式（a9）的第一个方程中，得

$$A_{22} = \frac{3-\eta_2}{3} = -8.1231$$

将求得的振型表为向量形式，即为

$$\{A\}_1 = \left\{ \begin{array}{c} 1 \\ 0.1231 \end{array} \right\}; \quad \{A\}_2 = \left\{ \begin{array}{c} 1 \\ -8.1231 \end{array} \right\}$$

它们对应的振型图示于图 13-55(a)、(b) 中。

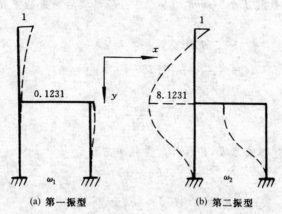

　　　　(a) 第一振型　　　　　　　　　(b) 第二振型

图 13-55

【例 13-20】　用刚度法求例 13-16 的频率和振型。该例为悬臂梁结构，BC 段均布质量 $\overline{m}$。

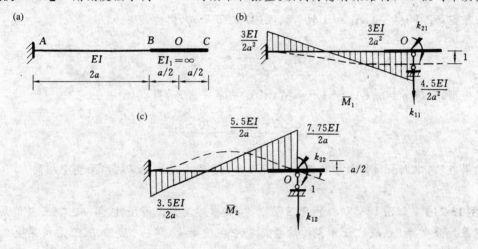

图 13-56

【解】　已知该例 BC 无限刚性，具有均布质量，若以质心 O 作为参考点，对该点的质量和惯量分别为 $m = \overline{m}a$ 和 $J = \dfrac{1}{12}ma^2$。在振动过程中，O 点有两个独立位移，即竖向线位移和转角。为了求结构的刚度系数，先在 O 点加上限制竖向移动的链杆和限制转动的刚性臂（图 13-56(b)、(c)）。然后分别令链杆和刚臂产生单位位移，据此绘得弯矩图 $\overline{M}_1$ 图和 $\overline{M}_2$ 图。根据结点 O 隔离体的平衡条件 $\sum Y = 0$ 和 $\sum M = 0$，不难求得

$$k_{11} = \frac{3EI}{2a^3}; \quad k_{12} = k_{21} = -\frac{4.5EI}{2a^2}; \quad k_{22} = \frac{7.75EI}{2a}$$

　　按本例中以 O 点的竖向线位移 y 和转角 θ 作为参数，需要将刚度法振型方程式(13-92)改写成

$$\left.\begin{array}{r} (k_{11} - \omega^2 m)A + k_{12}\Theta = 0 \\ k_{21}A + (k_{22} - \omega^2 J)\Theta = 0 \end{array}\right\}$$

将上述求得的各系数及 $J = \dfrac{1}{12}ma^2$ 代入上式,经整理后得振型方程为

$$\left.\begin{array}{r} (3 - \eta)A - 4.5a\Theta = 0 \\ -\dfrac{4.5}{a}A + \left(7.75 - \dfrac{1}{12}\eta\right)\Theta = 0 \end{array}\right\} \tag{a10}$$

式中
$$\eta = \frac{2ma^3}{EI}\omega^2 \tag{b10}$$

令式(a10)的系数行列式为零,并展开则得频率方程
$$\eta^2 - 96\eta + 36 = 0 \tag{c10}$$

其解为 $\qquad \eta_1 = 0.3765; \quad \eta_2 = 95.6235$

利用公式(b10)则可求相应的频率

$$\omega_1 = \sqrt{\frac{EI\eta_1}{2ma^3}} = 0.434\sqrt{\frac{EI}{ma^3}}; \quad \omega_2 = \sqrt{\frac{EI\eta_2}{2ma^3}} = 6.915\sqrt{\frac{EI}{ma^3}}$$

求第一振型,可将 $\eta = \eta_1$,$A_1 = 1$ 代入式(a10)的第一式,则得

$$\Theta_1 = \frac{3 - \eta_1}{4.5a} = \frac{0.583}{a}$$

求第二振型,可将 $\eta = \eta_2$,$A_2 = 1$ 代入式(a10)的第一式,则得

$$\Theta_2 = \frac{3 - \eta_2}{4.5a} = -\frac{20.583}{a}$$

结果表明,本例所得的频率和振型与【例 13-16】用柔度法计算的结果完全相同。

【例 13-21】 如图 13-57(a)所示三层刚架,其横梁均为无限刚性,第一、二、三层的层间抗剪刚度系数分别为 $3k$、k、k。设刚架的质量都集中在横梁上,第一、第二、第三层横梁上的质量分别为 $4m$、$2m$、m。试求该刚架的频率和振型。

【解】 (1)求体系的刚度系数。对图 13-57(b)、(c)、(d)的各层横梁分别逐一施以单位位移,不难求得体系的各刚度系数

$$k_{11} = 4k;\ k_{22} = 2k;\ k_{33} = k;\ k_{12} = k_{21} = -k;\ k_{13} = k_{31} = 0;\ k_{23} = k_{32} = -k$$

(2)列振型方程。将上列刚度系数及各层质量 $m_1 = 4m$、$m_2 = 2m$、$m_3 = m$ 代入式(13-94)中,经整理后得广义特征向量方程为

$$\left.\begin{array}{r} (4 - 4\eta)A_1 - A_2 = 0 \\ -A_1 + (2 - 2\eta)A_2 - A_3 = 0 \\ -A_2 + (1 - \eta)A_3 = 0 \end{array}\right\} \tag{a11}$$

式中
$$\eta = \frac{m\omega^2}{k} \tag{b11}$$

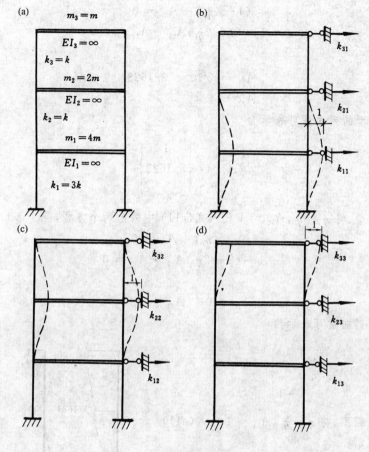

图 13-57

（3）列频率方程并求解。令式（a11）的系数行列为零，即为频率方程

$$D = \begin{vmatrix} (4-4\eta) & -1 & 0 \\ -1 & (2-2\eta) & -1 \\ 0 & -1 & (1-\eta) \end{vmatrix} = 0 \qquad (c11)$$

其展开式为

$$(1-\eta)\left((1-\eta)^2 - \frac{5}{8}\right) = 0$$

其解为

$$\eta_1 = 1 - \sqrt{\frac{5}{8}}; \quad \eta_2 = 1; \quad \eta_3 = 1 + \sqrt{\frac{5}{8}}$$

从式（b11）可以求出

$$\omega_1 = \sqrt{\frac{k\eta_1}{m}} = 0.4576\sqrt{\frac{k}{m}}; \quad \omega_2 = \sqrt{\frac{k\eta_2}{m}} = \sqrt{\frac{k}{m}};$$

$$\omega_3 = \sqrt{\frac{k\eta_3}{\omega}} = 1.3383\sqrt{\frac{k}{m}}$$

（4）求振型。先求第一振型。将 $\eta = \eta_1$，$A_{11} = 1$ 代入（a11）中的第一、第二方程中，得

$$(4-4\eta_1)-A_{21}=0$$
$$-1+(2-2\eta_1)A_{21}-A_{31}=0$$

解上列方程,得

$$A_{21}=\sqrt{10}=3.1623$$
$$A_{31}=4$$

于是第一振型的列向量可表示为

$$\{A\}_1=\begin{Bmatrix}1\\3.1623\\4\end{Bmatrix}$$

再求第二振型。将 $\eta=\eta_2$,$A_{12}=1$ 代入式(a11)中的前两个方程,得

$$(4-4\eta_2)-A_{22}=0$$
$$-1+(2-2\eta_2)A_{22}-A_{32}=0$$

解上列方程,得

$$A_{22}=0;\quad A_{32}=-1$$

于是第二振型的列向量可表示为

$$\{A\}_2=\begin{Bmatrix}1\\0\\-1\end{Bmatrix}$$

最后求第三振型。将 $\eta=\eta_3$,$A_{13}=1$ 代入(a11)中的前两个方程,得

$$(4-4\eta_3)-A_{23}=0$$
$$-1+(2-2\eta_3)A_{23}-A_{33}=0$$

解上列方程,得

$$A_{23}=-\sqrt{10}=-3.1623;\quad A_{33}=4$$

于是第三振型的列向量可表示为

$$\{A\}_3=\begin{Bmatrix}1\\-3.1623\\4\end{Bmatrix}$$

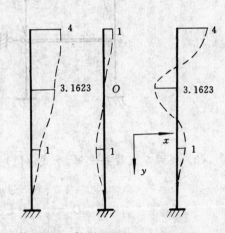

(a) 第一振型　(b) 第二振型　(c) 第三振型

图 13-58

将求得的振型绘出振型图示于图 13-58(a)、(b)、(c) 中。

13.8　主振型的正交性

从体系的振型分析中可知,具有 n 个自由度的体系,必有 n 个主振型。本节将用功的互等定理证明,各主振型之间具有正交的特性。利用这一特性,可以使多自由度体系受迫振动的反应计算大为简化。

图 13-59(a)、(b) 分别表示具有 n 个自由度体系的第 i 主振型曲线和第 j 主振型曲线。图中 $m_s\omega_i^2 A_{si}$ 和 $m_s\omega_j^2 A_{sj}$ 分别表示第 i 主振型和第 j 主振型在中间的质量 m_s 上所对应的惯性力。

现在来证明主振型之间的正交性。

先以图 13-59(a) 的惯性力对图 13-59(b) 的位移作虚功,得

$$T_{ij} = m_1\omega_i^2 A_{1i}A_{1j} + \cdots + m_s\omega_i^2 A_{si}A_{sj}$$
$$+ \cdots + m_n\omega_i^2 A_{ni}A_{nj}$$

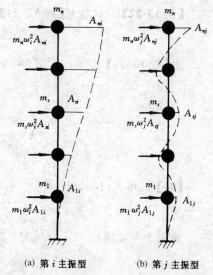

(a) 第 i 主振型　　(b) 第 j 主振型

图 13-59

再以图 13-59(b) 的惯性力对图 13-59(a) 的位移作虚功,得

$$T_{ji} = m_1\omega_j^2 A_{1j}A_{1i} + \cdots$$
$$+ m_s\omega_j^2 A_{sj}A_{si} + \cdots + m_n\omega_j^2 A_{nj}A_{ni}$$

根据功的互等定理 $T_{ij} = T_{ji}$。可得

$$m_1\omega_i^2 A_{1i}A_{1j} + \cdots + m_s\omega_i^2 A_{si}A_{sj} + \cdots + m_n\omega_i^2 A_{ni}A_{nj}$$
$$= m_1\omega_j^2 A_{1j}A_{1i} + \cdots + m_s\omega_j^2 A_{sj}A_{si} + \cdots + m_n\omega_j^2 A_{nj}A_{ni}$$

即

$$(\omega_i^2 - \omega_j^2)(m_1 A_{1i}A_{1j} + \cdots + m_s A_{si}A_{sj} + \cdots + m_n A_{ni}A_{nj}) = 0$$

因 $\omega_i^2 \neq \omega_j^2$,故有

$$m_1 A_{1i}A_{1j} + \cdots + m_s A_{si}A_{sj} + \cdots + m_n A_{ni}A_{nj} = 0 \qquad (13\text{-}96a)$$

上式表明具有 n 个自由度体系的第 i 主振型和第 j 主振型以质量作为权的正交性质,称它为第一正交性。

若将式(13-96a)以矩阵形式表示,则

$$\begin{Bmatrix} A_{1i} \\ A_{2i} \\ \vdots \\ A_{ni} \end{Bmatrix}^{T} \begin{bmatrix} m_1 & & & 0 \\ & m_2 & & \\ & & \ddots & \\ 0 & & & m_n \end{bmatrix} \begin{Bmatrix} A_{1j} \\ A_{2j} \\ \vdots \\ A_{nj} \end{Bmatrix} = \{0\}$$

两个振型向量与质量矩阵相乘应得零。或简写为

$$\{A\}_i^{T}[M]\{A\}_j = \{0\} \qquad (13\text{-}96b)$$

此外,由式(13-94)

$$([K] - \omega_j^2[M])\{A\}_j = \{0\}$$

上式左乘 $\{A\}_i^{T}$,得

$$\{A\}_i^{T}[K]\{A\}_j = \omega_j^2\{A\}_i^{T}[M]\{A\}_j$$

由于 $\{A\}_i^{T}[M]\{A\}_j = \{0\}$,于是得到

$$\{A\}_i^{T}[K]\{A\}_j = \{0\} \qquad (13\text{-}97)$$

上式表明具有 n 个自由度体系的第 i 主振型和第 j 主振型以刚度作为权的正交性质,称它为第二正交性。

振型正交性的物理意义是表明体系按某一振型振动时,它的惯性力不会在其他振型上作功,也就是说它的能量不会转移到其他振型上去。运用式(13-96)或式(13-97)可检验体系自振频率计算的正确性。

【例 13-22】 试验算【例 13-21】所求得的各个主振型相互之间的正交性。

由【例 13-21】已知：$[M] = m\begin{bmatrix} 4 & 0 & 0 \\ 0 & 2 & 0 \\ 0 & 0 & 1 \end{bmatrix}$；$\{A\}_1 = \begin{Bmatrix} 1 \\ \sqrt{10} \\ 4 \end{Bmatrix}$

$$\{A\}_2 = \begin{Bmatrix} 1 \\ 0 \\ -1 \end{Bmatrix}; \quad \{A\}_3 = \begin{Bmatrix} 1 \\ -\sqrt{10} \\ 4 \end{Bmatrix}$$

【解】 由式(13-96b) 得

振型 1 与 2 间 $\quad \{A\}_1^T [M] \{A\}_2 = m \begin{Bmatrix} 1 \\ \sqrt{10} \\ 4 \end{Bmatrix}^T \begin{bmatrix} 4 & 0 & 0 \\ 0 & 2 & 0 \\ 0 & 0 & 1 \end{bmatrix} \begin{Bmatrix} 1 \\ 0 \\ -1 \end{Bmatrix}$

$$= m[1 \times 4 \times 1 + \sqrt{10} \times 2 \times 0 + 4 \times 1 \times (-1)] = m(4-4) = 0$$

振型 1 与 3 间 $\quad \{A\}_1^T [M] \{A\}_3 = m \begin{Bmatrix} 1 \\ \sqrt{10} \\ 4 \end{Bmatrix}^T \begin{bmatrix} 4 & 0 & 0 \\ 0 & 2 & 0 \\ 0 & 0 & 1 \end{bmatrix} \begin{Bmatrix} 1 \\ -\sqrt{10} \\ 4 \end{Bmatrix}$

$$= m[1 \times 4 \times 1 + \sqrt{10} \times 2 \times (-\sqrt{10}) + 4 \times 1 \times 4]$$
$$= m(4 - 20 + 16) = 0$$

振型 2 与 3 间 $\quad \{A\}_2^T [M] \{A\}_3 = m \begin{Bmatrix} 1 \\ 0 \\ -1 \end{Bmatrix} \begin{bmatrix} 4 & 0 & 0 \\ 0 & 2 & 0 \\ 0 & 0 & 1 \end{bmatrix} \begin{Bmatrix} 1 \\ -\sqrt{10} \\ 4 \end{Bmatrix}$

$$= m[1 \times 4 \times 1 + 0 \times 2 \times (-\sqrt{10}) + (-1) \times 1 \times 4]$$
$$= m(4-4) = 0$$

上述计算验证了各主振型之间满足正交性，表明频率与振型计算是正确的。

13.9 多自由度体系的强迫振动

本节先讨论多自由度体系在简谐荷载作用下不考虑阻尼影响的强迫振动，然后再讨论体系在任意荷载作用下考虑阻尼影响的强迫振动。

13.9.1 体系在简谐荷载作用下不考虑阻尼影响的强迫振动

1. 柔度法

图 13-60(a) 为 n 个自由度体系受 K 个相同频率 θ 的简谐荷载作用。在不考虑阻尼影响的情况下，体系上任一质量的位移是由 n 个惯性力和 K 个荷载共同作用下所产生的。任一质量 m_i 的位移可根据叠加原理得到

$$y_i = \sum_{j=1}^{n} f_{ij} I_j + \Delta_{iP} \sin\theta t \quad (i = 1, 2, \cdots, n) \tag{13-98}$$

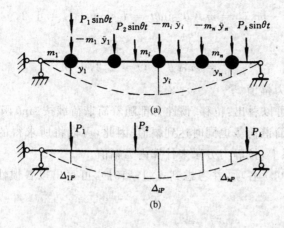

图 13-60

式中 $\Delta_{iP}(i=1,2,\cdots,n)$ 表示由简谐荷载幅值在第 i 个质量位移方向上所产生的静位移,如图 13-60(b) 所示,其中有的荷载并不作用在质体上。现将惯性力 $I_j=-m_j\ddot{y}_j(j=1,2,\cdots,n)$ 代入式(13-98),则得到一个二阶的非齐次线性微分方程组,即

$$y_i=-\sum_{j=1}^{n}f_{ij}m_j\ddot{y}_j+\Delta_{iP}\sin\theta t$$

或写成

$$\sum_{j=1}^{n}f_{ij}m_j\ddot{y}_j+y_i=\Delta_{iP}\sin\theta t \tag{13-99}$$

上列微分方程组的通解由齐次解和特解两部分组成。齐次解为自由振动,由于体系实际上存在阻尼,因此这部分振动将迅速衰减掉;余下的特解部分为稳态阶段的纯强迫振动。设特解的形式为

$$y_i=A_i\sin\theta t \quad (i=1,2,\cdots,n) \tag{a}$$

式中,A_i 为任一质体的位移幅值。将上式及其对时间 t 的二阶导数代入式(13-99)中,消去公因子 $\sin\theta t$ 经整理后展开得

$$\left.\begin{aligned}
&\left(m_1f_{11}-\frac{1}{\theta^2}\right)A_1+m_2f_{12}A_2+\cdots+m_nf_{1n}A_n+\frac{\Delta_{1P}}{\theta^2}=0\\
&m_1f_{21}A_1+\left(m_1f_{22}-\frac{1}{\theta^2}\right)A_2+\cdots+m_nf_{2n}A_n+\frac{\Delta_{2P}}{\theta^2}=0\\
&\vdots\qquad\vdots\qquad\vdots\qquad\vdots\qquad\vdots\\
&m_1f_{n1}A_1+m_2f_{n2}A_2+\cdots+\left(m_nf_{nn}-\frac{1}{\theta^2}\right)A_n+\frac{\Delta_{nP}}{\theta^2}=0
\end{aligned}\right\} \tag{13-100}$$

上式为线性方程组,由此方程可求得简谐荷载作用下各质体的位移幅值。

由于式(a),可见在式(13-99)中各项同时达到幅值,故也可用列幅值方程的方式得上式(13-100)。

应当指出:当荷载频率 θ 与体系的任一个自振频率 ω_i 相同时,式(13-100)的系数行列式将等于式(13-88)所表示的行列式,即 $D=0$。这时位移幅值为无限大,即出现共振现象。

求得位移幅值 A_i 后即可求出任一质体的惯性力。

$$I_i = -m_i \ddot{y}_i = m_i A_i \theta^2 \sin\theta t = I_i^0 \sin\theta t \quad (i = 1, 2, \cdots, n) \tag{b}$$

式中

$$I_i^0 = m_i A_i \theta^2 \quad (i = 1, 2, \cdots, n) \tag{13-101}$$

为任一质体 m_i 的惯性力幅值。

从式(a)和式(b)可以看出:位移、惯性力都随着简谐荷载按 $\sin\theta$ 函数作简谐变化。当位移达到幅值时,惯性力和简谐荷载也同时达到幅值。因此,可以将所求得的惯性力幅值和简谐荷载幅值同时作用在体系上,按静力方法来计算内力幅值。

若以 θ^2 乘式(13-100)各项,并考虑到式(13-101),可写出以各惯性力幅值为未知量的方程组

$$\left. \begin{aligned} \left(f_{11} - \frac{1}{m_1\theta^2}\right)I_1^0 + f_{12}I_2^0 + \cdots + f_{1n}I_n^0 + \Delta_{1P} &= 0 \\ f_{21}I_1^0 + \left(f_{22} - \frac{1}{m_2\theta^2}\right)I_2^0 + \cdots + f_{2n}I_n^0 + \Delta_{2P} &= 0 \\ \vdots \qquad \vdots \qquad \vdots \qquad \vdots \qquad \vdots \qquad \vdots \\ f_{n1}I_1^0 + f_{n2}I_2^0 + \cdots + \left(f_{nn} - \frac{1}{m_n\theta^2}\right)I_n^0 + \Delta_{nP} &= 0 \end{aligned} \right\} \tag{13-102}$$

解此方程组即可求得各惯性力幅值。由此,可根据式(13-101)求出位移幅值,即

$$A_i = \frac{I_i^0}{m_i\theta^2} \tag{c}$$

2. 刚度法

图 13-61(a) 为一具有 n 个自由度的结构在质量上受有动力荷载作用。当体系振动时,各质量的位移为 $y_1(t), y_2(t), \cdots, y_n(t)$。现取任一质量 m_i 作为隔离体(图 13-61(b)),其上受到惯性力 $-m_i\ddot{y}_i$、弹性力 $-F_{si}$ 和动力荷载 $P_i(t)$ 作用。根据达朗贝尔原理可列出第 i 质体的动力平衡方程

$$-m_i\ddot{y}_i - F_{si} + P_i(t) = 0$$

或

$$m_i\ddot{y}_i + F_{si} = P_i(t) \quad (i = 1, 2, \cdots, n) \tag{13-103a}$$

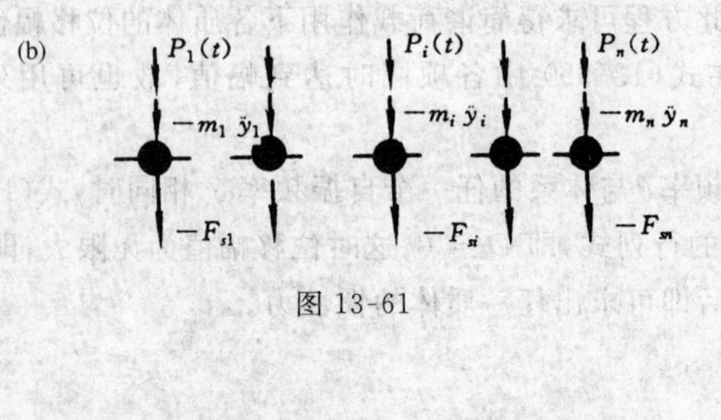

图 13-61

式中,弹性力 F_{si} 与诸质体位移 y_i 之间的关系见式(13-90),于是上式写作

$$m_i \ddot{y}_i + \sum_{j=1}^{n} k_{ij} y_j = P_i(t) \quad (i = 1, 2, \cdots, n) \tag{13-103b}$$

此即为按刚度法建立的 n 个自由度体系不考虑阻尼情况时的运动方程,通常可表示为下列矩阵形式

$$[M]\{\ddot{y}\} + [K]\{y\} = \{P(t)\} \tag{13-103c}$$

式中,$\{\ddot{y}\}$、$\{y\}$、$\{P(t)\}$ 分别表示加速度向量、位移向量和荷载向量。

当动力荷载均为简谐荷载 $P_i(t) = P_i \sin\theta t$ 时,式(13-103)成为

$$m_i \ddot{y}_i + \sum_{j=1}^{n} k_{ij} y_j = P_i \sin\theta t \quad (i = 1, 2, \cdots, n) \tag{13-104}$$

假定上述微分方程的特解形式为

$$y_j(t) = A_i \sin\theta t \quad (i = 1, 2, \cdots, n)$$

将上式及其对时间 t 的二阶导数代入式(13-104)中,消去公因子 $\sin\theta t$ 后,则得

$$\sum_{j=1}^{n} k_{ij} - \theta^2 m_i A_i = P_i \quad (i = 1, 2, \cdots, n) \tag{13-105a}$$

将上式展开,同时将同类项归并,即为

$$\left. \begin{array}{c} (k_{11} - m_1\theta^2)A_1 + k_{12}A_2 + \cdots + k_{1n}A_n = P_1 \\ k_{21}A_1 + (K_{22} - m_2\theta^2)A_2 + \cdots + k_{2n}A_n = P_2 \\ \vdots \qquad \vdots \qquad \vdots \qquad \vdots \qquad \vdots \\ k_{n1}A_1 + k_{n2}A_2 + \cdots + (k_{nn} - m_n\theta^2)A_n = P_n \end{array} \right\} \tag{13-105b}$$

上式可表示为下列矩阵形式

$$([K] - \theta^2[M])\{A\} = \{P\} \tag{13-105c}$$

式中,$\{P\} = [P_1 \; P_2 \; \cdots \; P_n]^{\mathrm{T}}$ 为荷载的幅值向量。

解(13-105)线性方程组,可求得各质量的位移幅值。并按式(13-101)即可求出各质体的惯性力幅值。读者可考虑当荷载不全作用于质体时如何建立方程(13-103)、(13-105)。

【例13-23】 设【例13-14】中的(图13-62(a))结构横梁上作用简谐均布荷载 $q(t) = q\sin\theta t$,试求质量处的最大位移和绘制最大动力弯矩图。已知 $\theta = 2.5\sqrt{\dfrac{EI}{ml^3}}$。

【解】 此题为静定结构,计算柔度系数较容易(对手算而言),宜用柔度法求解。为了求柔度系数和自由项,绘出 $\overline{M}_1$、$\overline{M}_2$ 和 M_P 图示于图13-62(b)、(c)、(d)中。各柔度系数已从【例13-14】求得

$$f_{11} = \frac{20l^3}{96EI}; \quad f_{22} = \frac{10l^3}{96EI}; \quad f_{12} = f_{21} = \frac{11l^3}{96EI}$$

自由项计算如下

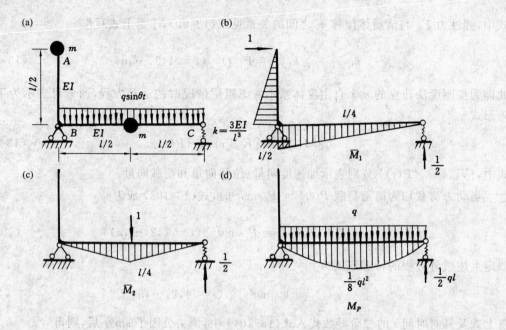

图 13-62

$$\Delta_{1P} = \frac{2}{3} \times l \times \frac{1}{8} q l^2 \times \frac{1}{4} l \times \frac{1}{EI} + \frac{1}{2} \times \frac{1}{2} q l \times \frac{1}{k} = \frac{5 q l^4}{48 EI}$$

$$\Delta_{2P} = \frac{2}{3} \times \frac{l}{2} \times \frac{1}{8} q l^2 \times \frac{5}{8} \times \frac{l}{4} \times \frac{1}{EI} \times 2 + \frac{1}{2} \times \frac{1}{2} q l \times \frac{1}{k} = \frac{37 q l^4}{384 EI}$$

将所求得的柔度系数、自由项以及 $\theta = 2.5 \sqrt{\dfrac{EI}{m l^3}}$ 代入惯性力幅值方程(13-102),得

$$\left. \begin{array}{l} \left(\dfrac{20 l^3}{96 EI} - \dfrac{l^3}{6.25 EI}\right) I_1^0 + \dfrac{11 l^3}{96 EI} I_2^0 + \dfrac{5 q l^4}{48 EI} = 0 \\[3mm] \dfrac{11 l^3}{96 EI} I_1^0 + \left(\dfrac{10 l^3}{96 EI} - \dfrac{l^3}{6.25 EI}\right) I_2^0 + \dfrac{37 q l^4}{384 EI} = 0 \end{array} \right\}$$

以 $\dfrac{96 EI}{l^3}$ 乘上式各项经整理后得

$$\left. \begin{array}{l} 4.64 I_1^0 + 11 I_2^0 + 10 q l = 0 \\ 11 I_1^0 - 5.36 I_2^0 + 9.25 q l = 0 \end{array} \right\}$$

解上式得体系的最大惯性力为

$$I_1^0 = -1.065 q l ; \quad I_2^0 = -0.460 q l$$

负值表明惯性力的方向与 $\overline{M}_i$ 图中的单位力的方向相反。然后可求
质量处的最大位移

$$A_1 = \frac{I_1^0}{m \theta^2} = -\frac{1.065 q l}{6.25 \dfrac{EI}{l^3}} = -0.1704 \frac{q l^4}{EI}$$

$$A_2 = \frac{I_2^0}{m\theta^2} = \frac{-0.460ql}{6.25\dfrac{EI}{l^3}} = -0.0736\frac{ql^4}{EI}$$

最大动力弯矩值可按公式 $M = \overline{M}_1 I_1^0 + \overline{M}_2 I_2^0 + M_P$ 求得,最大动弯矩图示如图13-63所示。图中有实线和虚线两种情况:当简谐荷载向下时,对应的弯矩图为实线部分所示;该简谐荷载向上时,对应的弯矩图为虚线部分所示。

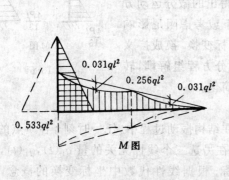

图 13-63

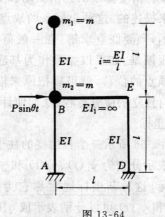

图 13-64

【例 13-24】　设【例13-19】中的刚架横梁上作用水平简谐荷载 $P(t) = P\sin\theta t$(图13-64),试求质量处最大水平位移和制绘最大动力弯矩图。已知 $\theta = 3\sqrt{\dfrac{EI}{ml^3}}$。

【解】　此题计算刚度系数较方便,宜用刚度法求解。各刚度系数已从【例13-19】(附加了支杆)求得

$$k_{11} = \frac{3i}{l^2}; \quad k_{22} = \frac{27i}{l^2}; \quad k_{12} = k_{21} = -\frac{3i}{l^2}$$

由图13-64得知荷载的幅值为

$$P_1 = 0; \quad P_2 = P$$

将上述刚度系数、荷载幅值和 $\theta = 3\sqrt{\dfrac{EI}{ml^3}}$ 代入式(13-105)中,得

$$\left.\begin{array}{r} \left(\dfrac{3i}{l^2} - \dfrac{9i}{l^2}\right)A_1 - \dfrac{3i}{l^2}A_2 = 0 \\[2mm] -\dfrac{3i}{l^2}A_1 + \left(\dfrac{27i}{l^2} - \dfrac{9i}{l^2}\right)A_2 = P \end{array}\right\}$$

解上式得质量处位移幅值

$$A_1 = -\frac{Pl^2}{39i} = -\frac{Pl^3}{39EI} = -0.0256\frac{Pl^3}{EI}$$

$$A_2 = \frac{2Pl^2}{39i} = \frac{2Pl^3}{39EI} = 0.0513\frac{Pl^3}{EI}$$

最大动力弯矩值可由 $M = \overline{M}_1 A_1 + \overline{M}_2 A_2$ 求得(以 A_i 代 I_i^0,$\overline{M}_1$ 和 $\overline{M}_2$ 见【例13-19】中图

13-54(b)、(c) 所示)。最大动力弯矩图如图 13-65 所示,也可用惯性力 I_1^0 和荷载 P 共同作用求得。图示的弯矩图对应于简谐荷载向右作用时的情况;若简谐荷载向左作用,弯矩图的受拉方向应相反。

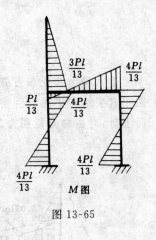

图 13-65

13.9.2 振型叠加法

在前述多自由度体系的自由振动和受迫振动中,质点的位移是以几何坐标来描述的。这种坐标系的缺点就是所得出的微分运动方程组是耦联的,须要联立求解。在一般荷载作用下或考虑阻尼影响时的求解将很困难。如果以振型作为基底进行坐标变换,换成广义坐标来描述质点的位移,就可以把原来耦联的微分方程组解耦,转变成 n 个各自独立的微分方程,从而使计算大为简化。

1. 广义坐标

现以图 13-66 所示三个自由度的柱子为例,在结构振动过程中,任一时刻 t 各质点的位移用几何坐标表示分别为 $y_1(t)$、$y_2(t)$ 和 $y_3(t)$。现在另选三个线性无关的量 $q_1(t)$,$q_2(t)$,$q_3(t)$ 作为新的坐标,这种新坐标通常称它为广义坐标。根据线性代数中坐标变换的概念,位移 $y_1(t)$、$y_2(t)$ 和 $y_3(t)$ 可以分别表示成 $q_1(t)$、$q_2(t)$ 和 $q_3(t)$ 的线性组合,即

$$\left.\begin{aligned} y_1(t) &= A_{11}q_1(t) + A_{12}q_2(t) + A_{13}q_3(t) \\ y_2(t) &= A_{21}q_1(t) + A_{22}q_2(t) + A_{23}q_3(t) \\ y_3(t) &= A_{31}q_1(t) + A_{32}q_2(t) + A_{33}q_3(t) \end{aligned}\right\} \tag{13-106}$$

这一变换的物理意义如图 13-66 所示,右边三个曲线将是线性无关的已知振型作为变换的基底。上式可写成矩阵形式

$$\{y\} = \{A\}_1 q_1 + \{A\}_2 q_2 + \{A\}_3 q_3$$

或

$$\{y\} = [A]\{q\}$$

式中,$[A]$ 为由若干已知振型 $\{A\}_i$ 组成的振型矩阵,它是广义坐标向量 $\{q\}$ 对几何坐标向量 $\{y\}$ 的变换矩阵。

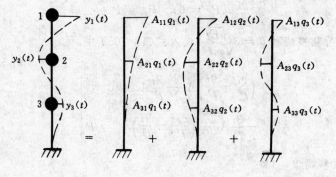

图 13-66

对任一时刻 t 来说,如果已知 $y_1(t)$,$y_2(t)$ 和 $y_3(t)$,则可根据方程(13-106)来求出广义坐标 $q_1(t)$,$q_2(t)$,$q_3(t)$;反之,如果 $q_1(t)$,$q_2(t)$,和 $q_3(t)$ 为已知,则可根据方程(13-106)确定 $y_1(t)$,$y_2(t)$ 和 $y_3(t)$。因此,以几何坐标描述的位移与广义坐标描述的位移是可互作线性变换的。在多自由度体系的动力反应计算中,通常是通过式(13-106)的线性变换把求解几何坐标

未知位移 $y(t)$ 的问题转成求广义坐标 $q(t)$ 的问题,从而使未知几何坐标的方程组得以解耦。

上述关于三个自由度体系的几何坐标与广义坐标的变换关系,可以推广到 n 个自由度体系。于是得到

$$\{y\} = \{A\}_1 q_1 + \{A\}_2 q_2 + \cdots + \{A\}_n q_n \tag{13-107a}$$

或

$$\{y\} = [A]\{q\} \tag{13-107b}$$

将上式分别对时间 t 求导一次和二次,于是得到速度向量和加速度向量

$$\{\dot{y}\} = [A]\{\dot{q}\}$$
$$\{\ddot{y}\} = [A]\{\ddot{q}\} \tag{d}$$

2. 运动方程

按刚度法建立的 n 个自由度体系不考虑阻尼情况时的运动方程由式(13-103)可写成

$$[M]\{\ddot{y}\} + [K]\{y\} = \{P(t)\}$$

实际上,结构的振动由于阻尼的存在而逐渐衰减,多自由度体系的反应计算中不能忽视阻尼的影响。在多自由度体系中与单自由度体系一样,今只考虑黏滞阻尼,即假定阻尼力的大小与质量的振动速度成正比,但方向相反。由于在多自由度体系中,每个质体都在振动,各质体有不同的速度,任一质体上的阻力除受该质体的运动速度影响外,还将受到其他质体运动速度的影响。因此,n 个质体上的阻尼力可列出如下:

$$\left.\begin{array}{l} F_{D1} = -c_{11}\dot{y}_1 - c_{12}\dot{y}_2 - \cdots - c_{1n}\dot{y}_n \\ F_{D2} = -c_{21}\dot{y}_1 - c_{22}\dot{y}_2 - \cdots - c_{2n}\dot{y}_n \\ \vdots \qquad \vdots \qquad \vdots \qquad \vdots \\ F_{Dn} = -c_{n1}\dot{y}_1 - c_{n2}\dot{y}_2 - \cdots - c_{nn}\dot{y}_n \end{array}\right\} \tag{13-108a}$$

上式 $c_{ik}(i=1,2,\cdots,n, k=1,2,\cdots,n)$ 称为阻尼影响系数,它表示由于第 k 个质量产生单位运动速度时,在第 i 个质量上所产生的阻尼力。上式表成矩阵形式为

$$\{f_D\} = -[C]\{\dot{y}\} \tag{13-108b}$$

式中,$[C]$ 称为阻尼矩阵。在实际计算中,通常假定阻尼矩阵 $[C]$ 是体系的质量矩阵 $[M]$ 和刚度矩阵 $[K]$ 的线性组合,通常称为雷利阻尼,即

$$[C] = \alpha[M] + \beta[K] \tag{13-109}$$

式中,α,β 是两个常数。

考虑阻尼后的运动方程可表为

$$[M]\{\ddot{y}\} + [C]\{\dot{y}\} + [K]\{y\} = \{P(t)\} \tag{13-110}$$

3. 用振型叠加法求动力反应

式(13-110)是 n 个自由度体系的耦联运动方程,它的直接解一般是困难的。如果运动方程改用广义坐标表示,利用主振型的正交性,可以使体系 n 个耦联的运动方程变为 n 个独立的运动方程。今将广义坐标变换公式(13-107b)和式(b)代入式(13-110)中,于是得到

$$[M][A]\{\ddot{q}\} + [C][A]\{\dot{q}\} + [K][A]\{q\} = \{P(t)\} \tag{13-111}$$

上式即为以广义坐标表示的运动方程。

现以第 i 振型向量的转置 $\{A\}_i^{\mathrm{T}}$ 左乘上式各项,即得

$$\{A\}_i^T[M][A]\{\ddot{q}\} + \{A\}_i^T[C][A]\{\dot{q}\} + \{A\}_i^T[K][A]\{q\} = \{A\}_i^T\{P(t)\} \quad (13\text{-}112)$$

上式等号左边中的第一项

$$\{A\}_i^T[M][A]\{\ddot{q}\} = \{A\}_i^T[M][\{A\}_1 \{A\}_2 \cdots \{A\}_i \cdots \{A\}_n] \begin{Bmatrix} \ddot{q}_1 \\ \ddot{q}_2 \\ \vdots \\ \ddot{q}_n \end{Bmatrix}$$

$$= \{A\}_i^T[M]\{A\}_1\ddot{q}_1 + \{A\}_i^T[M]\{A\}_2\ddot{q}_2 + \cdots$$
$$+ \{A\}_i^T[M]\{A\}_i\ddot{q}_i + \cdots + \{A\}_i^T[M]\{A\}_n\ddot{q}_n$$

由于振型的正交性,上式即成为

$$\{A\}_i^T[M][A]\{\ddot{q}\} = \{A\}_i^T[M]\{A\}_i\ddot{q}_i \quad (13\text{-}113)$$

同理可得式(13-112)等号左边第三项

$$\{A\}_i^T[K][A]\{q\} = \{A\}_i^T[K]\{A\}_iq_i \quad (13\text{-}114)$$

至于式(13-112)等号左边第二项,可利用雷利阻尼公式(13-109)关系,得到

$$\{A\}_i^T[C][A]\{\dot{q}\} = \{A\}_i^T(\alpha[M] + \beta[K])[A]\{\dot{q}\}$$
$$= \alpha\{A\}_i^T[M][A]\{\dot{q}\} + \beta\{A\}_i^T[K][A]\{\dot{q}\}$$
$$= (\alpha\{A\}_i^T[M]\{A\}_i + \beta\{A\}_i^T[K]\{A\}_i)\dot{q}_i \quad (13\text{-}115)$$

将以上三式代入式(13-112)中,即得

$$\overline{M}_i\ddot{q}_i + (\alpha\overline{M}_i + \beta\overline{K}_i)\dot{q}_i + \overline{K}_iq_i = \overline{P}_i(t) \quad (13\text{-}116a)$$

于是振动方程(13-110)得以解耦,式中

$$\overline{M}_i = \{A\}_i^T[M]\{A\}_i \quad (13\text{-}117)$$

$$\overline{K}_i = \{A\}_i^T[K]\{A\}_i \quad (13\text{-}118)$$

$$\overline{P}_i(t) = \{A\}_i^T\{P(t)\} \quad (13\text{-}119)$$

分别称它为广义质量、广义刚度和广义荷载。

现将 $\overline{M}_i$ 除公式(13-116a)各项,并令

$$\omega_i^2 = \frac{\overline{K}_i}{\overline{M}_i} \quad (13\text{-}120)$$

称它为第 i 个自振频率。

于是式(13-116a)可写成

$$\ddot{q}_i + (\alpha + \beta\omega_i^2)\dot{q}_i + \omega_i^2 q_i = \frac{\overline{P}_i(t)}{\overline{M}_i} \quad (i = 1, 2, \cdots, n) \quad (13\text{-}116b)$$

上式是独立未知量广义坐标 q_i 的微分方程,共有 n 个。现令

$$2\xi_i\omega_i = (\alpha + \beta\omega_i^2) \quad (13\text{-}121a)$$

或

$$\xi_i = \frac{1}{2}\left(\frac{\alpha}{\omega_i} + \beta\omega_i\right) \quad (i = 1, 2, \cdots, n) \quad (13\text{-}121b)$$

为了确定常数 α 和 β，通常可根据实测资料或参考有关资料定出第一、第二振型的阻尼比 ξ_1 和 ξ_2，将它们分别代入式(13-121b) 中(令 $i=1,2$)，解联立方程，即可得

$$\left.\begin{aligned}\alpha &= \frac{2\omega_1\omega_2(\xi_1\omega_2-\xi_2\omega_1)}{\omega_2^2-\omega_1^2}\\ \beta &= \frac{2(\xi_2\omega_2-\xi_1\omega_1)}{\omega_2^2-\omega_1^2}\end{aligned}\right\}\qquad(13\text{-}122)$$

求得 α、β 后，由公式(13-121b) 即可求出其他振型的阻尼比。

现将式(13-121a) 代入式(13-116b) 中，得

$$\ddot{q}_i(t)+2\xi_i\omega_i\dot{q}_i(t)+\omega_i^2 q_i(t)=\frac{\overline{P}_i(t)}{\overline{M}_i}\quad(i=1,2,\cdots,n)\qquad(13\text{-}116\text{c})$$

上式是以广义坐标表示的 n 个独立微分方程，它的形式与单自由度体系有阻尼强迫振动的运动方程完全相同。初始条件为零时，上式的解可参照式(13-53) 直接写出

$$q_i(t)=\frac{1}{\overline{M}_i\omega_{di}}\int_0^t\overline{P}_i(\tau)e^{-\xi_i\omega_i(t-\tau)}\sin\omega_{di}(t-\tau)d\tau\quad(i=1,2,\cdots,n)\qquad(13\text{-}123)$$

式中

$$\omega_{di}=\omega_i\sqrt{1-\xi_i^2}\quad(i=1,2,\cdots,n)\qquad(e)$$

根据公式(13-123) 先求 n 个自由度体系的广义坐标 $q_1(t),q_2(t)\cdots q_n(t)$，然后按线性组合式(13-107) 进行叠加，便可求得体系各质量处以几何坐标表示的位移 $y_1(t),y_2(t)\cdots y_n(t)$。

对于线性体系的动力反应分析，上述振型叠加法是很有效的。这个方法的优点在于简便。进行计算时，由于高振型对反应的贡献不显著，因此，通常只考虑基频及后面几个振型的反应贡献就可得到所需的精度。

应当指出：振型叠加法是基于叠加原理，因此，它不能用以分析非线性振动体系。

【例 13-25】　试用振型叠加法求如图 13-64 所示刚架在简谐荷载 $P(t)=P\sin\theta t$ 作用下，考虑阻尼影响的最大位移反应。已知 $m_1=m_2=m$，$\theta=3\sqrt{\dfrac{EI}{ml^3}}$，$\xi_1=\xi_2=0.05$。

【解】　(1) 求自振频率和振型
由例[13-19] 已求出自振频率和振型分别为

$$\omega_1=1.622\sqrt{\frac{EI}{ml^3}};\qquad\omega_2=5.232\sqrt{\frac{EI}{ml^3}}$$

$$\{A\}_1=\left\{\begin{matrix}1\\0.1231\end{matrix}\right\};\qquad\{A\}_2=\left\{\begin{matrix}1\\-8.1231\end{matrix}\right\}$$

(2) 计算广义质量和广义荷载
由式(13-117) 和式(13-119) 得

$$\overline{M}_1=\{A\}_1^T[M]\{A\}_1=[1\ \ 0.1231]\begin{bmatrix}m&0\\0&m\end{bmatrix}\left\{\begin{matrix}1\\0.1231\end{matrix}\right\}=1.0152m$$

$$\overline{M}_2 = \{A\}_2^\mathrm{T}[M]\{A\}_2 = \begin{bmatrix} 1 & -8.1231 \end{bmatrix} \begin{bmatrix} m & 0 \\ 0 & m \end{bmatrix} \begin{Bmatrix} 1 \\ -8.1231 \end{Bmatrix} = 66.9848m$$

$$\overline{P}_1(t) = \{A\}_1^\mathrm{T}\{P(t)\} = \begin{bmatrix} 1 & 0.1231 \end{bmatrix} \begin{Bmatrix} 0 \\ P\sin\theta t \end{Bmatrix} = 0.1231P\sin\theta t = \overline{P}_1\sin\theta t$$

$$\overline{P}_2(t) = \{A\}_2^\mathrm{T}\{P(t)\} = \begin{bmatrix} 1 & -8.1231 \end{bmatrix} \begin{Bmatrix} 0 \\ P\sin\theta t \end{Bmatrix} = -8.1231P\sin\theta t = \overline{P}_2\sin\theta t$$

(3) 列出广义坐标表示的动力方程,并求其解

由公式(13-116)得

$$\ddot{q}_1(t) + 2\xi_1\omega_1\dot{q}_1(t) + \omega_1^2 q_1(t) = \frac{\overline{P}_1(t)}{\overline{M}_1}$$

$$\ddot{q}_2(t) + 2\xi_2\omega_2\dot{q}_2(t) + \omega_2^2 q_2(t) = \frac{\overline{P}_2(t)}{\overline{M}_2}$$

它们的解可参照单自由度体系受谐载有阻尼时稳态振动的公式(13-60)和式(13-61)而得:

$$q_1(t) = \frac{\overline{P}_1}{\overline{M}_1\omega_1^2} \times \frac{1}{\sqrt{\left(1 - \dfrac{\theta^2}{\omega_1^2}\right)^2 + 4\xi_1^2\dfrac{\theta^2}{\omega_1^2}}} \sin(\theta t + \varepsilon_1)$$

将 $\overline{P}_1 = 0..1231P$,$\overline{M}_1 = 1.0152m$,$\omega_1 = 1.622\sqrt{\dfrac{EI}{ml^3}}$,$\theta = 3\sqrt{\dfrac{EI}{ml^3}}$ 和 $\xi_1 = 0.05$ 代入上式,经计算后得第一广义坐标如下

$$q_1(t) = 0.0193\frac{Pl^3}{EI}\sin(\theta t + \varepsilon_1)$$

式中的相位角 ε_1 可按式(13-61)求得

$$\tan\varepsilon_1 = -\frac{2\xi_1\omega_1\theta}{\omega_1^2 - \theta^2} = -\frac{2 \times 0.05 \times 1.622 \times 3}{(1.622)^2 - (3)^2} = 0.0764$$

$$\varepsilon_1 = 4.3689°$$

又对于

$$q_2(t) = \frac{\overline{P}_2}{\overline{M}_2\omega_2^2} \times \frac{1}{\sqrt{\left(1 - \dfrac{\theta^2}{\omega_2^2}\right)^2 + 4\xi^2\dfrac{\theta^2}{\omega_2^2}}} \sin(\theta t + \varepsilon_2)$$

将 $\overline{P}_2 = -8.1231P$,$\overline{M}_2 = 66.9848m$,$\omega_2 = 5.232\sqrt{\dfrac{EI}{ml^3}}$,$\theta = 3\sqrt{\dfrac{EI}{ml^3}}$ 和 $\xi_2 = 0.05$ 代入上式,经计算后得第二广义坐标

$$q_2(t) = -0.0062\frac{Pl^3}{EI}\sin(\theta t + \varepsilon_2)$$

式中,相位角 ε_2 按式(13-61)求得

$$\tan\varepsilon_2 = -\frac{2\xi_2\omega_2\theta}{\omega_2^2 - \theta^2} = -\frac{2 \times 0.05 \times 5.232 \times 3}{(5.232)^2 - (3)^2} = -0.0854$$

$$\varepsilon_2 = 175.1188°$$

（4）求几何坐标表示的位移

由式（13-107）振型叠加可求得几何坐标 $y_1(t)$、$y_2(t)$，

$$y_1(t) = A_{11}q_1(t) + A_{12}q_2(t)$$

$$= 1 \times 0.0193 \frac{Pl^3}{EI}\sin(\theta t + \varepsilon_1) + 1 \times \left(-0.0062 \frac{Pl^3}{EI}\sin(\theta t + \varepsilon_2)\right)$$

$$= \frac{Pl^3}{EI}\left[(0.0193\cos\varepsilon_1 - 0.0062\cos\varepsilon_2)\sin\theta t + (0.0193\sin\varepsilon_1\right.$$

$$\left. - 0.0062\sin\varepsilon_2)\cos\theta t\right]$$

$$= \frac{Pl^3}{EI}(0.0254\sin\theta t + 0.0001\cos\theta t)$$

令 $A_1\cos\varphi_1 = 0.0254 \dfrac{Pl^3}{EI}$，$A_1\sin\varphi_1 = 0.0001 \dfrac{Pl^3}{EI}$ 代入上式，可写成如下简洁形式

$$y_1(t) = A_1\sin(\theta t + \varphi_1)$$

式中，位移幅值为 $A_1 = \sqrt{(0.0254)^2 + (0.0001)^2} \times \dfrac{Pl^3}{EI} = 0.0254 \dfrac{Pl^3}{EI}$（不考虑阻尼影响

时 $A_1 = 0.0256 \dfrac{Pl^3}{EI}$）。

$$\tan\varphi_1 = \frac{0.0001}{0.0254} = 0.0039$$

$$\varphi_1 = 0.2255°$$

依照同样的方法可求得

$$y_2(t) = A_2\sin(\theta t + \varphi_2)$$

式中，位移幅值为

$$A_2 = 0.0480 \frac{Pl^3}{EI}\left(\text{不考虑阻尼影响时 } A_2 = 0.0513 \frac{Pl^3}{EI}\right)$$

$$\tan\varphi_2 = -0.0979$$

$$\varphi_2 = 174.4081°$$

计算结果表明，考虑阻尼影响时，位移幅值 A_1 下降了 0.78%，影响不大，而位移幅值 A_2 下降了 6.43%，不容忽视。

13.10   频率和振型的近似算法

从前一节中可以看到，对于多自由度体系的频率和振型的计算一般都比较繁。因此，常用近似法来求体系的频率和振型。近似算法有多种，本节只介绍能量法中的瑞雷法和李兹法。

13.10.1　瑞雷法

该法是建立在能量守恒定律基础上的。体系在振动过程中,如果略去阻尼的影响,根据能量守恒定律,体系在任何时刻的应变能 U 与动能 V 之和应当保持为一常数 C,即

$$U + V = C$$

当体系处于平衡位置时,位移为零,速度达到最大。这时体系的应变能为零,而动能达到最大。体系的总能量为

$$0 + V_{max} = C$$

当体系的位移达到最大时,速度为零,这时体系的应变能达到最大,而动能为零。体系总能量为

$$U_{max} + 0 = C$$

比较上两式可知体系的最大应变能等于最大动能,即

$$U_{max} = V_{max}$$

现以具有分布质量 $\overline{m}$ 的梁的自由振动为例,其各处位移为

$$y(x,t) = Y(x)\sin(\omega t + \varepsilon) \tag{13-124}$$

式中,$Y(x)$ 为梁上任意一点 x 处的位移幅值。实际上,它是一个位移曲线函数。体系的应变能为

$$U = \frac{1}{2}\int_0^l \frac{M^2}{EI}\mathrm{d}x = \frac{1}{2}\int_0^l EI[y''(x,t)]^2\mathrm{d}x$$

$$= \frac{1}{2}\sin^2(\omega t + \varepsilon)\int_0^l EI[Y''(x)]^2\mathrm{d}x$$

当 $\sin^2(\omega t + \varepsilon) = 1$ 时,应变能为最大,即

$$U_{max} = \frac{1}{2}\int_0^l EI[Y''(x)]^2\mathrm{d}x \tag{13-125}$$

梁上质点的运动速度为

$$\dot{y}(x,t) = Y(x)\omega\cos(\omega t + \varepsilon)$$

体系的动能为

$$V = \frac{1}{2}\int_0^l \overline{m}(x)[\dot{y}(x,t)]^2\mathrm{d}x$$

$$= \frac{1}{2}\omega^2\cos^2(\omega t + \varepsilon)\int_0^l \overline{m}(x)Y^2(x)\mathrm{d}x$$

当 $\cos(\omega t + \varepsilon) = 1$ 时,动能为最大,即

$$V_{max} = \frac{1}{2}\omega^2\int_0^l \overline{m}(x)Y^2(x)\mathrm{d}x \tag{13-126}$$

由 $U_{max} = V_{max}$,可求得

$$\omega^2 = \frac{\int_0^l EI[Y''(x)]^2\mathrm{d}x}{\int_0^l \overline{m}(x)Y^2(x)\mathrm{d}x} \tag{13-127}$$

此式为瑞雷法求自振频率的算式。它表明,只要位移曲线函数 $Y(x)$ 正好是体系的振型函数,则可求得频率的精确值。但事先不知道振型函数,为了计算自振频率,可假定一个接近于振型函数的位移函数 $Y(x)$ 来代替,这样求得的自振频率是近似的。应当指出,所选定的位移函数至少要满足位移的边界条件。

从理论上说,用式(13-127)可以计算体系的各个自振频率,但由于第二阶以上的振型的近似位移曲线很难选择准确,而第一振型的近似位移曲线较易选准(诸质点的位移使结构具有最简单的变形形式),因此,通常只用瑞雷法求第一自振频率。

如果梁上尚有集中质量 $m_i(i = 1, 2, \cdots, n)$,则式(13-127)应改成

$$\omega^2 = \frac{\int_0^l EI[Y''(x)]^2 \,\mathrm{d}x}{\int_0^l \overline{m}(x)Y^2(x)\,\mathrm{d}x + \sum_{i=1}^n m_i Y^2(x_i)} \tag{13-128}$$

式中,$Y(x_i)$ 为集中质量 m_i 处的位移幅值。

在选择位移曲线时,可采用静力荷载作用下的某位移曲线来作为 $Y(x)$。此时,应变能 $U_{\max}$ 可用外力实功来代替,即

$$U_{\max} = \frac{1}{2}\int_0^l qY(x)\,\mathrm{d}x + \frac{1}{2}\sum_{j=1}^m P_j Y(x_j) \tag{13-129}$$

式中,q 和 P 为作用在体系上的均布荷载和集中力。于是公式(13-128)可改写成

$$\omega^2 = \frac{\int_0^l qY(x)\,\mathrm{d}x + \sum_{j=1}^m P_j Y_j(x_j)}{\int_0^l \overline{m}(x)Y^2(x)\,\mathrm{d}x + \sum_{i=1}^n m_i Y^2(x_i)} \tag{13-130a}$$

如果 q 和 P 为体系的自重,则式(13-130a)可写成

$$\omega^2 = \frac{\int_0^l \overline{m}gY(x)\,\mathrm{d}x + \sum_{j=1}^m m_j gY(x_j)}{\int_0^l m(x)Y^2(x)\,\mathrm{d}x + \sum_{i=1}^n m_i Y_i^2(x_i)} \tag{13-130b}$$

从理论上可以证明,用瑞雷法(能量法)求得的频率要比精确值大,这是因为用假设的振型曲线去代替真实的振型曲线时,两者有些差别,相当于在体系上增加了一些约束,这就使体系的刚度增大,所以导致瑞雷法(能量法)算出的频率高于精确值。

【例 13-26】 图 13-67 表示具有均布质量 $\overline{m}$ 的简支梁支承在均布弹簧支座上。已知弹簧的刚度为 k,试求该梁的第一自振频率。

【解】 先取 $Y(x) = a\sin\dfrac{\pi x}{l}$ 作为振型曲线,即

$$Y'(x) = a\frac{\pi}{l}\cos\frac{\pi x}{l}$$

$$Y''(x) = -a\frac{\pi^2}{l^2}\sin\frac{\pi x}{l}$$

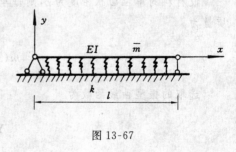

图 13-67

当 $x=0$ 时, 满足 $Y(0)=0, EIY''(0)=0$;

同时当 $x=l$ 时, 满足 $Y(l)=0, EIY''(0)=0$。

可见所选择的振型曲线函数不仅满足位移边界条件, 同时也能满足力的边界条件。

梁的最大应变能和最大动能分别为

$$U_{max}=\frac{1}{2}\int_0^l EI\left[Y''(x)\right]^2\mathrm{d}x+\frac{1}{2}\int_0^l kY^2(x)\mathrm{d}x$$

$$=\frac{1}{2}\int_0^l EI\left(-a\frac{\pi^2}{l^2}\sin\frac{\pi x}{l}\right)^2\mathrm{d}x+\frac{1}{2}\int_0^l ka^2\sin^2\frac{\pi x}{l}\mathrm{d}x$$

$$=\frac{\pi^4 EIa^2}{4l^3}+\frac{ka^2 l}{4}$$

$$V_{max}=\frac{\omega^2}{2}\int_0^l \overline{m}Y^2(x)\mathrm{d}x=\frac{\omega^2}{2}\int_0^l \overline{m}a^2\sin^2\frac{\pi x}{l}\mathrm{d}x=\frac{\omega^2 \overline{m}a^2 l}{4}$$

由 $V_{max}=U_{max}$, 即得

$$\omega^2=\frac{\pi^4 EI}{\overline{m}l^4}+\frac{k}{\overline{m}}$$

$$\omega=\frac{\pi^2}{l^2}\sqrt{\frac{EI}{\overline{m}}\left(1+\frac{l^4 k}{EI\pi^4}\right)}$$

当 $k=0$ 时, $\omega=\frac{\pi^2}{l^2}\sqrt{\frac{EI}{\overline{m}}}=\frac{9.87}{l^2}\sqrt{\frac{EI}{\overline{m}}}$ 为具有均布质量的简支梁的精确解。这是由于所选择的振型曲线实际上是精确解的振型曲线。

【例 13-27】 求如图 13-68 所示厚度为 1 的楔形伸臂梁竖向振动的第一自振频率。

【解】 取如图 13-68 所示的坐标, 则截面高度为

$$h_x=h_0\left(1-\frac{x}{l}\right)$$

惯性矩为 $\quad I_x=\frac{1}{12}h_0^3\left(1-\frac{x}{l}\right)^3$

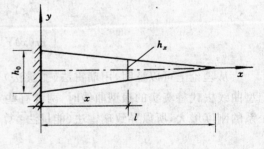

图 13-68

设材料的单位面积密度为 ρ, 则每单位长度的质量为

$$\overline{m}(x)=\rho h_0\left(1-\frac{x}{l}\right)$$

选取的振型曲线函数为

$$Y(x)=a\left(\frac{x}{l}\right)^2$$

$$Y''(x)=\frac{2a}{l}$$

当 $x = 0$ 时，$Y(0) = 0, Y'(0) = 0$

当 $x = l$ 时

$$EI_l Y'' = 0, \quad (EI_l Y'')' = 0$$

（虽然 $Y'' \neq 0$，但自由端的 $I_l = 0$）自由端处的力的边界条件得到满足。将所选取的振型曲线及其二阶导数代入式(13-127)中，得

$$\omega^2 = \frac{\int_0^l E \frac{1}{12} h_0^3 \left(1 - \frac{x}{l}\right)^3 \left(\frac{2a}{l^2}\right)^2 \mathrm{d}x}{\int_0^l \rho h_0 \left(1 - \frac{x}{l}\right) a^2 \left(\frac{x}{l}\right)^4 \mathrm{d}x} = \frac{\frac{1}{12} E h_0^3 \frac{a^2}{l^3}}{\frac{1}{30} \rho h_0 a^2 l} = \frac{5 E h_0^2}{2 \rho l^4}$$

$$\omega = \frac{h_0}{l^2}\sqrt{\frac{5E}{2\rho}} = \frac{1.581 h_0}{l^2}\sqrt{\frac{E}{\rho}}$$

此值比精确值 $\left(\omega = \frac{1.534 h_0}{l^2}\sqrt{\frac{E}{\rho}}\right)$ 大 3.06%。

【例 13-28】 用瑞雷法求如图 13-69(a)所示三层刚架的第一自振频率。

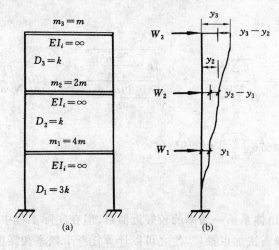

图 13-69

【解】 由于横梁为无限刚性且两柱平行，刚架的侧向振动可简化为一根三节段的柱之振动。以刚架各层的自重 $W_i = m_i g$ 作为水平力作用于各楼层，如图 13-69(b)所示。在水平力作用下刚架各楼层产生的水平位移 y_i 作为假设的振型。各楼层的相对水平位移为

$$y_i - y_{i-1} = \frac{\sum_i W_i}{D_i}$$

式中，$\sum_i W$ 为第 i 楼层的剪力。D_i 为第 i 层的抗剪刚度。求得各楼层的位移 y_i 后，即可利用式(13-130b)求自振频率。即

$$\omega = \sqrt{\frac{g \sum_i m_i y_i}{\sum_i m_i y_i^2}} = \sqrt{\frac{g \sum_i m_i g y_i}{\sum_i m_i g y_i^2}} = \sqrt{\frac{g \sum_i W_i y_i}{\sum_i W_i y_i^2}} \tag{f}$$

为了计算上的方便,将各项计算列入表 13-2 中。

表 13-2

第 i 楼层	$W_i = m_i g$	$\sum W_i$	D_i	$y_i - y_{i-1}$	y_i	$W_i y_i$	$W_i y_i^2$
1	$4mg$	$7mg$	$3k$	$\dfrac{7}{3}\dfrac{mg}{k}$	$\dfrac{7}{3}\dfrac{mg}{k}$	$\dfrac{28}{3}\times\dfrac{m^2 g^2}{k}$	$\dfrac{196}{9}\times\dfrac{m^3 g^3}{k^2}$
2	$2mg$	$3mg$	k	$\dfrac{3mg}{k}$	$\dfrac{16mg}{3k}$	$\dfrac{32}{3}\times\dfrac{m^2 g^2}{k}$	$\dfrac{512}{9}\times\dfrac{m^3 g^3}{k^2}$
3	mg	mg	k	$\dfrac{mg}{k}$	$\dfrac{19mg}{3k}$	$\dfrac{19m^2 g^2}{3k}$	$\dfrac{361}{9}\times\dfrac{m^3 g^3}{k^2}$

将最后两列累加得

$$\sum_i W_i y_i = \frac{79 m^2 g^2}{3k}$$

$$\sum_i W_i y_i^2 = \frac{1069 m^3 g^3}{9k^2}$$

将上述结果代入式(f)中,得

$$\omega = \sqrt{\frac{g\sum_i W_i y_i}{\sum_i W_i y_i^2}} = \sqrt{\frac{g\times\dfrac{79 m^2 g^2}{3k}}{\dfrac{1069 m^3 g^3}{9k^2}}} = 0.4709\sqrt{\frac{k}{m}}$$

此值比精确值$\left(\omega_1 = 0.4576\sqrt{\dfrac{k}{m}}\right)$大 2.91%。

13.10.2 李兹法

瑞雷法一般只能给出体系第一频率的较好近似解。但在实际工程中,往往需要求一个以上的频率和振型。李兹把瑞雷法加以推广,使之可以计算任意个频率和振型。前面已经指出,公式(13-127)原则上可以计算体系的第 i 个自振频率 ω_i,它的表达式为

$$\omega_i^2 = \frac{\displaystyle\int_0^l EI\left[Y_i''(x)\right]^2 \mathrm{d}x}{\displaystyle\int_0^l \overline{m}\left[Y_i(x)\right]^2 \mathrm{d}x}$$

式中,$Y_i(x)$ 是体系的第 i 个振型曲线,它是一个满足边界条件的未知位移函数。实际上,有无限多个能满足边界条件的未知位移函数,但其中必有一个未知位移函数能使 ω_i^2 值达到最小。这个问题称为泛函求驻值的问题。瑞雷首先假设 $Y(x)$ 为已知函数,取作 $Y(x) = \alpha\varphi(x)$,其中 α 为待定未知参数。为了求体系的高振型和频率,李兹取一组满足位移边界条件的函数作线性组合,即

$$Y(x) = \alpha_1\varphi_1(x) + \alpha_2\varphi_2(x) + \cdots + \alpha_n\varphi_n(x) = \sum_{i=1}^n \alpha_i\varphi_i(x) \tag{13-131}$$

式中,$\varphi_i(i=1,2,\cdots,n)$是一组满足体系位移边界条件的函数,它们是线性无关的,称为李兹基函数。$\alpha_i(i=1,2,\cdots,n)$是待定的未知数,称为广义坐标,广义坐标的个数即为体系的自由度数。将式(13-131)代入式(13-127)中,于是得到

$$\omega^2 = R(Y) = \frac{\int_0^l EI\left[\sum_{i=1}^n \alpha_i \varphi_i''(x)\right]^2 \mathrm{d}x}{\int_0^l \overline{m}\left[\sum_{i=1}^n \alpha_i \varphi_i(x)\right]^2 \mathrm{d}x} = \frac{A(\alpha_1,\alpha_2\cdots,\alpha_n)}{B(\alpha_1,\alpha_2\cdots,\alpha_n)} \tag{13-132}$$

上式中$R(Y)$称它为瑞雷商。式中分子和分母在积分前后都是广义坐标α_i的二次多项式。

为了使结果尽可能接近精确值,可利用瑞雷商$R(Y)$的驻值条件来确定α_i,即

$$\frac{\partial R}{\partial a_i} = \frac{1}{B}\cdot\frac{\partial A}{\partial \alpha_i} - A\frac{1}{B^2}\frac{\partial B}{\partial \alpha_i} = 0$$

考虑到$\omega^2 = \dfrac{A}{B}$,于是上式可写成

$$\frac{\partial A}{\partial \alpha_i} - \omega^2\frac{\partial B}{\partial \alpha_i} = 0 \tag{13-133}$$

式中第一项

$$\frac{\partial A}{\partial \alpha_i} = \int_0^l EI\left[2\sum_{j=1}^n \alpha_j \varphi_j''(x)\right]\varphi_i''(x)\mathrm{d}x$$

$$= 2\sum_{j=1}^n \alpha_j \int_0^l EI\varphi_j''(x)\varphi_i''(x)\mathrm{d}x$$

$$= 2\sum_{j=1}^n \alpha_j \overline{k}_{ij} \tag{13-134}$$

式中

$$\overline{k}_{ij} = \int_0^l EI\varphi_i''(x)\varphi_j''(x)\mathrm{d}x \tag{13-135}$$

称它为广义刚度。

第二项

$$\frac{\partial B}{\partial \alpha_i} = \int_0^l \overline{m}\left[2\sum_{j=1}^n \alpha_j \varphi_j(x)\right]\varphi_i(x)\mathrm{d}x$$

$$= 2\sum_{j=1}^n \alpha_j \int_0^l \overline{m}\varphi_j(x)\varphi_i(x)\mathrm{d}x$$

$$= 2\sum_{j=1}^n \alpha_j \overline{m}_{ij} \tag{13-136}$$

式中

$$\overline{m}_{ij} = \int_0^l \overline{m}\varphi_i(x)\varphi_j(x)\mathrm{d}x \tag{13-137}$$

称它为广义质量。

将式(13-134)和式(13-136)代入式(13-133)中,得

$$\sum_{j=1}^n (\overline{k}_{ij} - \omega^2\overline{m}_{ij})\alpha_j = 0 \quad (i=1,2,\cdots,n) \tag{13-138a}$$

上式为广义特征向量方程(相当于前述振型方程),其展开式为

$$(\bar{k}_{11} - \omega^2 \overline{m}_{11})\alpha_1 + (\bar{k}_{12} - \omega^2 \overline{m}_{12})\alpha_2 + \cdots + (\bar{k}_{1n} + \omega^2 \overline{m}_{1n})\alpha_n = 0$$
$$(\bar{k}_{21} - \omega^2 \overline{m}_{21})\alpha_1 + (\bar{k}_{22} - \omega^2 \overline{m}_{22})\alpha_2 + \cdots + (\bar{k}_{2n} + \omega^2 \overline{m}_{2n})\alpha_n = 0$$
$$\vdots \qquad\qquad \vdots \qquad\qquad \cdots \qquad\qquad \vdots \qquad\qquad \tag{13-138b}$$
$$(\bar{k}_{n1} - \omega^2 \overline{m}_{n1})\alpha_1 + (\bar{k}_{n2} - \omega^2 \overline{m}_{n2})\alpha_2 + \cdots + (\bar{k}_{nn} - \omega^2 \overline{m}_{nn})\alpha_n = 0$$

或写成矩阵形式,即为

$$([\bar{k}] - \omega^2 [\overline{m}])\{\alpha\} = \{0\} \tag{13-138c}$$

上式为齐次线性方程组,由于 α_i 不全为零,因此系数行列式必为零,即

$$|[\bar{k}] - \omega^2 [\overline{m}]| = 0 \tag{13-139}$$

将行列式展开,可得到关于 ω^2 的 n 次代数方程,由此可解得 n 个根 $\omega_i^2 (i = 1, 2, \cdots, n)$。

从上面推导的过程中,可以看到李兹法的根本思想是把原来是泛函求驻值的问题转成函数求极值的问题,是势能驻值原理的应用。该法的最大优越性是将体系化作有限个自由度,使计算大为简化,从而求出近似的结果。总而言之,李兹法是一种近似的有效方法,因而在工程上得到广泛的应用。

【例 13-29】 试用李兹法求图 13-70 所示悬臂梁的前三个自振频率和振型。

【解】 (1) 以固定端作为坐标原点,选取的振型位移函数为

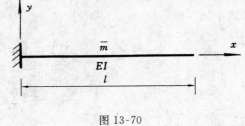

图 13-70

$$Y(x) = \alpha_1 \varphi_1(x) + \alpha_2 \varphi_2(x) + \alpha_3 \varphi_3(x)$$
$$= \alpha_1 \left(\frac{x}{l}\right)^2 + \alpha_2 \left(\frac{x}{l}\right)^3 + \alpha_3 \left(\frac{x}{l}\right)^4 \tag{g}$$

上列函数是满足位移边界条件的。

(2) 计算广义刚度 $\bar{k}_{ij}$ 和广义质量 $\overline{m}_{ij}$

$$\varphi_1(x) = \left(\frac{x}{l}\right)^2, \quad \varphi_2(x) = \left(\frac{x}{l}\right)^3,$$
$$\varphi_3(x) = \left(\frac{x}{l}\right)^4$$

及它们的二阶导数

$$\varphi_1''(x) = \frac{2}{l^2}, \quad \varphi_2''(x) = \frac{6x}{l^3}, \quad \varphi_3''(x) = \frac{12x^2}{l^4}$$

依次代入式(13-135)和式(13-137)中,算出

$$\bar{k}_{11} = \int_0^l EI [\varphi_1''(x)]^2 \, \mathrm{d}x = \int_0^l EI \left(\frac{2}{l^2}\right)^2 \, \mathrm{d}x = \frac{4EI}{l^3};$$

$$\bar{k}_{22} = \int_0^l EI [\varphi_2''(x)]^2 \, \mathrm{d}x = \int_0^l EI \left(\frac{6x}{l^3}\right)^2 \, \mathrm{d}x = \frac{12EI}{l^3};$$

$$\bar{k}_{33} = \int_0^l EI\left[\varphi_3''(x)\right]^2 \mathrm{d}x = \int_0^l EI\left(\frac{12x}{l^4}\right)^2 \mathrm{d}x = \frac{144EI}{5l^3} = 28.8\frac{EI}{l^3}$$

$$\bar{k}_{12} = \bar{k}_{21} = \int_0^l EI\varphi_1''(x)\varphi_2''(x)\mathrm{d}x = \int_0^l EI\left(\frac{2}{l^2}\right)\left(\frac{6x}{l^3}\right)\mathrm{d}x = \frac{6EI}{l^3}$$

$$\bar{k}_{13} = \bar{k}_{31} = \int_0^l EI\varphi_1''(x)\varphi_3''(x)\mathrm{d}x = \int_0^l EI\left(\frac{2}{l^2}\right)\left(\frac{12x^2}{l^4}\right)\mathrm{d}x = \frac{8EI}{l^3}$$

$$\bar{k}_{23} = \bar{k}_{32} = \int_0^l EI\varphi_2''(x)\varphi_3''(x)\mathrm{d}x = \int_0^l EI\left(\frac{6x}{l^3}\right)\left(\frac{12x^2}{l^4}\right)\mathrm{d}x = \frac{18EI}{l^3}$$

$$\bar{m}_{11} = \int_0^l \bar{m}\left[\varphi_1(x)\right]^2 \mathrm{d}x = \int_0^l \bar{m}\left[\left(\frac{x}{l}\right)^2\right]^2 \mathrm{d}x = \frac{\bar{m}l}{5} = 0.2000\bar{m}l$$

$$\bar{m}_{22} = \int_0^l \bar{m}\varphi_2^2(x)\mathrm{d}x = \int_0^l \bar{m}\left[\left(\frac{x}{l}\right)^3\right]^2 \mathrm{d}x = \frac{\bar{m}l}{7} = 0.1429\bar{m}l$$

$$\bar{m}_{33} = \int_0^l \bar{m}\varphi_3^2(x)\mathrm{d}x = \int_0^l \bar{m}\left[\left(\frac{x}{l}\right)^4\right]^2 \mathrm{d}x = \frac{\bar{m}l}{9} = 0.1111\bar{m}l$$

$$\bar{m}_{12} = \bar{m}_{21} = \int_0^l \bar{m}\varphi_1(x)\varphi_2(x)\mathrm{d}x = \int_0^l \bar{m}\left(\frac{x}{l}\right)^2\left(\frac{x}{l}\right)^3 \mathrm{d}x = \frac{\bar{m}l}{6} = 0.1667\bar{m}l$$

$$\bar{m}_{13} = \bar{m}_{31} = \int_0^l \bar{m}\varphi_1(x)\varphi_3(x)\mathrm{d}x = \int_0^l \bar{m}\left(\frac{x}{l}\right)^2\left(\frac{x}{l}\right)^4 \mathrm{d}x = \frac{\bar{m}l}{7} = 0.1429\bar{m}l$$

$$\bar{m}_{23} = \bar{m}_{32} = \int_0^l \bar{m}\varphi_2(x)\varphi_3(x)\mathrm{d}x = \int_0^l \bar{m}\left(\frac{x}{l}\right)^3\left(\frac{x}{l}\right)^4 \mathrm{d}x = \frac{\bar{m}l}{8} = 0.1250\bar{m}l$$

(3) 列出频率方程并求解

由公式(13-139) 可列出如下的频率方程

$$\begin{vmatrix} \left(\dfrac{4EI}{l^3} - 0.2000\bar{m}l\omega^2\right) & \left(\dfrac{6EI}{l^3} - 0.1667\bar{m}l\omega^2\right) & \left(\dfrac{8EI}{l^3} - 0.1429\bar{m}l\omega^2\right) \\[2ex] \left(\dfrac{6EI}{l^3} - 0.1667\bar{m}l\omega^2\right) & \left(\dfrac{12EI}{l^3} - 0.1429\bar{m}l\omega^2\right) & \left(\dfrac{18EI}{l^3} - 0.1250\bar{m}l\omega^2\right) \\[2ex] \left(\dfrac{8EI}{l^3} - 0.1429\bar{m}l\omega^2\right) & \left(\dfrac{18EI}{l^3} - 0.1250\bar{m}l\omega^2\right) & \left(\dfrac{28.8EI}{l^3} - 0.1111\bar{m}l\omega^2\right) \end{vmatrix} = 0$$

将上式展开,解得

$$\omega_1 = 3.52\sqrt{\frac{EI}{\bar{m}l^4}}, \quad \omega_2 = 22.2\sqrt{\frac{EI}{\bar{m}l^4}}, \quad \omega_3 = 371.0\sqrt{\frac{EI}{\bar{m}l^4}}$$

(4) 求广义坐标值 α_i,列出振型曲线方程

将自振频率代回特征向量方程式(13-138b)

$$\left(\frac{4EI}{l^3} - 0.2000\overline{m}l\omega^2\right)\alpha_1 + \left(\frac{6EI}{l^3} - 0.1667\overline{m}l\omega^2\right)\alpha_2$$

$$+ \left(\frac{8EI}{l^3} - 0.1429\overline{m}l\omega^2\right)\alpha_3 = 0$$

$$\left(\frac{6EI}{l^3} - 0.1667\overline{m}l\omega^2\right)\alpha_1 + \left(\frac{12EI}{l^3} - 0.1429\overline{m}l\omega^2\right)\alpha_2$$

$$+ \left(\frac{18EI}{l^3} - 0.1250\overline{m}l\omega^2\right)\alpha_3 = 0$$

$$\left(\frac{8EI}{l^3} - 0.1429\overline{m}l\omega^2\right)\alpha_1 + \left(\frac{18EI}{l^3} - 0.1250\overline{m}l\omega^2\right)\alpha_2$$

$$+ \left(\frac{28.8EI}{l^3} - 0.1111\overline{m}l\omega^2\right)\alpha_3 = 0$$

(a)

上式为线性齐次方程组,只能由其中任一式求广义坐标 α_i 的相对值。

取 $\omega = \omega_1 = 3.52\sqrt{\dfrac{EI}{\overline{m}l^4}}$ 代入式(a),并令 $\alpha_1 = 1$,由此可求得 $\alpha_2 = -0.550$,$\alpha_3 = 0.103$。于是按式(g)振型位移函数式得到的第一振型曲线方程为

$$Y_1(x) = 1.000\left(\frac{x}{l}\right)^2 - 0.550\left(\frac{x}{l}\right)^3 + 0.103\left(\frac{x}{l}\right)^4$$

取 $\omega = \omega_2 = 22.2\sqrt{\dfrac{EI}{\overline{m}l^4}}$ 代入式(a),并令 $\alpha_1 = 1$,由此可求得 $\alpha_2 = -1.933$,$\alpha_3 = 0.843$。于是得到的第二振型曲线方程为

$$Y_2(x) = 1.000\left(\frac{x}{l}\right)^2 - 1.933\left(\frac{x}{l}\right)^3 + 0.843\left(\frac{x}{l}\right)^4$$

取 $\omega = \omega_3 = 371\sqrt{\dfrac{EI}{\overline{m}l^4}}$ 代入式(a),并令 $\alpha_1 = 1$,由此可求得 $\alpha_2 = -2.919$,$\alpha_3 = 2.009$。于是得到的第三振型曲线方程为

$$Y_3(x) = 1.000\left(\frac{x}{l}\right)^2 - 2.919\left(\frac{x}{l}\right)^3 + 2.009\left(\frac{x}{l}\right)^4$$

由此绘出的振型曲线如图 13-71(a)、(b)、(c) 所示,与精确解对应振型是近似的。

现分别用李兹法、集中质量法和精确法(微分方程解)得到结构的前三个自振频率列于表 13-3 中。

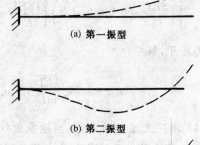

(a) 第一振型

(b) 第二振型

表 13-3

频率	李兹法	集中质量法	精确解
ω_1	3.52	3.36	3.52
ω_2	22.20	18.90	22.00
ω_3	371.00	47.20	61.70

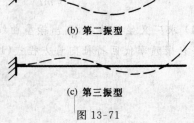

(c) 第三振型

图 13-71

表上数值应乘以 $\sqrt{\dfrac{EI}{\overline{m}l^4}}$。

表中结果表明:用李兹法得到的第一、第二频率与精确解有较好的近似;但第三频率离精确解甚远。由此可见,用李兹法求前 n 个频率一般至少要取 $n+1$ 个自由度来计算,这样得到的 n 个频率有较好的精确度。

*13.11 　有限元法

从前一节中可以看到李兹法是计算结构频率和振型的有效方法。这种方法需要事先假定结构的整体位移(即振型),然而在复杂的结构中,确切地假定结构的整体位移是很困难的。为了解决这一困难,可以将结构分割成有限个单元,把连续的结构作为这些单元的集合来分析。单元的位移是结构的局部位移,要假定结构的局部位移比之假定结构的整体位移不仅变得容易,而且灵活。这种方法称为有限元法。

对于各个单元须参照李兹法由选择基函数而求得体系的广义刚度系数、质量系数,以组成广义特征向量方程,求得自振频率 ω_i。

在有限元法中表示结点位移方向之间关系的 xOy 坐标系采用右手螺旋规则。

图 13-72 表示一等截面均布质量杆件的梁单元 (e),图中 a_2 和 a_4 为端点未知转角;a_1 和 a_3 为端点未知线位移,它们以图中所示方向为正。

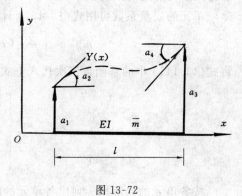

图 13-72

单元的位移函数表示为

$$Y(x) = a_1\varphi_1(x) + a_2\varphi_2(x) + a_3\varphi_3(x) + a_4\varphi_4(x)$$

$$(13\text{-}140a)$$

式中,$a_i(i=1,2,3,4)$ 为待求的杆端未知位移。基函数 $\varphi_i(x)(i=1,2,3,4)$ 可近似地采用静力有限元法中梁单元的插值函数(前者形函数),即

$$\left.\begin{array}{l} \varphi_1(x) = 1 - \dfrac{3x^2}{l^2} + \dfrac{2x^3}{l^3} \\[2mm] \varphi_2(x) = x - \dfrac{2x^2}{l} + \dfrac{x^3}{l^2} \\[2mm] \varphi_3(x) = \dfrac{3x^2}{l^2} - \dfrac{2x^3}{l^3} \\[2mm] \varphi_4(x) = -\dfrac{x^2}{l} + \dfrac{x^3}{l^2} \end{array}\right\} \qquad (13\text{-}141)$$

于是

$$Y(x) = a_1\left(1 - \frac{3x^2}{l^2} + \frac{2x^3}{l^3}\right) + a_2\left(x - \frac{2x^2}{l} + \frac{x^3}{l^2}\right)$$

$$+ a_3\left(\frac{3x^2}{l^2} - \frac{2x^3}{l^3}\right) + a_4\left(-\frac{x^2}{l} + \frac{x^3}{l^2}\right)$$

$$(13\text{-}140b)$$

单元的刚度系可按李兹法中式(13-135)计算,即

$$\bar{k}_{ij} = \int_0^l EI\varphi_i''(x)\varphi_j''(x)\mathrm{d}x \quad (i,j = 1,2,3,4)$$

将式(13-141)的基函数依次代入上式,积分后可得下列单元刚度矩阵中各刚度系数值:

$$[\bar{K}]^{(e)} = \frac{EI}{l}\begin{bmatrix} \dfrac{12}{l^2} & \dfrac{6}{l} & -\dfrac{12}{l^2} & \dfrac{6}{l} \\[2mm] \dfrac{6}{l} & 4 & -\dfrac{6}{l} & 2 \\[2mm] -\dfrac{12}{l^2} & -\dfrac{6}{l} & \dfrac{12}{l^2} & -\dfrac{6}{l} \\[2mm] \dfrac{6}{l} & 2 & -\dfrac{6}{l} & 4 \end{bmatrix} \tag{13-142}$$

所得结果与静力有限元法中的梁单元刚度矩阵相同。

单元的质量系数可用式(13-137)计算,即

$$\bar{m}_{ij}^{(e)} = \int_0^l \bar{m}\varphi_i(x)\varphi_j(x)\mathrm{d}x \quad (i,j = 1,2,3,4)$$

将式(13-141)中的基函数依次代入上式,积分后可得下列单元质量矩阵中的质量系数值:

$$[\bar{m}]^{(e)} = \frac{\bar{m}l}{420}\begin{bmatrix} 156 & 22l & 54 & -13l \\ 22l & 4l^2 & 13l & -3l^2 \\ 54 & 13l & 156 & -22l \\ -13l & -3l^2 & -22l & 4l^2 \end{bmatrix} \tag{13-143}$$

按各单元的局部坐标列出各单元的刚度矩阵和质量矩阵,通过坐标变换,得结构坐标中的单元刚度矩阵和单元质量矩阵

$$[k]^{(e)} = [T]^{(e)\mathrm{T}}[\bar{K}]^{(e)}[T]^{(e)}$$
$$[m]^{(e)} = [T]^{(e)\mathrm{T}}[\bar{m}]^{(e)}[T]^{(e)}$$

式中$[T]^{(e)}$为单元(e)的坐标变换矩阵,与静力有限元法中梁单元的坐标变换矩阵相同。

将各单元的$[K]^{(e)}$和$[m]^{(e)}$用"对号入座"的方法就可形成结构的总刚度矩阵$[K]$和总质量矩阵$[M]$,然后根据式(13-138c)可列出结构的广义特征向量方程

$$([K] - \omega^2[M])\{a\} = \{0\} \tag{13-144}$$

上式中的$\{a\}$是待求的具有物理意义的广义特征向量,它是各单元连接处(结点)的位移(转角和线位移)所形成的向量(即位移法中结点的转角和线位移所形成的向量)。此向量在位移法中通常记作$\{Z\}$,因而式(13-144)应改写成

$$([K] - \omega^2[M])\{Z\} = \{0\} \tag{13-145}$$

上式即为位移法的典型方程,其中$([K] - \omega^2[M])$称为动刚度矩阵。式(13-145)中的$\{Z\}$成为非零向量的必要充分条件是动刚度矩阵所组成的行列式为零,即

$$|[K] - \omega^2[M]| = 0 \tag{13-146}$$

由上式可求出结构的自振频率。

有限元法也是一种近似解法,它的优点在于编制计算机程序较方便。为了提高计算精度,可通过细分单元的办法达到。

【例 13-30】 试用有限元法求图 13-73(a) 所示刚架的频率和振型。

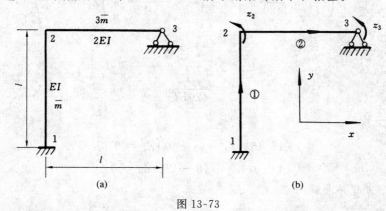

图 13-73

【解】 刚架仅有两个等直杆,今即取作两单元 21 和 23,且结点即单元端点未知位移仅有 Z_2、Z_3 两转角。

(1) 列出单元刚度矩阵和单元质量矩阵

单元的划分,整体坐标和局部坐标的方向均示于图 13-73(b) 中。各单元的刚度矩阵和单元质量矩阵按结点号列出如下

$$[\bar{k}]^{①} = \begin{matrix} 1 & 2 \\ \begin{bmatrix} \dfrac{4EI}{l} & \dfrac{2EI}{l} \\ \dfrac{2EI}{l} & \dfrac{4EI}{l} \end{bmatrix} & \begin{matrix} 1 \\ 2 \end{matrix} \end{matrix} \qquad [\bar{k}]^{②} = \begin{matrix} 2 & 3 \\ \begin{bmatrix} \dfrac{8EI}{l} & \dfrac{4EI}{l} \\ \dfrac{4EI}{l} & \dfrac{8EI}{l} \end{bmatrix} & \begin{matrix} 2 \\ 3 \end{matrix} \end{matrix}$$

$$[\bar{m}]^{①} = \dfrac{\bar{m}l}{420} \begin{matrix} 1 & 2 \\ \begin{bmatrix} 4l^2 & -3l^2 \\ -3l^2 & 4l^2 \end{bmatrix} & \begin{matrix} 1 \\ 2 \end{matrix} \end{matrix}, \qquad [\bar{m}]^{②} = \dfrac{\bar{m}l}{420} \begin{matrix} 2 & 3 \\ \begin{bmatrix} 12l^2 & -9l^2 \\ -9l^2 & 12l^2 \end{bmatrix} & \begin{matrix} 2 \\ 3 \end{matrix} \end{matrix}$$

(2) 形成总刚度矩阵和总质量矩阵 —— 对号入座

$$[K] = \begin{matrix} 2 & 3 \\ \begin{bmatrix} \dfrac{4EI}{l}+\dfrac{8EI}{l} & \dfrac{4EI}{l} \\ \dfrac{4EI}{l} & \dfrac{8EI}{l} \end{bmatrix} & \begin{matrix} 2 \\ 3 \end{matrix} \end{matrix} = \begin{bmatrix} \dfrac{12EI}{l} & \dfrac{4EI}{l} \\ \dfrac{4EI}{l} & \dfrac{8EI}{l} \end{bmatrix}$$

$$[M] = \dfrac{\bar{m}l}{420} \begin{matrix} 2 & 3 \\ \begin{bmatrix} 4l^2+12l^2 & -9l^2 \\ -9l^2 & 12l^2 \end{bmatrix} & \begin{matrix} 2 \\ 3 \end{matrix} \end{matrix} = \dfrac{\bar{m}l^3}{420} \begin{bmatrix} 16 & -9 \\ -9 & 12 \end{bmatrix}$$

(3) 列出广义特征向量方程

由式(13-145)列出广义特征向量方程为

$$([K] - \omega^2[M])\{Z\} = \{0\}$$

其展开式为

$$\left(\dfrac{12EI}{l} - \dfrac{16\bar{m}l^3}{420}\omega^2 \right)Z_2 + \left(\dfrac{4EI}{l} + \dfrac{9\bar{m}l^2}{420}\omega^2 \right)Z_3 = 0$$

$$\left(\frac{4EI}{l}+\frac{9\overline{m}l^{3}}{420}\omega^{2}\right)Z_{2}+\left(\frac{8EI}{l}-\frac{12\overline{m}l^{3}}{420}\omega^{2}\right)Z_{3}=0 \tag{a1}$$

将 $\frac{l}{EI}$ 乘以上式各项,并令

$$\lambda=\frac{\overline{m}l^{4}}{420EI}\omega^{2} \tag{b1}$$

代入式(a1),得

$$\left.\begin{array}{l}(12-16\lambda)Z_{2}+(4+9\lambda)Z_{3}=0\\(4+9\lambda)Z_{2}+(8-12\lambda)Z_{3}=0\end{array}\right\} \tag{c1}$$

(4) 列频率方程并求解

频率方程为

$$\begin{vmatrix}(12-16\lambda)&(4+9\lambda)\\(4+9\lambda)&(8-12\lambda)\end{vmatrix}=0$$

其展开式为

$$\lambda^{2}-3.099\lambda+0.721=0$$

解得

$$\lambda_{1}=0.2534;\quad\lambda_{2}=2.8456$$

由式(b1)解得

$$\omega_{1}=\sqrt{\frac{420EI}{\overline{m}l^{4}}\lambda_{1}}=\frac{10.316}{l^{2}}\sqrt{\frac{EI}{\overline{m}}}$$

$$\omega_{2}=\sqrt{\frac{420EI}{\overline{m}l^{4}}\lambda_{2}}=\frac{34.571}{l^{2}}\sqrt{\frac{EI}{\overline{m}}}$$

(5) 求广义特征向量

当 $\lambda=\lambda_{1}=0.2534$,令 $Z_{2}=1$,由式(c1) 的第一个方程可求出 $Z_{3}=-1.265$。第一广义特征向量可表示为

$$\{Z\}_{1}=\left\{\begin{array}{c}1\\-1.265\end{array}\right\}$$

当 $\lambda=\lambda_{2}=2.8456$,令 $Z_{2}=1$,由式(c1)第一个方程可求出 $Z_{3}=1.132$。第二广义特征向量可表示为

$$\{Z\}_{2}=\left\{\begin{array}{c}1\\1.132\end{array}\right\}$$

(6) 列出振型曲线方程,并绘出振型图

根据公式(13-140b) 可列出各单元的振型曲线方程。

第一振型单元①、②的振型曲线方程为

$$Y_{①,1}(x)=Z_{2}\varphi_{4}(x)=-\frac{x^{2}}{l}+\frac{x^{3}}{l^{2}}$$

（单元① 端位移 $a_{1}=a_{2}=a_{3}=0,a_{4}=Z_{2}$）

$$Y_{②,1}(x)=Z_{2}\varphi_{2}(x)+Z_{3}\varphi_{4}(x)=\varphi_{2}(x)-1.265\varphi_{4}(x)$$

$$=x-\frac{0.735x^{2}}{l}-\frac{0.265x^{3}}{l^{2}}$$

（单元② 端位移 $a_{1}=a_{3}=0,a_{2}=Z_{2},a_{4}=Z_{3}$）

同理,可得第二振型单元 ①、② 的振型曲线方程为

$$Y_{①,2}(x) = -\frac{x^2}{l} + \frac{x^3}{l^2}$$

$$Y_{②,2}(x) = x - \frac{3.132x^2}{l} + \frac{2.132x^3}{l^2}$$

由此绘出结构的振型图示于图 13-74 中。

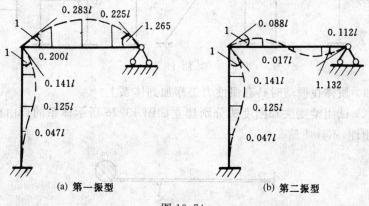

(a) 第一振型　　　　　(b) 第二振型

图 13-74

习　　题

[13-1]　什么是动力自由度?试确定如图 13-75 所示各结构的动力自由度。

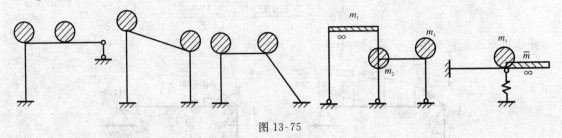

图 13-75

[13-2]　(1) 质体在振动时具有惯性力怎样加到体系上?
(2) 试用柔度法和刚度法分别建立如图 13-76 所示体系的自由振动方程。杆件刚性,不计质量。

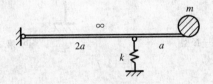

图 13-76

[13-3]　如图 13-77 所示 AD 梁具有无限刚性和均布质量 $\overline{m}$,B 处有一弹性支座(弹簧刚度系数为 k),D 处有一阻尼器(阻尼系数为 c),梁上受三角形分布动力荷载作用,试建立体系的运动方程。

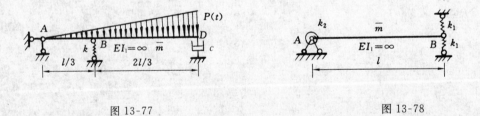

图 13-77

图 13-78

[13-4]　如图 13-78 所示梁 AB 具有无限刚性和均布质量 $\overline{m}$,A 处的弹簧铰的刚度系数 $k_2 = \dfrac{4EI}{l}$,B 处的弹簧刚度系数 $k_1 = \dfrac{4EI}{l^3}$,试求自振频率。

[13-5]　如 13-79 图所示结构所有的杆件均为无限刚性,D 处为弹簧支座,弹簧刚度系数为 k,试求体系的自振频率。

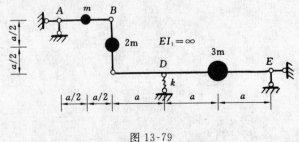

图 13-79

[13-6]　如图 13-80 所示结构所有的杆件均为无限刚性和具有均布质量 $\bar{m}$，B 处为弹簧支座，其弹簧刚度系数为 k，试求自振频率。

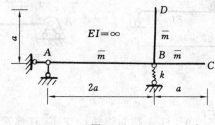

图 13-80

[13-7]　如图 13-81 所示结构，BC 杆具有无限刚性和均布质量 $\bar{m}$；AB 杆的刚度为 EI，不计质量。试求结构的自振频率。

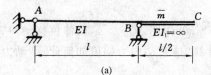
(a)

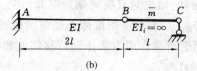
(b)

图 13-81

[13-8]　如图 13-82 所示 AC 梁的刚度为 EI，B 处的弹簧刚度系数 $k = \dfrac{6EI}{l^3}$，试求梁的自振频率。

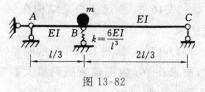

[13-9]　求如图 13-83 所示结构的自振频率。

[13-10]　求如图 13-84 所示结构的自振频率。

图 13-82

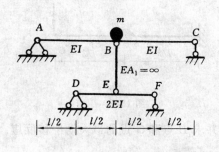

图 13-83

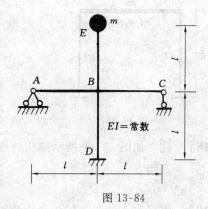

图 13-84

[13-11]　如图 13-85 所示梁 AC 的刚度为 EI，C 端悬有一弹簧，其刚度系数 $k = \dfrac{EI}{3a^3}$，弹簧下端吊着质量 m，试求结构的自振频率。

[13-12]　如图 13-86 所示结构，AB 和 DE 杆的刚度均为 EI，而 BD 杆为无限刚性，B 和 D 处有集中质量 m，试求结构的自振频率。

[13-13]　如图 13-87 所示结构，AB 杆和 CD 杆的刚度均为 EI，它们之间用线弹簧 BD 连

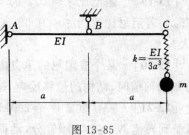

图 13-85

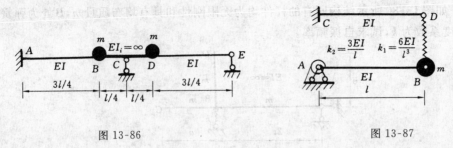

图 13-86 　　　　　　　　　　　　　　　　　图 13-87

接,弹簧的刚度系数为 $k_1 = \dfrac{6EI}{l^3}$,AB 杆 A 端为弹簧铰支座,其弹簧刚度系数为 $k_2 = \dfrac{3EI}{l}$,求该结构的自振频率。

[**13-14**]　用什么办法提高体系的自振圆频率 ω?弹性体系在初始 y_0、v_0 作用下是否都能发生自由振动?阻尼对自振周期影响如何?

[**13-15**]　(1) 单自由度体系受简谐荷载 $P \cdot \sin\theta t$ 作用,若 $\theta > \omega$,质体位移 $y(t)$ 方向如何?

(2) 简谐荷载作用下质体动位移幅值如何计算?体系动内力幅值如何计算?动力系数 μ 的适用情况怎样?

(3) 阻尼对动力系数有何影响?如何避免体系发生共振?减小振幅的措施如何考虑?

[**13-16**]　现已测得某结构在 10 周内振幅由 1.188mm 减少到 0.060mm,试求该结构的阻尼比 ξ。

[**13-17**]　如图 13-88 所示刚架,其横梁为无阻刚性,总质量 $m = 4000\text{kg}$。刚架作水平振动时,要求在 10s 内振幅衰减到最大振幅的 5%。已知对数递减率 $\gamma = 0.10$。试求刚架柱子的刚度 EI 至少为何值。

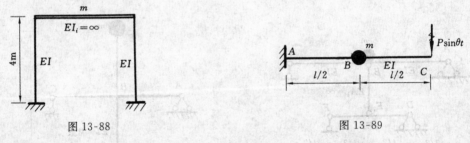

图 13-88 　　　　　　　　　　　　　　　　图 13-89

[**13-18**]　建立如图 13-89 所示结构的运动方程,并求 B 点和 C 点的最大动位移反应。已知 $\xi = 0$,$\theta = \sqrt{\dfrac{6EI}{ml^3}}$。

[**13-19**]　阻尼比 $\xi = 0.2$ 的单自由度结构受到动荷载 $P(t) = P_0 \sin\theta t$ 作用(已知 $\theta = 0.75\omega$)。若阻尼比改为 $\xi = 0.02$,要使结构的最大位移反应保持不变,动荷载幅值应调整到多大?

[**13-20**]　某个有阻尼的单自由度结构受到动荷载 $P(t) = P_0 \sin\theta t$ 作用,试问动荷载频率 θ 分别为何值时,结构的位移反应、速度反应和加速度反应达到最大?

[**13-21**]　一台重量 $W = 200\text{kN}$ 的回转机器支承在总刚度 $K = 180000\text{kN/m}$ 的弹簧支座上,受到转速 $N = 2400$ 转/分,动荷载幅值 $P = 5\text{kN}$ 的简谐动力荷载作用,已知阻尼比 $\xi = 0.1$。求振幅 A 和传到基础上的动反力 F_0。

[**13-22**]　用柔度法求如图 13-90 所示多自由度结构的自振频率和振型。(绘出振型图)

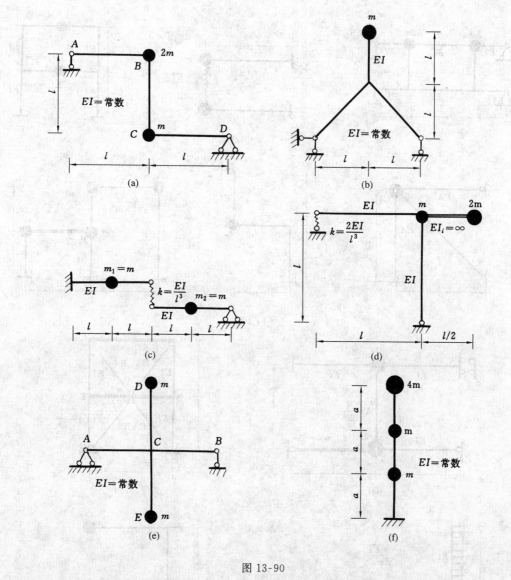

图 13-90

[**13-23**]　用刚度法求如图 13-91 所示结构的自振频率和振型(绘出振型图)。

[**13-24**]　求如图 13-92 所示结构 B 点的最大竖向动位移Δ_{BV}和绘制最大动力弯矩图。(不考虑阻尼影响)

[**13-25**]　求如 13-93 所示结构质量处最大竖向位移和最大水平位移,并绘制最大动力弯矩图。已知 $EI = 9 \times 10^6 \text{N} \cdot \text{m}^2$。(不考虑阻尼影响)

[**13-26**]　绘制如图 13-94 所示结构的最大动力弯矩图。已知 $\theta = 4\sqrt{\dfrac{EI}{ml^3}}$;$\xi = 0$。

[**13-27**]　求如图 13-95 所示结构质量处的最大竖向位移和绘制最大的动力弯矩图。已知 $\theta = 2\sqrt{\dfrac{EI}{ml^3}}$;$\xi = 0$。

[**13-28**]　用振型叠加法求如图 13-93 所示结构的质量处的最大位移反应。已知 $\xi_1 = \xi_2 = 0.10$。

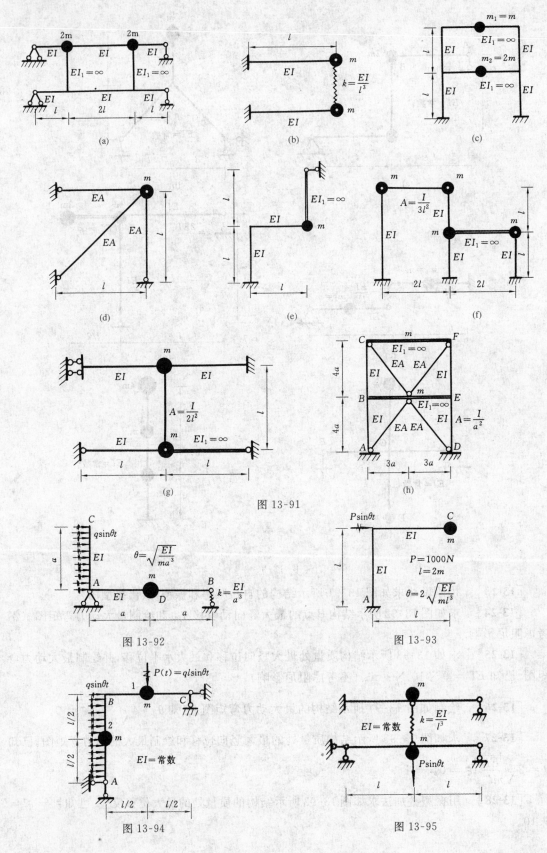

(a)

(b)

(c)

(d)

(e)

(f)

(g)

(h)

图 13-91

图 13-92

图 13-93

图 13-94

图 13-95

[**13-29**] 用瑞雷法求图 13-96 所示结构的第一自振频率。已知 $k = \dfrac{6EI}{l^3}$。$\left(\text{提示}:\text{设}\ Y(x) = a_1\left(1 - \cos\dfrac{\pi x}{2l}\right)\right)$

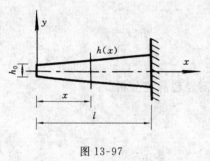

图 13-96

[**13-30**] 用李兹法求如图 13-97 所示变截面悬臂梁的第一和第二自振频率和振型。已知梁的厚度为 b，高度按直线规律变化 $h(x) = h_0\left(1 + \dfrac{x}{l}\right)$。$x$ 处的惯性矩 $I(x) = I_0\left(1 + \dfrac{x}{l}\right)^3$，分布质量 $\overline{m}(x) = \rho A_0\left(1 + \dfrac{x}{l}\right)$。其中 $I_0 = \dfrac{1}{12}bh_0^3$，$A_0 = bh_0$，$\rho$ 为单位面积的质量。$\left(\text{提示}:\text{设振型函数}\quad Y(x) = a_1\left(1 - \dfrac{x}{l}\right)^2 + a_2\dfrac{x}{l}\left(1 - \dfrac{x}{l}\right)^2\right)$

*[**13-31**] 用有限元法计算如图 13-98 所示结构的第一和第二自振频率和振型。轴向长度不变。

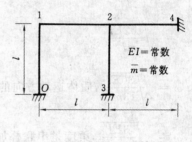

图 13-97   图 13-98

部分习题答案及提示

[13-4] $\omega = \dfrac{6}{l^2}\sqrt{\dfrac{EI}{m}}$，以 θ_A 为坐标。

[13-5] $\omega = \sqrt{\dfrac{16k}{93m}}$

[13-6] $\omega = \sqrt{\dfrac{3k}{10ma}}$

[13-7] （a）$\omega = \dfrac{6}{l^2}\sqrt{\dfrac{2EI}{m}}$，惯性力的分布形式，确定点的位移由惯性力引起。

（b）$\omega = \dfrac{3}{2l^2}\sqrt{\dfrac{EI}{2m}}$，惯性力的分布形式，确定点的位移由惯性力引起。

[13-8] $\omega = \sqrt{\dfrac{267EI}{4ml^3}}$，刚度法，$B$ 处附加两约束成连续梁，竖向单位移动的分析。

[13-9] $\omega = \sqrt{\dfrac{102EI}{ml^3}}$

[13-10] $\omega = \sqrt{\dfrac{30EI}{13ml^3}}$，质体运动方向的刚度系数需经超静定分析。

[13-11] $\omega = \sqrt{\dfrac{3EI}{11ma^3}}$，柔度是串联叠加的。

[13-12] $\omega = \dfrac{8}{3l}\sqrt{\dfrac{22EI}{ml}}$，两质体协同运动，以 θ_c 为坐标。

[13-13] $\omega = \sqrt{\dfrac{7EI}{2ml^3}}$，刚度法，两弹簧须先约束，质体单位位移时须解 $\Delta_D\left(\dfrac{2}{3}\right)$。

[13-16] $\xi = 4.75\%$

[13-17] $EI = 3.79 \times 10^6\,\text{N} \cdot \text{m}^2$，先求振 n 次，即有周期 T，可由 ω 公式求 K。

[13-18] $y_{Bmax} = \dfrac{5Pl^3}{36EI}$；$y_{Cmax} = \dfrac{121Pl^3}{288EI}$，可利用 Δ_{1P} 建立运动方程计算位移。

[13-19] $0.827P_0$

[13-20] $\theta = \omega\sqrt{1 - 2\xi^2}$ （位移反应达到最大）

$\theta = \omega$ （速度反应达到最大）

$\theta = \dfrac{\omega}{\sqrt{1 - 2\xi^2}}$ （加速度反应达到最大）

[13-21] $A = 4.4 \times 10^{-6}\,\text{m}$ $F_0 = 0.925\text{kN}$

[**13-22**]　(a)$\omega_1 = 0.892\sqrt{\dfrac{EI}{ml^3}}$；$\omega_2 = 1.414\sqrt{\dfrac{EI}{ml^2}}$，不同运动方向的质量不一样。

(b)　$\omega_2 = 1.060\sqrt{\dfrac{EI}{ml^3}}$；　　$\omega_2 = 2.576\sqrt{\dfrac{EI}{ml^3}}$；

$$\{A\}_1 = \begin{Bmatrix} 1 \\ 2.775 \end{Bmatrix}；\ \{A\}_2 = \begin{Bmatrix} 1 \\ -0.360 \end{Bmatrix}$$

(c)　$\omega_1 = 0.888\sqrt{\dfrac{EI}{ml^3}}$；$\omega_2 = 2.62\sqrt{\dfrac{EI}{ml^3}}$，

$$\{A\}_1 = \begin{Bmatrix} 1 \\ 2.25 \end{Bmatrix}；\ \{A\}_2 = \begin{Bmatrix} 1 \\ -0.446 \end{Bmatrix}$$

(d)　$\omega_1 = 0.513\sqrt{\dfrac{EI}{ml^3}}$；$\omega_2 = 3.029\sqrt{\dfrac{EI}{ml^3}}$

$$\{A\}_1 = \begin{Bmatrix} 1 \\ 2.712 \end{Bmatrix}；\ \{A\}_2 = \begin{Bmatrix} 1 \\ -0.246 \end{Bmatrix}$$

(e)　$\omega = \sqrt{\dfrac{3EI}{2ma^3}}$；　$\omega_2 = \sqrt{\dfrac{3EI}{ma^3}}$；　$\omega_3 = \sqrt{\dfrac{3EI}{ma^3}}$

$$\{A\}_1 = \begin{Bmatrix} 1 \\ 1 \\ 0 \end{Bmatrix}；\ \{A\}_2 = \begin{Bmatrix} 1 \\ -1 \\ 0 \end{Bmatrix}；\ \{A\}_3 = \begin{Bmatrix} 0 \\ 0 \\ 1 \end{Bmatrix}$$

(f)　$\omega_1 = 0.161\sqrt{\dfrac{EI}{ma^3}}$；　$\omega_2 = 1.760\sqrt{\dfrac{EI}{ma^3}}$；　$\omega_3 = 5.089\sqrt{\dfrac{EI}{ma^3}}$

$$\{A\}_1 = \begin{Bmatrix} 1.000 \\ 0.522 \\ 0.151 \end{Bmatrix}；\ \{A\}_2 = \begin{Bmatrix} 1.000 \\ -6.341 \\ -4.562 \end{Bmatrix}\ \{A\}_3 = \begin{Bmatrix} 1.000 \\ -13.198 \\ 19.222 \end{Bmatrix}$$

[**13-23**]　(a) 可利用半结构，$\omega_1 = \sqrt{\dfrac{3EI}{ml^3}}$；$\omega_2 = \ = \sqrt{\dfrac{6EI}{ml^3}}$；

$$\{A\}_1 = \begin{Bmatrix} 1 \\ 1 \end{Bmatrix}；\ \{A\}_2 = \begin{Bmatrix} 1 \\ -1 \end{Bmatrix}$$

(b)　$\omega_1 = \sqrt{\dfrac{3EI}{ml^3}}$；$\omega_2 = \sqrt{\dfrac{5EI}{ml^3}}$；

$$\{A\} = \begin{Bmatrix} 1 \\ 1 \end{Bmatrix}；\ \{A\}_2 = \begin{Bmatrix} 1 \\ -1 \end{Bmatrix}$$

(c)　$\omega_1 = 2.647\sqrt{\dfrac{EI}{ml^3}}$；　$\omega_2 = 6.402\sqrt{\dfrac{EI}{ml^3}}$；

$$\{A\}_1 = \begin{Bmatrix} 1 \\ 0.707 \end{Bmatrix}；\ \{A\}_2 = \begin{Bmatrix} 1 \\ -0.707 \end{Bmatrix}$$

(d) $\omega_1 = \sqrt{\dfrac{EA}{ma}}$; $\omega_2 = 1.306\sqrt{\dfrac{EA}{ma}}$;

$$\{A\}_1 = \begin{Bmatrix} 1 \\ 1 \end{Bmatrix}; \quad \{A\}_2 = \begin{Bmatrix} 1 \\ -1 \end{Bmatrix}$$

(e) $\omega_1 = 2.739\sqrt{\dfrac{EI}{ml^3}}$; $\omega_2 = 2.828\sqrt{\dfrac{EI}{ml^3}}$; $\{A\} = \begin{Bmatrix} 1 \\ 0 \end{Bmatrix}$;

$\{A\}_2 = \begin{Bmatrix} 0 \\ 1 \end{Bmatrix}$,质量处是刚结点,其两向位移各有特点。

(f) $\omega_1 = 0.728\sqrt{\dfrac{EI}{ml^3}}$; $\omega_2 = 1.661\sqrt{\dfrac{EI}{ml^3}}$; $\omega_3 = 3.731\sqrt{\dfrac{EI}{ml^3}}$

$$\{A\}_1 = \begin{Bmatrix} 1 \\ 0.0728 \\ 0.0084 \end{Bmatrix}; \quad \{A\}_2 = \begin{Bmatrix} 1 \\ -13.3111 \\ -1.8591 \end{Bmatrix}; \quad \{A\}_3 = \begin{Bmatrix} 1 \\ -80.2616 \\ 287.6013 \end{Bmatrix}$$

(g) $\omega_1 = 2.295\sqrt{\dfrac{EI}{ml^3}}$; $\omega_2 = 3.540\sqrt{\dfrac{EI}{ml^3}}$

$$\{A\}_1 = \begin{Bmatrix} 1 \\ 0.0691 \end{Bmatrix}; \quad \{A\}_2 = \begin{Bmatrix} 1 \\ -14.4691 \end{Bmatrix}$$

(h) $\omega_1 = 0.445\sqrt{\dfrac{EI}{ml^3}}$; $\omega_2 = 1.166\sqrt{\dfrac{EI}{ml^3}}$,每层移动时斜杆的变化参考第9、11章。

$$\{A\}_1 = \begin{Bmatrix} 1 \\ 0.618 \end{Bmatrix}; \quad \{A\}_2 = \begin{Bmatrix} 1 \\ -1.618 \end{Bmatrix}$$

[13-24] $\Delta_{BV} = \dfrac{13qa^4}{28EI}$; $M_{AD} = \dfrac{qa^2}{2}$;

$M_{DA} = \dfrac{13}{28}qa^2$

[13-25] $\Delta_{CV} = 0.174\text{mm}(\uparrow)$;

$\Delta_{CH} = 0.155\text{mm}(\rightarrow)$;

$M_{AB} = 1826\text{N} \cdot \text{m}$

[13-26] $M_{BA} = 0.181ql^2$

[13-27] $\Delta_1 = 0.0321\dfrac{Pl^3}{EI}$; $\Delta_2 = 0.3440\dfrac{Pl^3}{EI}$

$M_1 = -0.165Pl$; $M_2 = 1.032Pl$

[13-29] $\omega_1 = 4.97\sqrt{\dfrac{EI}{ml^3}}$

[13-30] $\omega_1 = \dfrac{7.692}{l^2}\sqrt{\dfrac{EI_0}{\rho A_0}}$; $\omega_2 = \dfrac{43.211}{l^2}\sqrt{\dfrac{EI_0}{\rho A_0}}$

14 结构的弹性稳定

14.1 结构稳定问题概述

结构在静、动荷载的作用下，除需解决其内力分布和变位的问题外，还必须考虑其平衡的稳定性问题，就是结构中某些构件受到较大的压力作用时，若只满足强度和某一刚度要求，将很可能突然发生一种新的变形而导致局部甚至全结构的毁坏，这种现象称为丧失平衡的稳定性。结构失稳问题受到工程界广泛的重视。

理论上将结构的失稳现象主要划分为两类。所谓第一类失稳现象，就如在理想的中心受压直杆上，轴向荷载逐渐加大到一个临界值时，杆件若受一横向干扰而发生微小弯曲，在干扰消失后，压杆已不能恢复到原有位置维持直线平衡状态，而是停留在新位置呈弯曲受压的平衡状态，即谓屈曲，这表示均匀受压的直杆丧失了直线平衡的稳定性。当直杆为两端铰支时，该荷载的临界值为 $P_{cr} = \dfrac{\pi^2 EI}{l^2}$，称为欧拉力 P_E。在各种结构中都有类似情况，受压构件在外荷载增大至某一临界值时，轴线将发生屈曲而使结构丧失承载能力，如图 14-1(a) 的刚架、图 14-1(b) 的抛物线拱、图 14-1(c) 的水中圆管断面等所示的失稳形式（虚线）。图 14-1(d) 表示薄壁断面梁原来是受平面弯曲，其下翼缘和腹板下部受压，当竖向荷载达到临界值时，受压翼缘失稳侧倾，腹板将偏离原平面，使梁形成受弯并受扭转的失稳形式。又如，十字形、T 形、L 形断面的开口薄壁直杆，因其断面的抗扭性能相对于抗弯曲的性能来说较差，开始虽中心受压，但可能首先发生绕纵轴扭转的失稳变形。

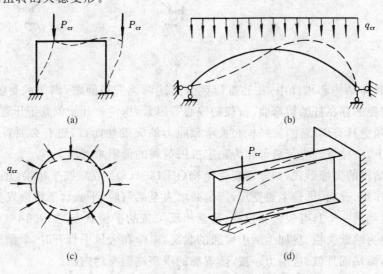

图 14-1

可用图 14-2(a) P-δ 平衡状态曲线 OAB 来表示上述现象，荷载增大到 P_{cr} 即 A 点时，平衡出现分枝，在分枝点之前结构并不会因瞬时扰动而转向新的平衡状态，即处于稳定的平衡；从该点开始，结构既可维持原来的平衡状态，又可过渡到发生了质变的新平衡状态，即处于不稳定的平衡,结构就丧失了正常承载的能力。一般将分枝点上的结构平衡状态称为随遇平衡,或中性平衡;分枝点荷载值称为临界荷载 P_{cr}。将这种发生平衡形式分枝而丧失稳定性的现象称为第一类失稳或分枝点失稳。

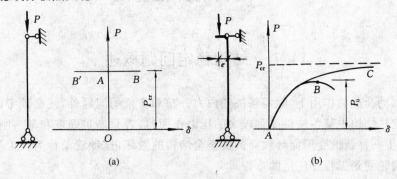

图 14-2

第二类稳定问题是指,结构原来处于压弯的复合受力状态,随着荷载增大,弯曲变形加大而并无质变,如图 14-3(a) 所示纵横弯曲的简支梁,设横向荷载不变而轴向荷载渐增,每一个 P 值都对应着一定的变形挠度,但其关系为非线性。图 14-2(b) 中 P-δ 曲线 AB 就表示这种过程,B 点对应的最大荷载值称为稳定极限荷载 P_u,达到此值时,即使减小荷载,变形仍继续迅速增大,即失去平衡的稳定性,结构丧失承载能力。极限荷载小于按中心受压时的临界荷载值,图 14-2(b) 中的曲线 AC 是假设构件材料为无限弹性时的情况。在许多结构中也有类似现象,例如图 14-3(b) 所示任意轴线的三铰拱,集中荷载达到极限值时,C 点挠度将无限增长直至拱的毁坏。将这种平衡状态并不发生质变的失稳称为极值点失稳,即称第二类失稳。

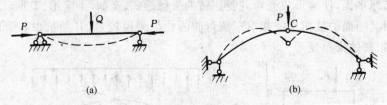

图 14-3

在实际的具体结构和构件中,往往难以区分上述两类失稳问题,例如承受轴向压力的直杆,由于不可避免的存在杆轴初弯曲、荷载初偏心等因素,构件一开始就处于压弯受力状态。但第一类失稳问题更具有典型性,就结构丧失承载能力的突发性而言,更有必要首先加以研究;且在许多情况下,分枝点临界荷载可作为稳定极限荷载的低限来考虑。

另有一类结构的失稳形式,如球面扁壳结构(图 14-4(a))或双铰平坦拱(图 14-4(b))受均布径向荷载作用,壳面、拱轴主要受压,当荷载增大至某值时,平衡状态将会发生一个明显的跳跃,突然过渡到另一个具有较大变位的、甚至相反位置的平衡状态,如图 14-4(b) 中虚线所示。这种现象称为跳跃失稳。犹如生活中可遇的状况,雨伞在大风中打开时,伞面顶风而突被翻向外;金属食品罐端面外鼓,若用力一按,随着啪的一声端面突然内凹。

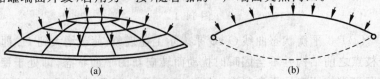

图 14-4

　　本章讨论的是结构的第一类失稳问题,并且仅限于弹性范围内的结构、构件稳定分析。在弹性范围外的受压杆稳定问题也具有重要的实际意义,它将涉及试验研究和若干不同的假定与理论,可参阅有关专著。

　　结构弹性稳定分析的目的,是防止不稳定平衡状态或随遇平衡状态的发生,就是要找到维持稳定平衡的最大荷载值——临界荷载或临界荷载参数。建立计算公式所依据的状态即为随遇平衡状态(分枝点状态)。

　　总体上,结构稳定分析有静力法和能量法。静力法,就是按结构刚开始取新的平衡形式之时建立平衡方程,从而求解临界荷载。故称随遇平衡为结构平衡稳定性的静力准则。图14-5(a)是一个最简单的弹性体系,其中竖杆为无限刚性、弹簧铰支承的刚度系数为 k_M(N·cm),这可作为一座钢筋混凝土独立水塔的力学模型,具有较大刚度的基座并放置于弹性基础之上。在柱顶竖向荷载作用下,竖杆在没有偏移时,弹性支座无变形与反力矩;为求其临界荷载,今设体系处于随遇平衡状态,竖杆占有新位置如虚线所示,有微小的倾角位移 θ,则支座产生反力矩 $k_M\theta$。柱顶偏移距离为 $l\cdot\sin\theta$,此时运用静力平衡条件 $\sum M_A=0$,有

$$Pl\sin\theta - k_M\theta = 0 \tag{a}$$

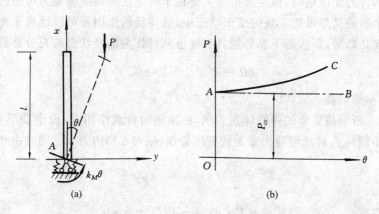

图 14-5

若近似地取 $\sin\theta = \theta$,即体系在小变形范围内,式(a)即成为以位移 θ 为参数的方程

$$\theta(Pl - k_M) = 0$$

满足此式的情况有两种:若 $Pl - k_M \neq 0$,则 $\theta = 0$,表示处于起始位置上的平衡;若有 $\theta \neq 0$ 的任意微小位移时,式中系数应为零,即可得

$$Pl - k_M = 0 \tag{b}$$

这称为体系的稳定方程,反映了临界状态平衡形式的二重性特征,由此可求得体系的临界荷载值 $P_{cr} = k_M/l$。例如已知 $k_M = 500$kN·m,且 $l = 10$m,则 $P_{cr} = 50$kN。

　　若假设体系可以容许大变形,弹簧为无限弹性,由式(a)得到 $P = \dfrac{k_M\theta}{l\sin\theta}$,据此可由每一个 θ 值求得一个对应的 P 值,直至很大的倾角位移,荷载位移曲线将如图14-5(b)中 AC 所示。但分枝点荷载值 P_{cr} 是与小变形情况相应的。

　　从上述可见,根据压杆发生偏移后的新位置建立的平衡关系中,位移与荷载间并非线性关系,弹性约束力与荷载也就不成线性关系。

结构稳定分析的另一方法是能量法。结构在荷载作用下发生变形,引起两方面的能量改变,即材料内具有应变势能的增量 U、荷载由于作用位置的变化具有势能的负增量 V。包含有轴压构件在内的体系也有着这两种能量的消长现象。当压杆从原有平衡位置偏离到一个新的平衡位置时,若 $U > V$,表示体系具有足够的应变势能克服荷载的作用趋势而使压杆回复到原有位置;若 $U < V$ 则相反,压杆已不能复原;若 $U = V$ 即表示压杆可随遇平衡。从 $U = V$ 出发去求解临界荷载,那是能量守恒原理的应用。本章着重在应用势能驻值原理(9.12 节)来分析稳定问题。体系的总势能写作 $\Pi = U + V$,它可表达为变形状态中若干个位移参数的二次函数。势能驻值原理为能量法提供了一个理论基础:体系处于平衡时,对应于微小的可能位移的总势能一阶变分为零 $\delta\Pi = 0$。或者说,弹性结构的某处位移发生一个任意微小的变化时,并不导致体系总势能的改变,则该结构处于平衡状态。至于平衡的稳定性,本应由势能函数 Π 的曲线变化趋势即二阶变分来判断,若在原有平衡位置上 $\delta^2\Pi > 0$,表示势能为极小,犹如一个小球位于凹曲面的底部,为稳定平衡状态;若 $\delta^2\Pi < 0$,表示势能为极大,犹如小球位于凸曲面的顶部,为不稳定平衡状态;而 $\delta^2\Pi = 0$ 则表示势能随处相等,犹如小球位于水平面上,处于随遇平衡(中性平衡)状态。因此,体系总势能的 $\delta\Pi = 0$ 和 $\delta^2\Pi = 0$ 是平衡稳定性的能量准则。但对于多数具有轴压构件的弹性结构,稳定分析的关键在于确定使随遇平衡成为可能的那个荷载值,所以若在一个全新的又是可能实现的变形状态中,该荷载的作用是可以达成平衡的,这时就无需检查系统的 $\delta^2\Pi$ 趋势,新状态下总势能具有驻值就可作为临界状态的充分必要条件:

$$\delta\Pi = \delta(U + V) = 0 \tag{14-1}$$

由此,即可求得临界荷载。

仍以图 14-5 所示最简单的弹性体系为例,柱顶轴向荷载作用下,设定变形形式(新状态)为竖柱发生微小倾角 θ,对此可写出弹簧铰变形势能(变形 θ 和内力 M_A 同时由 0 开始增长):

$$U = \frac{1}{2}M_A \cdot \theta = \frac{1}{2}k_M \cdot \theta^2 \tag{c}$$

及荷载势能的改变 $\qquad V = -P \cdot \Delta_x = -Pl(1 - \cos\theta) \tag{d}$

荷载势能定义为荷载在其作用方向的位移 Δ(图 14-5(a))上所做功的负值,该位移发生时荷载值并未改变。将式(c)中 $\cos\theta$ 展开成级数后取值:

$$\Delta_x = l(1 - \cos\theta) = l\left[1 - \left(1 - \frac{\theta^2}{2!} + \frac{\theta^4}{4!} + \cdots\right)\right] \approx \frac{l\theta^2}{2} \tag{14-2}$$

故有 $\qquad \Pi = U + V = \frac{\theta^2}{2}(k_M - Pl) \tag{e}$

使用 $\delta\Pi = \dfrac{\mathrm{d}\Pi}{\mathrm{d}\theta} \cdot \delta\theta = 0$ 的条件,由于 θ 和 $\delta\theta$ 是任意的,故有 $\dfrac{\mathrm{d}\Pi}{\mathrm{d}\theta} = 0$,于是得

$$\theta(k_M - Pl) = 0 \tag{f}$$

与前面由静力平衡条件所得式(a)一致,可见势能驻值原理是用能量形式表示了平衡条件。由式(f)得稳定方程及临界荷载值 $P_{cr} = k_M/l$。

若就式(e)来分析一下总势能(位移 θ 的二次函数)与荷载值的关系,可以看到:当 $P < k_M/l$ 时,$\Pi\text{-}\theta$ 曲线如图 14-6(a)所示,$\theta = 0$ 处总势能为极小 $\left(\dfrac{\mathrm{d}^2\Pi}{\mathrm{d}\theta^2} > 0\right)$,平衡是稳定的;当 $P >$

k_M/l 时，Π-θ 曲线如图 14-6(c) 所示，$\theta=0$ 处总势能为极大 $\left(\dfrac{\mathrm{d}^2\Pi}{\mathrm{d}\theta^2}<0\right)$，平衡是不稳定的；图 14-6(b) 表示当 $P=k_M/l$ 时总势能恒等于零 $\left(\dfrac{\mathrm{d}^2\Pi}{\mathrm{d}\theta^2}=0\right)$，体系处于中性平衡状态，或过渡状态、临界状态，这个荷载值就称临界荷载 P_{cr}。这些特征同样存在于多自由度体系中。

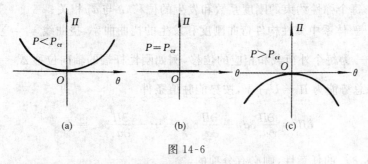

图 14-6

14.2　有限自由度体系的稳定计算

决定一个体系变形形式的独立位移参数（或称坐标）的数目即为体系的自由度。在稳定问题中的体系变形形式，就是指临界状态一个新的平衡形式，也称为失稳形式，它当然应满足位移边界条件。上节中图 14-5 刚性竖柱具有底部弹簧铰支座，它的失稳形式表明是一个自由度，位移参数可选为刚性柱的倾角 θ 或柱顶水平位移 y_1；它的临界荷载只需一个方程即可求得。

如图 14-7(a) 所示结构属一个自由度体系（荷载作用点可发生水平移动），如图 14-7(b) 所示为两个自由度体系（左竖链杆也是个线弹簧），如图 14-7(c) 所示为三个自由度体系（须有三处支点位移值方可确定体系新位置）。

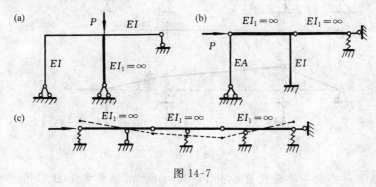

图 14-7

对结构体系进行稳定分析前须先确定其自由度数。当一个体系具有两个和两个以上的独立位移参数时，按其随遇平衡的二重性特点，可以选用静力法或能量法进行稳定分析。

用静力法分析具有 n 个自由度的体系时，可对新的变形状态建立 n 个平衡方程，那是关于 n 个独立位移参数的齐次线性方程，根据对应于失稳形式的该 n 个参数不能全为零，则方程的系数行列式 D 应等于零，这就是稳定方程或称特征方程

$$D = 0 \tag{14-3}$$

它有 n 个实根，即 n 个特征值，其中最小者即为临界荷载。

用能量法分析具有 n 个自由度的体系时，必须明确地设定一个可能的失稳变形状态，用其

中 n 个位移参数 $a_1, a_2, \cdots, a_n$ 表达出应变势能 U 和荷载势能 V 的变化

$$U = \frac{1}{2} \sum k\delta^2 + \frac{1}{2} \int EI(y'')^2 \, ds$$

$$V = -\sum P \cdot \Delta_x$$

(14-4)

式中 k, δ —— 每个弹性约束的刚度系数和发生的位移，δ 与 a_i 相关；

EI, y'' —— 体系中弹性构件弯曲刚度和发生的挠曲曲率，挠曲线 $y = \sum a_i \varphi_i(s)$；

P, Δ_x —— 为每个外荷载和相应的位移，例如刚性杆端的轴向位移 $\Delta_x = \dfrac{l\theta^2}{2}$。

该变形状态总势能为 $\Pi = U + V$，按势能驻值条件

$$\delta\Pi = \frac{\partial\Pi}{\partial a_1}\delta a_1 + \frac{\partial\Pi}{\partial a_2}\delta a_2 + \cdots + \frac{\partial\Pi}{\partial a_n}\delta a_n = 0$$

由于 $\delta a_1, \delta a_2, \cdots, \delta a_n$ 的任意性，则必有分项的

$$\frac{\partial\Pi}{\partial a_i} = 0, \quad (i = 1, 2, \cdots, n)$$

(14-5)

这样就得到一组含有 $a_1, a_2, \cdots, a_n$ 的齐次线性代数方程，因设有 a_i 不全为零，故方程的系数行列式应等于零，即得稳定方程，从而确定该体系的临界荷载。

下面以两个自由度的体系为例应用上述分析方法。

【例 14-1】 试求图 14-8(a) 所示具有两个弹簧支座，三跨刚性压杆体系的轴向临界荷载。线弹簧的刚度系数为 $k(\text{N/cm})$。

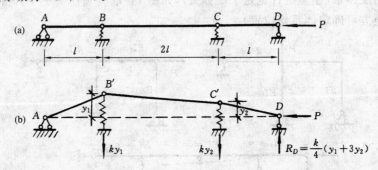

图 14-8

【解】 设临界状态的一个新位置如图 14-8(b) 所示，弹簧支座 B、C 所发生的独立位移 y_1, y_2 作为参数。该两支座反力即为已知值。

静力法：

先由整体平衡条件 $\sum M_A = 0$ 求得反力 $R_D = \dfrac{k}{4}(y_1 + 3y_2)$；

由隔离体 $C'D$ 的 $\sum M_{C'} = 0$ 得：$Py_2 - \dfrac{kl}{4}(y_1 + 3y_2) = 0$

由隔离体 $B'C'D$ 的 $\sum M_{B'} = 0$ 得：$Py_1 + 2kly_2 - \dfrac{3kl}{4}(y_1 + 3y_2) = 0$

于是得含有两个位移参数的齐次方程

$$\begin{cases} \dfrac{kl}{4}y_1 + \left(\dfrac{3}{4}kl - P\right)y_2 = 0 \\ \left(\dfrac{3}{4}kl - P\right)y_1 + \dfrac{1}{4}kly_2 = 0 \end{cases} \tag{a}$$

若其解 $y_1 = y_2 = 0$，表示体系在原状态平衡；按分枝的平衡形式，位移 y_1、y_2 不全为零，则方程的系数行列式 $D = 0$，即得体系的稳定（特征）方程为

$$\left(\dfrac{kl}{4}\right)^2 - \left(\dfrac{3}{4}kl - P\right)^2 = 0$$

即

$$P^2 - \dfrac{3}{2}klP + \dfrac{1}{2}(kl)^2 = 0 \tag{b}$$

可得 P 的两个实根（特征值）$P = \dfrac{1}{2}\left[\dfrac{3}{2} \pm \dfrac{1}{2}\right]kl$

即

$$P_1 = \dfrac{3-1}{4}kl = \dfrac{1}{2}kl, \quad P_2 = \dfrac{3+1}{4}kl = kl$$

最小值即为体系的临界荷载 $P_{cr} = \dfrac{1}{2}kl$。例如 $k_N = 10^4 \mathrm{N/cm}, l = 2\mathrm{m}$，则 $P_{cr} = 1000\mathrm{kN}$。

由于小变形的假设，得不到与荷载值相应的位移值，而只能确定相应的变形模态。今将两个特征值分别回代入式（a）中任一式，可分别得 y_1 与 y_2 之比值，即可知相应于每一荷载值时的变形形式。按 $P_1 = \dfrac{1}{2}kl$，得 $y_1 : y_2 = 1 : -1$，如图 14-9(a) 所示呈反对称形式；按 $P_2 = kl$，得 $y_1 : y_2 = 1 : 1$，如图 14-9(b) 所示呈正对称形式。后者的形式是不能自然实现的，因为当荷载达到最小特征值 $P_{\min} = P_1$ 时，体系即可发生失稳。

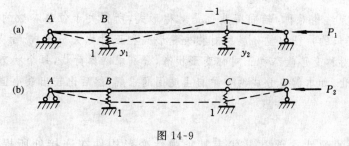

图 14-9

能量法：

就图 14-8(b) 的一般变形状态并按式（14-4）可写出弹簧支承中的应变势能和荷载移动后的势能为

$$U = \dfrac{1}{2}(ky_1^2 + ky_2^2)$$

$$V = -P(\Delta_{CD} + \Delta_{CB} + \Delta_{BA})$$

其中，Δ 为各刚性杆端的轴向位移量，以左跨 AB（长度为 l）的 Δ_{BA} 为例，可写成以杆端侧向位移 y_1 为参数的公式：

$$\Delta_{x_1} = \Delta_{BA} = l - \sqrt{l^2 - y^2} = l\left[1 - \left(1 - \dfrac{y_1^2}{l^2}\right)^{\frac{1}{2}}\right]$$

$$= l\Big[1 - \Big(1 - \frac{1}{2}\frac{y_1^2}{l^2} - \frac{1}{8}\frac{y_1^4}{l^4} + \cdots\Big)\Big] \approx \frac{y_1^2}{2l} \qquad (14\text{-}6)$$

故

$$V = \frac{-P}{2}\Big[\frac{y_1^2}{l} + \frac{(y_1 - y_2)^2}{2l} + \frac{y_2^2}{l}\Big]$$

$$= \frac{-P}{4l}[3y_1^2 - 2y_1 y_2 + 3y_2^2]$$

总势能

$$\Pi = U + V = \frac{k}{2}(y_1^2 + y_2^2) - \frac{P}{4l}(3y_1^2 - 2y_1 y_2 + 3y_2^2)$$

可见势能 Π 是位移参数的二次函数。今分别对两个参数运用势能驻值条件(式(14-5)),得

$$\frac{\partial \Pi}{\partial y_1} = 0: \quad \Big(ky_1 - \frac{3P}{2l}y_1\Big) + \frac{P}{2l}y_2 = 0$$

$$\frac{\partial \Pi}{\partial y_2} = 0: \quad \frac{P}{2l}y_1 + \Big(ky_2 - \frac{3P}{2l}y_2\Big) = 0 \qquad (c)$$

由这组齐次方程的系数行列式 $D = 0$,得体系的稳定方程

$$\Big(k - \frac{3}{2l}P\Big)^2 - \Big(\frac{1}{2l}P\Big)^2 = 0$$

即

$$2P^2 - 3klP + k^2 l^2 = 0 \qquad (d)$$

于是其解

$$P_1 = \frac{1}{2}kl, \quad P_2 = kl$$

将其分别代入式(c)时亦得相应于 P_1 的失稳形式为 $\dfrac{y_1}{y_2} = -1$,相应于 P_2 的失稳形式为 $\dfrac{y_1}{y_2} = +1$。结论与静力法相同。

本例的特点为结构对称,轴向荷载也是对称形式,所得关于位移参数的齐次方程呈对称性,相应于两特征值的特征向量分属反对称失稳形式和正对称失稳形式。于是可见,在这类情况下可先设定反对称变形状态和正对称变形状态,分别求临界荷载,每个状态中的自由度数必减少而使问题简化。如本例可分成两个单自由度问题求解,然后比较出最小值为原体系的真实临界荷载。

压杆体系中的弹性支承常是代表某种弹性变形构件在连接处所提供的约束,如图 14-10(a)、(c)、(e) 所示三例,按照约束的性质和刚度系数的定义,可将其中非受压构件化成线弹簧或弹簧铰,得到简化的稳定分析模型分别如图 14-10(b)、(d)、(f) 所示。

又如图 14-11(a) 刚架,其失稳时的独立位移可选为结点 B 的转角或选为结点 B 的水平位移,简化模型的方案一,如图 14-11(b) 所示压杆上端 B 处应为可移动的弹簧铰约束,其刚度系数 $k_M = \dfrac{3EI}{l_1} + \dfrac{3EI}{l_2}$,反映了两侧梁端截面在发生转角 $\theta = 1$ 时提供给压杆 B 端的约束力矩。方案二如图 14-11(e) 所示具有抗侧移失稳的线弹簧约束,其刚度系数的确定可用图14-11(d),令结点 B 水平移动 $\delta = 1$ 时,由横梁端弯矩而得刚性柱上端力矩 M_{BA},于是可知所需水平作用力 $k_N = r_A = \dfrac{M_{BA}}{H} = \dfrac{1}{H^2}\Big(\dfrac{3EI}{l_1} + \dfrac{3EI}{l_2}\Big)$,即为 B 端线弹簧刚度系数。

但是否适宜作上述简化,应视问题而定。

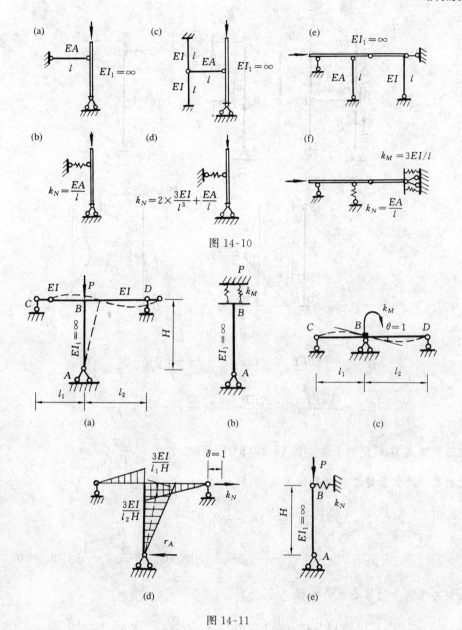

图 14-10

图 14-11

【例 14-2】　试写出求解图 14-12(a) 所示体系临界荷载的特征方程。B、C 两处荷载均沿杆轴（B 铰处有竖向荷载 P），杆 DEF 为等截面，弯曲刚度为 EI。

【解】　本例受压刚性杆的结点 B、C 之水平位移 y_B、y_C 是两个独立参数，弹性杆 DEF 则为结点 B、C 提供了弹性支承。

静力法：

设临界状态时受压刚性杆的新位置如图 14-12(b) 中虚线所示，杆 DEF 相应的变形曲线如图 14-12(c) 所示。为求 B、C 两处水平链杆的作用力，在如图 14-12(c) 所示连续梁发生变位的情况下，求其两支杆处的反力 R_{BE}、R_{CF}。今为清楚地反映 y_B 和 y_C 的影响，分设各个支点位移单独发生，不难求得其相应的弯矩分布分别如图 14-12(d)、图 14-12(e) 所示。于是得到

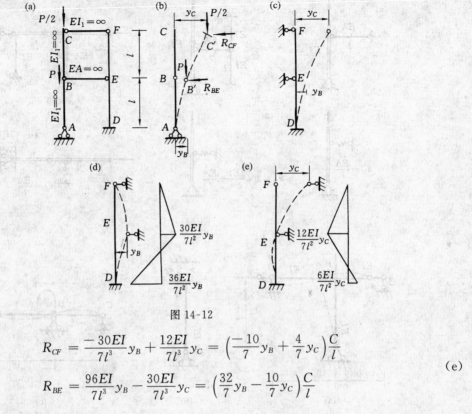

图 14-12

$$R_{CF} = \frac{-30EI}{7l^3} y_B + \frac{12EI}{7l^3} y_C = \left(\frac{-10}{7} y_B + \frac{4}{7} y_C\right)\frac{C}{l}$$

$$R_{BE} = \frac{96EI}{7l^3} y_B - \frac{30EI}{7l^3} y_C = \left(\frac{32}{7} y_B - \frac{10}{7} y_C\right)\frac{C}{l}$$

(e)

它们作用于结点 B、C 处的方向如图 14-12(b) 所示,式中 $C = \dfrac{3EI}{l^2}$。

就新的平衡位置建立两个平衡方程式

$$\sum M_{B'} = 0 \qquad \frac{P}{2}(y_C - y_B) - \left(\frac{-10}{7} y_B + \frac{4}{7} y_C\right)C = 0$$

$$\sum M_A = 0 \qquad \frac{P}{2}y_C + P \cdot y_B - \left(\frac{-10}{7} y_B + \frac{4}{7} y_C\right)\times 2C - \left(\frac{32}{7} y_B - \frac{10}{7} y_C\right)C = 0$$

整理后得关于两个位移参数的方程

$$\begin{cases} \left(\dfrac{10}{7}C - \dfrac{P}{2}\right)y_B - \left(\dfrac{4}{7}C - \dfrac{P}{2}\right)y_C = 0 \\ \left(\dfrac{-12}{7}C + P\right)y_B + \left(\dfrac{2}{7}C + \dfrac{P}{2}\right)y_C = 0 \end{cases}$$

(f)

因临界状态新位置的 y_B、y_C 不全为零,故有稳定特征方程为

$$\begin{vmatrix} \left(\dfrac{10}{7}C - \dfrac{P}{2}\right) & -\left(\dfrac{4}{7}C - \dfrac{P}{2}\right) \\ \left(\dfrac{-12}{7}C + P\right) & \left(\dfrac{2}{7}C + \dfrac{P}{2}\right) \end{vmatrix} = 0$$

即为

$$\frac{3}{4}P^2 - \frac{14}{7}CP + \frac{28}{49}C^2 = 0$$

计入 $C = \dfrac{3EI}{l^2}$，稳定方程为

$$P^2 - 8\frac{EI}{l^2}P + \frac{48}{7}\left(\frac{EI}{l^2}\right)^2 = 0 \tag{g}$$

能量法：

临界状态的变位亦如前设(图 14-12(b)、(c))，则按式(14-4)可求出体系的荷载势能为

$$V = -\frac{1}{2}\cdot\frac{P}{2}\left[\frac{(y_C - y_B)^2}{l} + \frac{y_B^2}{l}\right] - \frac{1}{2}P\cdot\frac{y_B^2}{l}$$

$$= -\frac{P}{4l}(4y_B^2 - 2y_B y_C + y_C^2)$$

计算体系的弹性变形能，可依据图 14-12(d)、(e) 所示的弯矩分布，

$$U = \frac{1}{2}\int\frac{M^2}{EI}\mathrm{d}x$$

其中弯矩 M 为 y_B 和 y_C 的函数，即 $M = M(y_B) + M(y_C)$，积分计算可分 DE、EF 两段以图乘代替，引用 $C = \dfrac{3EI}{l^2}$ 后得到

$$U_{DE} = \frac{C}{49l}[62y_B^2 + 6y_C^2 - 30y_B y_C]$$

$$U_{EF} = \frac{C}{49l}[50y_B^2 + 8y_C^2 - 40y_B y_C]$$

总势能 $\quad \Pi = U_{DE} + U_{EF} + V$，并由临界状态的势能驻值条件，可得

$$\frac{\partial \Pi}{\partial y_B} = 0, \quad \frac{C}{49l}[224y_B - 70y_C] - \frac{P}{4l}[8y_B - 2y_C] = 0$$

$$\frac{\partial \Pi}{\partial y_C} = 0, \quad \frac{C}{49l}[28y_C - 70y_B] - \frac{P}{4l}[-2y_B + 2y_C] = 0$$

即有关于位移参数的齐次方程为

$$\begin{cases} \left(\dfrac{32}{7}C - 2P\right)y_B - \left(\dfrac{10}{7}C - \dfrac{P}{2}\right)y_C = 0 \\[3mm] -\left(\dfrac{10}{7}C - \dfrac{P}{2}\right)y_B + \left(\dfrac{4}{7}C - \dfrac{P}{2}\right)y_C = 0 \end{cases} \tag{h}$$

根据随遇平衡状态的 y_B、y_C 不全为零，于是得稳定特征方程

$$\frac{3}{4}P^2 - \frac{14}{7}CP + \frac{28}{49}C^2 = 0$$

即

$$P^2 - 8\frac{EI}{l^2}P + \frac{48}{7}\left(\frac{EI}{l^2}\right)^2 = 0$$

结果与静力法一致。

注意到由势能驻值条件得到的方程(h)是平衡方程，未知位移 y_B、y_C 的系数代表两独立

位移方向的结构刚度性质,它反映了由于轴向荷载 P 的存在,相应的刚度有所降低。

应当指出,若计算体系弹性变形能 U 时,所依据的弯矩分布(或相应的变形曲线 $y(x)$)与所设的位移 y_B、y_C 情况不完全相符,即依据近似的变形曲线,则能量法所得结果与静力法的相比,必存在误差,临界荷载为近似值。

14.3　静力法确定弹性压杆的临界荷载

具有弹性的压杆承受轴向压力作用而发生失稳(屈曲)时,其任一点或任一微段 $\mathrm{d}x$ 处的挠度均为独立的位移参数,所以弹性压杆的稳定分析是无限自由度问题。

这里所研究的压杆符合如下假定:

(1) 理想的中心受压直杆;

(2) 材料在线弹性范围内,服从虎克定律;

(3) 构件的屈曲变形微小,其轴线曲率 $\dfrac{1}{\rho}=\dfrac{y''}{(1+y'^2)^{3/2}}$ 可近似地采用 y''。

用静力法求解各种弹性压杆的临界荷载,仍是根据随遇平衡的二重性,先设一符合支承情况的微弯状态,并就其建立平衡方程,不过在无限自由度体系中这是平衡微分方程;求解此微分方程并利用边界条件,可得一组关于未知位移参数的齐次代数方程,位移参数不全为零的要求,应使其系数行列式等于零,这就是特征方程(稳定方程);它将有无穷多个特征值,其中最小者即为临界荷载。

在材料力学中已推导了理想轴压杆在几种简单的支承情况下的临界荷载,例如图14-13中各等截面、等长压杆的临界荷载可用欧拉公式表示为

$$P_{\mathrm{cr}}=\frac{\pi^2 EI}{(\mu l)^2} \tag{14-7}$$

式中,μ 为长度系数 $\left(\mu^2=\dfrac{P_E}{P_{\mathrm{cr}}}\right)$,反映了不同的支承情况对临界荷载的影响,图14-13压杆的长度系数 μ 分别为 $2.0,1.0,0.7,0.5$。

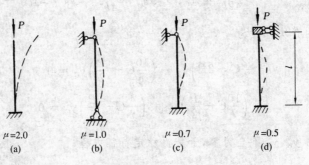

图 14-13

直柱两端的约束情况提供了不同的抵抗失稳变形的刚度,同时还应认识到:直杆原有的抗挠曲的刚度由于轴压力的存在而降低的性质,例如悬臂柱上端原有抗侧移刚度 $3EI/l^3$,两端铰支柱下端抗转动刚度 $4EI/l$,在承受轴载后分别减小了,直至轴载增大到相应临界值时,该刚度降为零,因而直柱丧失承载能力而屈曲。本节虽以单根压杆为讨论对象,但它们可以是实际结构中抽象出来的力学模型。例如图 14-14(b) 所示单杆代表了图 14-14(a) 刚架可能发生

正对称失稳或反对称失稳形式的计算简图。当实际框架结构的横梁刚度极大而柱的下端转动刚度特性须加考虑时,则图 14-14(d) 所示为图 14-14(c) 的计算简图。它们的上端为可作水平滑动的竖向定向支承。

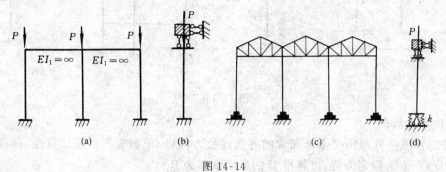

图 14-14

又如图 14-15(a) 所示对称刚架作用有对称的柱顶荷载,当考虑其发生反对称形式失稳时,可取其半结构如图 14-15(b),则其计算简图如图 14-15(c),按其失稳曲线的特点也可取等效的图 14-15(d),其中弹簧铰刚度 k_1 是由横梁 B 端所提供的。当考虑此刚架按正对称形式(图 14-15(e))失稳时,可就其半结构(图 14-15(f))计算临界荷载,则其计算简图如图 14-15(g) 或等效的图 14-15(h)。

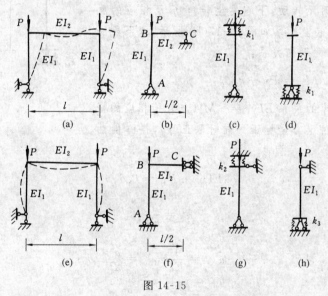

图 14-15

再如图 14-16(a) 所示排架,其稳定分析的计算简图即如图 14-16(b) 所示,其中弹簧支座的刚度系数取决于两边柱的 $E_2 I_2$、H 及横梁的 $E_3 A_3$、l 等。在图 14-16(c) 所示多层多跨刚架中的一柱 AB,其计算图式将如图 14-16(d) 所示。而对于多柱承受轴载、多层承载的结构应按后述刚架稳定问题分析。

下面举例分析具有弹性支承的等截面压杆、变截面的压杆稳定问题。静力法分析压杆临界荷载的一般步骤为:

① 根据支承情况设定屈曲形态和坐标系,取出近支承端隔离体,建立弯矩平衡方程(含 P);

② 由 $EIy'' = \pm M(x)$ 写出挠曲微分方程(出现轴压参数 $\dfrac{P}{EI} = \alpha^2$)及其一般解,将含有几

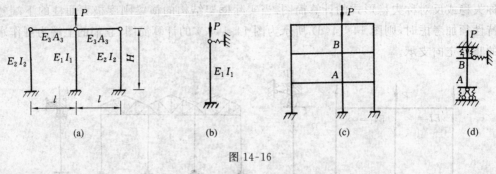

图 14-16

个未知的位移常数;

③ 按边界条件可写出关于未知常的齐次代数方程组,依据临界状态二重性,即得其系数行列式 $|D| = 0$ 为稳定方程,可解得 P 的最小值即为 P_{cr}。

【例 14-3】 试用静力法建立如图 14-17(a) 所示压杆的稳定方程,并讨论确定其临界荷载的方法。弹簧铰的抗转刚度系数为 k_M。

【解】 设临界状态的微弯形式如图 14-17(b) 所示,上端可发生水平移动而无转动,下端发生转角 θ_0 及相应的反力矩 $M_0 = k_M \theta_0$,今取坐标系如图 14-17(b) 所示,取下段隔离体建立内、外力矩的平衡关系:

$$M_x = Py - k_M \theta_0$$

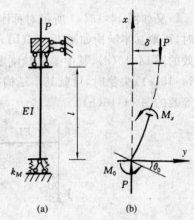

图 14-17

引用弯矩与曲率的关系 $EIy'' = -M_x$(与弯矩相应的杆轴挠曲曲率中心若位于 y 坐标正方向时取正号),得弹性曲线的微分方程

$$EIy'' + Py = k_M \theta_0 \tag{a}$$

令

$$\alpha^2 = \frac{P}{EI}$$

微分方程成为

$$y'' + \alpha^2 y = \frac{1}{EI} k_M \theta_0 = \frac{\alpha^2}{P} k_M \theta_0$$

其一般解为

$$y = A\cos\alpha x + B\sin\alpha x + \frac{k_M}{P}\theta_0 \tag{b}$$

利用三个边界条件以定三个未知常数 A、B、θ_0 的关系:

$$
\left.
\begin{aligned}
x = 0, y = 0: &\quad A + 0 + \frac{k_M}{P}\theta_0 = 0 \\
y' = \theta_0: &\quad 0 + \alpha B - \theta_0 = 0 \\
x = l_1, y' = 0: &\quad -A\alpha\sin\alpha l + B\alpha\cos\alpha l + 0 = 0
\end{aligned}
\right\}
$$

这组齐次方程因 A、B、θ_0 不全为零,于是有

$$D = \begin{vmatrix} 1 & 0 & \dfrac{k_M}{P} \\ 0 & \alpha & -1 \\ -\alpha\sin\alpha l & \alpha\cos\alpha l & 0 \end{vmatrix} = 0$$

即

$$\alpha^2 \frac{k_M}{P}\sin\alpha l + \alpha\cos\alpha l = 0$$

因此得稳定方程

$$\frac{\tan\alpha l}{\alpha l} + \frac{EI}{k_M l} = 0 \tag{14-8}$$

这是一个超越方程。当弹簧铰抗转刚度系数 k_M 给出一个定值时,即可求解出临界荷载。下面讨论几种情况。

(1) 若 $k_M = \infty$,即柱下端为完全固定、上端为水平定向滑动。式(14-8)就成为

$$\tan\alpha l = 0 \quad \text{或} \quad \sin\alpha l = 0 \tag{14-9}$$

根据这一稳定方程可知:$\alpha l = n\pi$,其中 $n = 1, 2, \cdots$
由 $\alpha^2 = P/EI$ 知应取最小值 $\alpha l = \pi$,即得临界荷载为

$$P_{cr} = \frac{\pi^2 EI}{l^2} \tag{c}$$

其失稳定形式如图 14-18(a) 所示为一个半波,反弯点在中央,此压杆的长度系数 $\mu = 1$。

(2) 若 $k_M = 0$,即柱下端为铰支座、上端为定向滑动支承。式(14-8)就成为

$$\tan\alpha l = -\infty \quad \text{或} \quad \cos\alpha l = 0 \tag{14-10}$$

由此稳定方程可知:$\alpha l = \dfrac{\pi}{2}$ 为最小值,故临界荷载为

$$P_{cr} = \frac{\pi^2 EI}{4l^2}$$

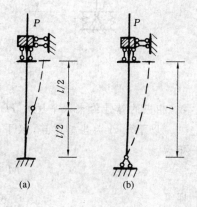

图 14-18

其失稳形式如图 14-18(b)) 所示为半个半波,此杆的长度系数 $\mu = 2$。

(3) 若弹簧铰具有相当大的刚度(图 14-17(a)),如 $k_M = \dfrac{5EI}{l}$ 则由式(14-8)得

$$\tan\alpha l = \frac{-\alpha l}{5} \tag{d}$$

求解此类超越方程可采用图解法或试算法。例如令

$$y_1 = \tan\alpha l, \quad y_2 = -\frac{\alpha l}{5}$$

以 αl 为自变量(横坐标),作出上列两条曲线如图 14-19 所示,可见第一个交点的坐标为 $\dfrac{\pi}{2} < \alpha l$

$< \pi$，如果作图精确即可直接求得此值。若用试算逼近，可求得方程(d)之解的最小值 $\alpha l = 0.8447\pi$。故临界荷载为

$$P_{cr} = \frac{0.7135\pi^2 EI}{l^2}$$

此时压杆的长度系数 $\mu = \dfrac{1}{\sqrt{0.7135}} = 1.184$。

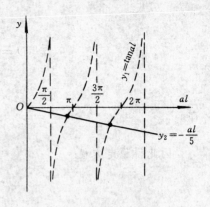

【例 14-4】 如图 14-20(a) 所示两端各具有弹性约束的等直压杆，写出特征方程，并讨论各种约束刚度的情况。

【解】 设压杆发生的屈曲变形如图 14-20(b) 所示，上端的水平位移 δ 和下端转角位移 θ 可作为两个独立位移参

图 14-19

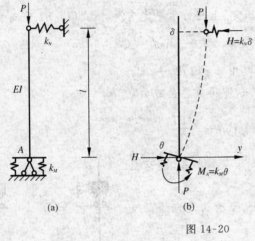
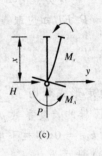

图 14-20

数，相应的弹性约束水平反力 $H = k_N\delta$ 和反力矩 $M_A = k_M\theta$。

以下端 A 为坐标原点，取下段 x 长隔离体(图 14-20(c))，A 处有三个反力，写出截面弯矩为

$$M_x = -EIy'' = Py - Hx - k_M \cdot \theta$$

即

$$y'' + \frac{P}{EI}y = \frac{1}{EI}(Hx + k_M \cdot \theta)$$

令

$$\alpha^2 = \frac{P}{EI}$$

则有微分方程

$$y'' + \alpha y^2 = \alpha^2\left(\frac{k_N x}{P}\delta + \frac{k_M}{P}\theta\right) \qquad (e)$$

其一般解为

$$y = A\cos\alpha x + B\sin\alpha x + \delta \cdot \frac{k_N x}{P} + \theta \cdot \frac{k_M}{P} \qquad (f)$$

利用图 14-20(b) 所示边界条件有

$$x = 0, y = 0: \quad A + 0 + 0 + \theta\frac{k_M}{P} = 0$$

$$y' = \theta: \quad 0 + B\alpha + \delta\frac{k_N}{P} - \theta = 0$$

$$x = l, \; y = \delta: \quad A\cos\alpha l + B\sin\alpha l + \delta\frac{k_N l}{P} + \theta\frac{k_M}{P} - \delta = 0$$

(f) 式四个常数还须补一个条件,即

$$\sum M_A = 0: k_M\theta - P\delta + k_N\delta l = 0$$

可将第一条写成 $A = -\theta\dfrac{k_M}{P}$,则得关于三个常数(位移参数)的齐次方程组:

$$\left.\begin{array}{l} \alpha B + \dfrac{k_N}{P}\delta - \theta = 0 \\[3mm] \sin\alpha l B + \left(\dfrac{k_N l}{P} - 1\right)\delta + \dfrac{k_M}{P}(1-\cos\alpha l)\theta = 0 \\[3mm] 0 + (k_N l - P)\delta + k_M\theta = 0 \end{array}\right\} \tag{g}$$

由临界状态的二重性,三个位移不全为零,则应有

$$D = \left| \begin{array}{ccc} \alpha & \dfrac{k_N}{P} & -1 \\[3mm] \sin\alpha l & \left(\dfrac{k_N l}{P} - 1\right) & \dfrac{k_M}{P}(1-\cos\alpha l) \\[3mm] 0 & (k_N l - P) & k_M \end{array} \right| = 0 \tag{14-11}$$

此即图 14-20(a) 压杆的稳定方程的一般形式。下面讨论几种特定支承条件下的稳定特征方程。

(1) 若 $k_M = \infty$、$k_N = \infty$,即为下端固定、上端铰支的压杆(图 14-21(a)),则因 $\delta = 0$ 可将式 (g) 中第二列的位移参数换作 H/k_N,即式(g)第二列各系数均除以 k_N;又因 $\theta = 0$,将第三列位移参数换作 M_A/k_M,即第三列各系数均除以 k_M,于是式(14-11)就成为

$$\left| \begin{array}{ccc} \alpha & \dfrac{1}{P} & 0 \\[3mm] \sin\alpha l & \dfrac{l}{P} & \dfrac{1-\cos\alpha l}{P} \\[3mm] 0 & l & 1 \end{array} \right| = 0$$

得

$$\dfrac{\alpha l}{P} - \dfrac{\sin\alpha l}{P} - \alpha l\dfrac{(1-\cos\alpha l)}{P} = 0$$

即有一端固定、另端铰支压杆的稳定方程为

$$\tan\alpha l = \alpha l \tag{14-12}$$

对此超越方程之解可先判断满足此式的 αl 值必在 $\pi \sim 3\pi/2$ 范围内,然后试算求得 $\alpha l = 1.43\pi = 4.4934$,即临界荷载为

$$P_{cr} = \left(\dfrac{4.4934}{l}\right)^2 EI = \dfrac{20.19EI}{l^2} = \dfrac{\pi^2 EI}{(0.7l)^2}$$

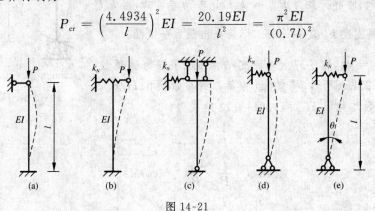

图 14-21

（2）$k_M = \infty$，即压杆下端为固定、上端线弹簧支承（图14-21(b)），则因 $\theta = 0$ 而将式(g)第三列的参数改作 M_A/k_M，于是式(14-11)成为

$$\begin{vmatrix} \alpha & \dfrac{k_N}{P} & 0 \\[2mm] \sin\alpha l & \left(\dfrac{k_N l}{P} - 1\right) & \dfrac{(1-\cos\alpha l)}{P} \\[2mm] 0 & (k_N l - P) & 1 \end{vmatrix} = 0$$

得
$$\alpha\left(\frac{k_N l}{P} - 1\right) - \frac{\sin\alpha l \cdot k_N}{P} - \alpha(k_N l - P)\frac{(1-\cos\alpha l)}{P} = 0$$

整理为
$$\alpha(k_N l - P)\cos\alpha l - k_N \cdot \sin\alpha l = 0$$

因 $P = \alpha^2 EI$，即有稳定特征方程为

$$\tan\alpha l = \alpha l - (\alpha l)^3 \frac{EI}{k_N l^3} \tag{14-13}$$

图14-21(b)的边界特征、屈曲状态是与图14-21(c)是等效的，通过静力法推演所得稳定方程确为相同。其中 k_N 值介于 0 与 ∞ 之间，则由图14-21(b)可知其临界荷载介于 $\dfrac{\pi^2 EI}{(0.5l)^2}$ 与 $\dfrac{\pi^2 EI}{(0.7l)^2}$ 之间。

（3）若 $k_M = 0$，即压杆下端固定铰支、上端线弹簧支承（图14-21(d)），此时下端转角 θ 已不再成为挠曲线参数，针对图14-20(b)的边界条件 $y_0' = \theta$ 已不成立，故应划去式(g)中的第三列和第一行，于是式(14-11)成为：

$$\begin{vmatrix} \sin\alpha l & \left(\dfrac{k_N l}{P} - 1\right) \\[2mm] 0 & (k_N l - P) \end{vmatrix} = 0$$

得下端固定铰、上端线弹簧支承压杆的稳定方程

$$\sin\alpha l(k_N l - P) = 0 \tag{14-14}$$

这就有两种情况：$\sin\alpha l = 0$，表示它与两端铰支压杆相同，临界荷载为 $P^{(c)} = \dfrac{\pi^2 EI}{l^2}$，失稳形式如图14-21(d)虚曲线所示；而 $(k_N l - P) = 0$，表示压杆的另一种失稳形式如图14-21(e)所示保持直线侧倾，临界荷载为 $P^{(d)} = k_N l$。比较两者可知，当 $k_N l \leqslant \dfrac{\pi^2 EI}{l^2}$，即弹簧刚度 $k_N \leqslant \dfrac{9.87EI}{l^3}$ 时，将先出现后一情况。

（4）若 $k_N = \infty$，即压杆上端铰支（$\delta = 0$）、下端为弹簧铰支承，如图14-22(a)所示。将式(g)中第二列参数换作 H/k_N，即第二列各系数均除以 k_N 后，式(14-11)就成为：

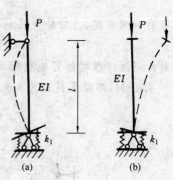

图 14-22

$$\begin{vmatrix} \alpha & \dfrac{1}{P} & -1 \\[2mm] \sin\alpha l & \dfrac{l}{P} & \dfrac{k_N}{P}(1-\cos\alpha l) \\[2mm] 0 & l & k_M \end{vmatrix} = 0$$

展开整理得稳定方程

$$\tan\alpha l = \frac{\alpha l}{1 + (\alpha l)^2 \dfrac{EI}{k_M l}} \tag{14-15}$$

(5) 若 $k_N = 0$，即为下端弹性固定、上端自由的压杆(图 14-22(b))，保留上端位移参数 δ，式(14-11) 成为：

$$\begin{vmatrix} \alpha & 0 & -1 \\ \sin\alpha l & -1 & \dfrac{k_M}{P}(1-\cos\alpha l) \\ 0 & -P & k_M \end{vmatrix} = 0$$

展开得稳定方程

$$\tan\alpha l = \frac{k_M l}{\alpha l \cdot EI} \tag{14-16}$$

此图情况与一个下端固定铰、上端为可移而抗转动弹性支承的压杆是等效的(图 14-15(c)、(d))。当具体的 k_M 值界定后即可知相应临界荷载的范围。

【例 14-5】 两端铰支的压杆如图 14-23 所示。杆件两端均有刚域，长度为 a，弹性杆长为 l，试求此压杆的稳定方程。

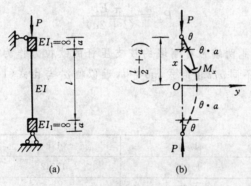

图 14-23

【解】 此压杆失稳形式将是正对称，今将坐标系原点设于杆中央如图 14-23(b) 所示。注意到刚域段的倾角 θ 可取为弹性杆端 $(x = \pm l/2)$ 的挠曲轴斜率 y'。今取上段隔离体写出平衡微分方程：

$$EIy'' + Py = 0$$

即

$$y'' + \alpha^2 y = 0$$

其中，$\alpha^2 = \dfrac{P}{EI}$。常系数齐次微分方程的解为

$$y = A\cos\alpha x + B\sin\alpha x$$

利用边界条件有

$x = 0, y' = 0$： $B = 0$

$$x = l/2, y = -y' \cdot a: \qquad A\cos\frac{\alpha l}{2} = -\left[-\alpha A \sin\frac{\alpha l}{2}\right]a$$

故得
$$\tan\frac{\alpha l}{2} = \frac{1}{\alpha a} \qquad\qquad (14\text{-}17)$$

此即稳定方程。

通常刚域段长度 a 值比之 l 为很小,由式(14-17)可见若 αa 很小,则有

$$\tan\frac{\alpha l}{2} \to \infty, \qquad \frac{\alpha l}{2} \to \frac{\pi}{2}$$

故可设 $\dfrac{\alpha l}{2} = \dfrac{\pi}{2} - \eta$,这里 η 为很小的值。因 $\tan\left(\dfrac{\pi}{2} - \eta\right) = \cot\eta$,故由式(14-17)

$$\tan\frac{\alpha l}{2} = \cot\eta = \frac{1}{\tan\eta} = \frac{1}{\alpha a}$$

而 $\tan\eta \approx \eta$,则有 $\eta = \alpha a$。于是可得 $\dfrac{\alpha l}{2} = \dfrac{\pi}{2} - \alpha a$,即有解

$$\alpha = \frac{\pi}{l + 2a}$$

因此,由 $P = \alpha^2 EI$ 得

$$P_{\mathrm{cr}} = \frac{\pi^2 EI}{(l + 2a)^2} \qquad\qquad (\mathrm{g})$$

即可按全长 $(l+2a)$ 计算此两端带有刚域的铰支压杆的欧拉力作为临界荷载。就欧拉公式分母中长度系数来比较,在不同 a/l 值时式(g)中的近似值 μ_1 与由式(14-17)求得的精确值 μ_0 如表 14-1 所示。

表 14-1

a/l	1/10	1/8	1/5
μ_0	1.196	1.242	1.376
μ_1	1.20	1.25	1.40

【例 14-6】 阶形变截面柱如图 14-24(a)所示,下端固定上端自由,下部一段长 l_1、等截面刚度 EI_1,上部一段长 l_2,等截面刚度 EI_2,柱全长为 $l = l_1 + l_2$。试分别就(1)仅有柱顶荷载 P_2,(2)有柱顶荷载 P_2 并在截面突变处有荷载 P_1,分别建立稳定方程。

【解】 坐标系如图 14-24(b)所示,设下段微弯曲线为 $y_1(x)$,上段曲线为 $y_2(x)$。

(1)仅有 P_2,则沿全柱长的压力不变。可写出上、下两段的平衡微分方程分别为

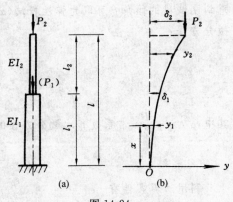

图 14-24

$$EI_2 y_2'' = + P_2(\delta_2 - y_2) \Big\}$$
$$EI_1 y_1'' = + P_2(\delta_2 - y_1) \Big\} \tag{h}$$

其一般解分别为

$$y_2 = A_2 \cos\alpha_2 x + B_2 \sin\alpha_2 x + \delta_2$$

$$y_1 = A_1 \cos\alpha_1 x + B_1 \sin\alpha_1 x + \delta_2$$

其中

$$\alpha_2 = \sqrt{\frac{P_2}{EI_2}}, \quad \alpha_1 = \sqrt{\frac{P_2}{EI_1}} \tag{i}$$

全曲线共有 A_1、B_1、A_2、B_2、δ_2 五个未知常数,利用五个边界条件与连续条件确定其间关系:

$x = 0, y_1 = 0$: $A_1 = -\delta_2$

$x = 0, y_1' = 0$: $B_1 = 0$,则 $y_1 = \delta_2(1 - \cos\alpha_1 x)$

$x = l_1, y_1 = y_2$: $A_2 \cos\alpha_2 l_1 + B_2 \sin\alpha_2 l_1 + \delta_2 \cos\alpha_1 l_1 = 0$

$x = l_1, y_1' = y_2'$: $-\alpha_2 A_2 \sin\alpha_2 l_1 + \alpha_2 \beta_2 \cos\alpha_2 l_1 - \alpha_1 \delta_2 \sin\alpha_1 l_1 = 0$

$x = l, y_2 = \delta_2$: $A_2 \cos\alpha_2 l + B_2 \sin\alpha_2 l = 0$

　　由后面三个齐次方程可知,临界状态的 A_2、B_2、δ_2 不全为零,应有

$$\begin{vmatrix} \cos\alpha_2 l_1 & \sin\alpha_2 l_1 & \cos\alpha_1 l_1 \\ -\alpha_2 \sin\alpha_2 l_1 & \alpha_2 \cos\alpha_2 l & -\alpha_1 \sin\alpha_1 l_1 \\ \cos\alpha_2 l & \sin\alpha_2 l & 0 \end{vmatrix} = 0$$

展开整理成 $\alpha_1 \cdot \sin\alpha_2(l - l_1) \cdot \sin\alpha_1 l_1 - \alpha_2 \cdot \cos\alpha_2(l - l_1) \cdot \cos\alpha_1 l_1 = 0$

得稳定方程为

$$\tan\alpha_2 l_2 \cdot \tan\alpha_1 l_1 = \frac{\alpha_2}{\alpha_1} \tag{14-18}$$

显然,在给出比值 I_2/I_1 和 l_2/l_1 后,就可求得临界荷载 P_2。

　　(2) 同时有 P_2 和 P_1,则沿柱长的压力不是常数,写出上、下两段的平衡微分方程分别是

$$EI_2 y_2'' = P_2(\delta_2 - y_2)$$

$$EI_1 y_1'' = P_2(\delta_2 - y_1) + P_1(\delta_1 - y_1) = -(P_1 + P_2)y_1 + P_2\delta_2 + P_1\delta_1 \tag{j}$$

其一般解分别为

$$y_2 = A_2 \cos\alpha_2 x + B_2 \sin\alpha_2 x + \delta_2$$

$$y_1 = A_1 \cos\alpha_1 x + B_1 \sin\alpha_1 x + \frac{P_1\delta_1 + P_2\delta_2}{P_1 + P_2}$$

其中

$$\alpha_2 = \sqrt{\frac{P_2}{EI_2}}, \quad \alpha_1 = \sqrt{\frac{P_1 + P_2}{EI_1}} \tag{k}$$

可利用的六个边界条件是:$x = 0$ 处,$y_1 = 0$、$y_1' = 0$;$x = l_1$ 处,$y_1 = \delta_1$、$y_2 = \delta_1$、$y_1' = y_2'$;$x =$

l 处，$y_2 = \delta_2$。所得稳定方程是

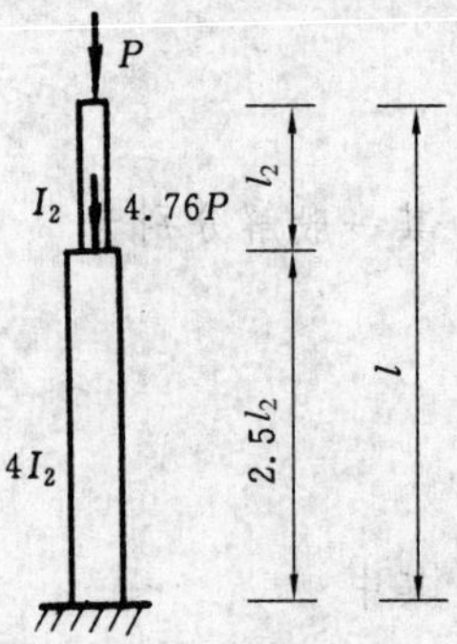

$$\tan\alpha_2 l_2 \cdot \tan\alpha_1 l_1 = \frac{\alpha_2}{\alpha_1}\left(\frac{P_1 + P_2}{P_2}\right) \qquad (14\text{-}19)$$

如果已知 $I_2/I_1 = 1/4$，$l_2/l_1 = 1/2.5$，且 $P_2 = P$，$P_1 = 4.76P$，阶形柱如图 14-25 所示，则可利用式(14-19)确定其临界荷载参数 P 值。因有

$$\alpha_2 = \sqrt{\frac{P}{EI_2}}, \quad \alpha_1 = \sqrt{\frac{5.76P}{4EI_2}} = 1.2\alpha_2$$

$$\alpha_1 l_1 = 1.2\alpha_2 \times 2.5 l_2 = 3\alpha_2 l_2$$

图 14-25

代入式(14-19)，并令 $\alpha_2 l_2 = \gamma$，得

$$\tan\gamma \cdot \tan3\gamma = \frac{1}{1.2}(5.76) = 4.8$$

引用三角函数公式后，上式即为

$$\tan\gamma \cdot \left(\frac{3\tan\gamma - \tan^3\gamma}{1 - 3\tan^2\gamma}\right) = 4.8$$

$$\tan^4\gamma - 17.4\tan^2\gamma + 4.8 = 0 \qquad (1)$$

解此方程得 $\tan^2\gamma = 0.2804$ 或 17.1196

取小值，求出 $\tan\gamma = \pm 0.5295$

取正值，即稳定方程为

$$\tan\alpha_2 l_2 = 0.5295 \qquad (m)$$

由此可知 $\alpha_2 l_2 = 0.1550\pi$

$$P_{cr} = \alpha_2^2 EI_2 = \frac{0.024\pi^2 EI_2}{l_2^2} = 0.294\frac{\pi^2 EI_2}{l^2} = \frac{2.902EI_2}{l_2}$$

静力法所得到的微分方程还可采用其他方法求解，如初参数法(精确方法)及差分法等，它们分别适用于某些情况。通过上述稳定问题的分析可提出下列值得注意之处：

(1) 稳定问题是在结构构件发生了屈曲变形后的状态上进行平衡分析的，属于二阶分析，所以问题的性质是几何非线性的。

(2) 求解理想轴压杆的临界荷载，是依据随遇平衡状态中独立位移参数的齐次代数方程，在数学上是一个求特征值的问题。由于位移参数的非零解，满足方程系数行列式 $D = 0$ 条件的 α 值(或 P 值)就是特征值，一般并非唯一的。与特征值相应的状态模式就称为特征函数或特征向量，就代表压杆屈曲线 $y(x)$。

(3) 各种压杆的稳定承载能力均与其自身的 E、I 之值成正比，因此，各种材料的压杆稳定问题应有各自的特殊性，钢材构件可直接引用本章所得结论；同时应使压杆的截面形式尽量合理地增大其惯性矩。本章讨论的正是具有双对称轴截面的压杆在其最小刚度平面内的失稳问题，并不发生扭转现象。

(4) 各种压杆的稳定承载能力又与其几何长度 l 及端点支承的约束程度有关，因此，具体

结构中的受压构件弹性承载力均可用欧拉力 $P_E = \dfrac{\pi^2 EI}{(\mu l)^2}$ 和临界应力 $\sigma_{cr} = \dfrac{P_E}{A} = \dfrac{\pi^2 E}{(l_0/r)^2}$ 表示，两端约束愈大，压杆计算长度 $l_0 = \mu l$ 就愈小，临界力也愈高。

（5）实际杆件通常存在的初弯曲、初偏心及残余应力等缺陷，将使压杆承载力降低，具体的理论分析有不同的计算模型。

（6）本章讨论的压杆屈曲设在小挠度范围，只能得到屈曲线的模态；若按大挠度理论，采用精确的曲率公式分析随遇平衡，将可求得在临界荷载（P_{cr} 与前相同）之后对应的每一个挠度值。通常，由于变形较大，压杆进入了非弹性工作状态。

14.4　能量法确定弹性压杆的临界荷载

对无限自由度的弹性压杆（及杆系）运用能量法进行分析常显出其优越性，特别是在各种变截面压杆及轴向荷载沿杆长变化的压杆等，静力法的微分方程，特征方程不易求解，用能量法则较简单又有满意的精度。

压杆的临界状态表示微弯的曲线是其平衡形式之一，如图 14-26 所示，应当可以用能量关系来表达它的平衡条件。若变形曲线以 $y(x)$ 表示，则弹性变形应变能 $U = \dfrac{1}{2}\displaystyle\int_0^l EI(y'')^2 dx$，荷载势能 $V = -P \cdot \Delta_x$，其中荷载方向的位移，即杆长与弹性曲线投影之几何差是

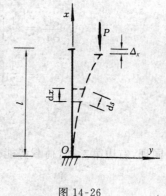

图 14-26

$$\Delta_x = \int_0^l (ds - dx) = \int_0^l (\sqrt{1+(y')^2}\,dx - dx)$$

$$\approx \int_0^l \frac{1}{2}(y')^2 dx \tag{14-20}$$

前面所述势能驻值条件

$$\delta\Pi = \delta(U + V) = 0$$

用于无限自由度体系时，将是泛函的变分问题，变分计算既复杂且所得到的是控制曲线函数 $y(x)$ 的微分方程，还不是临界荷载的解答。如果采用第 13 章中介绍的李兹法，可有效地使问题得到简化，它采用不多的 n 个参数的已知位移函数来代替真实的微弯失稳的未知曲线函数，从而使泛函求驻值问题转化为直接求函数极值问题，犹如在有限自由度体系中那样，只须使用一般的微分计算，最后用代数方程即可求出无限自由度体系的临界荷载。

李兹法：

假设压杆失稳时的变形曲线形式为一组函数的线性组合

$$y(x) = a_1\varphi_1(x) + a_2\varphi_2(x) + \cdots + a_n\varphi_n(x)$$

$$= \sum_{i=1}^n a_i\varphi_i(x) \tag{14-21}$$

式中，$\varphi_i(x)$ 是满足压杆几何边界条件的已知函数曲线模式（表 14-2），a_i 是任意未知的位移参数，也称广义坐标。这样，临界状态的变形形式就取决于 n 个独立参数，体系总势能就是这些参数的二次函数；同时，就将无限自由度问题近似地处理为有限的 n 个自由度的问题了。运用势

能驻值条件

$$\delta \Pi = \sum_{i=1}^{n} \frac{\partial \Pi}{\partial a_i} \delta a_i = 0$$

由于位移变分 δa_1 是任意的,则上式必有 n 个分式:

$$\frac{\partial \Pi}{\partial a_i} = 0 \qquad (i = 1, 2, \cdots, n) \tag{14-22}$$

总势能的表达式可写成

$$\Pi = U + V = \frac{1}{2} \int_0^l EI(y'')^2 \mathrm{d}x - \frac{1}{2} \int_0^l P(y')^2 \mathrm{d}x$$

$$= \frac{1}{2} \int_0^l EI \Big[\sum_{i=1}^{n} a_i \varphi_i''(x) \Big]^2 \mathrm{d}x - \frac{1}{2} \int_0^l P \Big[\sum_{i=1}^{n} a_i \varphi_i'(x) \Big]^2 \mathrm{d}x \tag{14-23}$$

当对位移曲线 $a_1 \varphi_1$ 求总势能变分时,即计算 $\frac{\partial \Pi}{\partial a_1}$,上式右边第一项(应变势能 U 部分)成为

$$\frac{\partial U}{\partial a_1} = \frac{1}{2} \int_0^l EI \big[2a_1 \varphi_1''^2 + 2a_2 \varphi_1'' \cdot \varphi_2'' + \cdots + 2a_n \varphi_1'' \cdot \varphi_n'' \big] \mathrm{d}x$$

$$= \frac{1}{2} \int_0^l EI \Big[\sum_{j=1}^{n} 2a_j \varphi_1'' \cdot \varphi_j'' \Big] \mathrm{d}x$$

$$= \sum_{i=1}^{n} a_j \int_0^l EI \varphi_1'' \cdot \varphi_j'' \mathrm{d}x \tag{a}$$

同理,右边第二项(荷载势能 V 部分)为

$$\frac{\partial V}{\partial a_1} = \sum_{j=1}^{n} 2a_j \int_0^l P \varphi_1' \cdot \varphi_j' \mathrm{d}x \tag{b}$$

对任一曲线 $a_i \varphi_i$ 实现驻值时,即当取 $\frac{\partial \Pi}{\partial a_i} = 0$ 时,则有

$$\sum_{j=1}^{n} a_j \int_0^l EI \varphi_i'' \cdot \varphi_j'' \mathrm{d}x - \sum_{j=1}^{n} a_j \int_0^l P \varphi_i' \cdot \varphi_j' \mathrm{d}x = 0$$

即

$$\sum_{j=1}^{n} a_j \int_0^l \big[EI \varphi_i'' \cdot \varphi_j'' - P \varphi_i' \cdot \varphi_j' \big] \mathrm{d}x = 0 \quad (i = 1, 2, \cdots, n) \tag{14-22a}$$

此式表示,按势能驻值原理建立了含有 n 个位移参数的 n 行线性方程式,简写为

$$\sum_{j=1}^{n} k_{ij} a_j = 0 \qquad (i = 1, 2, \cdots, n) \tag{14-24}$$

这是一组平衡方程式,其中系数项的通式为

$$k_{ij} = \int_0^l \big[EI \varphi_i''(x) \cdot \varphi_j''(x) - P \cdot \varphi_i'(x) \cdot \varphi_j'(x) \big] \mathrm{d}x \tag{14-25}$$

可称 k_{ij} 为刚度系数,它表示相应于某个独立位移 a_j 方向上有 $a_j = 1$ 时引起 a_i 方向的约束力,其中第二项代表轴力 P 的存在使受弯杆的原有刚度系数有所降低。

须要注意式(b)是按压杆仅有顶端一个荷载 P 的情况写出的,若沿杆轴有其他荷载作用,

则应根据荷载势能 $V = -\sum \int \frac{1}{2} P(y')^2 \mathrm{d}x$，对式（b）和式（14-25）的表达形式做出补充。同时，若压杆联结有弹性受弯杆（EI_0）和弹簧约束（k_N 等），则应在式（a）和式（4-25）中计入 $U_C = \frac{1}{2}\sum k_N \delta^2 + \frac{1}{2}\int EI_0 (y_0'')^2 \mathrm{d}x$ 所对应的部分。

关于 n 个位移参数的方程（式 14-24）的展开式为

$$\left.\begin{array}{l} k_{11}a_1 + k_{12}a_2 + \cdots + k_{1n}a_n = 0 \\ k_{21}a_1 + k_{22}a_2 + \cdots + k_{2n}a_n = 0 \\ \vdots \qquad \vdots \qquad \vdots \qquad \vdots \qquad \vdots \\ k_{n1}a_1 + k_{n2}a_2 + \cdots + k_{nn}a_n = 0 \end{array}\right\} \qquad (14\text{-}24a)$$

这个齐次线性方程组的零解对应于直线平衡形式，按随遇平衡的特征，参数 $a_1, a_2, \cdots, a_n$ 不全为零，故应有方程的系数行列式 $D = 0$，即

$$\begin{vmatrix} k_{11} & k_{12} & \cdots & k_{1n} \\ k_{21} & k_{22} & \cdots & k_{2n} \\ \vdots & \vdots & \vdots & \vdots \\ k_{n1} & k_{n2} & \cdots & k_{nn} \end{vmatrix} = 0 \qquad (14\text{-}26)$$

这就是原压杆的（特征方程）稳定方程，其中各刚度系数 k_{ij} 都含有两项积分；由这个关于 P 的 n 次代数方程中可解得 n 个实根，其中最小者就是所求临界荷载。

由以上可见，应用李兹法于无限自由度的弹性压杆时，将问题简化为有限自由度，这是最大的优点；此法的关键在于选用合适的试解函数 $y(x) = \sum a_i \varphi_i(x)$。满足压杆的几何边界条件的试解函数是多种的，最好是能兼顾杆端的自然（力学）条件。若所设函数与该压杆真实的失稳曲线相吻合，则用能量法求出的临界荷载将是精确的；当所设函数并不吻合真实曲线时，用能量法求出的只是近似值。所以，总体来说，能量法是一种近似法。一条近似的屈曲线就相当于在某些地方人为地附加了约束，就减少了压杆的自由度、增加了体系抵抗变形失稳的能力，所以这种近似值必大于精确值。另外，以数学观点说，仅少数可能位移状态中求得的极小值总是大于或等于从全体中找出的极小值。

表 14-2 推荐了几种直杆挠曲线的函数形式可供采用。

表 14-2 　　　　　满足边界条件的位移函数

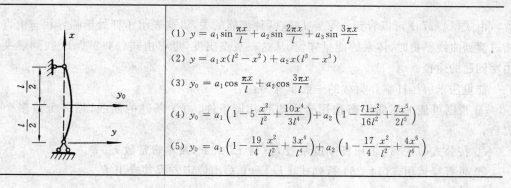

(1) $y = a_1 \sin \frac{\pi x}{l} + a_2 \sin \frac{2\pi x}{l} + a_3 \sin \frac{3\pi x}{l}$

(2) $y = a_1 x(l^2 - x^2) + a_2 x(l^3 - x^3)$

(3) $y_0 = a_1 \cos \frac{\pi x}{l} + a_2 \cos \frac{3\pi x}{l}$

(4) $y_0 = a_1\left(1 - 5\frac{x^2}{l^2} + \frac{10x^4}{3l^4}\right) + a_2\left(1 - \frac{71x^2}{16l^2} + \frac{7x^5}{2l^5}\right)$

(5) $y_0 = a_1\left(1 - \frac{19}{4}\frac{x^2}{l^2} + \frac{3x^4}{l^4}\right) + a_2\left(1 - \frac{17}{4}\frac{x^2}{l^2} + \frac{4x^6}{l^6}\right)$

续表 14-2

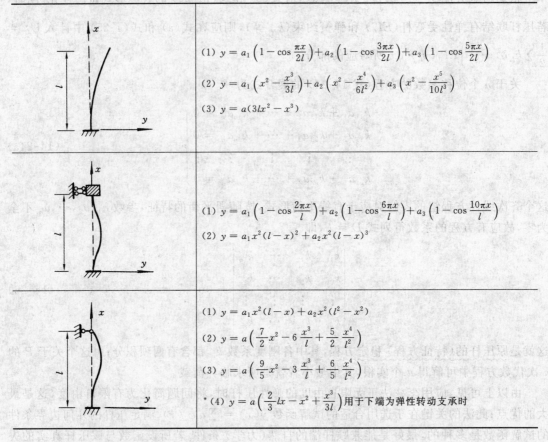

	(1) $y = a_1\left(1 - \cos\dfrac{\pi x}{2l}\right) + a_2\left(1 - \cos\dfrac{3\pi x}{2l}\right) + a_3\left(1 - \cos\dfrac{5\pi x}{2l}\right)$
	(2) $y = a_1\left(x^2 - \dfrac{x^3}{3l}\right) + a_2\left(x^2 - \dfrac{x^4}{6l^2}\right) + a_3\left(x^2 - \dfrac{x^5}{10l^3}\right)$
	(3) $y = a(3lx^2 - x^3)$
	(1) $y = a_1\left(1 - \cos\dfrac{2\pi x}{l}\right) + a_2\left(1 - \cos\dfrac{6\pi x}{l}\right) + a_3\left(1 - \cos\dfrac{10\pi x}{l}\right)$
	(2) $y = a_1 x^2(l - x)^2 + a_2 x^2(l - x)^3$
	(1) $y = a_1 x^2(l - x) + a_2 x^2(l^2 - x^2)$
	(2) $y = a\left(\dfrac{7}{2}x^2 - 6\dfrac{x^3}{l} + \dfrac{5}{2}\dfrac{x^4}{l^2}\right)$
	(3) $y = a\left(\dfrac{9}{5}x^2 - 3\dfrac{x^3}{l} + \dfrac{6}{5}\dfrac{x^4}{l^2}\right)$
	*(4) $y = a\left(\dfrac{2}{3}lx - x^2 + \dfrac{x^3}{3l}\right)$ 用于下端为弹性转动支承时

当问题处理为单自由度时,屈曲线设为 $y(x) = a_1\varphi_1(x)$,则由式(14-22(a))因 $n = 1$ 而得

$$P = \frac{\displaystyle\int_l EI(\varphi_1'')^2\,\mathrm{d}x}{\displaystyle\int_l (\varphi_1')^2\,\mathrm{d}x} \tag{14-27}$$

或可写作

$$P = \frac{\displaystyle\int_l EI(y'')^2\,\mathrm{d}x}{\displaystyle\int_l (y')^2\,\mathrm{d}x} \tag{14-27a}$$

由式(14-27a)可以看到 $-V = U$ 这两种势能的关系,这表示压杆处于临界状态由直线平衡过渡到曲线平衡时,体系的能量守恒。从这一观点出发,也可由式(14-27(a))找到解决多自由度问题的途径。

能量法求解压杆临界荷载的一般步骤为:

① 根据可能的屈曲形态选用合乎边界几何条件、力学条件的曲线,用一个或多个位移参数;

② 按公式(14-25)求压杆刚度系数 k_{ij}(含 EI 和 P,及单簧常数 k_c);

③ 可直接运用式(14-26)行列式 $|D| = 0$ 写出稳定方程并求出 P_{cr}。

【例 14-7】 用能量法确定如图 14-27(a)所示悬臂独立等截面柱的临界荷载。

【解法一】　悬臂柱的失稳曲线采用单项函数

$$y = a_1\left(1 - \cos\frac{\pi x}{2l}\right)$$

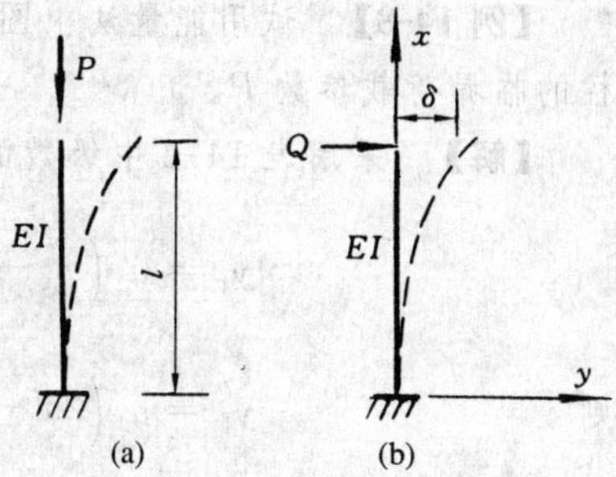

图 14-27

这就把问题作为一个自由度来处理了。写出函数的导数

$$y' = a_1\varphi_1'(x) = a_1 \cdot \frac{\pi}{2l} \cdot \sin\frac{\pi x}{2l}$$

$$y'' = a_1\varphi_1''(x) = a_1\frac{\pi^2}{4l^2} \cdot \cos\frac{\pi x}{2l}$$

这里按建立稳定方程的步骤，由式(14-25)求

$$\begin{aligned} k_{11} &= \int_0^l\left[EI\left(\frac{\pi^2}{4l^2}\cos\frac{\pi x}{2l}\right)^2 - P\left(\frac{\pi}{2l}\sin\frac{\pi x}{2l}\right)^2\right]\mathrm{d}x \\ &= \frac{EI\pi^4}{16l^4}\int_0^l\cos^2\frac{\pi x}{2l}\mathrm{d}x - \frac{P\pi^2}{4l^2}\int_0^l\sin^2\frac{\pi x}{2l}\mathrm{d}x \\ &= \frac{EI\pi^4}{32l^3} - \frac{P\pi^2}{8l} \end{aligned}$$

由于 $D = |k_{11}| = 0$，即得

$$P_{\mathrm{cr}} = \frac{\pi^2 EI}{4l^2}$$

这是此压杆临界荷载的精确解，因为所选用的位移函数正是压杆失稳的真实曲线。

【解法二】　采用悬臂杆端横向集中力 Q 作用所产生的挠曲线(图 14-27(b))为试解函数：

$$y = \frac{\delta x^2}{2l^3}(3l - x) = a_1 x^2(3l - x) \tag{c}$$

其导数　$y' = a_1(6lx - 3x^2)$，　$y'' = a_1(6l - 6x)$

则

$$\begin{aligned} k_{11} &= \int_0^l\left[EI(6l - 6x)^2\mathrm{d}x - P(6lx - 3x^2)^2\mathrm{d}x\right] \\ &= 12l^3 EI - \frac{24l^5}{5}P \end{aligned}$$

由 $D = |k_{11}| = 0$ 得

$$P_{\mathrm{cr}} = \frac{2.5EI}{l^2}$$

这与精确解相比较的误差为 1.32%，可见选用杆件挠度最大处作用横向集中荷载引起的挠曲线，可得较满意的精度。

本例若采用试解函数 $y = x^2\left(1 - \frac{x^2}{3l^2}\right)$，虽满足几何边界条件$(y, y')$，但不满足力学边界条件$(y_l'')$，所得结果为 $P = 3.586EI/l^2$，显然误差较大。

【例 14-8】 试用能量法求图 14-28 所示阶形变截面柱的临界荷载参数 P。

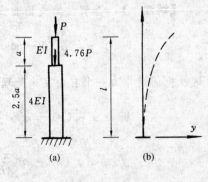

图 14-28

【解】 采用表 14-2 中级数的第一项为

$$y_1 = a_1\left(x^2 - \frac{x^3}{3l}\right) \qquad (d)$$

则

$$y_1' = a_1\left(2x - \frac{x^2}{l}\right)$$

$$y_1'' = a_1\left[2\left(1 - \frac{x}{l}\right)\right]$$

由于已将问题化作单自由度，故可直接用式

$$P = \int_0^l EI(y'')\,\mathrm{d}x \Big/ \int_0^l (y')^2\,\mathrm{d}x,$$

按分段计算得其分子项：

$$\int_0^l EI(y'')^2\,\mathrm{d}x = a_1^2\int_0^{5l/7} 4EI \times 4\left(1 - \frac{2x}{l} + \frac{x^2}{l^2}\right)\mathrm{d}x + a_1^2\int_{5l/7}^l EI \times 4\left(1 - \frac{2x}{l} + \frac{x^2}{l^2}\right)\mathrm{d}x$$

$$= a_1^2\left[4 \times (1.2208 + 0.0892)EI\right]l = a_1^2\left[5.2400l\,EI\right]$$

其分母项

$$\sum\int P \cdot (y')^2\,\mathrm{d}x = a_1^2\int_0^l P\left(4x^2 - 4\frac{x^3}{l} + \frac{x^4}{l^2}\right)\mathrm{d}x + a_1^2\int_0^{5l/7} 4.76P\left(4x^2 - 4\frac{x^3}{l} + \frac{x^4}{l^2}\right)\mathrm{d}x$$

$$= a_1^2 P[0.5333 + 4.76 \times 0.2628]l^3$$

$$= a_1^2[1.784Pl^3]$$

由此得

$$P_{\mathrm{cr}} = \frac{2.937EI}{l^2}$$

此值与上节例 14-6 按静力法所得精确解 $\dfrac{2.902EI}{l^2}$ 相比较的误差为 1.2%。

【例 14-9】 如图 14-29 所示两端铰支变截面压杆由四个角钢组成，横截面的左、右两肢对称于 z 轴，其间用水平和斜向连接件联成整体，杆长 l 中央的截面两肢间距为 h_0，向两端按直线型减小，$h(x) = h_0\dfrac{\xi}{L} = h_0\left(1 - \dfrac{x}{L}\right)$。当略去每肢截面（$2A$）对自身形心轴的惯矩时，全截面的惯矩变化规律为

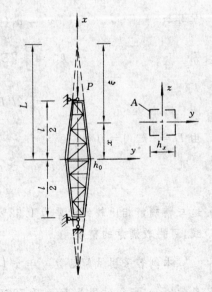

图 14-29

$$I(x) = 4A\left(\frac{h_x}{2}\right)^2 = 4A\left(\frac{h_0}{2}\right)^2\left(1 - \frac{x}{L}\right)^2 = I_0\left(1 - \frac{x}{L}\right)^2$$

式中，I_0 为杆中央截面的惯矩。不计剪切变形影响，试求此压杆的临界荷载。

【解法一】 因坐标原点设在杆件中点，今设失稳曲线为

$$y_1 = a_1\left(1 - 5\frac{x^2}{l^2} + \frac{10x^4}{3l^4}\right) \qquad (e)$$

满足几何的、力学的边界条件。按单自由度公式(14-27)计算,即

$$P = \frac{\int_l EI_x (\varphi_1'')^2 \, \mathrm{d}x}{\int_l (\varphi')^2 \, \mathrm{d}x}$$

今有

$$\varphi_1' = \frac{-10x}{l^2} + \frac{40x^3}{3l^4}, \quad \varphi_1'' = \frac{-10}{l^2} + \frac{40x^2}{l^4}$$

则

$$\int_l EI_x (\varphi_1'')^2 \, \mathrm{d}x = 2 \int_0^{l/2} EI_0 \left(1 - \frac{2x}{L} + \frac{x^2}{L^2}\right) \times \frac{100}{l^4} \left(1 - \frac{8x^2}{l^2} + \frac{16x^4}{l^4}\right) \mathrm{d}x$$

$$= \frac{200 EI_0}{l^3} \left[\frac{4}{15} - \frac{1}{12} \frac{l}{L} + \frac{1}{105} \frac{l^2}{L^2}\right]$$

$$\int_l (\varphi_1')^2 \, \mathrm{d}x = 2 \int_0^{l/2} \frac{100}{l^4} \left(x^2 - \frac{8x^4}{3l^2} + \frac{16x^6}{9l^4}\right) \mathrm{d}x = \frac{200}{l} \times 0.02698$$

设构件的几何尺寸有 $\dfrac{l}{L} = 1$,即杆端截面 $I_1 = \dfrac{I_0}{4}$,则得临界荷载

$$P_{cr}^{(1)} = \frac{0.19286}{0.02698} \times \frac{EI_0}{l^2} = 7.148 \frac{EI_0}{l^2}$$

【解法二】 另设试解函数为

$$y_2 = a_1 \left(1 - 5\frac{x^2}{l^2} + \frac{10x^4}{3l^4}\right) + a_2 \left(1 - \frac{71x^2}{16l^2} + \frac{7x^5}{2l^5}\right) \tag{f}$$

则有

$$\varphi_1' = \frac{-10x}{l^2} + \frac{40x^3}{3l^4}, \qquad \varphi_2' = \frac{-71x}{8l^2} + \frac{35x^4}{2l^5}$$

$$\varphi_1'' = \frac{-10}{l^2} + \frac{40x^2}{l^4}, \qquad \varphi_2'' = \frac{-71}{8l^2} + \frac{70x^3}{l^5}$$

按式(14-25)计算稳定方程中的元素 $k_{ij} = \int_l EI_2 \varphi_i'' \varphi_j'' \, \mathrm{d}x - \int_l P \varphi_i' \varphi_j' \, \mathrm{d}x$,并设 $\dfrac{l}{L} = 1$,

$$\int_l EI_x (\varphi_1'')^2 \, \mathrm{d}x = \frac{200 EI_0}{l^3} \times 0.19286$$

$$\int_l EI_x (\varphi_2'')^2 \, \mathrm{d}x = 2 \int_0^{l/2} EI_0 \left(1 - \frac{2x}{L} + \frac{x^2}{L^2}\right) \left(\frac{5041}{64l^4} - \frac{2485x^3}{2l^7} + \frac{4900x^6}{l^{10}}\right) \mathrm{d}x$$

$$= \frac{2EI_0}{l^3} \left(25.4375 - 8.9453 \frac{l}{L} + 1.1096 \frac{l^2}{L^2}\right)$$

$$= \frac{2EI_0}{l^3} \times 17.6018$$

$$\int_l EI_x \varphi_1'' \varphi_2'' \, \mathrm{d}x = 2 \int_0^{l/2} EI_0 \left(1 - \frac{2x}{L} + \frac{x^2}{L^2}\right) \times \frac{10}{l^4} \left(-1 + \frac{4x^2}{l^2}\right) \left(-\frac{71}{8} + \frac{70x^3}{l^3}\right) \mathrm{d}x$$

$$= \frac{20 EI_0}{l^3} \left[2.5938 - 0.8594 \frac{l}{L} + 0.1023 \frac{l^2}{L^2}\right] = \frac{20 EI_0}{l^3} \times 1.8367$$

$$\int_l (\varphi_1')^2 \, dx = \frac{200}{l} \times 0.02698$$

$$\int_l (\varphi_2')^2 \, dx = 2 \int_0^{l/2} \left(\frac{5041x^2}{64l^4} - \frac{2485x^5}{8l^7} + \frac{1225x^8}{4l^{10}} \right) dx = \frac{2}{l} \times 2.5394$$

$$\int_l \varphi_1' \varphi_2' \, dx = 2 \int_0^{l/2} \frac{10}{l^4} \left(-x + \frac{4x^3}{3l^2} \right) \left(-\frac{71}{8} x + \frac{35x^4}{2l^3} \right) dx = \frac{20}{l} \times 0.26165$$

于是按 $k_{ij} = \int_0^l EI \varphi_i'' \cdot \varphi_j'' \, dx - \int_0^l P \varphi_i' \cdot \varphi_j' \, dx$ 及特征方程

$$D = \begin{vmatrix} k_{11} & k_{12} \\ k_{21} & k_{22} \end{vmatrix} = 0$$

即有

$$\begin{vmatrix} \left(\frac{2EI_0}{l^3} \times 19.286 - \frac{2}{l} \times 2.698P \right) & \left(\frac{2EI_0}{l^3} \times 18.367 - \frac{2}{l} \times 2.6165P \right) \\ \left(\frac{2EI_0}{l^3} \times 18.367 - \frac{2}{l} \times 2.6165P \right) & \left(\frac{2EI_0}{l^3} \times 17.6018 - \frac{2}{l} \times 2.5394P \right) \end{vmatrix} = 0$$

得稳定方程

$$5.23P^2 - 350.0 \frac{EI_0}{l^2} P + 2121.63 \left(\frac{EI_0}{l^2} \right)^2 = 0$$

解得最小根为临界荷载

$$P_{cr}^{(2)} = 6.741 \frac{EI_0}{l^2}$$

可见，采用两个位移参数的 $P_{cr}^{(2)}$ 比 $P_{cr}^{(1)}$ 更小而接近于正确的临界荷载值。另外若采用 $y_3 = a_1 \cos \frac{\pi x}{l} + a_2 \cos \frac{3\pi x}{l}$ 为试解函数，求得的 $P_{cr}^{(3)} = 6.746 EI_0/l^2$。本例按苏联 A·H·金尼克院士提供的精确解为 $P_{cr} = 6.712 \frac{EI_0}{l^2}$。

对于长度为 l 且截面组合形式与图 14-29 相同，截面变化规律也按 $I(x) = I_0 \left(1 - \frac{x}{L} \right)^2$ 的压杆，若下端固定上端自由如图 14-30(a) 所示，按其失稳变形曲线的特点，可知其临界荷载为上例两端铰支压杆的 $1/4$。A·H·金尼克院士的详解中给出了不同比值 I_1/I_0 时图 14-30(a) 压杆的临界荷载

$$P_{cr} = \frac{mEI_0}{l^2} \tag{14-28}$$

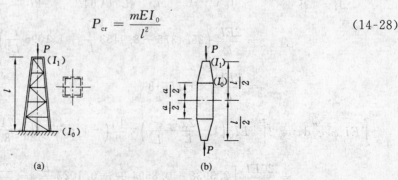

图 14-30

m 值列于表 14-3,其中 I_1 为柱顶截面惯矩,I_0 为最大(柱底)截面惯矩。

表 14-3

I_1/I_0	0	0.1	0.2	0.3	0.4	0.5	0.6	0.7	0.8
m	0.25	1.350	1.593	1.763	1.904	2.023	2.128	2.223	2.311

若如图 14-30(b) 所示的截面变化情况、两端铰支的组合截面压杆,用式(14-28)计算临界荷载时的 m 值摘列如表 14-4 所示。

表 14-4

I_1/I_0 ＼ a/l	0	0.2	0.4	0.6	0.8
0.1	5.40	6.67	8.08	9.25	9.79
0.2	6.37	7.49	8.61	9.44	9.81
0.4	7.61	8.42	9.15	9.63	9.84

【例 14-10】 等截面压杆下端为铰支、上端可以移动但不能转动(作为横梁刚度很大的框架柱的计算图式),如图 14-31(a) 所示,柱顶有集中轴向荷载 P,沿柱全长有均布轴向荷载 q,试以能量法分析其临界状态的荷载值。

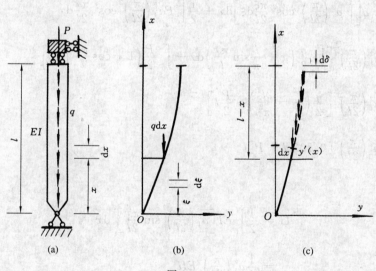

图 14-31

【解】 首先注意分布荷载在压杆屈曲微弯时的势能变化 $V(=-\Delta W$ 外力功),这可取两种方式计算。其一如图 14-31(b) 所示微段 dx 内的荷载为 $q\,dx$,它所发生的竖向位移可以从下端坐标原点开始计算,即杆轴长度 x 与其弹性曲线的投影之差按式(14-20)写作

$$\Delta(x) = \frac{1}{2}\int_0^x \left[y'(\xi) \right]^2 d\xi$$

因此有势能增量 $dV = -q\,dx \cdot \Delta(x)$;于是全杆分布荷载的势能增量为

$$V_q = \frac{-1}{2}\int_0^l q\left[\int_0^x (y')^2 \mathrm{d}\xi\right]\mathrm{d}x \qquad (14\text{-}29)$$

其二如图 14-31(c) 所示，由于微段 $\mathrm{d}x$ 变位而倾斜，其斜率为 $y'(x)$，使微段以上部分产生的竖向位移为

$$\mathrm{d}\delta = \frac{1}{2}(y')^2\mathrm{d}x$$

它使微段以上部分的荷载 $q(l-x)$ 作了功，即有势能增量 $\mathrm{d}V = -q(l-x)\cdot\mathrm{d}\delta$，故全杆所有均布荷载的势能增量可写作

$$V_q = -\frac{1}{2}\int_0^l q(l-x)(y')^2\mathrm{d}x \qquad (14\text{-}30)$$

今将采用第一种方法即式(14-29)。

其次，根据图 14-31 所示压杆边界条件设定变形曲线为

$$y = a_1\sin\frac{\pi x}{2l}$$

则有
$$y' = a_1\frac{\pi}{2l}\cos\frac{\pi x}{2l}, \qquad y'' = -a_1\left(\frac{\pi}{2l}\right)^2\sin\frac{\pi x}{2l}$$

计算两种荷载势能

$$-V = \frac{1}{2}\int_0^l q\left[\int_0^x a_1^2\left(\frac{\pi}{2l}\right)^2\cos^2\frac{\pi\xi}{2l}\mathrm{d}\xi\right]\mathrm{d}x + \frac{1}{2}\int_0^l Pa_1^2\left(\frac{\pi}{2l}\right)^2\cos^2\frac{\pi x}{2l}\mathrm{d}x$$

$$= \frac{1}{2}a_1^2\left(\frac{\pi}{2l}\right)^2\left[\int_0^l\frac{q}{2}\left(x+\frac{l}{\pi}\sin\frac{\pi x}{l}\right)\mathrm{d}x + \int_0^l\frac{P}{2}\left(1+\cos\frac{\pi x}{l}\right)\mathrm{d}x\right]$$

$$= \frac{1}{2}a_1^2\left(\frac{\pi}{2l}\right)^2\left[\frac{q}{2}\left(\frac{l^2}{2}+\frac{2l^2}{\pi^2}\right)+\frac{P}{2}l\right]$$

$$= \frac{1}{4}a_1^2\left(\frac{\pi}{2l}\right)^2[0.703ql + P]l$$

计算应变势能

$$U = \frac{1}{2}\int_0^l EI\left[a_1\left(\frac{\pi}{2l}\right)^2\sin\frac{\pi x}{2l}\right]^2\mathrm{d}x$$

$$= \frac{1}{4}a_1^2\left(\frac{\pi}{2l}\right)^4 EIl$$

运用势能驻值条件 $\dfrac{\partial\varPi}{\partial a_1}=0$，即 $\dfrac{\mathrm{d}}{\mathrm{d}a_1}(U+V)=0$：

$$\frac{1}{2}a_1\left(\frac{\pi}{2l}\right)^4 EIl - \frac{1}{2}a_1\left(\frac{\pi}{2l}\right)^2[0.703ql+P]l = 0$$

由于临界状态 $a_1\neq 0$，则得

$$0.703ql + P = \frac{\pi^2 EI}{(2l)^2} \qquad (g)$$

此式表示将图 14-31(a) 的全杆轴向均布荷载合力之 70% 折算至柱顶,和原有集中荷载一起,形成该压杆(失稳曲线为 $\frac{1}{2}$ 个半波)荷载的近似临界值。例如当 q 为已知压杆的自重荷载集度时,由上式即可确定 P 的临界值;反之亦是。

按同样方法分析可知:受轴向均布荷载 q 作用的下端固定、上端自由的等截面压杆,若设屈曲线 $y_1 = a_1\left(1 - \cos\dfrac{\pi x}{2l}\right)$,则得 $0.3q_1 l = \dfrac{\pi^2 EI}{(2l)^2}$;若设屈曲线为 $y_2 = a_1\left(1 - \cos\dfrac{\pi x}{2l}\right) + a_2\left(1 - \cos\dfrac{3\pi x}{2l}\right)$ 则得 $0.314 q_2 l = \dfrac{\pi^2 EI}{(2l)^2}$,这与精确解 $q_{cr} = 7.837 EI/l^3$ 几乎相同。

另外,受轴向均布荷载 q 作用的两端铰支的等截面压杆则有 $0.5ql = \dfrac{\pi^2 EI}{l^2}$。上列各 ql 前的系数可看作全杆均布荷载折算成柱顶集中荷载(欧拉力)的折算系数。

【例 14-11】　如图 14-32(a) 所示结构中,柱 BD 和 CE 分别在顶端和中部受两个轴向荷载作用,两柱间铰接横梁为刚性,各柱段长度及截面如图。左部附属刚架于 A、D 两处均为铰接。试用能量法求结构的临界荷载 P 值。

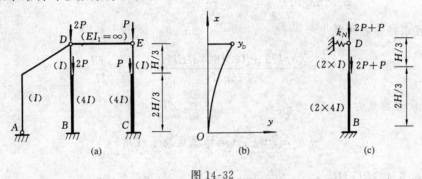

图 14-32

【解】　此结构左部附属刚架对横梁 DE 的水平位移起着弹性约束作用。设已求得其相应的水平向线弹簧的刚度系数 $k_N = 5EI/H^3$。由于两柱顶可以发生相同的水平位移,当轴向荷载按比例增大时,最有可能发生的失稳形式是两柱同时侧倾屈曲,如图 14-32(b) 所示的弹性曲线形式,杆件在这样简单的变形中所具有的应变势能较小。今设两柱具有相同的屈曲线为

$$y = a_1 \varphi_1 = a_1\left(x^2 - \frac{x^4}{6H^2}\right) \tag{h}$$

并近似地将柱 CE 与 BD 的刚度和荷载合并,结构计算简图如图 14-32(c) 所示单柱。则柱顶位移为 $y_D = a_1 \times \dfrac{5}{6}H^2 (= a_1 \varphi_D)$;相应的水平弹簧约束的应变势能为 $\dfrac{1}{2}k_N y_D^2 = \dfrac{1}{2}a_1^2 \varphi_D^2 k_N$。运用总势能驻值条件 $\dfrac{d\Pi}{da_1} = \dfrac{d}{da_1}(U + V) = 0$ 或按 $U = -V$ 时,将有如下算式

$$a_1 k_N \varphi_D^2 + \sum a_1 \int EI(\varphi_1'')^2 \, dx = \sum a_1 \int P(\varphi_1')^2 \, dx \tag{i}$$

其中积分均按上、下两分段积分并叠加。

$$a_1 k_N \varphi_D^2 = a_1 \times \frac{5EI}{H^3}\left(\frac{5H^2}{6}\right)^2 = 3.472 a_1 EIH$$

$$\sum a_1 \int EI(\varphi_1'')^2 \mathrm{d}x = \sum a_1 \int EI \left[2\left(1 - \frac{x^2}{H^2} \right) \right]^2 \mathrm{d}x$$

$$= a_1 \times 8EI \times 4 \int_0^{2H/3} \left(1 - \frac{2x^2}{H^2} + \frac{x^4}{H^4} \right) \mathrm{d}x$$

$$+ a_1 \times 2EI \times 4 \int_{2H/3}^{H} \left(1 - \frac{2x^2}{H^2} + \frac{x^4}{H^4} \right) \mathrm{d}x$$

$$= 16.160 a_1 EIH$$

$$\sum a_1 \int P(\varphi_1')^2 \mathrm{d}x = \sum a_1 \int P \left[2\left(x - \frac{x^3}{3H^2} \right) \right]^2 \mathrm{d}x$$

$$= a_1 \times 6P \times 4 \int_0^{2H/3} \left(x^2 - \frac{2x^2}{3H^2} + \frac{x^6}{9H^4} \right) \mathrm{d}x$$

$$+ a_1 \times 3P \times 4 \int_{2H/3}^{H} \left(x^2 - \frac{2x^4}{3H^2} + \frac{x^6}{9H^4} \right) \mathrm{d}x$$

$$= 3.576 a_1 PH^3$$

则由式(i)可求得临界荷载

$$P_{cr} = \frac{(3.472 + 16.160) a_1 EIH}{3.576 a_1 H^3} = 5.49 \frac{EI}{H^2}$$

此题若设屈曲线为

$$y = a_1 \sin \frac{\pi x}{2H} \text{(坐标原点设于柱顶)}$$

可求得 $P_{cr} = 5.497 EI / H^2$。

【例 14-12】 在交叉梁施工中有一梁先施予加轴力(图 14-33(a)),或在双重腹杆桁架中一根斜腹杆受压图 14-33(b),此时另一梁或杆成为弹性支承,其力学图式如图 14-33(c)所示,试用能量法确定其临界荷载。

【解】 两跨连续梁中间为弹性支座,其受压临界状态的一般形式可表示如图 14-33(d)所示虚线,为几个位移函数的组合。今设

$$y(x) = a_1 \varphi_1 + a_2 \varphi_2 + a_3 \varphi_3$$

$$= a_1 \sin \frac{\pi x}{l} + a_2 \sin \frac{2\pi x}{l} + a_3 \sin \frac{3\pi x}{l}$$

三条正弦曲线如图 14-33(d)所示。在按式(14-25)写出刚度系数 k_{ij} 时还应加入弹性支座的应变势能 U_c 对各位移参数 a_i 的变分(导数)

$$\frac{\partial U_c}{\partial a_i} = \frac{\mathrm{d}}{\mathrm{d}a_i} \left(\frac{1}{2} k_N \cdot y_c^2 \right) \tag{j}$$

而 $y_c = y_{\left(\frac{l}{2} \right)} = a_1 \sin \frac{\pi}{2} + a_2 \cdot \sin \frac{2\pi}{2} + a_3 \cdot \sin \frac{3\pi}{2} = a_1 + 0 - a_3$

于是

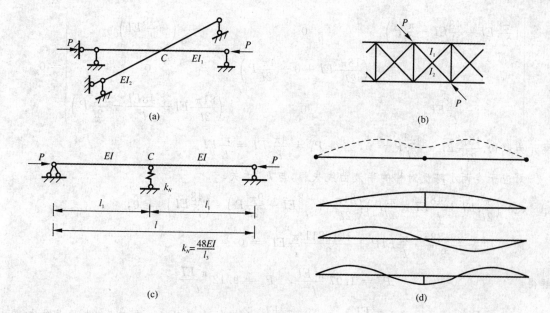

图 14-33

$$k_{ij} = \int_l EI\varphi_i'' \cdot \varphi_j'' \mathrm{d}x + \frac{1}{2}k_N[(a_1-a_3)^2]_{a_i}' - \int_l P\varphi_i' \cdot \varphi_j' \mathrm{d}x$$

下面分列计算：

$$y'_{(x)} = a_1\frac{\pi}{l}\cos\frac{\pi x}{l} + a_2\frac{2\pi}{l}\cos\frac{2\pi x}{l} + a_3\frac{3\pi}{l}\cos\frac{3\pi x}{l}$$

$$y''_{(x)} = -a_1\left(\frac{\pi}{l}\right)^2\sin\frac{\pi x}{l} - a_2\left(\frac{2\pi}{l}\right)^2\sin\frac{2\pi x}{l} - a_3\left(\frac{3\pi}{l}\right)^2\sin\frac{3\pi x}{l}$$

因

$$\int_l \varphi_i'' \cdot \varphi_i'' \mathrm{d}x = \left(\frac{i\pi}{l}\right)^4\int_l \sin^2\frac{i\pi x}{l}\mathrm{d}x = \left(\frac{i\pi}{l}\right)^4 \cdot \frac{l}{2},$$

$$\int_l \varphi_i'' \cdot \varphi_j'' \mathrm{d}x = ij\left(\frac{\pi}{l}\right)^4\int_l \sin\frac{i\pi x}{l} \cdot \sin\frac{j\pi x}{l}\mathrm{d}x = 0;$$

及

$$\int_l \varphi_i' \cdot \varphi_i' \mathrm{d}x = \left(\frac{i\pi}{l}\right)^2\int_l \cos^2\frac{i\pi x}{l}\mathrm{d}x = \left(\frac{i\pi}{l}\right)^2\frac{l}{2},$$

$$\int_l \varphi_i' \cdot \varphi_j' \mathrm{d}x = ij\left(\frac{\pi}{l}\right)^2\int_l \cos\frac{i\pi x}{l}\mathrm{d}x \cdot \cos\frac{j\pi x}{l}\mathrm{d}x = 0;$$

而

$$\frac{1}{2}k_N[(a_1-a_3)^2]_{a_1}' = k_N(a_1-a_3); \quad \frac{1}{2}k_N[(a_1-a_3)^2]_{a_2}' = 0;$$

$$\frac{1}{2}k_N[(a_1-a_3)^2]_{a_3}' = k_N(-a_1+a_3)$$

故按式(14-24)计算,得

$$\sum_{j=1}^n k_{ij} \cdot a_j = 0$$

得三行线性方程后(实际上第二方程是独立的),由 a_j 不全为零而形成求解临界荷载的稳定(特征)方程,将 $k_N = \dfrac{48EI}{l^3}$ 代入：

$$
\begin{vmatrix}
\left(\dfrac{\pi^4}{2l^3}EI+\dfrac{48}{l^3}EI-\dfrac{\pi^2}{2l}P\right) & 0 & \left(-\dfrac{48}{l^3}EI\right) \\
0 & \left(\dfrac{16\pi^4}{2l^3}EI+0-\dfrac{4\pi^2}{2l}P\right) & 0 \\
\left(-\dfrac{48}{l^3}EI\right) & 0 & \left(\dfrac{81\pi^4}{2l^3}EI+\dfrac{48EI}{l^3}-\dfrac{9\pi^2}{2l}P\right)
\end{vmatrix}=0
$$

展开为:(1) $\dfrac{16\pi^4}{2l^3}EI-\dfrac{4\pi^2}{2l}P=0$, 　得 $P_3=\dfrac{4\pi^2}{l^2}EI=\dfrac{\pi^2}{l_1^2}EI$

　　对应于在两小跨反对称的半波曲线失稳,与 k_N 无关。

　　(2) $\left(\dfrac{\pi^4}{2l^3}EI+\dfrac{48}{l^3}EI-\dfrac{\pi^2}{2l}P\right)\left(\dfrac{81\pi^4}{2l^3}+\dfrac{48}{l^3}EI-\dfrac{9\pi^2}{2l}P\right)-\left(\dfrac{48}{l^3}EI\right)^2=0$,

　　即 $\quad P^2-\dfrac{99.835}{9}\cdot\dfrac{\pi^2}{l^2}EIP+\dfrac{161.811}{9}\dfrac{\pi^4}{l^4}EI^2=0$

解得 $\qquad\qquad P_1=1.97\dfrac{\pi^2EI}{l^2},\quad P_2=9.12\dfrac{\pi^2EI}{l^2}$。

故本题临界荷载 $P_{cr}=1.97\dfrac{\pi^2EI}{l^2}=0.492\dfrac{\pi^2EI}{l_1^2}$,与弹性支承的 k_N 值有关,失稳曲线如图 14-33(d) 虚线所示。

14.5　刚架在平面内的稳定计算

　　由于刚架各柱均可能承受较大轴向荷载,且各杆方向不同,其稳定计算需以结点位移(侧移、转角)为未知量的位移法或矩阵位移法(有限元法)为工具。传统的压杆系位移法是通过压杆在端点发生位移时的平衡微分方程,找到杆端力与杆端位移的物理关系,即以杆件全长为单元的压杆转角位移方程,其中的各项刚度系数包含轴力参数 $u=l\sqrt{P/EI}$(即等于 14.3 节中所用的 al),且不得不表达成若干条由参数 u 及其三角函数组成的复合函数,然后运用普通位移法的形式最终建立稳定方程。这对于全结构 u 参数单一的情况较易利用制备的若干条复合函数值表进行求解,且为精确解,但在各杆 u 值不同、端结点情况各异时极难应用,即该法适用范围有限。

　　本节介绍普遍适用的有限元法,结构的总刚度方程是:

$$[K^*]\{D_J\}=\{F\} \tag{14-31}$$

由于稳定分析的问题本身是在对应于 $\{D_J\}$ 的结点侧移或转动方向并无外荷载而仅有轴向荷载,故结点荷载向量 $\{F\}$ 各元素均为零,因此方程式(14-31)成为齐次方程组。根据结构临界状态的二重性特征,D_J 不全为零,则必有

$$|K^*|=0 \tag{14-32}$$

此即刚架的稳定方程,从中可求解轴向荷载 P 的若干个实根,其最小值即为刚架的临界荷载。

　　总刚度矩阵 $[K^*]$ 中的行、列元素来源于刚架各个单元,故需先了解具有轴压力作用效应的单元刚度矩阵,即单元杆端力与杆端位移间关系,期望其中各项刚度系数能以明确的数值表达,以便利人、机的计算。

　　注意:本书各章在应用矩阵位移法时,局部坐标系和结构坐标系的方向均按右手螺旋规

则，x-y 轴以逆时针向设置，如图 14-34(a) 中所示，杆端力和杆端位移的正向与之相应。

14.5.1　压杆单元刚度矩阵

等直压杆单元不论长短，均以 l、EI 表示其特征。在通常本初的小变形情况下，不计杆件轴向变形，则单元刚度矩阵为 4×4 方阵。图 14-34(a) 中单元 ij 两端受有轴向压力 P，及剪力 Y、弯矩 M，但需考虑的端位移、端力的向量为

$$\{d\} = \begin{Bmatrix} v_i \\ \theta_i \\ v_j \\ \theta_j \end{Bmatrix}, \quad \{f\} = \begin{Bmatrix} Y_i \\ M_i \\ Y_j \\ M_j \end{Bmatrix}$$

其间关系为

$$\{f\} = [k^*]\{d\} \tag{14-33}$$

为表达此 $[k^*]$ 中各项刚度系数，运用势能（驻值）原理 —— 李兹法，正如式(14-22)— 式(14-25) 所示，需要假设压杆单元的一组变形曲线（位移函数），今可近似地采用无轴力作用下的四个端位移分别对应的函数 $\varphi(x)$ 如图 14-34(b)—(e) 所示，即设单元的新的平衡状态曲线为

$$y(x) = \sum d_m \cdot \varphi_m(x), \quad (m = 1, 2, 3, 4)$$

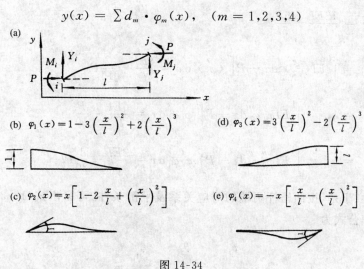

(a)

(b)　$\varphi_1(x) = 1 - 3\left(\dfrac{x}{l}\right)^2 + 2\left(\dfrac{x}{l}\right)^3$　　(d)　$\varphi_3(x) = 3\left(\dfrac{x}{l}\right)^2 - 2\left(\dfrac{x}{l}\right)^3$

(c)　$\varphi_2(x) = x\left[1 - 2\dfrac{x}{l} + \left(\dfrac{x}{l}\right)^2\right]$　　(e)　$\varphi_4(x) = -x\left[\dfrac{x}{l} - \left(\dfrac{x}{l}\right)^2\right]$

图 14-34

根据平衡状态，单元在该组变形中的应变势能 $U\left(= \dfrac{1}{2}\displaystyle\int_l EI y''^2 \,\mathrm{d}x\right)$ 和荷载势能 $V\left(= -\dfrac{1}{2}\displaystyle\int P y'^2 \,\mathrm{d}x\right)$ 的变分为零之条件

$$\frac{\partial(U+V)}{\partial_i \mathrm{d}_i} = 0$$

可得一组平衡方程，即显现诸刚度系数，其通式表达为

$$k_{nm} = \int_l EI \varphi''_n \cdot \varphi''_m \,\mathrm{d}x - \int_l P \varphi'_n \cdot \varphi'_m \,\mathrm{d}x \tag{a}$$

表示由于单元端位移 $d_n = 1$ 引起的在 d_m 方向的端约束力：

为表达方便，将上式中两部分定义为

弯曲刚度系数 $\quad k_{E,nm} = \displaystyle\int_l EI\varphi_n''(x)\cdot\varphi_m''(x)\mathrm{d}x$

几何刚度系数 $\quad k_{G,nm} = \displaystyle\int_l P\varphi_n'(x)\cdot\varphi_m'(x)\mathrm{d}x$ $\Bigg\}\quad (m,n=1,2,3,4)$ (14-34)

于是式(14-32)中单元刚度矩阵为

$$[k^*] = [k_E] - [k_G] \tag{14-35}$$

即压杆单元的近似刚度矩阵$[k^*]$应由弯曲刚度矩阵$[k_E]$和几何刚度矩阵(或称附加刚度矩阵)$[k_G]$组成。由于所取的位移曲线$d_m\varphi_m(x)$是近似的,所以各刚度系数k_{nm}是近似值,其优点在于按式(14-34)定义的各刚度系数可用简单的数值表达,例如侧移刚度系数、转动刚度系数、相关刚度系数及传递弯矩等,分别为:

$$k_{11} = \int_0^l EI(\varphi_1'')^2\mathrm{d}x - P\int_0^l(\varphi_1')^2\mathrm{d}x$$

$$= \int_0^l EI\left[-\frac{6}{l^2}+\frac{12x}{l^3}\right]^2\mathrm{d}x - P\int_0^l\left[-\frac{6x}{l^2}+\frac{6x^2}{l^3}\right]^2\mathrm{d}x$$

$$= \frac{12EI}{l^3} - \frac{6P}{5l}$$

$$k_{22} = \int_0^l EI(\varphi_2'')^2\mathrm{d}x - P\int_0^l(\varphi_2')^2\mathrm{d}x = \frac{4EI}{l} - \frac{2}{15}Pl$$

$$k_{12} = k_{21} = \int_0^l EI\varphi_1''\varphi_2''\mathrm{d}x - P\int_0^l\varphi_1'\varphi_2'\mathrm{d}x = \frac{6EI}{l^2} - \frac{P}{10}$$

$$k_{24} = k_{42} = \int_0^l EI\varphi_2''\varphi_4''\mathrm{d}x - P\int_0^l\varphi_2'\varphi_4'\mathrm{d}x = \frac{2EI}{l} - \frac{1}{30}Pl$$

并也具有互等性。于是,按照压杆两端的对应关系及平衡条件,可写出式(14-35)中的压杆单元近似刚度矩阵公式为

$$[k^*] = EI\begin{bmatrix} \frac{12}{l^3} & \frac{6}{l^2} & -\frac{12}{l^3} & \frac{6}{l^2} \\ \frac{6}{l^2} & \frac{4}{l} & -\frac{6}{l^2} & \frac{2}{l} \\ -\frac{12}{l^3} & -\frac{6}{l^2} & \frac{12}{l^3} & -\frac{6}{l^2} \\ \frac{6}{l^2} & \frac{2}{l} & -\frac{6}{l^2} & \frac{4}{l} \end{bmatrix} - P\begin{bmatrix} \frac{6}{5l} & \frac{1}{10} & -\frac{6}{5l} & \frac{1}{10} \\ \frac{1}{10} & \frac{2l}{15} & -\frac{1}{10} & -\frac{l}{30} \\ -\frac{6}{5l} & -\frac{1}{10} & \frac{6}{5l} & -\frac{1}{10} \\ \frac{1}{10} & -\frac{l}{30} & -\frac{1}{10} & \frac{2l}{15} \end{bmatrix} \tag{14-36}$$

14.5.2 总刚和特征方程

具有若干压杆及非压杆的刚架发生失稳的可能状态,决定了结点发生位移的数量;不过,直杆中部若有轴向外载时应增为结点;原刚架结点无侧移时,受压柱应沿其长度划分单元,以减小误差提高精度。在此基础上通常可采用先处理法将边界条件引入单刚,以实际的结点位移

建立结构的位移向量 $\{D_J\}$，从而确定相应的总刚的阶数。由各单元的单刚集成结构总刚 $[K^*]$ = $[K_E]-[K_G]$ 时须按整体坐标系进行坐标转换，各元素按结点位移编号直接输入总刚对应位置，这与第 10 章矩阵位移法中的操作步骤相同。

然后，如前述按式（14-32）$|K^*|=0$ 得结构特征（稳定）方程。

【例 14-13】　刚架横梁为无限刚性，四柱中的 B、C 柱为上端刚接、下端固定，A、D 柱为两端铰接，如图 14-35 所示，试求临界荷载参数 P 值。

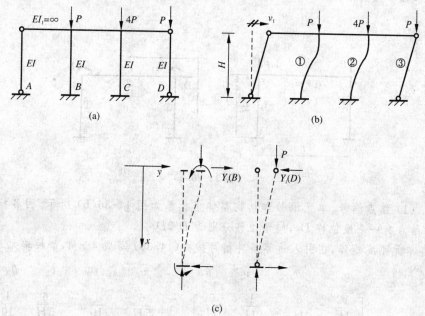

图 14-35

【解】　本例刚架仅一个侧移未知量 v_1，可将各柱分别作为一个单元，左柱并非压杆仅是一支杆。坐标系如图 14-35(c) 所示。按式（14-36），单元刚度矩阵如下：

$$[k^*]^① = \left[\frac{12}{H^3}\right]EI - P\left[\frac{6}{5H}\right], \qquad [k^*]^② = \left[\frac{12}{H^3}\right]EI - 4P\left[\frac{6}{5H}\right]$$

单元 ③ 作直线侧倾如图 14-35(c) 所示，其杆端无弯矩仅有横向力 $Y_{i(D)}$，由杆件平衡可知如图示方向，$Y_{i(D)} = \dfrac{P \cdot v_1}{H}$，该方向与单元 ② 中以平衡端弯矩为主的横向力 $12EI/H^3$ 反向，即与 $[k^*]^②$ 中的 k_G 部分同向，故有

$$[k^*]^③ = [0] - P\left[\frac{1}{H}\right]$$

是单元 ③ 对总刚的贡献。于是结构总刚为

$$[K^*] = \left[\frac{12}{H^3} + \frac{12}{H^3} + 0\right]EI - P\left[\frac{6}{5H} + \frac{6 \times 4}{5H} + \frac{1}{H}\right]$$

由 $|K^*|=0$，得稳定方程

$$\frac{24}{H^3}EI - \frac{35}{5H}P = 0$$

解得临界荷载

$$P = \frac{120EI}{35H^2} = 3.43 \cdot \frac{EI}{H^2}$$

此例精确解为 $3.38EI/H^2$，误差仅 1.5%。

【**例 14-14**】 用有限单元法计算如图 14-36(a)所示门式刚架的临界荷载。$i_1 = \dfrac{EI_1}{H}$，$i_2 = \dfrac{EI_2}{l}$。

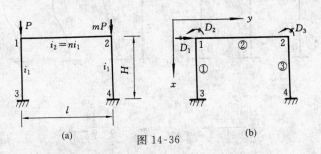

图 14-36

【**解**】 (1)结点编号、单元编号和结构整体坐标系如图 14-36(b)所示。因各杆轴向长度不变，横梁结点有一个线位移 D_1，转角位移分别为 D_2，D_3。

(2)各单元刚度矩阵，在引入边界条件前可按式(14-36)写成 4×4，如柱单元①为：

$$[\bar{k}^*]^{\text{①}} = i_1 \begin{matrix} \bar{v}_1 & \bar{\theta}_1 & \bar{v}_3 & \bar{\theta}_3 \\ \begin{bmatrix} \dfrac{12}{H^2} & \dfrac{6}{H} & -\dfrac{12}{H^2} & \dfrac{6}{H} \\ \dfrac{6}{H} & 4 & -\dfrac{6}{H} & 2 \\ -\dfrac{12}{H^2} & -\dfrac{6}{H} & \dfrac{12}{H^2} & -\dfrac{6}{H} \\ \dfrac{6}{H} & 2 & -\dfrac{6}{H} & 4 \end{bmatrix} \end{matrix} - P \begin{matrix} \bar{v}_1 & \bar{\theta}_1 & \bar{v}_3 & \bar{\theta}_3 \\ \begin{bmatrix} \dfrac{6}{5H} & \dfrac{1}{10} & -\dfrac{6}{5H} & \dfrac{1}{10} \\ \dfrac{1}{10} & \dfrac{2H}{15} & -\dfrac{1}{10} & -\dfrac{H}{30} \\ -\dfrac{6}{5H} & -\dfrac{1}{10} & \dfrac{6}{5H} & -\dfrac{1}{10} \\ \dfrac{1}{10} & -\dfrac{H}{30} & -\dfrac{1}{10} & \dfrac{2H}{15} \end{bmatrix} \end{matrix}$$

考虑该单元边界条件有 $\bar{v}_3 = \bar{\theta}_3 = 0$，则划去相应的行和列后，再将单元端点位移转换为结构结点位移(换码) $D_1 = \bar{v}_1$，$D_2 = \bar{\theta}_1$(局部坐标与整体坐标一致)，就成为

$$[\bar{k}^*]^{\text{①}} = i_1 \begin{matrix} D_1 & D_2 \\ \begin{bmatrix} \dfrac{12}{H^2} & \dfrac{6}{H} \\ \dfrac{6}{H} & 4 \end{bmatrix} \end{matrix} - P \begin{matrix} D_1 & D_2 \\ \begin{bmatrix} \dfrac{6}{5H} & \dfrac{1}{10} \\ \dfrac{1}{10} & \dfrac{2H}{15} \end{bmatrix} \end{matrix}$$

同理，柱单元③的刚度矩阵成为：

$$[\bar{k}^*]^{\text{③}} = i_1 \begin{matrix} D_1 & D_3 \\ \begin{bmatrix} \dfrac{12}{H^2} & \dfrac{6}{H} \\ \dfrac{6}{H} & 4 \end{bmatrix} \end{matrix} - mP \begin{matrix} D_1 & D_3 \\ \begin{bmatrix} \dfrac{6}{5H} & \dfrac{1}{10} \\ \dfrac{1}{10} & \dfrac{2H}{15} \end{bmatrix} \end{matrix}$$

梁单元 ② 因 $P=0$（即普通的梁单元），且杆端无垂直于轴向的线位移，其刚度矩阵为

$$\begin{array}{cc} D_2 & D_3 \end{array}$$

$$[k]^{②} = ni_1 \begin{bmatrix} 4 & 2 \\ 2 & 4 \end{bmatrix}$$

（3）集成结构刚度矩阵 $[K^*] = [(K_E - K_G)]$，并有结构刚度方程

$$[(K_E - K_G)] \begin{Bmatrix} D_1 \\ D_2 \\ D_3 \end{Bmatrix} = 0 \qquad (b)$$

其中

$$K_E = i_1 \begin{bmatrix} \dfrac{24}{H^2} & \dfrac{6}{H} & \dfrac{6}{H} \\ \dfrac{6}{H} & 4(1+n) & 2n \\ \dfrac{6}{H} & 2n & 4(1+n) \end{bmatrix}, \quad K_G = P \begin{bmatrix} \dfrac{6(1+m)}{5H} & \dfrac{1}{10} & \dfrac{m}{10} \\ \dfrac{1}{10} & \dfrac{2H}{15} & 0 \\ \dfrac{m}{10} & 0 & \dfrac{2mH}{15} \end{bmatrix} \qquad (c)$$

（4）结构临界状态时，要求位移 D_i 不全为零，则应有稳定方程

$$|(K_E - K_G)| = 0 \qquad (d)$$

下面按三种情况分别求解临界荷载：

（a）若 $m=1$，即右柱轴向荷载与左柱的相同，则此对称刚架受正对称荷载作用。先设按反对称形式失稳，即 $D_1 \neq 0$，横梁两结点转角位移有 $D_2 = D_3$。于是可将刚度方程式（b）及式（c）中的第 2 行与第 3 行相加、第 2 列与第 3 列相加，得到简化的方程

$$\left\{ i_1 \begin{bmatrix} \dfrac{24}{H^2} & \dfrac{12}{H} \\ \dfrac{12}{H} & (8+12n) \end{bmatrix} - P \begin{bmatrix} \dfrac{12}{5H} & \dfrac{2}{10} \\ \dfrac{2}{10} & \dfrac{4H}{15} \end{bmatrix} \right\} \begin{Bmatrix} D_1 \\ D_2 \end{Bmatrix} = 0$$

相应的稳定方程成为

$$|K| = \begin{vmatrix} \left(\dfrac{24i_1}{H} - \dfrac{12P}{5H} \right) & \left(\dfrac{12i_1}{H} - \dfrac{P}{5} \right) \\ \left(\dfrac{12i_1}{H} - \dfrac{P}{5} \right) & \left((8+12n)i_1 - \dfrac{4HP}{15} \right) \end{vmatrix} = 0 \qquad (e)$$

当取 $n=1$ 即横梁线刚度与柱相等 $i_2 = i_1$ 时，展开成

$$\frac{336i_1^2}{H^2} - \frac{744i_1 P}{15H} + \frac{45P^2}{75} = 0$$

或

$$3P^2 - 248 \left(\frac{i_1}{H} \right) P + 1680 \left(\frac{i_1}{H} \right)^2 = 0$$

由此解得最小根为临界荷载

$$P_1^{(a)} = 7.445\,\frac{i_1}{H}(\text{精确解为 } 7.40 i_1/H)$$

当 $m = 1, n = 1$ 而设正对称形式失稳时，因 $D_1 = 0, D_2 = -D_3$，则由式(d)整理得

$$|K| = 6i_1 - \frac{2H}{15}P = 0, \quad \text{即有 } P_2^{(a)} = 45\,\frac{i_1}{H}$$

此结果比精确解大出 80%，这是因为上端结点无侧移、整柱作一个单元计的后果。若将两柱各划分成两单元，则误差将降至 4% 以内。

所以，此刚架在梁柱线刚度相同时，实际按反对称形式失稳，临界荷载

$$P_{cr}^{(a)} = 7.445\,\frac{i_1}{H} = \frac{\pi^2 EI_1}{(H\pi/2.728)^2}$$

柱的计算长度为

$$H_0 = \frac{H\pi}{2.728} = 1.15H$$

（b）若 $m = 1$，且取 $n = 2$，即横梁线刚度较大 $i_2 = 2i_1$ 时，由式(e)展开

$$3P^2 - 392\left(\frac{i_1}{H}\right)P + 3120\left(\frac{i_1}{H}\right)^2 = 0$$

解得反对称失稳的临界荷载为

$$P_{cr}^{(b)} = 8.514\,\frac{i_1}{H} \quad \left(\text{精确解为 } 8.41\,\frac{i_1}{H}\right)$$

表示增大横梁刚度可提高稳定性，相应的柱计算长度为

$$H_0 = \frac{H\pi}{2.918} = 1.08H$$

（c）若 $m = 2$，即右柱轴向荷载为左柱的 2 倍，且取 $n = \frac{i_2}{i_1} = 1$ 时，稳定方程式(d)成为：

$$\begin{vmatrix} \left(\frac{24i_1}{H^2} - \frac{18P}{5H}\right) & \left(\frac{6i_1}{H} - \frac{P}{10}\right) & \left(\frac{6i_1}{H} - \frac{2P}{10}\right) \\ \left(\frac{6i_1}{H} - \frac{P}{10}\right) & \left(8i_1 - \frac{2HP}{15}\right) & 2i_1 \\ \left(\frac{6i_1}{H} - \frac{2P}{10}\right) & 2i_1 & \left(8i_1 - \frac{4HP}{15}\right) \end{vmatrix} = 0 \qquad (f)$$

展开成

$$P^3 - 95.111\left(\frac{i_1}{H}\right)P^2 + 2120\left(\frac{i_1}{H}\right)^2 P - 8400\left(\frac{i_1}{H}\right)^3 = 0$$

可由试算求解得最小根为其临界荷载参数

$$P_{cr}^{(c)} = 5.042\,\frac{i_1}{H}$$

这相当于荷载增加了一个，刚架负荷能力降低了。

【例 14-15】　用有限单元（直接刚度）法求图 14-37(a) 所示刚架的临界荷载

【解】　(1) 结点编号、单元划分及编号和结构整体坐标系如图 14-37(b) 所示，局部坐标 $\bar{x}$ 标于杆轴。不计杆轴长度的改变时，刚结点无水平线位移。注意：为保证必要的精度，即使压杆中部没有轴向荷载 $0.2P$，亦应划分成小单元。因此，结构结点自由位移列向量为如图 14-37(b) 所示：

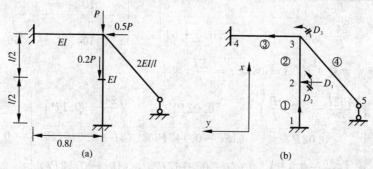

图 14-37

$$[D_1 \quad D_2 \quad D_3]^{\mathrm{T}} = [\bar{v} \quad \bar{\theta}_2 \quad \bar{\theta}_3]^{\mathrm{T}}$$

(2) 各单元刚度矩阵

柱单元 ①（杆 12）长 $l/2$，已知边界条件 $\bar{v}_1 = \bar{\theta}_1 = 0$，而 $D_1 = \bar{v}_2$，$D_2 = \bar{\theta}_2$，为 j 端，由单刚公式 (14-36) 取用右下子块：

$$
[\bar{k}^*]^{①} = [k^*]^{①} = EI
\begin{bmatrix}
\dfrac{12}{(0.5l)^3} & -\dfrac{6}{(0.5l)^2} \\[2mm]
-\dfrac{6}{(0.5l)^2} & \dfrac{4}{0.5l}
\end{bmatrix}
- 1.2P
\begin{bmatrix}
\dfrac{6}{5(0.5l)} & -\dfrac{1}{10} \\[2mm]
-\dfrac{1}{10} & \dfrac{2(0.5l)}{15}
\end{bmatrix}
$$

柱单元 ②（杆 23）长 $l/2$，已知 $\bar{v}_3 = 0$，而有 i 端的 D_1，D_2 和 j 端的 $D_3 = \bar{\theta}_3$，由单刚公式 (14-36) 划去第 3 行和列

$$
[\bar{k}^*]^{②} = [k^*]^{②} = EI
\begin{bmatrix}
\dfrac{12}{(0.5l)^3} & \dfrac{6}{(0.5l)^2} & \dfrac{6}{(0.5l)^2} \\[2mm]
\dfrac{6}{(0.5l)^2} & \dfrac{4}{0.5l} & \dfrac{2}{0.5l} \\[2mm]
\dfrac{6}{(0.5l)^2} & \dfrac{2}{0.5l} & \dfrac{4}{0.5l}
\end{bmatrix}
- P
\begin{bmatrix}
\dfrac{6}{5(0.5l)} & \dfrac{1}{10} & \dfrac{1}{10} \\[2mm]
\dfrac{1}{10} & \dfrac{2(0.5l)}{15} & -\dfrac{0.5l}{30} \\[2mm]
\dfrac{1}{10} & -\dfrac{0.5l}{30} & \dfrac{2(0.5l)}{15}
\end{bmatrix}
$$

压杆单元 ③（杆 34）长 $0.8l$，局部坐标与整体坐标间夹角 90°，因仅有 i 端结点 3 的角位移 D_3，故可直接换码，根据公式 (14-36) 可得

$$
[k^*]^{③} = \left[\dfrac{4EI}{0.8l}\right] - 0.5P\left[\dfrac{2(0.8l)}{15}\right]
$$

梁单元 ④（斜杆 35），为一端刚接、一端铰支，可直接写出其在角位移 D_3 方向的弯曲刚度元素：

$$
[k]^{④} = \left[\dfrac{3(2EI)}{l}\right]
$$

（3）集成结构总刚矩阵（整体坐标系），按位移号直接输入：

$$
[K^*] = \frac{EI}{l} \begin{bmatrix} \dfrac{(96+96)}{l^2} & \dfrac{(-24+24)}{l} & \dfrac{24}{l} \\[2mm] \dfrac{(-24+24)}{l} & (8+8) & 4 \\[2mm] \dfrac{24}{l} & 4 & (8+5+6) \end{bmatrix} - P \begin{bmatrix} \dfrac{12(1+1.2)}{5l} & \dfrac{(1-1.2)}{10} & \dfrac{1}{10} \\[2mm] \dfrac{(1-1.2)}{10} & \dfrac{(1+1.2)l}{15} & -\dfrac{l}{60} \\[2mm] \dfrac{1}{10} & -\dfrac{l}{60} & \dfrac{(1+0.8)l}{15} \end{bmatrix}
$$

（4）根据稳定方程 $|K^*| = 0$，令 $i = \dfrac{EI}{l}$，即有

$$
\begin{vmatrix} \left(\dfrac{192i}{l^2} - 5.28\dfrac{P}{l}\right) & 0.02P & \left(\dfrac{24i}{l} - 0.1P\right) \\[2mm] 0.02P & (16i - 0.147Pl) & (4i + 0.0167Pl) \\[2mm] \left(\dfrac{24i}{l} - 0.1P\right) & (4i + 0.0167Pl) & (19i - 0.12Pl) \end{vmatrix} = 0
$$

展开,得 $P^3 - 294.799\left(\dfrac{i}{l}\right)P^2 + 25347.937\left(\dfrac{i}{l}\right)^2 P - 510978.044\left(\dfrac{i}{l}\right)^3 = 0$

解得 $P_{cr} = 28.95\dfrac{i}{l} = 28.95\dfrac{EI}{l^2}$

为图 14-37 结构的临界荷载。

*14.6 拱和圆环的稳定

在静定拱和超静定拱（不计轴向变形）的内力计算中已知,圆弧拱和圆环在均布径向荷载（如水压）作用下,抛物线拱在均布竖向荷载作用下、悬链线拱在填土荷载作用下,都处于中心受压状态。但当荷载增大并达到临界值时（设在垂直于结构平面方向有适当的保证措施）,它们将在轴线平面内偏离原位置而失稳,此时将在各截面产生弯矩。本节简单介绍静力法求解超静定拱的临界荷载,基本假定是小变形,轴向长度不改变。

14.6.1 圆弧曲杆的弯曲平衡微分方程

等截面的圆弧曲杆半径为 R,取其微段 AB,长度 ds,设在受弯变形后的位置是 $A'B'$,其曲率半径为 $R + \Delta R$,如图 14-38(a) 所示。此时曲率的改变与弯矩之间的关系为

$$
\frac{1}{R + \Delta R} - \frac{1}{R} = -\frac{M}{EI} \tag{14-37}
$$

其中弯矩 M 以使曲率减小（R 增大）者为正。因 $Rd\theta = ds$,上式可写为

$$
\frac{d\theta + \Delta d\theta}{ds} - \frac{d\theta}{ds} = \frac{-M}{EI}
$$

即 $$\frac{\Delta d\theta}{ds} = \frac{-M}{EI} \tag{14-37a}$$

式中,$\Delta d\theta$ 是微段变形产生的截面 A、B 的相对转角。图 14-38(b) 中表示了 A、B 两点的环向（轴向）位移分别为 u 和 $u + du$,径向位移分别为 w 和 $w + dw$（以向曲率中心为正）。

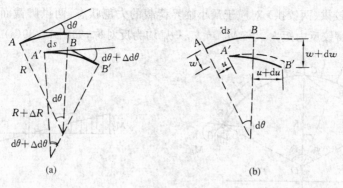

图 14-38

设仅发生环向位移时,截面 B 相对于截面 A 的转角增量为

$$\Delta\mathrm{d}\theta_1 = \frac{u+\mathrm{d}u}{R} - \frac{u}{R} = \frac{\mathrm{d}u}{R}$$

设仅发生径向位移时,截面 B 相对于截面 A 的转角增量为

$$\Delta\mathrm{d}\theta_2 = \left[\frac{\mathrm{d}w}{\mathrm{d}s} + \left(\frac{\mathrm{d}w}{\mathrm{d}s}\right)'\mathrm{d}s\right] - \frac{\mathrm{d}w}{\mathrm{d}s} = \frac{\mathrm{d}^2w}{\mathrm{d}s^2}\mathrm{d}s$$

故有

$$\Delta\mathrm{d}\theta = \Delta\mathrm{d}\theta_1 + \Delta\mathrm{d}\theta_2 = \frac{\mathrm{d}u}{R} + \frac{\mathrm{d}^2w}{\mathrm{d}s^2}\mathrm{d}s \qquad (a)$$

将式(a) 代入式(14-37a) 得

$$\frac{1}{R}\frac{\mathrm{d}u}{\mathrm{d}s} + \frac{\mathrm{d}^2w}{\mathrm{d}s^2} = -\frac{M}{EI} \qquad (14\text{-}37b)$$

因不计轴向变形,位移 u 与 w 彼此并不独立。由环向位移引起的微段伸长是 $\mathrm{d}u$,由径向位移引起的微段缩短量是 $R\mathrm{d}\theta - (R-w)\mathrm{d}\theta = w\mathrm{d}\theta$,故由 $\mathrm{d}u - w\mathrm{d}\theta = 0$ 得

$$\frac{\mathrm{d}u}{\mathrm{d}\theta} = w \qquad (b)$$

将式(b) 代入式(14-37b) 得

$$\frac{w}{R^2} + \frac{\mathrm{d}^2w}{\mathrm{d}s^2} = \frac{-M}{EI} \qquad (14\text{-}38a)$$

此式左边第一项是半径减小后的圆弧杆轴曲率改变量,第二项相当于直杆发生挠曲后的曲率。或将上式改写为

$$\frac{\mathrm{d}^2w}{\mathrm{d}\theta^2} + w = -\frac{R^2}{EI}M \qquad (14\text{-}38)$$

这就是用径向位移 w 表达的圆弧杆轴弯曲平衡微分方程。

14.6.2 均布径向荷载作用下圆拱的临界荷载

图 14-39(a) 所示具有弹性固定端的圆拱,圆心角为 $2\varphi_0$,半径为 R,拱脚弹簧铰支承的刚度系数为 k_M。均布径向荷载集度为 q,设临界状态的拱轴偏离到虚线所示的新位置,成反对称的变形

形式是对称拱(无铰拱、两铰拱)对应于最小临界荷载的失稳状态。两拱脚截面发生的转角 $\theta_A = \theta_B$,相应产生的弹簧铰反力矩 $M_A = M_B = k_M \cdot \theta_A$ 均为反对称,如图 14-39(a) 中所示。

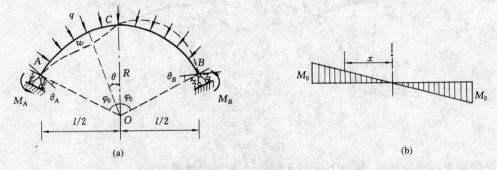

图 14-39

1. 拱轴屈曲平衡微分方程及其通解

为求结构的临界荷载,应在变形的新位置上建立平衡条件。此时拱轴任一截面(以极坐标 θ 表示)的弯矩可分解为两部分:

(1) 两铰拱在均布径向荷载 q 作用下的截面弯矩,可由该截面一边的外力之合力即轴向压力 $N = qR$ 乘以该处径向位移 w 而得,即

$$M_{\theta 1} = qRw$$

(2) 由拱脚反力矩 $M_A(M_B)$ 所引起的截面弯矩,沿跨度为反对称分布(图 14-39(b)),并注意到自中心对称轴至任一截面的水平距离 $x = R\sin\theta$,跨度 $l = 2R\sin\varphi_0$,则

$$M_{\theta 2} = -M_A \cdot \frac{x}{l/2} = M_A \cdot \frac{\sin\theta}{\sin\varphi_0}$$

因此截面(θ)的总弯矩为

$$M_\theta = qRw - M_A \frac{\sin\theta}{\sin\varphi_0} \tag{c}$$

将式(c)代入式(14-38a),即得此弹性固定圆拱的平衡微分方程:

$$\frac{\mathrm{d}^2 w}{\mathrm{d}\theta^2} + w + \frac{qR^3}{EI}w = \frac{M_A R^2 \sin\theta}{EI \sin\varphi_0}$$

令

$$C = \frac{M_A R^2}{EI \sin\varphi_0} \tag{d}$$

则有

$$\frac{\mathrm{d}^2 w}{\mathrm{d}\theta^2} + w\left(1 + \frac{qR^3}{EI}\right) = C \cdot \sin\theta \tag{14-39}$$

令

$$\alpha^2 = 1 + \frac{qR^3}{EI} \tag{14-40}$$

方程式(14-39)的通解为

$$w = A \cdot \cos\alpha\theta + B \cdot \sin\alpha\theta + \frac{C}{\alpha^2 - 1}\sin\theta$$

2. 稳定方程

利用三个边界条件求上式中的常数:

(1) $\theta = 0$ 时,$\omega = 0$:得 $A = 0$

(2) $\theta = \varphi_0$ 时,$w = 0$

(3) $\theta = \varphi_0$ 时,$w' = \dfrac{\mathrm{d}w}{\mathrm{d}\theta} = R\dfrac{\mathrm{d}w}{\mathrm{d}s} = -R \cdot \theta_A = -R \cdot \dfrac{M_A}{k_M}$

可得如下方程组:

$$\left.\begin{aligned} B \cdot \sin\alpha\varphi_0 + \frac{C}{\alpha^2 - 1}\sin\varphi_0 = 0 \\ B\alpha \cdot \cos\alpha\varphi_0 + \frac{C}{\alpha^2 - 1}\cos\varphi_0 = -M_A\frac{R}{k_M} \end{aligned}\right\}$$

将式(d) 中的 $C = M_A R^2/EI\sin\varphi_0$ 代入上式得

$$\left.\begin{aligned} B \cdot \sin\alpha\varphi_0 + M_A \cdot \frac{R^2}{(\alpha^2-1)EI} = 0 \\ B \cdot \alpha\cos\alpha\varphi_0 + M_A \cdot \left[\frac{R^2}{(\alpha^2-1)EI \cdot \tan\varphi_0} + \frac{R}{k_M}\right] = 0 \end{aligned}\right\} \tag{e}$$

因 B、M_A 不全为零,故按其系数行列式等于零而得稳定方程

$$\frac{R^2}{(\alpha^2-1)EI\tan\varphi_0} + \frac{R}{k_M} - \frac{R^2\alpha}{(\alpha^2-1)EI \cdot \tan\alpha\varphi_0} = 0$$

即

$$\tan\varphi_0\left[\frac{\alpha}{\tan\alpha\varphi_0} - \frac{(\alpha^2-1)}{Rk_M}EI\right] = 1 \tag{14-41}$$

这是个超越方程,其中拱轴几何特征 φ_0、R 及杆件与支座的弹性特征 EI、k_M 均为已知量,由此式可求得 α 的最小值,并按式(14-40)求得弹性固定圆拱的均布径向的临界荷载 q_{cr} 值。

3. 圆弧拱的临界径向荷载

若为两铰圆拱,即 $k_M = 0$,则稳定方程(14-41) 成为

$$\frac{\alpha}{\tan\alpha\varphi_0} = \infty$$

即为

$$\sin\alpha\varphi_0 = 0 \tag{f}$$

则有 $\alpha\varphi_0 = \pi$,按式(14-40)得两铰圆拱的最小临界径向荷载为

$$q_{\mathrm{cr}} = \left(\frac{\pi^2}{\varphi_0^2} - 1\right)\frac{EI}{R^3} \tag{14-42}$$

如果拱的圆心角 $2\varphi_0$ 很小,即为坦拱$\left(\text{例如 } \dfrac{f}{l} < \dfrac{1}{5}\right)$时,上式可取为

$$\left.\begin{aligned} q_{\mathrm{cr}} = \frac{\pi^2 EI}{\varphi_0^2 R^3} \\ N_{\mathrm{cr}} = q_{\mathrm{cr}}R = \frac{\pi^2 EI}{(\varphi_0 R)^2} = \frac{4\pi^2 EI}{s^2} \end{aligned}\right\} \tag{14-42a}$$

式中,$s = 2\varphi_0 R$ 是拱轴长度。可见这样的两铰圆拱稳定性为相同长度的轴向承载直杆稳定性的

4 倍。

若为无铰圆拱,即 $k_M = \infty$,则稳定方程(14-41)成为

$$\alpha \frac{\tan\varphi_0}{\tan\alpha\varphi_0} = 1 \tag{g}$$

显然 α 值也是与圆心角 $2\varphi_0$ 的大小有关。就给定的 φ_0 值求得满足上式的最小 α 值后,即可得无铰圆拱的最小临界径向荷载

$$q_{cr} = (\alpha^2 - 1) \frac{EI}{R^3} \tag{14-43}$$

可以将两铰圆拱、无铰圆拱所受均布径向荷载的临界集度都表达为

$$q_{cr} = K \frac{EI}{R^3} \tag{h}$$

式中,K 值相应于圆心角 $2\varphi_0$ 而变化。若利用关系式

$$R(1 - \cos\varphi_0) = f, \quad R\sin\varphi_0 = l/2$$

圆心角的大小可用矢跨比 f/l 来表示,则将式(h)改写成

$$q_{cr} = K_1 \frac{EI}{l^3} \tag{14-44}$$

其中 K_1 的数值可自表 14-5 中选用。表 * 中三铰圆拱所受均布径向荷载的最小临界值对应的失稳变形是正对称形式的。

表 14-5 　　　　　　　　　等截面圆拱的临界径向均布荷载系数 K_1 值

f/l	无铰拱	两铰拱	三铰拱 *
0.1	58.9	28.4	22.2
0.2	90.4	39.3	33.5
0.3	93.4	40.9	34.9
0.4	80.7	32.8	30.2
0.5	64.0	24.0	24.0

* 注:表 14-5、表 14-6 均引自苏联科学院金尼克院士著作《弹性体系稳定性》。

14.6.3　圆环在均布径向荷载作用下的稳定

设圆环在临界状态时偏离原轴线的变形如图 14-40(a)所示,具有两个互相垂直的对称轴。取上半部圆环为隔离体,在对称的 A、B 两截面有轴力 N_0 和弯矩 M_0,如图 14-40(b)所示,若将轴力考虑为失稳前的 $N_0 = qR$ 并作用在原轴线的 A 处,拱轴上任意截面 D 发生的径向位移为 w。在新的位置上该截面 D 的弯矩

$$M = M_0 + qR \cdot w$$

但因圆环变形后荷载及 A 处轴力已不在原来的圆轴线位置,上式表达的弯矩有一修正量 $qR\delta$,即任意截面的弯矩应为

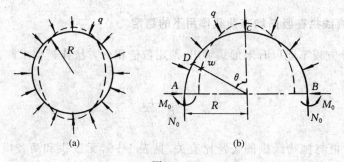

图 14-40

$$M = M_0 + qRw - qR\delta$$

$$= M_0 + qR(w - \delta) \tag{i}$$

将式(i)代入圆弧杆轴的弯曲平衡微分方程式(14-38)即有

$$\frac{\mathrm{d}^2 w}{\mathrm{d}\theta^2} + w = -\frac{R^2}{EI}[M_0 + qR(w - \delta)]$$

$$\frac{\mathrm{d}^2 w}{\mathrm{d}\theta^2} + w\left(1 + \frac{qR^3}{EI}\right) = \frac{qR^3\delta - M_0 R^2}{EI} \tag{14-45}$$

令 $\alpha^2 = 1 + \dfrac{qR^3}{EI}$

式(14-45)的通解为

$$w = A\cos\alpha\theta + B\sin\alpha\theta + \frac{qR^3\delta - M_0 R^2}{EI + qR^3}$$

按对称变形的边界条件,有

(1) $\theta = 0$ 时(截面 C 处),$\dfrac{\mathrm{d}w}{\mathrm{d}\theta} = R\dfrac{\mathrm{d}w}{\mathrm{d}s} = 0$;得 $B = 0$;

(2) $\theta = \dfrac{\pi}{2}$ 时(截面 A 处),$\dfrac{\mathrm{d}w}{\mathrm{d}\theta} = 0$;得,$A\alpha\sin\alpha\theta = 0$,即

$$\sin\frac{\alpha\pi}{2} = 0 \tag{j}$$

这就是稳定方程,由此得最小根为 $\dfrac{1}{2}\alpha\pi = \pi$,故

$$\alpha = 2。$$

由 $\alpha^2 = 1 + \dfrac{qR^3}{EI}$ 得圆环的均布径向荷载集度的临界值为

$$q_{\mathrm{cr}} = \frac{3EI}{R^3} \tag{14-46}$$

可见在静水压力作用下的圆管截面半径增大 1 倍时,稳定性降为 1/8。

14.6.4　抛物线拱在竖向均布荷载作用下的稳定

此问题的微分方程不能以有限形式解出,须用数值积分方法作近似求解。其临界荷载也可表示为

$$q_{cr} = K_2 \frac{EI}{l^3} \tag{14-47}$$

其中系数 K_2 值与抛物线拱的矢跨比有关,见表 14-6,无铰拱和两铰拱对应于反对称失稳,三铰拱的 $f/l < 0.3$ 时对应于正对称失稳,$f/l \geqslant 0.3$ 时是反对称失稳。

表 14-6　　等截面抛物线拱的临界竖向均布荷载系数 K_2 值

f/l	无铰拱	两铰拱	三铰拱
0.1	60.7	28.5	22.5
0.2	101.0	45.4	39.6
0.3	115.0	46.5	46.5
0.4	111.0	43.9	43.9
0.5	97.4	38.4	38.4

14.7　剪切变形对压杆临界力的影响

中心受压的杆件在发生弯曲变形时,截面的内力有轴向力、弯矩还有剪力;前面确定临界荷载时只考虑了与弯矩相应的曲率,如果再考虑与剪力相应的曲率的影响,就应对挠曲平衡微分方程加以修改。

如图 14-41(a) 所示两端铰支等截面压杆已处于弯曲位置,各截面的剪力自两端向中央逐渐减小至零。在任意截面 x 处,由于剪切变形引起的杆轴挠曲线的附加倾角 $\frac{dy_2}{dx}$,就等于该处的剪切角 $\gamma = \frac{\tau}{G}$(图14-41b)) 即

$$\frac{dy_2}{dx} = \gamma = k\frac{V}{GA} = \frac{k}{GA}\frac{dM}{dx} \tag{14-48}$$

式中 k 为杆截面形状系数。相应的附加曲率为

$$\frac{d^2 y_2}{dx^2} = \frac{k}{GA}\frac{d^2 M}{dx^2} \tag{a}$$

于是　　　$$\frac{d^2 y}{dx^2} = \frac{d^2 y_1}{dx^2} + \frac{d^2 y_2}{dx^2} = \frac{-M}{EI} + \frac{k}{GA}\frac{d^2 M}{dx^2}$$

因　　　　　　　　$$M = Py$$

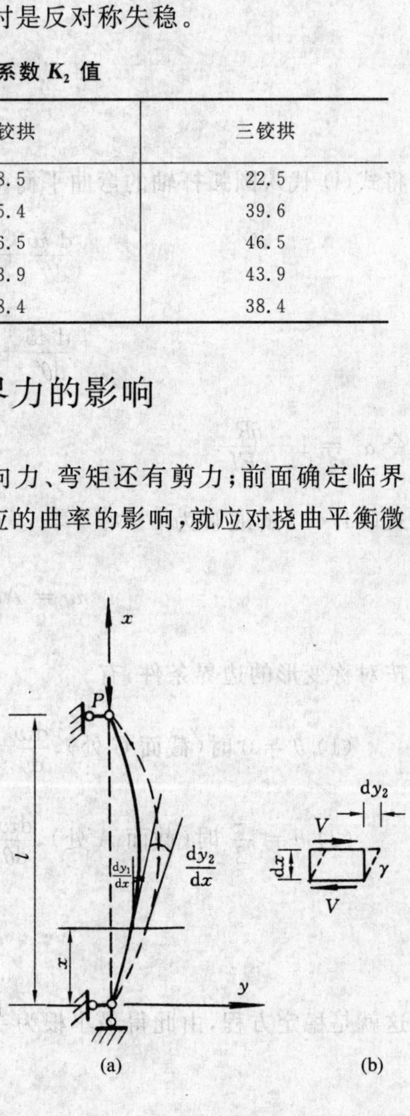

故平衡微分方程为

$$y''\left(1 - \frac{kP}{GA}\right) + \frac{P}{EI}y = 0 \tag{14-49}$$

图 14-41

令

$$\alpha^2 = \frac{P}{EI\left(1 - \dfrac{kP}{GA}\right)}$$ (b)

方程的通解为

$$y = A\cos\alpha x + B\sin\alpha x$$

根据边界条件 $x = 0, y = 0; x = l, y = 0$,可得稳定方程

$$\sin\alpha l = 0$$ (c)

故有 $\alpha l = \pi$,按式(b)

$$\frac{\pi^2}{l^2} = \frac{P}{EI\left(1 - \dfrac{k}{GA}P\right)}$$

得最小临界荷载为

$$P_{cr} = \frac{\pi^2 EI}{l^2}\left[\frac{1}{1 + \dfrac{\pi^2 EI}{l^2} \cdot \dfrac{k}{GA}}\right]$$ (14-50)

上式括号内就代表考虑剪切变形后对压杆临界力$\left(\text{欧拉力 } P_E = \dfrac{\pi^2 EI}{l^2}\right)$的修正系数,其中反映剪切变形值的就是$\dfrac{k}{GA}$,是剪力 $V = 1$ 时的剪切角 $\bar{\gamma}$。

剪切变形对实体杆的影响是很小的,例如钢材 $G = 8 \times 10^7 \, \text{kN/m}^2$,取 $\dfrac{P_E}{A} = \sigma_s = 2 \times 10^5 \, \text{kN/m}^2$,矩形截面 $k = 1.2$,则修正系数为$\dfrac{1}{1.003}$,压杆的欧拉临界力几乎不受影响。

但是在组合压杆中,剪切变形的影响不可忽视。图 14-42 是通常用于结构中的两种组合压杆,用型钢作纵向的肢杆,各肢杆间横向用连接件相连。连接件的形式分为缀条式(图 14-42(a))和缀板式(图 14-42(b))。组合压杆的节间数目较多时,其临界荷载可用式(14-50)作近似计算,公式中的$\dfrac{k}{GA}$应为按连接件的情况求出压杆的一个节间(分别如图 14-42(c)、(d)所示)在单位剪力作用下所产生的剪切角 $\bar{\gamma}$。在分析中,分别作一些近似处理后,得到两种形式组合压杆的临界力实用公式如下:

缀条式 $$P_{cr}(t) = \frac{P_E}{1 + \dfrac{P_E}{2EA_1\sin\theta\cos^2\theta}}$$ (14-51)

式中,A_1 和 θ 为前后两平面的两根斜杆的截面积和倾角。

可见斜缀条的截面增大能使组合压杆剪切变形影响减小而提高稳定性。

缀板式 $$P_{cr}(b) = \frac{P_E}{1 + \dfrac{\pi^2 d^2 I}{24l^2 I_d}}$$ (14-52)

式中,I_d 是半边肢杆的惯矩,I 是组合截面的惯矩。

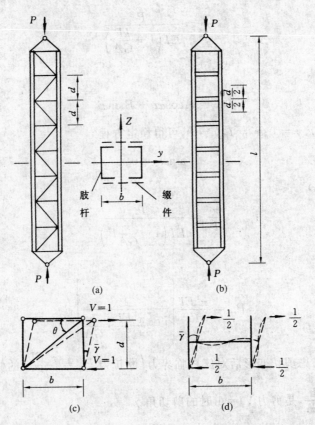

图 14-42

可见缀板间距 d 加大将使组合压杆剪切变形影响增加而降低稳定性。

在工程应用中,可按上列两式算出具体组合压杆的临界荷载 P_{cr} 及其长度系数 $\mu = \sqrt{\dfrac{P_E}{P_{cr}}}$;通常是以临界应力 $\sigma_{cr} = \dfrac{P_{cr}}{A}$ 来作稳定性验算的,所以先由压杆组合截面积的回转半径 $r = \sqrt{\dfrac{I}{A}}$ 求出名义长细比 $\lambda = l/r$,然后可得组合压杆的换算长细比 $\lambda_0 = \mu\lambda$,于是作为压杆承载能力限制的临界应力就是

$$\sigma_{cr} = \frac{\pi^2 EI}{(\mu l)^2 A} = \frac{\pi^2 E}{\lambda_0^2} \tag{14-53}$$

为此,结合式(14-51)、式(14-52),换算长细比 λ_0 可采用如下实用计算式:

$$
\begin{aligned}
\text{缀条式} \qquad & \lambda_0 = \sqrt{\lambda^2 + 27\frac{A}{A_1}} \\
\text{缀板式} \qquad & \lambda_0 = \sqrt{\lambda^2 + \lambda_d^2}
\end{aligned}
\left.\vphantom{\begin{aligned}a\\b\end{aligned}}\right\} \tag{14-54}
$$

其中,A_1 为两缀条截面积;λ_d 为缀板间距 d 长度内单肢杆的节间长细比。

<h1 style="text-align:center">习　题</h1>

[14-1]　稳定问题中的自由度是什么含义,在结构体系中如何确定?

[14-2]　什么叫做分枝点失稳?平衡稳定性的静力准则和能量准则各在结构上如何运用?

[14-3]　杆端约束的形式(程度)如何影响临界荷载值及杆件计算长度?在后续的结构稳定分析中有没有进一步认识?

[14-4]　用静力法或能量法求如图 14-43 所示刚性压杆体系的临界荷载同时明确相应的失稳形态。

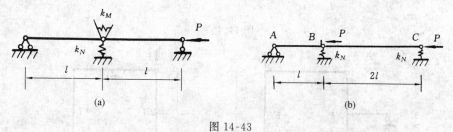

图 14-43

[14-5]　如图 14-44 所示,试将弹性杆件的作用转化成刚性压杆的支承,用静力法或能量法求其临界荷载。(图中粗杆为无限刚性)

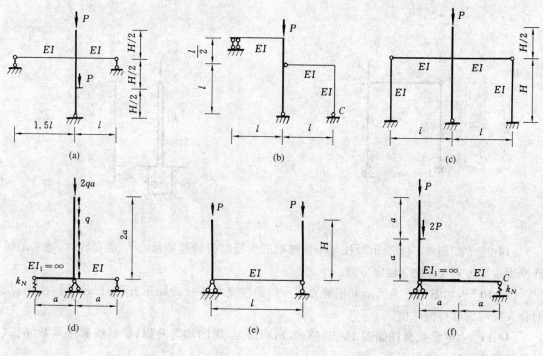

图 14-44

[14-6]　用静力法建立如图 14-45 所示弹性压杆的稳定方程,并求出最小临界荷载。

[14-7]　试将如图 14-46 所示体系简化为单压杆,利用静力法已有公式写出稳定方程并求 P_{cr} 值。

[14-8]　试问如图 14-47 所示左、右柱抗弯刚度的比值 EI_2/EI 为多大时,将使结构既可侧倾失稳,又可取压杆屈曲失稳?

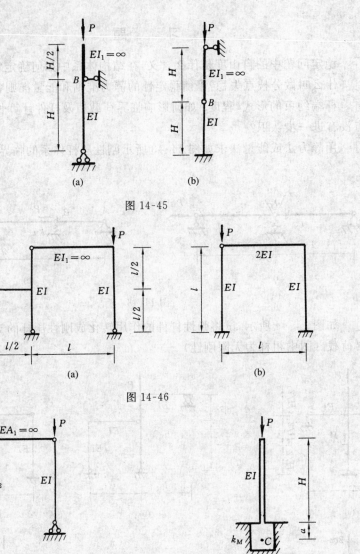

图 14-45

图 14-46

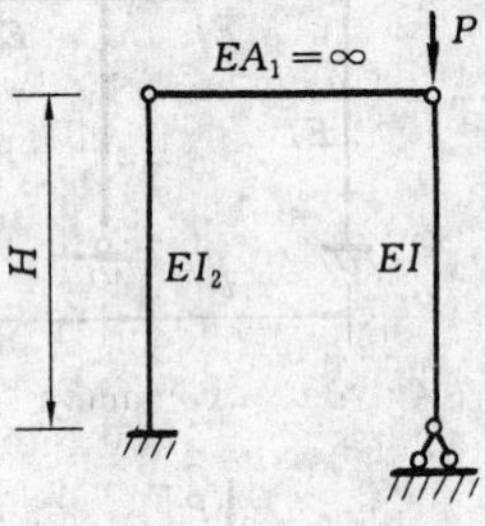

图 14-47

图 14-48

[**14-9**] 如图 14-48 所示墩柱与刚性基础的失稳时将绕基础质心 C 点有转动,地基的抗转刚度系数为 k_M,试建立稳定方程。

[**14-10**] 如图 14-49 所示利用静力法所得弹性支承压杆的稳定方程,比较结构按正、反对称失稳时的临界荷载值。

[**14-11**] 矩形截面杆如图 14-50 所示,两端固定,周围均匀升温,材料线膨胀系数 α_t,试估计杆件失稳时的临界温度。

[**14-12**] 用能量法和静力法计算如图 14-51 所示临界荷载,并作一比较,竖柱 $EI = C$。

[**14-13**] 如图 14-52 所示用能量法(选用 1 种或 2 种曲线函数)求临界荷载。

[**14-14**] 矩阵位移法(有限元法)分析受有较大轴压柱的刚架稳定性时与第 10 章的一般矩阵位移法有何差异?采用的近似单元刚度矩阵 $[k^*]$ 使用在什么情况将出现较大误差?能否指出其中的道理?

[**14-15**] 试用矩阵位移法建立如图 14-53 所示刚架稳定方程或求临界荷载。

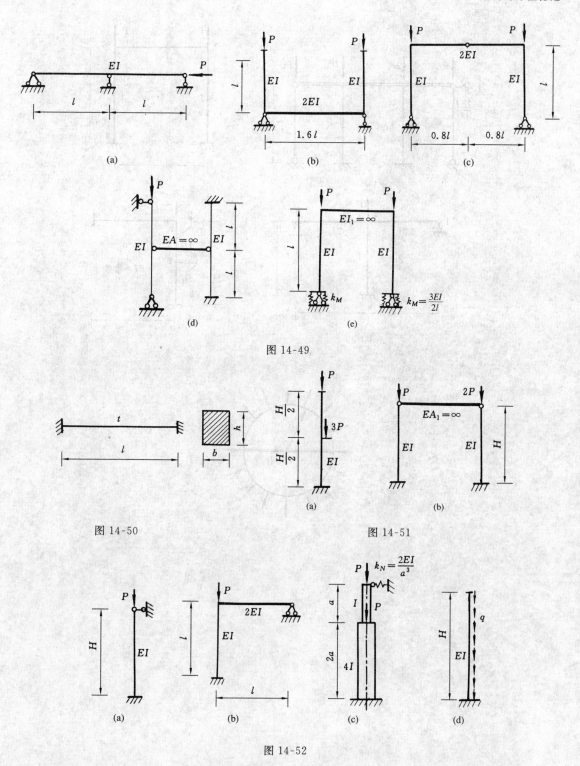

图 14-49

图 14-50

图 14-51

图 14-52

*[**14-16**]　如图 14-54 所示,圆环半径为 R、截面惯矩 I,有一径向横隔梁(截面惯矩 I_1),受径向均布压力作用,试写出其稳定特征方程。(提示:按半圆环反对称失稳考虑,作为弹性固定拱的支点抗转刚度系数,是横隔梁端所提供,可由梁端弯矩与结点上两拱端弯矩的关系而推求)

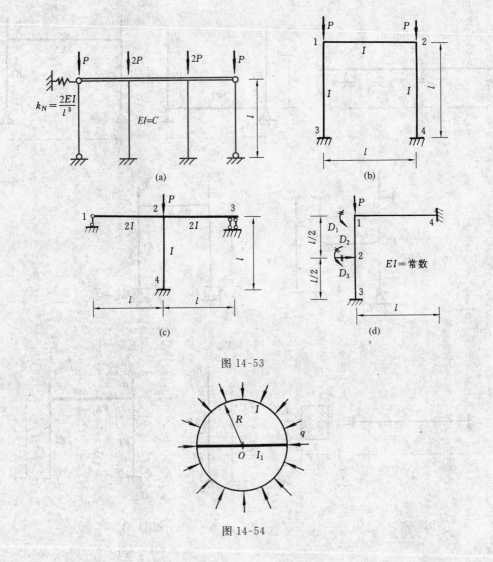

图 14-53

图 14-54

部分习题答案及提示

[14-4] (a) $\dfrac{2}{l}k_M + \dfrac{1}{2}k_N l$

(b) $\dfrac{1}{2}(3\mp\sqrt{5})k_N l$，可设如图 14-55 所示失稳状态

静力法：$\sum M_A = 0$ 得 $f_1(y_B, y_C) = 0$

$\sum M_{B右} = 0$ 得 $f_2(y_B, y_C) = 0$，

能量法：$U = \dfrac{1}{2}k_N y_B^2 + \dfrac{1}{2}k_N y_C^2$，

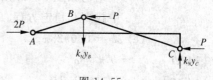

图 14-55

$$V = -\left[P\cdot\Delta_{AB} + P(\Delta_{AB}+\Delta_{BC}) \right]$$
$$= -\left[P\,\dfrac{5}{4l}y_B^2 + P\,\dfrac{y_B\cdot y_C}{2l} + P\,\dfrac{y_C^2}{4l} \right]$$

依 $\dfrac{\partial(U+V)}{\partial y_B} = 0$ 得 $\left(k_N - \dfrac{5}{2l}P\right)y_B - \dfrac{1}{2l}Py_C = 0$

$\dfrac{\partial(U+V)}{\partial y_C} = 0$ 得 $-\dfrac{1}{2l}Py_B + \left(k_N - \dfrac{1}{2l}P\right)y_C = 0$

[14-5] (a) $2.5EI/Hl$，注意荷载有两处。

(b) $11EI/3l^2$，静力法宜先算出刚性杆顶端的抗转弹簧刚度 k_M 和 B 处的侧向线弹簧刚度 k_N；能量法还可以对侧倾后的全结构变形计算 U。

(c) $4EI\left(\dfrac{1}{Hl} + \dfrac{1}{H^2}\right)$

图 14-56

(d) $q_{cr} = \dfrac{k_N}{6} + \dfrac{EI}{2a^3}$，轴向分布荷载在静力法中产生的对支点力矩须用积分 $\displaystyle\int_0^{2a} q\,\mathrm{d}x(\theta x)$ 计算，在势能计算中用 $-\dfrac{1}{2}\displaystyle\int q(2a-x)\theta^2\,\mathrm{d}x$。

(e) $\dfrac{2EI}{Hl}$（正对称），$\dfrac{6EI}{Hl}$（反对称）。

(f) $P_{cr} = \dfrac{k_N a}{1 + k_N a^3/3EI}$，须先找出 BC 段由 B 处下移 Δ_B 并转动 θ 而产生的 Δ_C。

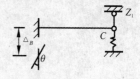

图 14-57

[14-6] (a) $\tan\alpha H = -\alpha H$，试算得 $\alpha H = 0.6458\pi$，可以 B 为坐标原点，写出下方截面 $M(x)$ 与 P、δ 的关系；微分方程为 $y'' + \alpha^2 y = \alpha^2\delta(1 - x/l)$，$\delta$ 为 P 的偏移。

(b) $\tan\alpha H = 2\alpha H$，试算得 $\alpha H = 0.371\pi$，可以 B 为坐标原点，以 θ 为参变量，写出下方截面 $M(x)$。

[14-7] (a) $\tan\alpha l = \alpha l\left[1 - \left(\dfrac{\alpha l}{2}\right)^2\right]$，

(b) $\tan\alpha l = \alpha l - \dfrac{(\alpha l)^2}{8.4}$。

[14-9] $\tan\alpha H = \dfrac{k_M H}{\alpha H EI} - \alpha a$。

[14-10]　(c) 正:$\sin\alpha l = 0$;反:$\alpha l \cdot \tan\alpha l = \dfrac{k_M l}{EI}$(自建方程:

$$P = 1.789\,\frac{\pi^2 EI}{l^2})$$

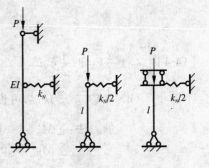

图 14-58

　　　　(d) 受压杆相当于右图,反对称与正对称失稳的

　　　　　半结构如图 14-58 所示,分别可在 14.3 节例

　　　　　中找到其稳定方程。$P_{cr(正)}$ 略大于 $P_{cr(反)}$。

　　　　(e) $\alpha l = 0.6928\pi$。

[14-11]　$t_{cr} = b^2\pi^2/3\alpha l^2$。

[14-12]　(a) $1.513EI/H^2$,

　　　　(b) 将左右柱合并成一悬臂柱的静力法方案与假设一位移函数的方案相比较。

[14-13]　(b) $30.55EI/l^2$(精确解)

　　　　(c) $5.94EI/a^2$(设一位移函数)

　　　　(d) $7.837EI/H^3$(精确解)

[14-15]　(b) $7.4EI/l^2$,

　　　　(c) $8.698EI/l^2$,

　　　　(d) $28.97EI/l^2$。

*[14-16]　设 $\alpha = \sqrt{1 + \dfrac{qR^3}{EI}}$,则得 $\tan\dfrac{\pi}{2} = \dfrac{3\alpha}{2(\alpha^2 - 1)}\dfrac{I_1}{I}$。

15   结构的极限荷载

15.1   概   述

前面各章的结构分析都是按构件受力时材料处于线弹性阶段而进行的,并可由各构件内力分布求得截面的最大拉、压应力 $\sigma_{\max}$。以材料的容许应用$[\sigma]$为根据来确定构件的截面尺寸或进行强度验算:

$$\sigma_{\max} \leqslant [\sigma] = \frac{\sigma_u}{K}$$

这就是容许应力法设计结构的思想。式中,σ_u 为材料的极限应力,在弹塑性材料如软钢等是屈服极限 σ_y,在脆性材料如铸铁等是强度极限 σ_b,K 为大于 1 的安全系数,这可称为弹性设计。

对于弹塑性材料组成的结构,特别是超静定结构,在个别截面上的最大应力达到屈服极限时,许多构件、截面的应力还相当小,结构更不会破坏,还能承受更大的荷载。例如,一端固定、另端铰支的梁,跨中受一集中荷载,固端弯矩较大;当荷载逐步加大时,首先在固端最大弯曲应力达到 σ_y,将此时的荷载值 P_y 称为弹性极限荷载。在继续加大荷载过程中,该截面各处应力陆续增大至 σ_y(流限),最后相应的固端最大弯矩达到该截面形式和该材料性质所决定的极限值 M_u 时,该固端截面就形成一个可以有限转动的铰,但梁仍是几何不变体系,能继续承担更大一些的荷载,直至跨中截面也形成铰,就成为几何可变体而结构破坏,丧失承载能力,最后时刻的荷载值 P_u 称为塑性极限荷载。显然 P_y 与 P_u 之间有很大差距,即结构有着很大的强度储备。考虑了材料的塑性性质、从结构形成破坏机构的条件来确定结构所能承受的荷载极限值,并重新制定相应的安全系数,这种设计方法称为塑性设计,这是经济、合理的方法。

在本章的极限分析中,平衡条件、几何条件与弹性分析相同,如按照结构的原始几何尺寸建立平衡方程、平截面假定仍然适用。但物理条件与弹性分析有区别,如对于典型建筑钢的力学性质,为了建立简便的极限荷载计算理论,假定材料为理想弹塑性材料,其应力 - 应变关系如图 15-1 所示。在弹性阶段 OA 段内,应力与应变为单值的线性关系,即 $\sigma = E\varepsilon$。当应力达到屈服极限 σ_y、应变达到 ε_y 时,材料转入塑性流动阶段 AC,这时应变可无限增加而应力则不变。当应力为压应力时,应力与应变关系按 ODE 变化,即假定材料的受拉和受压性能相同。如果塑性变形达到 B 点后进行卸载,则应力和应变就沿与 OA 平行的直线 BF 下降,这过程中

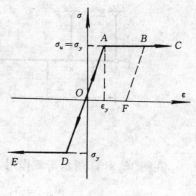

图 15-1

应力的减小值 $\Delta\sigma$ 与应变的减小值 $\Delta\varepsilon$ 成正比,其比值仍为 $E = \Delta\sigma/\Delta\varepsilon$,当应力减至零时,材料有残余应变 OF。由此看到,我们假设材料的应力增加时,材料是理想弹塑性的,而应力减小时,则材料是弹性的。

对于其他材料,例如有的材料在应力达到弹性极限后出现硬化的性质,而没有明显的塑性流动现象,这种材料的应力 - 应变关系的简化模型如图 15-2(a)、(b) 所示,其中图 15-2(a) 为

弹性线性硬化模型,图 15-2(b) 为弹性非线性硬化模型。对于由这种类型或其他更为一般的非线性材料组成的结构的极限荷载的分析,本章不作具体介绍。

在结构的极限荷载分析中,只考虑比例加载的情况,即各荷载同时施加于结构,且各荷载之间按同一比例增加,整个荷载组可用同一个参数 P(各荷载之间的公因子)来表示。在结构的塑性分析中,基于荷载与位移之间线性关系的叠加原理不适用。

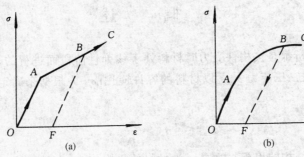

图 15-2

现以图 15-3(a) 所示的一次超静定结构为例,具体说明按极限荷载的结构分析概念。已知横梁 $ABCD$ 的 $EI = \infty$,链杆 AE、BF、CG 的横截面面积 $A = 32\text{cm}^2$,链杆由理想弹塑性材料组成,它们既能受拉,也能受压,其屈服点应力为 $\sigma_y = \sigma_u = 25\text{kN/cm}^2$,即每根链杆的极限内力为 $N_u = 25 \times 32 = 800\text{kN}$。

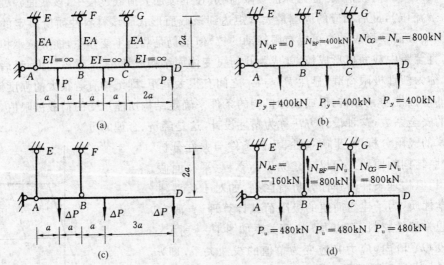

图 15-3

在图 15-3(a) 所示荷载作用下,用力法或位移法可求得各链杆的内力为

$$N_{AE} = 0, \quad N_{BF} = P(拉力), \quad N_{CG} = 2P(拉力)$$

比较此三杆的内力可知,当各集中荷载 P 按同一比例增加时(称为比例加载),链杆 CG 的应力首先达到屈服点,此时有

$$N_{CG} = 2P = 25 \times 32 = 800\text{kN}$$

于是得

$$P = P_y = \frac{800}{2} = 400\text{kN}$$

这时的受力状态称为弹性极限状态(图 15-3(b)),它是按容许应力设计时结构濒于危险的标志,相应的荷载 $P_y = 400$kN 称为弹性极限荷载。

此时链杆 CG 的弹性作用虽然已经消失,但整个结构仍然是安全的,并且可以承受更大的荷载。当各荷载 P 自 400kN 继续按同一比例增加时,链杆 CG 完全转入塑性状态,其拉伸变形不断增加,而内力维持不变,仍然为 $N_{CG} = N_u = 800$kN,它只是作为一个不变的外力作用在结构上,而不再起约束作用,原结构就由一次超静定结构变为静定结构,可继续承担荷载,设继续增加的荷载为 ΔP,则由图 15-3(c) 的静力平衡条件,可得

$$N_{AE} = -2\Delta P(压力), \quad N_{BF} = 5\Delta P(拉力)$$

这时链杆 AE、BF 的内力累加值分别为

$$N_{AE} = 0 - 2\Delta P = -2\Delta P$$

$$N_{BF} = 400\text{kN} + 5\Delta P$$

由于各链杆的横截面面积相同,材料相同,故当 ΔP 达到某一数值时,链杆 BF 比链杆 AE 先屈服,根据链杆 BF 的屈服条件,可得

$$N_{BF} = N_u = 800\text{kN} = 400\text{kN} + 5\Delta P$$

$$\Delta P = 80\text{kN}$$

于是得

$$N_{AE} = -2\Delta P = -160\text{kN}(压力)$$

如果受压杆件 AE 这时未丧失稳定,则结构濒临破坏时的极限荷载为

$$P_u = 400 + 80 = 480\text{kN}$$

这时结构的极限受力状态如图 15-3(d) 所示,整个结构已变为具有一个自由度的可变机构。

在上述加载过程中,第一阶段(CG 杆到达屈服时)与第二阶段(BF 杆到达屈服时)之间,荷载与结构位移已不呈线性关系。例如荷载 P 与结点 D 的竖向位移 Δ_{DV} 之间的关系如图 15-4(b) 所示,其中当 CG 杆到达屈服时(图 15-3(b)),根据如图 15-4(a) 所示虚拟状态,由位移计算公式可得

$$\Delta_{DV} = \frac{400 \times 3 \times 2a}{EA} = \frac{2400a}{EA}$$

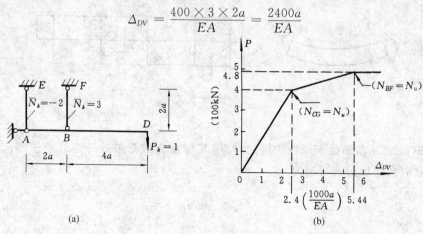

(a)　　　　　　　　　　　　　　(b)

图 15-4

当 BF 杆到达屈服时(图 15-3(d)),与上同理,可得

$$\Delta_{DV} = \frac{800 \times 3 \times 2a}{EA} + \frac{160 \times 2 \times 2a}{EA} = \frac{5440a}{EA}$$

当 CG 杆和 BF 杆到达屈服后,结构已成为机构,这时在图 15-4(b) 中,P-Δ_{DV} 关系为一水平线,Δ_{DV} 趋于无限大。

由上述计算可知,按塑性分析所得的极限荷载 P_u 大于按弹性分析所得的弹性极限荷载 P_y,在本例中被分析的杆件仅受轴力,比值 $P_u/P_y = 480/400 = 1.2$,即 P_u 比 P_y 大 20%。

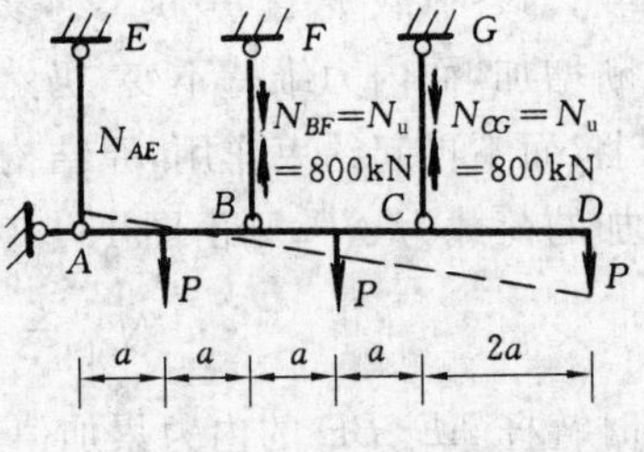

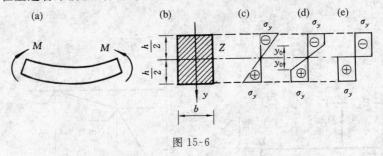

图 15-5

上述确定极限荷载的方法称为逐渐加载法或增量法。除增量法外,还可采用其他方法,例如设图 15-3(a) 所示结构按图 15-5 所示的情况破坏,图中虚线表示破坏机构的虚位移图,图中虚位移方向与各链杆内力的方向相匹配,于是由静力平衡条件可得破坏荷载值为 $P = 480$kN。所得结果与用增量法所得结果是一致的,因此,结构的破坏荷载也可以直接根据结构的破坏机构用极限平衡方法来确定。

本章只介绍梁和刚架结构丧失强度的极限荷载,不讨论刚度和稳定性等问题。

15.2 弹塑性弯曲

本节介绍由理想弹塑性材料的杆件,具有矩形截面或具有一根对称轴的任意截面在纯弯曲情况下的极限弯矩、弯矩 - 曲率关系以及塑性铰的基本概念。

15.2.1 矩形截面的极限弯矩

如图 15-6(a) 所示为由理想弹塑性材料组成的受纯弯曲作用的杆件,其横截面为矩形(图 15-6(b)),截面高为 h,宽为 b。图 15-6(c)、(d)、(e) 分别表示当 M 不断增大,杆件由弹性阶段到弹塑性阶段最后达到塑性阶段时,横截面上法向应力的变化情况,图中 σ_y 表示材料的屈服极限。实验表明,在上述各个阶段,杆件弯曲变形时的平截面假定都是成立的。

图 15-6

图 15-6(c) 表示截面处于弹性阶段的终点,其标志为截面最外纤维处的法向应力达到屈服极限 σ_y,这时截面承受的弯矩为

$$M_y = \frac{bh^2}{6}\sigma_y \tag{15-1}$$

式中,M_y 称为屈服弯矩或弹性极限弯矩。

随着 M 的增大,截面将有更多的纤维达到 σ_y,在靠近截面的上下边缘部分形成塑性区,塑性区内的正应力为常数 $\sigma = \sigma_y$,截面内除塑性区以外的另一部分($|y| \leqslant y_0$)纤维仍处于弹性状态,这时整个截面处于弹塑性阶段(图 15-6(d))。仍处于弹性状态的那一部分截面称为弹性核,弹性核内的正应力可按线性分布的规律确定。

弯矩 M 再增大时,弹性核的高度随之减小,最后,上、下两塑性区连接在一起,截面全部纤维达到塑性阶段(图 15-6(e)),这时截面承受的弯矩为

$$M_u = \frac{bh^2}{4}\sigma_y \tag{15-2}$$

M_u 称为极限弯矩,它是该截面所能承受的最大弯矩。

由式(15-1)和式(15-2)可知,矩形截面的 M_u 与 M_y 的比值 α 为

$$\alpha = \frac{M_u}{M_y} = 1.5$$

即矩形截面的极限弯矩为弹性极限弯矩(屈服弯矩)的 1.5 倍。比值 α 一般称为截面形状系数。

15.2.2 具有一根对称轴的任意截面的极限弯矩

如图 15-7(a) 所示为具有一根对称轴的截面,如图 15-7(b) 所示为截面处于塑性阶段,受拉区和受压区的应力均为 σ_y。设受拉区和受压区的面积分别为 A_1 和 A_2,则根据截面上的法向应力之和等于零的平衡条件,可得 $A_1 = A_2$,即在极限状态下,中性轴将截面面积分为相等的两部分,于是可得极限弯矩为

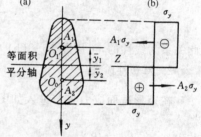

图 15-7

$$M_u = A_1\sigma_y\bar{y}_1 + A_2\sigma_y\bar{y}_2$$
$$= \sigma_y(A_1\bar{y}_1 + A_2\bar{y}_2) = \sigma_y(S_1 + S_2) \tag{15-3}$$

式中,$\bar{y}_1$ 和 $\bar{y}_2$ 分别为受压区和受拉区的形心离中性轴(等面积平分轴)的距离;S_1 和 S_2 分别为面积 A_1 和 A_2 对中性轴的静矩。

若以 W_u 表示截面的塑性抵抗矩

$$W_u = S_1 + S_2 \tag{15-4}$$

则极限弯矩可简写为

$$M_u = W_u\sigma_y \tag{15-5}$$

根据 M_u,就可求出截面形状系数 $\alpha = M_u/M_y$。截面为圆形时,$\alpha = 1.70$;截面为工字形时,$\alpha = 1.10 \sim 1.17$;截面为圆环形时 $\alpha = 1.27 \sim 1.40$。

15.2.3 矩形截面的弯矩-曲率关系

1. 弹性阶段

按 $\sigma\varepsilon$ 的线性关系 $\sigma = E\varepsilon$ 和平截面规律(图 15-8(a))杆件弯曲时表示曲率为

$$\frac{1}{\rho} = \frac{\varepsilon}{y} \tag{a}$$

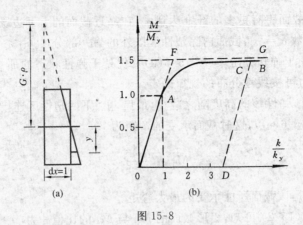

图 15-8

式中,y 是截面上任意一纤维至中性轴的距离,今将曲率写作 k。当截面外缘应力达到 σ_y 时,屈服曲率为 $k_y = \dfrac{\sigma_y}{E y_{\max}}$,截面弯矩为

$$M_y = \int_A \sigma_y \mathrm{d}A \cdot y = \int_A E \varepsilon_y \mathrm{d}A \cdot y = E \int_A k_y y^2 \mathrm{d}A = EI k_y \qquad (15\text{-}6)$$

在此之前的曲率为 k,则将线弹性范围内的弯矩 - 曲率关系用无量纲形式表示

$$\frac{M}{M_y} = \frac{k}{k_y} \quad (0 \leqslant M \leqslant M_y) \qquad (15\text{-}7)$$

此关系为线性的,可用图 15-8(b) 中直线 OA 表示。

2. 弹塑性阶段

在矩形截面应力分布进入如图 15-6(d) 所示具有弹性核(高度 $2y_0$)时,曲率 $k_1 = \dfrac{\sigma_y}{E y_0}$,它与 $k_y = \dfrac{\sigma_y}{E h / 2}$ 之比为

$$\frac{k_y}{k_1} = \frac{2y_0}{h} \qquad (b)$$

相应的弯矩可得

$$\begin{aligned} M_1 &= \sigma_y \cdot b \left(\frac{h}{2} - y_0 \right) \left(\frac{h}{2} + y_0 \right) + \sigma_y \left(\frac{2y_0^2}{3} \right) b \\ &= \frac{\sigma_y b h^2}{6} \left(\frac{3}{2} - \frac{2y_0^2}{h^2} \right) = M_y \left[\frac{3}{2} - \frac{1}{2} \left(\frac{k_y}{k_1} \right)^2 \right] \end{aligned} \qquad (c)$$

此时,弯矩 - 曲率关系表示为

$$\frac{M_1}{M_y} = \frac{3}{2} \left[1 - \frac{1}{3} \left(\frac{k_y}{k_1} \right)^2 \right] \quad (M_y \leqslant M_1 \leqslant M_u)$$

或

$$\frac{k_1}{k_y} = \frac{1}{\sqrt{3 - 2 \dfrac{M_1}{M_y}}} \qquad (15\text{-}8)$$

此关系是非线性的,如图 15-8(b) 中的曲线 ACB 所示。

3. 塑性流动阶段

当截面弯矩 M 趋于 M_u 时,法向应力全达流限 σ_y,表现纵向纤维全塑性,两个无限靠近的相邻截面可沿 M 的方向发生有限的相对转角,曲率 k 趋于 ∞,在图 15-8(b) 中表现为曲线 ACB 以水平线 $M/M_y = 1.5$ 为渐近线。即当 $M = M_u$ 时,截面的抵抗力将不再增加,但变形仍可继续发展,这个截面相当于承受了一对弯矩 M_u 的铰,就是将在后面所述"塑性铰"现象。

为简化计算,在后面的极限荷载计算中,采用图 15-8(b) 中理想的 OFG 曲线代替实际上比较复杂的 $OACB$ 曲线。以上是根据由理想弹塑性材料组成的矩形截面来讨论的,对于其他形状的横截面,也可得到类似的弯矩 - 曲率关系,这里不作具体介绍。

4. 卸载

如果加载至弹性阶段再进行卸载,则由于卸载时,应力增量与应变增量仍成线性关系(图 15-1) 故弯矩与曲率的增量关系也是线性的,如图 15-8 中的 CD 线,当 M 减到零时,仍有残余曲率存在。卸载后,除残余变形外,由于加载与卸载的应力 - 应变关系不同,截面还有残余应力存在,图 15-9(a) 表示加载时的应力分布,图 15-9(b) 表示卸载时按直线规律的应力分布,两者之和(图 15-9(c)) 便是卸载残余应力。残余应力是一种自相平衡的自应力状态。

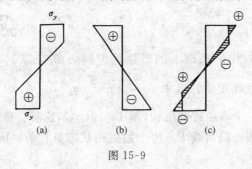

图 15-9

15.2.4 塑性铰

当截面达到全塑性阶段时,法向应力 σ_y 形成的合力为极限弯矩 M_u。两个无限靠近的相邻截面可以在极限弯矩保持不变的情况下产生有限的相对转角,这样的截面称为塑性铰。此时,该截面旁边的截面上本应也有相当高度的塑性区,但假设仍处于完全弹性状态,两边杆件保持原直线,即假设塑性变形集中化,以便于结构分析。塑性铰与普通铰的相同之处是铰两边的截面可以产生有限的相对转角。塑性铰与普通铰有两个重要的区别:① 普通铰不能承受弯矩,而塑性铰所承受的弯矩为极限弯矩 M_u;② 普通铰是双向铰,即可以围绕普通铰的两个方向自由产生相对转角,而塑性铰是单向铰,即塑性铰只能沿弯矩增大的方向自由产生相对转角,而不能沿相反的方向转动,这是由图 15-1 所示的应力 - 应变关系所确定的,按图 15-1 所示的应力应变关系,当加载至塑性阶段时,截面可以自由发生塑性变形,而卸载时,由于应力与应变仍保持为线性关系。故在卸载或发生反向变形时,截面仍恢复为弹性性质,不能自由发生塑性变形,塑性铰即告消失。

15.3 梁的极限荷载

本节利用极限弯矩和塑性铰的概念,确定由理想弹塑性材料组成的梁在横向荷载作用下的极限荷载。

梁在横向荷载作用下,除产生弯矩时,通常还产生剪力,但一般说来,剪力对梁的极限荷载的影响很小,可忽略不计,因此,确定梁的极限荷载时,仍可采用前面在纯弯曲情况下得到的截面的屈服弯矩 M_y 和极限弯矩 M_u 的结果。

15.3.1 静定梁的极限荷载

下面从最简单的情况开始。

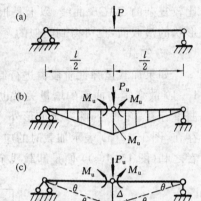

如图 15-10(a) 所示等截面(矩形截面) 简支梁截面的极限弯矩为 M_u。在跨中承受由零逐渐增加的集中荷载 P。在加载初期,梁的各个截面均处于弹性状态,随着荷载的增加,梁的跨中截面的最外纤维首先达到屈服极限 σ_y,该截面的弯矩达到 $M_y \left(= \dfrac{bh^2}{6}\sigma_y \right)$,弹性阶段到此结束,这时的荷载称为弹性极限荷载 P_y。由静力平衡条件可知 $M_y = \dfrac{P_y l}{4}$

于是得
$$P_y = \frac{4M_y}{l}$$

图 15-10

当荷载再继续增加时,中间截面上的塑性范围随之增大,最后,中间截面的弯矩首先达到极限值 $M_u \left(= \dfrac{bh^2}{4}\sigma_y \right)$,形成塑性铰,梁成为具有一个自由度的机构(图 15-10(b)),这时位移可任意增大,而承载力却不能再增加,即荷载已达到极限荷载 P_u,这个梁机构状态是它的极限状态。由静力平衡条件,可得

$$M_u = \frac{P_u l}{4}$$

于是得

$$P_u = \frac{4M_u}{l}$$

极限荷载 P_u 与弹性极限荷载(屈服荷载)P_y 的比例为

$$\frac{P_u}{P_y} = \frac{M_u}{M_y} = \alpha = 1.5$$

即矩形截面简支梁所能承受的极限荷载等于弹性极限荷载的 1.5 倍。

确定极限荷载的方法,除应用上述静力平衡条件于极限状态外,也可采用机动法 - 虚功原理。此梁向下挠曲,跨中最大弯矩处出现塑性铰后成为破坏机构,图 15-10(c) 为其一种合理的可能位移,设跨中竖位移为 Δ,则梁段转动角 $\theta = 2\Delta/l$。于是荷载所做虚功为

$$T = P_u \cdot \Delta$$

塑性铰两侧极限弯矩已成外力,在其对应的转角上所做虚功为

$$W = 2M_u(-\theta)$$

由刚体系虚功原理,在平衡状态下外力虚功总和为零即

$$T + W = 0 \quad \text{或} \quad T = -W$$

于是此梁有
$$P_u \Delta = 2M_u \theta$$

得
$$P_u = 2M_u \frac{\theta}{\Delta} = \frac{4M_u}{l}$$

与极限平衡方法的结果一致。

从上面的论述中可知，在静定梁中，只要有一个截面出现塑性铰，梁就成为机构，从而丧失承载能力，据此即可确定极限荷载。对等截面梁来讲，塑性铰的位置即在弹性弯矩图中最大弯矩所在的截面处。

由于受弯杆截面弯矩 M 的方向对应于弯曲变形方向，运用虚功原理给予具有塑性铰的机构以符合约束条件的可能位移中，塑铰两侧梁段的转动角方向自然地与极限弯矩 M_u 的方向相反，所以其虚功 W 为负值。在以后的极限荷载分析计算中，按式 $T = -W$ 的虚功方程将荷载虚功写在等号左方，将极限弯矩 M_u 做虚功写在等号右方，这样 $M_u \times \theta$ 就不出现负号了。

【例 15-1】 确定如图 15-11(a) 所示变截面梁的极限荷载 P_u，已知杆件 ABC 和 CDE 的极限弯矩分别为 $2M_u$ 和 M_u。

【解】 对于截面变化的梁，塑性铰出现在弯矩图中 M 值最早达到有关截面极限弯矩 M_u 值之处，或者说，在实际弯矩 M 与极限弯矩 M_u 之比的绝对值为最大的截面，即与 $\left|\dfrac{M}{M_u}\right|_{max}$ 或 $\left|\dfrac{M_u}{M}\right|_{min}$ 相对应的截面。例如本题弯矩图如图 15-11(b) 所示。因为

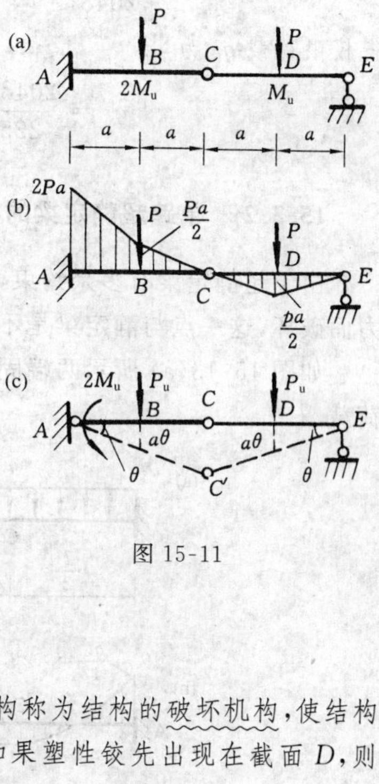

$$\left|\frac{M_A}{2M_u}\right| = \frac{2Pa}{2M_u} = \frac{Pa}{M_u}, \quad \left|\frac{M_D}{M_u}\right| = \frac{\dfrac{Pa}{2}}{M_u} = \frac{Pa}{2M_u} < \frac{Pa}{M_u}$$

所以塑性铰一定出现在左支座截面处，其相应破坏机构的虚位移图如图 15-11(c) 所示。由虚功方程

$$P_u a\theta + P_u a\theta = 2M_u\theta$$

得极限荷载为

$$P_u = \frac{M_u}{a}$$

图 15-11

一般而言，结构因出现塑性铰而形成具有一个自由度的机构称为结构的破坏机构，使结构形成真实破坏机构的荷载称为结构的极限荷载。以本例而言，如果塑性铰先出现在截面 D，则由静力平衡条件得

$$\frac{P_u a}{2} = M_u$$

$$P_u = \frac{2M_u}{a} > \frac{M_u}{a}$$

在比例加载条件下，这种破坏情况实际上是不可能出现的，即这种破坏机构不是真实的破坏机构。

【例 15-2】 确定图 15-12(a) 所示静定梁的极限荷载 q_u，已知梁截面的极限弯矩为 M_u。

【解】 由静力平衡条件可求得支座 A、B 的竖向反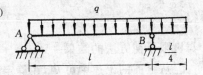
力分别为

$$R_{Ay} = \frac{15ql}{32}(\uparrow) \qquad R_{By} = \frac{25ql}{32}(\uparrow)$$

距支座 A 为 x 处（图 15-12(b)）的截面弯矩为

$$M_x = \frac{15ql}{32}x - \frac{qx^2}{2}$$

为确定弯矩出现极大值的截面位置，令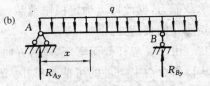

$$\frac{\mathrm{d}M_x}{\mathrm{d}x} = \frac{15ql}{32} - qx = 0, \quad 得 \quad x = \frac{15l}{32}。$$

则该截面最大弯矩为

$$M_{\max} = \frac{225}{2048}ql^2$$

由 $\qquad \dfrac{225}{2048}q_u l^2 = M_u$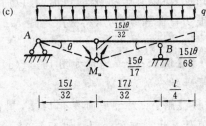

得极限荷载 q_u 为

$$q_u = \frac{2048M_u}{225l^2}$$

图 15-12

15.3.2 单跨超静定梁的极限荷载

由于超静定梁有多余约束，因此必须出现足够多的塑性铰时，才能成为机构，丧失承载能力而破坏，这一点与静定梁是不同的。

如图 15-13(a) 所示两端固定的等截面梁 AB，其正负弯矩的极限值都为 M_u，受全跨均布荷载。

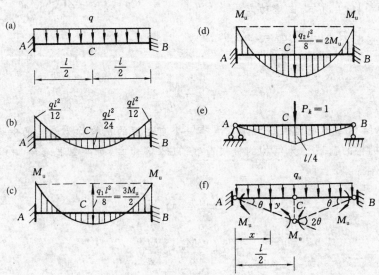

图 15-13

此梁形成极限状态的破坏机构需出现三个塑性铰。先分析发展过程。当荷载逐渐增加时，梁最初处于弹性状态，弯矩图如图 15-13(b) 所示，A、B 端的弯矩值最大。当荷载继续增加时

A、B 端弯矩先同时达到极限值 M_u，形成塑性铰，梁的弯矩图如图 15-13(c) 所示，相应的荷载 q_1 可由 $M_B = \dfrac{ql^2}{12} = M_u$ 得出：

$$q_1 = \frac{12M_u}{l^2}$$

在不考虑塑性铰附近梁段的弹塑性变形时，计算 A、B 截面出现塑性铰前跨中截面 C 的最大竖向位移 Δ_{CV}，可根据图 15-13(c) 和图 15-13(e) 用图形相乘法求出：

$$\Delta_{CV} = \frac{1}{EI}\left(\frac{2}{3}\times\frac{3}{2}M_u\times\frac{l}{2}\times\frac{5}{8}\times\frac{l}{4} - M_u\times\frac{l}{2}\times\frac{l}{8}\right)2$$

$$= \frac{M_u l^2}{32EI} = 0.031 M_u l^2/EI$$

当荷载再增加时，A、B 两端的弯矩 M_u 保持不变，中间截面 C 的弯矩增加，当 C 截面的弯矩增加到极限值 M_u 时，该截面形成第三个塑性铰，全梁成为一机构，荷载达到极限值 q_u，梁的弯矩图如图 15-13(d) 所示，相应的荷载 $q_2 = q_u$ 可由平衡条件求出：

$$\frac{q_2 l^2}{8} = 2M_u$$

$$q_2 = q_u = \frac{16M_u}{l^2}$$

此值可直接由可判定的三个极限弯矩位置，按图(d)的平衡关系求得。

跨中截面 C 出现塑性铰前的最大竖向位移可根据图 15-13(d) 和图 15-13(e) 用图形相乘法求出：

$$\Delta_{CV} = \frac{1}{EI}\left(\frac{2}{3}\times 2M_u\times\frac{l}{2}\times\frac{5}{8}\times\frac{l}{4} - M_u\times\frac{l}{2}\times\frac{l}{8}\right)2$$

$$= \frac{M_u l^2}{12EI} = \frac{0.083 M_u l^2}{EI}$$

图 15-14 表示荷载 q 与 Δ_{CV} 之间的非线性关系。

下面再用虚功原理求梁的极限荷载。

图 15-13(f) 表示梁在极限状态下形成的机构及可能位移状态，在此机构虚位移上，荷载所做的功 T 为

$$T = \int q_u \mathrm{d}xy = q_u\int y\mathrm{d}x$$

$$= q_u\times\frac{l}{2}\times\frac{l\theta}{2} = q_u\times\frac{l^2\theta}{4}$$

极限弯矩所做的功为

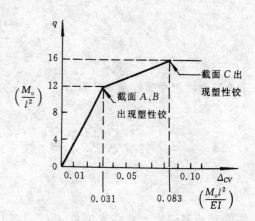

图 15-14

$$W = -(M_u \times \theta + M_u \times \theta + M_u \times 2\theta)$$

$$= 4M_u\theta$$

由虚功原理外力总虚功 $T + W = 0$,可得

$$q_u = \frac{16M_u}{l^2}$$

【例 15-3】 如图 15-15(a)所示为一端固定一端铰支的等截面梁,设其正、负极限弯矩均为 M_u,均布荷载 q 逐渐增加,求极限荷载 q_u。

【解】 当荷载 $q \leqslant q_y$ 时,梁处于弹性阶段。根据弹性分析得出的弯矩图如图 15-15(b)所示,知道固端 A 的弯矩最大,可不必细究跨内现在何处正弯矩较大。随着荷载的增加,将在截面 A 处首先出现塑性铰,弯矩图如图 15-15(c)所示。荷载继续增加时设第二个塑性铰的位置发生在离 B 支座为 x 的截面 C 处,则相应的破坏机构如图 15-15(d)所示,于是由平衡条件可得

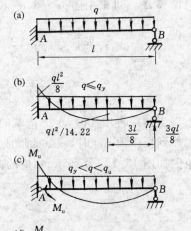

$$M_x = \left(\frac{q_u l}{2} - \frac{M_u}{l}\right)x - \frac{q_u x^2}{2} \qquad \text{(a)}$$

当它出现极值时,由

$$\frac{\mathrm{d}M_C}{\mathrm{d}x} = \frac{q_u l}{2} - \frac{M_u}{l} - q_u x = 0$$

可得

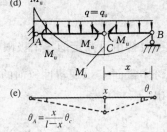

$$q_u = \frac{2M_u}{l(l-2x)} \qquad \text{(b)}$$

图 15-15

将式(b)代入式(a),并整理后,得

$$x^2 + 2lx - l^2 = 0$$

解上式得

$$x = (-1 \pm \sqrt{2})l$$

于是可确定跨中塑性铰的位置为

$$x = (\sqrt{2} - 1)l = 0.4142l$$

将 $x = 0.4142l$ 代入式(b),得极限荷载 q_u 为

$$q_u = \frac{11.66M_u}{l^2}$$

按图 15-15(e)所示机构虚位移、用虚功方程也可解出 x 和 q_u。

由上述分析可概括出计算超静定梁极限荷载的两个特点:

(1)只要预先判定超静定梁的破坏机构,就可根据该破坏机构应用静力平衡条件确定极

限荷载,不必考虑变形协调条件,也不必考虑梁的弹塑性变形的发展过程,这种确定极限荷载的方法,称为极限平衡法;

(2) 温度变化、支座位移等因素对超静定结构的极限荷载没有影响,因为超静定结构变为机构以前,先成为静定结构,所以温度变化、支座位移等因素不会出现在破坏机构的平衡条件中,对最后的内力状态没有影响。

【例 15-4】 阶形变截面梁如图 15-16(a) 所示,AB 段极限弯矩为 $3M_u$,BDC 段为 M_u。试求作用在 D 处的集中荷载的极限值。

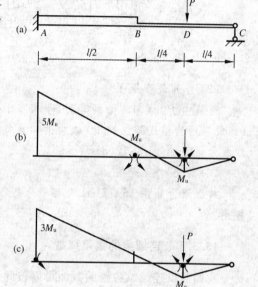

【解】 此梁超静定一次,出现两个塑铰即行破坏,但有 3 截面的弯矩可能较早达到其极限值。可予计 D 处受正弯矩。

先设 D、B 截面弯矩分别达到正的、负的 M_u(图 15-16(b)),致 BC 部分成为破坏机构。可按 BC 段弯矩图(根据荷载特点)推出 A 端弯矩值将达 $5M_u$,这是不可能实现的。

改设 D、A 截面弯矩分别达到正的 M_u、负的 $3M_u$(图 15-16(c)),可按全梁弯矩图验算

$$M_B = \frac{1}{3}(-3M_u) + \frac{2}{3}M_u = \frac{-1}{3}M_u < (-M_u)$$

表示极限平衡可以实现。就此可求出极限荷载;今用机动法按图 15-16(d) 所示破坏机构的虚位移计算两部分虚功:

$$P\Delta = M_u \cdot \frac{\Delta}{l/4} + (3M_u + M_u)\frac{\Delta}{3l/4}$$

得

$$P = \frac{28M_u}{3l}$$

图 15-16

若此梁改为 AB、BD、DC 三段均等于 $l/3$,仅 AB 段极限弯矩为 $3M_u$ 其余为 M_u,将可推出 A、B、D 三处同时出现塑铰,这是一种特殊情况。用极限平衡法可求 P_u,若用机动法,不可采用两个自由度的机构,只能用 A、D 组或 B、D 组两铰的机构,可得同样的 P_u 值。

【例 15-5】 如图 15-17(a) 所示等截面梁的极限弯矩为 M_u,荷载 P 由零逐渐增加到极限荷载 P_u,然后再由 P_u 逐渐卸载到零,试求极限荷载 P_u 及残余弯矩图。

【解】 (1) 作极限弯矩图及求极限荷载 P_u

根据图 15-17(b) 所示的极限弯矩图,由平衡条件

$$\frac{P_u \times \frac{l}{3} \times \frac{2l}{3}}{l} = 2M_u$$

可得极限荷载 P_u 为

$$P_u = \frac{9M_u}{l}$$

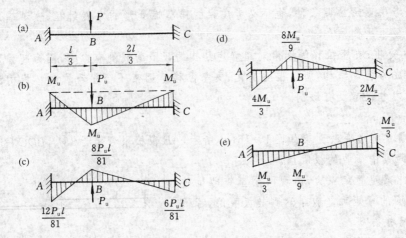

图 15-17

（2）作卸载弯矩图

荷载由 P_u 逐渐卸除到零时，即相当于在 B 点向上施加静力荷载 P_u，按线弹性计算理论（卸载时结构呈线弹性性质）求得的卸载弯矩图如图 15-17(c) 所示，再将 $P_u = 9M_u/l$ 代入，得卸载弯矩图如图 15-17(d) 所示。

（3）求残余弯矩图

将极限弯矩图 15-17(b) 与卸载弯矩图 15-17(d) 叠加，就得到图 15-17(e) 所示的残余弯矩图。

15.3.3　连续梁的极限荷载

我们假设连续梁各跨的截面可以彼此不同，但在每个跨度内的截面各为常数，并假设连续梁所承受的荷载作用方向彼此相同，且按比例增加。对于符合这些假定的连续梁，只可能在各跨独立形成破坏机构（图 15-18(a)、(b)），而不可能由相邻几跨联合形成一个破坏机构（图 15-18(c)）。因为当各荷载均为向下作用时，每跨内中部有最大正弯矩，而负弯矩在跨端为最大，故对每跨各为等截面的连续梁来说，由负弯矩产生的塑性铰只能在跨端出现，从而就只能在各跨独立形成破坏机构。

根据连续梁的这种破坏特点，我们只要按照图 15-18(a)、(b) 所示的机构，分别求出每跨破坏时的破坏荷载，其中最小的破坏荷载值便是连续梁的极限荷载。

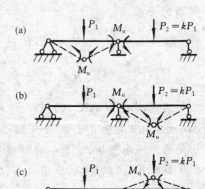

图 15-18

【例 15-6】　求图 15-19(a) 所示连续梁的极限荷载 q_u。已知 AB 跨的截面极限弯矩为 $2M_u$，BC、CD 跨的截面极限弯矩为 M_u。

【解】　先分别计算各跨单独破坏时的破坏荷载

如图 15-19(b) 所示为各跨单独破坏时的破坏机构；图 15-19(c) 为各跨单独破坏时的极限弯矩图，其中对于支座 B 处的极限弯矩，应取其左、右两跨中的较小值。

第一跨（AB 跨）破坏时，由图 15-19(b) 所示 AB 跨的破坏机构，根据虚功原理，有

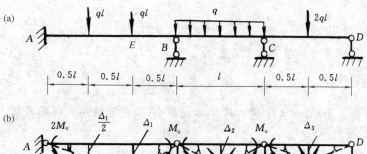

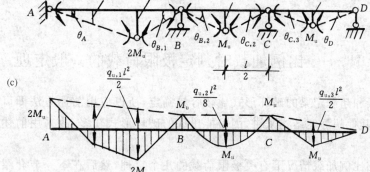

图 15-19

$$\frac{q_{u,1}l\Delta_1}{2} + q_{u,1}l\Delta_1 = 2M_u\theta_A + 2M_u(\theta_A + \theta_{B,1}) + M_u\theta_{B,1}$$

上式中的 $q_{u,1}$ 为第一跨破坏时的破坏荷载；$\theta_A = \Delta_1/l$；$\theta_{B,1} = 2\Delta_1/l$。由上式可得

$$q_{u,1} = \frac{20M_u}{3l^2}$$

或参照图 15-19(c) 所示 AB 跨的极限弯矩图，由 M_E 纵标的组成（平衡条件）可得

$$q_{u,1}l \times \frac{l}{2} = 2M_u + \left(\frac{1}{3} \times 2M_u + \frac{2}{3}M_u\right)$$

也得到

$$q_{u,1} = \frac{20M_u}{3l^2}$$

第二跨（BC 跨）破坏时，由图 15-19(b) 所示 BC 跨的破坏机构，根据虚功原理，有

$$\frac{q_{u,2}l\Delta_2}{2} = M_u\theta_{B,2} + M_u\theta_{C,2} + M_u(\theta_{B,2} + \theta_{C,2})$$

其中

$$\theta_{B,2} = \theta_{C,2} = \frac{2\Delta_2}{l}$$

于是得第二跨破坏时的破坏荷载 $q_{u,2}$ 为

$$q_{u,2} = \frac{16M_u}{l^2}$$

第三跨（CD 跨）破坏时，由图 15-19(b) 所示 CD 跨的破坏机构，根据虚功原理，有

$$2q_{u,3}l\Delta_3 = M_u\theta_{C,3} + M_u(\theta_{C,3} + \theta_D)$$

其中
$$\theta_{C,3} = \theta_D = \frac{2\Delta_3}{l}$$

于是得第三跨破坏时的破坏荷载 $q_{u,3}$ 为

$$q_{u,3} = \frac{3M_u}{l^2}$$

比较以上计算结果,可知 CD 跨的破坏荷载最小,故此连续梁的极限荷载 P_u 为

$$q_u = \frac{3M_u}{l^2}$$

15.4　比例加载时判定极限荷载的一般定理

由于静定梁和超静定梁的破坏形式比较容易确定,所以应用前述方法即可简便地求得其极限荷载,但对其他超静定结构来讲,因可能出现的破坏形式较多,故采用前述方法求极限荷载就较为烦杂。

本节先介绍比例加载情况下有关极限荷载的几个定理,然后在下一节介绍应用这些定理来确定梁和刚架这类结构的极限荷载的方法。

为简单起见,在下面的讨论中,作如下几点假定:

(1) 结构的变形较结构本身的尺寸小得多,建立平衡方程时,可以采用结构原来的尺寸;

(2) 结构由理想弹塑性材料组成,杆件横截面的正、负极限弯矩的绝对值相等,塑性铰的转角与极限弯矩的方向相适应,并且忽略轴力、剪力对极限弯矩的影响。

根据前述梁的极限荷载计算,这里重复归纳一下结构的极限受力状态应同时满足的三个条件:

(1) 平衡条件 —— 结构处于极限受力状态时,结构的整体及任一局部都维持平衡。

(2) 屈服条件 —— 在结构的极限受力状态中,结构上任一截面的弯矩绝对值都不超过其极限弯矩值,即 $|M| \leqslant M_u$。屈服条件有时也称为内力局限条件。

(3) 单向机构条件 —— 结构在极限受力状态下,已有足够数量的截面的弯矩达到极限值而出现塑性铰(单向铰),使结构成为机构,能够沿荷载方向作单向运动。

比例加载时,确定结构极限荷载的三个基本定理为:

(1) 极小定理(上限定理)。对于比例加载的给定结构,按照其各种可能的破坏形式,由平衡条件所求得的相应荷载(称为可破坏荷载,以 P^+ 表示)中的极小值即为极限荷载,这个可破坏荷载是极限荷载的上限值。即

$$P_u \leqslant P^+$$

(2) 极大定理(下限定理)。对于比例加载的给定结构,按照其各种静力可能而又安全的弯矩分布状态(即结构的弯矩分布状态能同时满足平衡条件和屈服条件)所求得的相应荷载(称为可接受荷载,以 P^- 表示)中的极大值即为极限荷载,这个可接受荷载是极限荷载的下限值。即

$$P_u \geqslant P^-$$

(3) 单值定理(唯一性定理)。对于比例加载给定的结构,若按平衡条件所求得的某一荷载既是可破坏的,又是可接受的,则这一荷载就是极限荷载,而且是唯一确定的。就是说如果所求

得的荷载同时满足平衡条件、屈服条件和单向机构条件,则它就是该结构的极限荷载。

下面给出这三个定理的证明。

首先证明可破坏荷载 P^+ 恒不小于可接受荷载 P^-,即 $P^+ \geqslant P^-$。设结构在任一可破坏荷载 P^+ 作用下,成为某一单向机构,其中含有 n 个塑性铰。令此机构有一虚位移,则由虚功原理,可得

$$P^+ \Delta = \sum_{i=1}^{n} |M_{ui}| \cdot |\theta_i| \tag{a}$$

式中,M_{ui} 和 θ_i 分别是第 i 个塑性铰处的极限弯矩和相对转角。根据单向机构条件,上式中等号右边原应为 $M_{ui}\theta_i$,其值恒为正,故可用其绝对值来表示。又 P^+ 和 Δ 均为正值。

再设结构在任一可接受荷载 P^- 作用下,其相应的弯矩图为 M^- 图。给这一平衡力系经历上述的机构虚位移,则由虚功原理,可得

$$P^- \Delta = \sum_{i=1}^{n} M_i^- \theta_i \tag{b}$$

上式中的 M_i^- 是 M^- 图中在第 i 个塑性铰处的弯矩值。

根据屈服条件 $M_i^- \leqslant |M_{ui}|$,可得

$$\sum_{i=1}^{n} M_i^- \theta \leqslant \sum_{i=1}^{n} |M_{ui}| \cdot |\theta_i|$$

将式(a)和式(b)代入上式,且由于 Δ 为正值,于是得

$$P^+ \geqslant P^- \tag{c}$$

再根据式(c)来证明上述三个基本定理。

因为极限荷载 P_u 是可接受荷载,故由式(c)可得 $P_u \leqslant P^+$,这就是极小定理。

因为极限荷载 P_u 是可破坏荷载,故由式(c)可得 $P_u \geqslant P^-$,这就是极大定理。

设存在两种极限内力状态,相应的极限荷载分别为 P_{u1} 和 P_{u2}。因为每个极限荷载既是可破坏荷载(P^+),又是可接受荷载(P^-),故如果把 P_{u1} 看作 P^+,P_{u2} 看作 P^-,则根据式(c)有

$$P_{u1} \geqslant P_{u2}$$

反之,如果把 P_{u2} 看作 P^+,把 P_{u1} 看作 P^-,则根据式(c),有

$$P_{u2} \geqslant P_{u1}$$

由于以上两式要同时满足,因此有

$$P_{u1} = P_{u2}$$

这就证明了极限荷载值是唯一的,这个结论就是单值定理。

应当指出,同一结构在同一广义力作用下,其极限内力状态可能不止一种,但每一种极限内力状态相应的极限荷载则仍彼此相等。换句话说,极限荷载是唯一的,而极限内力状态则不一定是唯一的。

根据上限定理和下限定理,一方面可用来求出某些情况的极限荷载的近似解,并给出准确的上下限范围;另一方面也可用来寻求许多情况下极限荷载的精确解。例如,如果可以全部列出各种可能的破坏机构,并利用平衡条件求出各相应的破坏荷载,则其中的最小值,便是极限

荷载的精确解。这一方法称为比较法(或称为穷举法)。

根据单值定理,可以采用试算法来确定极限荷载,试算法的要点是:每次先选择某一可能的破坏机构,并求出相应的可破坏荷载,然后再验算该破坏荷载是否同时也是可接受荷载,经一次或几次试算后,如能找到一种荷载,同时满足平衡条件、单向机构条件和屈服条件,则根据单值定理,这一荷载就是极限荷载。

【例 15-7】 试求如图 15-20(a) 所示等截面梁的极限荷载,已知梁截面的极限弯矩为 M_u。

【解】 取如图 15-20(b) 所示第一跨(AB 跨)的破坏机构,相应的弯矩图如图 15-20(c) 所示。与此机构相应的可破坏荷载可按 M 图,由平衡条件得

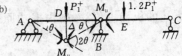

$$\frac{P_1^+ l}{4} = M_u + \frac{1}{2} M_u$$

即

$$P_1^+ = \frac{6M_u}{l}$$

同理,可得截面 E 的弯矩为

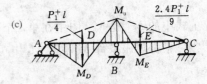

图 15-20

$$M_E = \frac{1.2 P_1^+ \times \dfrac{l}{3} \times \dfrac{2l}{3}}{l} - \frac{2}{3} M_u = \frac{8.4}{9} M_u < M_u$$

表明在上述受力状态中,各截面的弯矩绝对值均不超过极限弯矩值,故荷载 $P = 6M_u/l$ 既是可破坏荷载,又是可接受荷载。根据单值定理,此荷载就是极限荷载,即

$$P_u = \frac{6M_u}{l}$$

若按第二跨破坏机构算出的第二个荷载值必大于此 P_u。对于 n 跨连续梁,用各跨可破坏荷载中的最小值去检验其他跨的截面弯矩,必定是可接受的。

15.5 刚架的极限荷载

本节根据前述比例加载时判定极限荷载的基本定理,只介绍不考虑剪力及轴力影响时确定刚架极限荷载的方法。刚架可承受竖向、水平荷载,除了梁上形成破坏机构外,更要注意竖柱两端出现塑铰而致刚架的侧倾破坏;结点截面的极限弯矩应取较小者;每种机构只需一个自由度。

【例 15-8】 图 15-21(a) 所示三次超静定刚架,已知竖柱和横梁的极限弯矩分别为 M_u 和 $2M_u$,试确定其极限荷载。

【解】 在图示荷载作用下,柱子上下端弯矩最大,该刚架的实际破坏机构只有一种,如图 15-21(b) 所示,在支座截面 A、B 及柱顶截面 C、D 处同时出现四个塑性铰,成一个自由度机构。根据图 15-21(b) 所示的虚位移,由虚功原理,可得

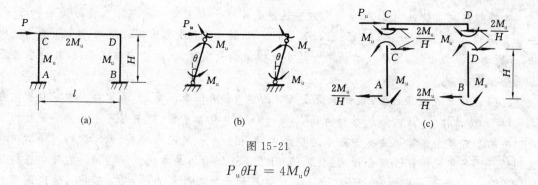

图 15-21

$$P_u \theta H = 4M_u \theta$$

故极限荷载为

$$P_u = \frac{4M_u}{H}$$

如直接按静力法计算,则根据图 15-21(c) 所示 AC 柱及 BD 柱柱顶以上隔离体的平衡条件 $\sum X = 0$,可得

$$P_u = \frac{2M_u}{H} + \frac{2M_u}{H}$$

【例 15-9】　如图 15-22(a) 所示三次超静定刚架,各杆分别为等截面,柱截面的极限弯矩为 M_u,梁截面的极限弯矩为 $2M_u$。试求图示荷载作用下的极限荷载 P_u。

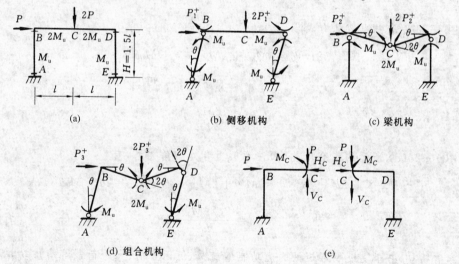

图 15-22

【解】　弯矩较大截面有 5 个,如图 15-22(a) 中所示可能破坏形式有几种。下面采用比较法和试算法确定其极限荷载。

(1) 确定可能的破坏机构的数目

设刚架的超静定次数为 n,可能出现的塑性铰数为 h(出现一个塑性铰,相当于减少一个约束或增加一个运动自由度),则刚架可能有的基本机构数为

$$m = h - n \tag{15-9}$$

本例超静定次数 $n = 3$,可能出现的塑性铰数 $h = 5$,其可能有的基本机构数为 $m = 5 - 3 = 2$,这两个基本机构分别如图 15-22(b)、(c) 所示,其中图(b) 称为侧移机构,图(c) 称为梁机构,分别为 1 个自由度。因竖柱的极限弯矩小于横梁的极限弯矩,故图中结点 B、D 处的塑性铰出现在柱顶。

式(15-9) 可这样来理解:设想刚架上所有的塑性铰 h 同时出现,则刚架将变成具有自由度数为 $(h - n)$ 的体系,该体系运动时将具有 $(h - n)$ 个独立参变数,而与每一个独立参变数相对应的运动形式就是该体系的一种基本运动形式,即相应于一种基本机构。原刚架的可能的破坏机构还可由基本机构线性组合而成。将图(b) 和图(c) 所示的基本机构组合而得的破坏机构如图(d) 所示,称为组合机构。因为图(b) 和(c) 中 B 截面处塑性铰的转角方向相反,故这两个基本机构组合后,B 截面处的塑性铰转角互相抵消而使塑性铰闭合。而两个基本机构在 D 截面处的塑性铰的转角方向相同,故组合后该处塑性铰的转角增大。

综上所述,本例可能有的破坏机构共三个,两个基本机构和一个组合机构,分别如图 15-22(b)、(c)、(d) 所示。

(2) 比较法。应用虚功原理分别计算上述三种各具一个自由度的破坏机构的可破坏荷载。

对图 15-22(b) 所示的侧移机构,有

$$P_1^+ \times 1.5l\theta = 4M_u\theta$$

即

$$P_1^+ = \frac{2.67M_u}{l}$$

对图 15-23(c) 中的梁机构,有

$$2P_2^+ l\theta = M_u\theta + 2M_u \times 2\theta + M_u\theta$$

即

$$P_2^+ = \frac{3M_u}{l}$$

对图 15-23(d) 所示的组合机构,须注意梁上各处转角关系,有

$$P_3^+ \times 1.5l\theta + 2P_3^+ l\theta = M_u\theta + 2M_u \times 2\theta + M_u \times 2\theta + M_u\theta$$

即

$$P_3^+ = \frac{2.29M_u}{l}$$

在组合机构 中即便极限弯矩做的虚功有增有减,但因竖向、水平荷载都有虚功,等号左边的系数增大,所得的可破坏荷载也随之减小。

比较上述三种可破坏荷载,其最小值为 $P_3^+ = 2.29M_u/l$,根据极小定理,它就是刚架的极限荷载,即 $P_u = 2.29M_u/l$。

如果不用虚功原理,也可按照图 15-22(e) 所示的静定基本结构,并参照图 15-22(b)、(c)、(d) 三种破坏机构,分别应用静力平衡条件求出相应的极限荷载,具体求解过程略,读者可自行演算。

(3) 试算法

若选择图 15-22(c) 所示的梁机构为破坏形式,则由虚功原理得可破坏荷载 $P^+ = 3M_u/l$,

相应的弯矩图如图 15-23(a) 所示。在该图中，先设 $M_E = xM_u$，然后根据平衡条件，可求得 $M_A = (4.5-x)M_u$，这表明不论 x 取什么数值，截面 E 或 A 的弯矩都超过极限值，不符合屈服条件，故 $P^+ = 3M_u/l$ 不是极限荷载。

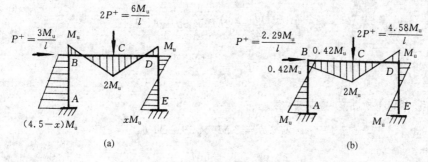

图 15-23

若选择图 15-22(d) 所示的组合机构为破坏形式，则由虚功原理，得可破坏荷载 $P^+ = 2.29M_u/l$，再由平衡条件（逐段推算）作出的相应弯矩图如图 15-23(b) 所示，该弯矩图表明所有截面均满足屈服条件，故根据单值定理可知刚架的极限荷载为 $P_u = 2.29M_u/l$。

【例 15-10】 试用试算法求图 15-24 所示刚架的极限荷载。

【解】 (1) 确定基本机构的数目。刚架的超静定次数 $n = 6$，可能出现的塑性铰截面为 A、B、C、D（D 处有三个截面）、E、F、G、H（在图中用短线标出），即 $h = 10$，故基本机构数为

$$m = h - n = 10 - 6 = 4$$

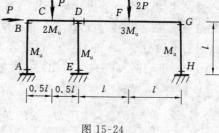

图 15-24

这四个彼此独立的基本机构分别如图 15-25 所示。其中图(a)、(b) 都是梁机构，图(c) 为侧移机构，图(d) 为结点机构。结点机构是当结点 D 处作用有外力偶时，可能出现的一种破坏形式。在本例中，虽然该结点机构不可能单独成为刚架的一种破坏形式，但可将它与其他基本机构组成新的破坏机构。

(2) 用试算法确定极限荷载。本例除上述的基本机构外，所有可能的其他破坏机构可通过如图 15-25 所示的基本机构组合而得。在基本机构较多的情况下采用试算法是为了尽快地找到实际的破坏机构，选择基本机构进行组合时，应尽量使有较多的塑性铰的转角能互相抵消而

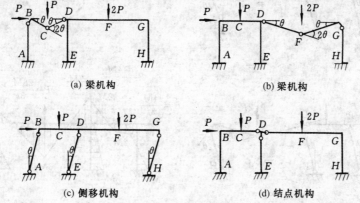

图 15-25

使塑性铰闭合,又能使外荷载所做的功尽可能大些,其可破坏荷载就会较小而有可能成为极限荷载。

先计算基本机构的可破坏荷载。对图 15-25(a) 所示的梁机构,运用虚功原理有

$$P_1^+ \times \frac{l\theta}{2} = 2M_u \times 3\theta + M_u\theta$$

得

$$P_1^+ = \frac{14M_u}{l}$$

对图 15-25(b) 所示的梁机构,有

$$2P_2^+ l\theta = 3M_u \times 3\theta + M_u\theta$$

得

$$P_2^+ = \frac{5M_u}{l}$$

对图 15-25(c) 所示的侧移机构,有

$$P_3^+ l\theta = M_u\theta \times 6$$

得

$$P_3^+ = \frac{6M_u}{l}$$

比较上述三个可破坏荷载,可知图 15-25(a) 所示的即梁机构所对应的可破坏荷载过大,不宜采用它来组合新的破坏机构。若将图 15-25(b)、(c) 两个基本机构组合成图15-26(a) 所示的组合机构,但该机构已成 2 个自由度的体系,DC 梁上的 θ_1 是与柱上的 θ 无关的不定参数,无法进行有效计算。故图 15-26(a) 是不可能实现的破坏机构。

再将图 15-25(b)、(c)、(d) 三个基本机构组合,得到图 15-26(c) 所示的组合机构,注意结点 D 的特点,对该组合机构,有

$$P_4^+ l\theta + 2P_4^+ l\theta = M_u \times 6\theta + 2M_u\theta + 3M_u \times 2\theta$$

即

$$P_4^+ = \frac{14M_u}{3l} = \frac{4.67M_u}{l}$$

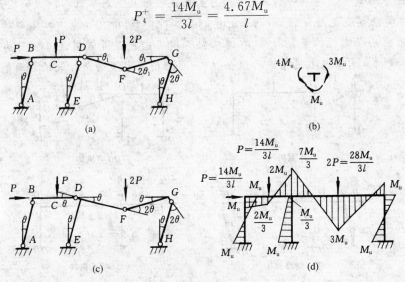

图 15-26

与图 15-26(c) 所示的破坏机构所对应的弯矩图如图 15-26(d) 所示,各截面的弯矩均满足屈服条件。根据单值定理,刚架的极限荷载为 $P_u = P_4^+ = 4.67 M_u / l$。

*15.6　确定梁和刚架极限荷载的增量变刚度法

本节介绍应用矩阵位移法确定梁和刚架在逐步加载过程中塑性铰的出现顺序、结点位移的变化情况及极限荷载。这一方法适合于用计算机求解。

这个方法的主要特点是：将加载的全过程分成若干个阶段,施加第一个荷载增量时,结构处于弹性阶段,用矩阵位移法求解结构的结点位移及内力,根据最大内力处的截面出现塑性铰的条件,确定第一个荷载增量的大小。结构过渡到第二阶段,根据前一阶段塑性铰所在的截面已成铰结点,按线弹性理论修改结构总刚度矩阵,施加第二个荷载增量,用矩阵位移法求解第二阶段的结构的结点位移和内力,并根据最大内力处的截面出现塑性铰的条件,确定第二个荷载增量的大小,结构过渡到第三阶段。再按上述过程继续计算,直至结构具有 $h - n = 1$ 个自由度、达到极限状态为止。将每一阶段的结构位移增量及内力增量累加,便得到结构的总位移和总内力,各个阶段的荷载增量之和即为结构的极限荷载。

15.6.1　基本假定

在上述的增量变刚度法中,采用以下的基本假定：

(1) 结构的材料为理想弹塑性材料,一根等截面杆件的极限弯矩 M_u 为常数,但结构中各杆的极限弯矩可不相同。当出现塑性铰时,认为塑性铰附近的塑性区退化为一个截面,而杆件全长其余部分仍为弹性区。

(2) 施加于结构的荷载按比例增加,且为结点(单元端点)荷载,于是塑性铰只出现在结点处。

(3) 忽略轴力和剪力对极限弯矩的影响。

15.6.2　单元刚度矩阵

当荷载逐渐增加时,单元的一端或两端将出现塑性铰,结构中出现新的铰结点,相应的单元刚度矩阵需要进行修改。在梁和刚架的极限荷载分析中,除两端均为刚接的单元外,还有三种在单元端点出现铰接的情况,现将这些单元在单元坐标系中的刚度矩阵分别表述如下。

下述与各单元刚度矩阵有关的坐标系 xOy 按右手螺旋规则和杆端力及杆端位移的方向及正、负号规定,均与第十章矩阵位移法中的规定相同。

1. 两端均为刚接的单元

在第十章线弹性平面刚架的矩阵位移法中,已求得两端为刚接的等截面单元 ij 在单元坐标系中的单元刚度矩阵为

$$
[\overline{K}]^{(e)} =
\begin{bmatrix}
\dfrac{EA}{l} & 0 & 0 & -\dfrac{EA}{l} & 0 & 0 \\[2.2ex]
0 & \dfrac{12EI}{l^3} & \dfrac{6EI}{l^2} & 0 & -\dfrac{12EI}{l^3} & \dfrac{6EI}{l^2} \\[2.2ex]
0 & \dfrac{6EI}{l^2} & \dfrac{4EI}{l} & 0 & -\dfrac{6EI}{l^2} & \dfrac{2EI}{l} \\[2.2ex]
-\dfrac{EA}{l} & 0 & 0 & \dfrac{EA}{l} & 0 & 0 \\[2.2ex]
0 & -\dfrac{12EI}{l^3} & -\dfrac{6EI}{l^2} & 0 & \dfrac{12EI}{l^3} & -\dfrac{6EI}{l^2} \\[2.2ex]
0 & \dfrac{6EI}{l^2} & \dfrac{2EI}{l} & 0 & -\dfrac{6EI}{l^2} & \dfrac{4EI}{l}
\end{bmatrix}
\qquad (15\text{-}10)
$$

2. 在单元的 i(左) 端出现塑性铰

这时单元的 i 端为铰接，j 端为刚接，单元刚度矩阵为

$$
[\overline{K}]_l^{(e)} =
\begin{bmatrix}
\dfrac{EA}{l} & 0 & 0 & -\dfrac{EA}{l} & 0 & 0 \\[2.2ex]
0 & \dfrac{3EI}{l^3} & 0 & 0 & -\dfrac{3EI}{l^3} & \dfrac{3EI}{l^2} \\[2.2ex]
0 & 0 & 0 & 0 & 0 & 0 \\[2.2ex]
-\dfrac{EA}{l} & 0 & 0 & \dfrac{EA}{l} & 0 & 0 \\[2.2ex]
0 & -\dfrac{3EI}{l^3} & 0 & 0 & \dfrac{3EI}{l^3} & -\dfrac{3EI}{l^2} \\[2.2ex]
0 & \dfrac{3EI}{l^2} & 0 & 0 & -\dfrac{3EI}{l^2} & \dfrac{3EI}{l}
\end{bmatrix}
\qquad (15\text{-}11)
$$

3. 在单元的 j(右) 端出现塑性铰

这时单元的 i 端为刚接，j 端为铰接，单元刚度矩阵为

$$
[\overline{K}]_R^{(e)} =
\begin{bmatrix}
\dfrac{EA}{l} & 0 & 0 & -\dfrac{EA}{l} & 0 & 0 \\[2.2ex]
0 & \dfrac{3EI}{l^3} & \dfrac{3EI}{l^2} & 0 & -\dfrac{3EI}{l^3} & 0 \\[2.2ex]
0 & \dfrac{3EI}{l^2} & \dfrac{3EI}{l} & 0 & -\dfrac{3EI}{l^2} & 0 \\[2.2ex]
-\dfrac{EA}{l} & 0 & 0 & \dfrac{EA}{l} & 0 & 0 \\[2.2ex]
0 & -\dfrac{3EI}{l^3} & -\dfrac{3EI}{l^2} & 0 & \dfrac{3EI}{l^3} & 0 \\[2.2ex]
0 & 0 & 0 & 0 & 0 & 0
\end{bmatrix}
\qquad (15\text{-}12)
$$

4. 在单元的两端出现塑性铰

这时单元的两端均为铰结，单元刚度矩阵为

$$\left[\overline{K}\right]_{iR}^{(e)} = \begin{bmatrix} \dfrac{EA}{l} & 0 & 0 & -\dfrac{EA}{l} & 0 & 0 \\ 0 & 0 & 0 & 0 & 0 & 0 \\ 0 & 0 & 0 & 0 & 0 & 0 \\ -\dfrac{EA}{l} & 0 & 0 & \dfrac{EA}{l} & 0 & 0 \\ 0 & 0 & 0 & 0 & 0 & 0 \\ 0 & 0 & 0 & 0 & 0 & 0 \end{bmatrix} \tag{15-13}$$

15.6.3   计算步骤

如果在加载过程中已经形成的塑性铰不再受到反向变形而恢复其弹性作用,则增量变刚度法的具体计算步骤如下:

(1) 按结构原结点及荷载作用点及其划分的单元,建立结点位移列阵、荷载列阵、各单元刚度矩阵,并用先处理法集成结构总刚$[K_1]$。

(2) 按比例加载的情况,将诸荷载中的参数 P 按单位荷载 $P = 1$ 作用于结构,用矩阵位移法求出结构的结点位移及各单元的杆端内力,得结构的单位弯矩图($\overline{M}_1$ 图),并将各控制截面的弯矩组成单位弯矩向量$\{\overline{M}_1\}$。

(3) 从向量$\{\overline{M}_1\}$中选取最大值 $\overline{M}_{1\max}$,然后应用比例外插公式

$$P_1 = \frac{M_u}{\overline{M}_{1\max}} = \left(\frac{M_u}{\overline{M}_1}\right)_{\min}$$

确定使 $\overline{M}_{1\max}$ 达到极限弯矩 M_u 的荷载值 P_1。上式中的 $\left(\dfrac{M_u}{\overline{M}_1}\right)_{\min}$ 表示由各控制截面的极限弯矩 M_u 与单位弯矩 $\overline{M}_1$ 的比值所组成的向量 $\left\langle\dfrac{M_u}{\overline{M}_1}\right\rangle$ 中的最小元素。

结构在 P_1 作用下,各控制截面的弯矩向量为

$$\{M_1\} = P_1\{\overline{M}_1\}$$

这时上述 $\overline{M}_{1\max}$ 所在的截面或 $\left(\dfrac{M_u}{\overline{M}_1}\right)_{\min}$ 所在的截面出现塑性铰。据此可确定第一个塑性铰所在单元的编号和杆端的编号。

出现第一个塑性铰后,结构就由第一阶段进入第二阶段。

(4) 根据塑性铰所在的单元编号和该单元的杆端编号,根据式(15-11)或式(15-12)或式(15-13)修改塑性铰所在单元的刚度矩阵,然后将修改后的及其他未修改的单元刚度矩阵组集并考虑结构的边界条件,得修改后的结构刚度矩阵$[K_2]$。

(5) 验算$[K_2]$是否为奇异矩阵,若$[K_2]$不是奇异矩阵,则结构尚未达到极限状态,还可承受更大的荷载。

按比例加载的情况,将单位荷载 $P = 1$ 作用于修改后的结构,用结构刚度矩阵$[K_2]$按矩阵位移法求出修改后的结构的结点位移及各单元的杆端内力,得结构的单位弯矩图($\overline{M}_2$ 图),并将各控制截面的弯矩组成单位弯矩向量$\{\overline{M}_2\}$。

(6) 将各控制截面的弯矩差值($M_u - M_1$)与相应截面的单位弯矩 $\overline{M}_2$ 相比,得出向量

$\left\{\dfrac{M_u - M_1}{\overline{M}_2}\right\}$，取其中的最小元素作为第二阶段的荷载增量 ΔP_2：

$$\Delta P_2 = \left(\frac{M_u - M_1}{\overline{M}_2}\right)_{\min}$$

在荷载增量 ΔP_2 作用下各控制截面的弯矩增量为

$$\{\Delta M_2\} = \Delta P_2 \{\overline{M}_2\}$$

荷载及弯矩的累加值分别为

$$P_2 = P_1 + \Delta P_2$$

$$\{M_2\} = \{M_1\} + \{\Delta \overline{M}_2\}$$

$$= P_1\{\overline{M}_1\} + \Delta P_2\{\overline{M}_2\}$$

这时第二个塑性铰出现在 $\left(\dfrac{M_u - M_1}{\overline{M}_2}\right)_{\min}$ 所在的截面，据此可确定第二个塑性铰所在单元的编号及该单元的杆端编号。

出现第二个塑性铰后，结构就由第二阶段进入第三阶段。

（7）仿照前面第（4）、（5）、（6）计算步骤，进行第三、第四…… 阶段计算，直至 $[K_n]$ 为奇异矩阵为止。当 $[K_n]$ 为奇异矩阵时，结构已成为可变体系，到达极限状态，结构的极限荷载 P_u 为

$$P_u = P_1 + \Delta P_2 + \Delta P_3 + \cdots + \Delta P_{n-1}$$

【例 15-11】 试用增量变刚度法求图 15-27(a) 所示单跨变截面梁的极限荷载。已知杆件 AB 及 BC 的材料相同，屈服应力为 σ_y，横截面形式均为矩形，截面尺寸分别为 $b \times h_{(AB)}$ 及 $b \times h_{(BC)}$，极限弯矩分别为 $M_{u(AB)} = 1.5M_u$ 及 $M_{u(BC)} = M_u$。

【解】（1）第一阶段计算。

根据已知条件，有

$$\frac{I_{(AB)}}{I_{(BC)}} = \frac{h_{(AB)}^3}{h_{(BC)}^3};$$

$$\frac{M_{u(AB)}}{M_{u(BC)}} = \frac{\dfrac{bh_{(AB)}^2}{4}\sigma_y}{\dfrac{bh_{(BC)}^2}{4}\sigma_y} = \frac{h_{(AB)}^2}{h_{(BC)}^2} = 1.5$$

于是得

$$\frac{I_{(AB)}}{I_{(BC)}} = \frac{h_{(AB)}^2}{h_{(BC)}^2} \times \frac{h_{(AB)}}{h_{(BC)}} = 1.5 \times \sqrt{1.5} = 1.837$$

根据杆件 AB 与 BC 的弯曲刚度之比 $EI_{(AB)}/EI_{(BC)}$ = 1.837，在单位荷载 $P = 1$ 作用下，按线弹性分析原理，用矩阵位移法求出结点位移，再根据结点位移求出梁在第一阶段的单位弯矩图（$\overline{M}_1$ 图）如图 15-27(b) 所示。

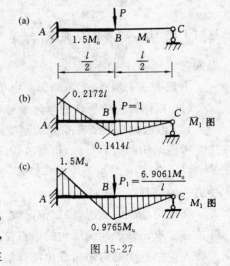

图 15-27

各控制截面 A、B 的比值 $M_u/\overline{M}_1$ 如表 15-1 所示。

表 15-1   控制截面弯矩比

控制截面	A	B
M_u	$1.5M_u$	M_u
$\overline{M}_1$	$0.2172l$	$0.1414l$
$\dfrac{M_u}{\overline{M}_1}$	$6.9061\dfrac{M_u}{l}$	$7.0721\dfrac{M_u}{l}$

在表 15-1 中,控制截面 A 的比值 $M_u/\overline{M}_1 = 6.9061M_u/l$ 为最小,于是得第一阶段终结时的荷载 P_1 为

$$P_1 = \left(\frac{M_u}{\overline{M}_1}\right)_{\min} = 6.9061\frac{M_u}{l}$$

在 P_1 作用下,梁的弯矩为

$$\{M_1\} = P_1\{\overline{M}_1\}$$

M_1 图如图 15-27(c) 所示。在截面 A 处出现第一个塑性铰,梁过渡到第二阶段。

(2) 第二阶段计算

将截面 A 改为铰结点,据此修改单元刚度矩阵及结构刚度矩阵。在单位荷载 $P = 1$ 作用下,按线弹性理论,用矩阵位移法求出结点位移,再根据结点位移求出梁在第二阶段的单位弯矩图($\overline{M}_2$ 图),如图 15-28(a) 所示。

这时控制截面 B 的比值 $(M_u - M_1)/\overline{M}_2$ 就是第二阶段的荷载增量 ΔP_2,即

$$\Delta P_2 = \frac{M_u - M_1}{\overline{M}_2} = \frac{M_u - 0.9765M_u}{0.25l} = 0.094\frac{M_u}{l}$$

第二阶段的梁在荷载增量 ΔP_2 作用下的弯矩增量为

$$\{\Delta M_2\} = \Delta P_2\{\overline{M}_2\}$$

ΔM_2 图如图 15-28(b) 所示。

这时荷载及弯矩的累加值分别为

$$P_2 = P_1 + \Delta P_2 = (6.9061 + 0.094)\frac{M_u}{l} = \frac{7M_u}{l}$$

$$M_2 = M_1 + \Delta M_2$$

结果如图 15-28(c) 所示。在截面 B 处出现第 2 个塑性铰,这时梁的第二段结束。

(3) 极限状态。将截面 B 改为铰结点(这时截面 A、B、C 已均为铰结点),据此修改得到的结构刚度矩阵已为奇异矩阵,梁已成为可变体系,处于极限状态,因此 P_2 就是极限荷载,即

$$P_u = \frac{7M_u}{l}$$

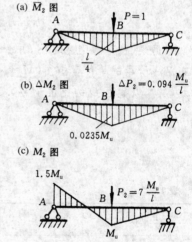

(a) $\overline{M}_2$ 图

(b) ΔM_2 图

(c) M_2 图

图 15-28

【例 15-12】 试用增量变刚度法求图 15-29(a) 所示刚架的极限荷载。已知梁、柱所用材料相同,其屈服应力为 σ_y,截面形式均为矩形,梁和柱的截面尺寸分别为 $b \times h_{(BD)}$ 和 $b \times h_{(AB)}$,梁和柱的极限弯矩分别为 $2M_u$ 和 M_u。

【解】 (1)第一阶段计算。根据已知条件,有

$$\frac{I_{(BD)}}{I_{(AB)}} = \frac{h_{(BD)}^3}{h_{(AB)}^3}; \quad \frac{M_{u(BD)}}{M_{u(AB)}} = 2 = \frac{\dfrac{bh_{(BD)}^2}{4}\sigma_y}{\dfrac{bh_{(AB)}^2}{4}\sigma_y} = \frac{h_{(BD)}^2}{h_{(AB)}^2}$$

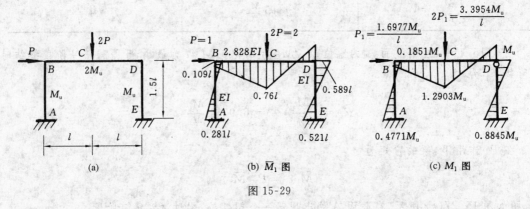

图 15-29

于是得

$$\frac{I_{(BD)}}{I_{(AB)}} = \frac{h_{(BD)}^2}{h_{(AB)}^2} \times \frac{h_{(BD)}}{h_{(AB)}} = 2\sqrt{2} = 2.828$$

根据梁、柱弯曲刚度之比,并令荷载参数 $P = 1$,按线弹性分析原理,用矩阵位移法求出刚架在第一阶段的单位弯矩图($\overline{M}_1$ 图)如图 15-29(b) 所示。各控制截面的比值 $M_u/\overline{M}_1$ 如表 15-2 所示,其中以截面 D 的比值 $M_u/0.589l = 1.6977M_u/l$ 为最小,于是得第一阶段终结时的荷载 P_1 为

$$P_1 = \left(\frac{M_u}{\overline{M}_1}\right)_{\min} = 1.6977\frac{M_u}{l}$$

表 15-2   第一阶段控制截面弯矩比

控制截面	A	B	C	D	E
M_u	M_u	M_u	$2M_u$	M_u	M_u
$\overline{M}_1$	$0.281l$	$0.109l$	$0.76l$	$0.589l$	$0.521l$
$\dfrac{M_u}{\overline{M}_1}$	$3.5587\dfrac{M_u}{l}$	$9.1743\dfrac{M_u}{l}$	$2.6316\dfrac{M_u}{l}$	$1.6977\dfrac{M_u}{l}$	$1.9194\dfrac{M_u}{l}$

在 P_1 作用下刚架的弯矩为

$$\{M_1\} = P_1\{\overline{M}_1\}$$

M_1 图如图 15-29(c) 所示。在截面 D 处出现第一个塑性铰,刚架过渡到第二阶段。

（2）第二阶段计算

将截面 D 改为铰结点，据此修改单元刚度矩阵及结构刚度矩阵。在单位荷载 $P=1$ 作用下，按线弹性理论，用矩阵位移法求出刚架在第二阶段的单位弯矩图（$\overline{M}_2$ 图）如图 15-30(a) 所示。各控制截面的比值 $(M_u-M_1)/\overline{M}_2$ 如表 15-3 所示。其中以截面 E 的比值 $(M_u-M_1)/\overline{M}_2 = 0.2296M_u/l$ 为最小，这个最小比值就是第二阶段的荷载增量 ΔP_2，即

$$\Delta P_2 = 0.2296 \frac{M_u}{l}$$

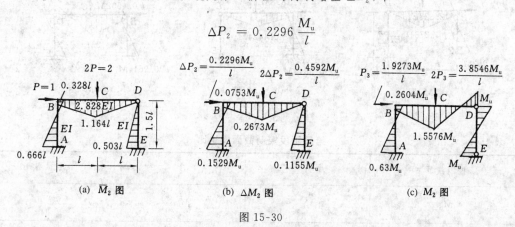

(a) $\overline{M}_2$ 图　　　　(b) ΔM_2 图　　　　(c) M_2 图

图 15-30

表 15-3　　　　　　　　　　　　　　　第二阶段控制截面弯矩比

控制截面	A	B	C	E
M_u	M_u	M_u	$2M_u$	M_u
M_1	$0.4771M_u$	$0.1851M_u$	$1.2903M_u$	$0.8845M_u$
$\overline{M}_2$	$0.666l$	$0.328l$	$1.164l$	$0.503l$
$\dfrac{M_u-M_1}{\overline{M}_2}$	$0.7851\dfrac{M_u}{l}$	$2.4845\dfrac{M_u}{l}$	$0.6097\dfrac{M_u}{l}$	$0.2296\dfrac{M_u}{l}$

第二阶段的刚架在荷载增量 ΔP_2 作用下的弯矩增量为

$$\{\Delta M_2\} = \Delta P_2\{\overline{M}_2\}$$

ΔM_2 图如图 15-30(b) 所示。这时荷载及弯矩的累加值分别为

$$P_2 = P_1 + \Delta P_2 = 1.6977\frac{M_u}{l} + 0.2296\frac{M_u}{l} = 1.9273\frac{M_u}{l}$$

$$M_2 = M_1 + \Delta M_2$$

结果如图 15-30(c) 所示，在截面 E 处出现第二个塑性铰，刚架过渡到第三阶段。

（3）第三阶段计算

将截面 E 改为铰结点（截面 D 已在第二阶段改为铰结点），据此修改单元刚度矩阵及结构刚度矩阵。在单位荷载 $P=1$ 作用下，按线弹性理论，用矩阵位移法求出刚架在第三阶段的单位弯矩图（$\overline{M}_3$ 图）如图 15-31(a) 所示。各控制截面的比值 $(M_u-M_2)/\overline{M}_3$ 如表 15-4 所示。其中以截面 C 的比值 $(M_u-M_2)/\overline{M}_3 = 0.3475M_u/l$ 为最小，这个最小比值就是第三阶段时的荷载

增量 ΔP_3，即

$$\Delta P_3 = 0.3475 \frac{M_u}{l}$$

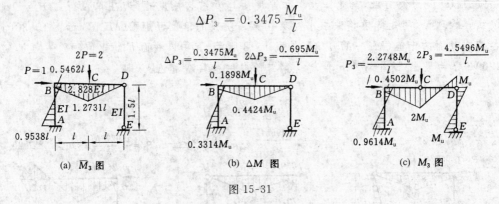

(a) $\overline{M}_3$ 图　　　　(b) ΔM 图　　　　(c) M_3 图

图 15-31

表 15-4　　　　　　　　　　　　　第三阶段控制截面弯矩比

控制截面	A	B	C
M_u	M_u	M_u	$2M_u$
M_2	$0.6300M_u$	$0.2604M_u$	$1.5576M_u$
$\overline{M}_3$	$0.9538l$	$0.5462l$	$1.2731l$
$\dfrac{M_u - M_2}{\overline{M}_3}$	$0.3879\dfrac{M_u}{l}$	$1.3541\dfrac{M_u}{l}$	$0.3475\dfrac{M_u}{l}$

第三阶段的刚架在荷载增量 ΔP_3 作用下的弯矩增量为

$$\{\Delta M_3\} = \Delta P_3\{\overline{M}_3\}$$

ΔM_3 图如图 15-31(b) 所示。这时荷载及弯矩的累加值分别为

$$P_3 = P_2 + \Delta P_3 = 1.9273 \frac{M_u}{l} + 0.3475 \frac{M_u}{l} = 2.2748 \frac{M_u}{l}$$

$$M_3 = M_2 + \Delta M_3$$

结果如图 15-31(c) 所示，在截面 C 处出现第 3 个塑性铰，刚架过渡到第四阶段。

　　(4) 第四阶段计算。将截面 C 改为铰结点（截面 D、E 已分别在第二、第三阶段改为铰结点），据此修改单元刚度矩阵及结构刚度矩阵。在单位荷载 $P = 1$ 作用下，按线弹性理论，用矩阵位移法求出刚架在第四阶段的单位弯矩（$\overline{M}_4$ 图）如图 15-32(a) 所示。各控制截面的比值 $(M_u - M_3)/\overline{M}_4$ 如表 15-5 所示。其中以截面 A 的比值 $(M_u - M_3)/\overline{M}_4 = 0.0110M_u/l$ 为最小，这个最小比值就是第四阶段的荷载增量 ΔP_4，即

$$\Delta P_4 = 0.0110 \frac{M_u}{l}$$

　　第四阶段的刚架在荷载增量 ΔP_4 作用下的弯矩增量为

$$\{\Delta M_4\} = \Delta P_4\{\overline{M}_4\}$$

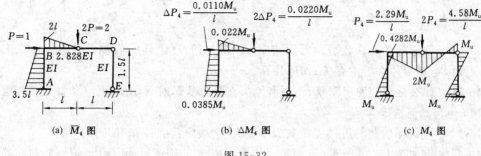

(a) $\overline{M}_4$ 图   (b) ΔM_4 图   (c) M_4 图

图 15-32

ΔM_4 图如图 15-32(b) 所示。这时荷载及弯矩的
累加值分别为

表 15-5	第四阶段控制截面弯矩比	
控制截面	A	B
M_u	M_u	M_u
M_3	$0.9614M_u$	$-0.4502M_u$
$\overline{M}_4$	$3.5l$	$2l$
$\dfrac{M_u - M_3}{\overline{M}_4}$	$0.0110\dfrac{M_u}{l}$	$0.7251\dfrac{M_u}{l}$

$$P_4 = P_3 + \Delta P_4 = 2.2748\frac{M_u}{l} + 0.0110\frac{M_u}{l}$$

$$= 2.2858\frac{M_u}{l} \approx 2.29\frac{M_u}{l}$$

$$M_4 = M_3 + \Delta M_4$$

结果如图 15-32(c) 所示,在截面 A 处出现第四个塑性铰,这时刚架的第四阶段结束。

(5) 极限状态

将截面 A 改为铰结点(截面 D、E、C 已分别在第二、三、四阶段改为铰结点),据此修改单元
刚度矩阵及结构刚度矩阵。此时结构刚度矩阵已为奇异矩阵,刚架已成为可变体系,处于极限
状态,因此 P_4 就是极限荷载,即

$$P_u = P_4 = 2.29\frac{M_u}{l}$$

上述加载过程中的荷载 P 与结点 B 的水平位移 Δ_{BH} 间的关系如图 15-33 所示,P-Δ_{BH} 关系
呈材料非线性特性。其中当先后出现四个塑性铰时,P-Δ_{BH} 图出现四个转折,每出现一个塑性
铰,P-Δ_{BH} 线的倾度就变得平些,说明结构的水平刚度相应变小,出现四个塑性铰后,P-Δ_{BH} 线
为水平线,说明结构的水平刚度已丧失殆尽,因而结构的水平位移趋于无限大,结构即将倒塌。

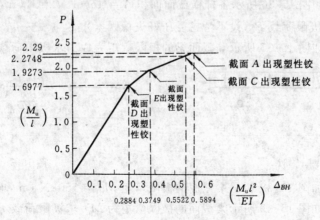

图 15-33

习 题

[15-1] 受弯杆的塑性铰表示截面的应力状况如何?在怎样的假设下它具有什么工作特点?截面极限弯矩与什么因素有关、如何计算?

[15-2] 什么是结构的极限状态?梁和刚架在极限状态时有哪些特征(条件)?破坏机构的可能(虚)位移如何选定?

[15-3] 可破坏荷载与可接受荷载哪个更大些?极限荷载计算有几种方法?

[15-4] 求如图 15-34 所示(a)对称工字形、(b)实心圆形截面、(c)圆形空心截面的极限弯矩 M_u。已知材料的屈服极限为 σ_y。

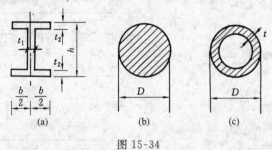

图 15-34

[15-5] 材料的屈服极限 $\sigma_y = 24\text{kN/cm}^2$,求如图 15-35 所示 T 形截面的极限弯矩 M_u。

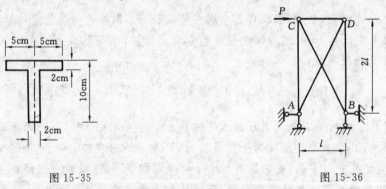

图 15-35　　　　　　　　　　　　　图 15-36

[15-6] 已知如图 15-36 所示各杆横截面面积 $A = 15\text{cm}^2$,$l = 1.5\text{m}$,材料的屈服极限 $\sigma_y = 23520\text{N/cm}^2$。求极限荷载 P_u(设不考虑受压杆失稳因素)。

[15-7] 已知如图 15-37 所示等截面梁的极限弯矩为 M_u,求极限荷载 q_u。

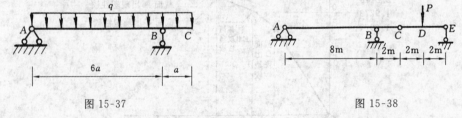

图 15-37　　　　　　　　　　　　　图 15-38

[15-8] 已知如图 15-38 所示梁截面的极限弯矩 $M_u = 150\text{kN} \cdot \text{m}$,求极限荷载 P_u。

[15-9] 已知如图 15-39 所示梁截面的极限弯矩为 M_u,求极限荷载 P_u。

[15-10] 已知如图 15-40 梁截面的极限弯矩为 M_u,求极限荷载 m_u。(提示:在 B 点的左、右截面可能分别出现塑性铰)

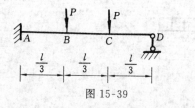

图 15-39

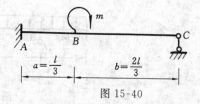

图 15-40

[**15-11**]　已知如图15-41所示受弯杆 AB 的极限弯矩为 M_u，轴力杆 BC 的极限内力 $N_u = 0.2M_u\left(\dfrac{1}{m}\right)$，求极限荷载 q_u。

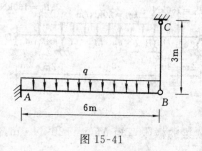

图 15-41

[**15-12**]　已知如图 15-42 所示梁截面的极限弯矩为 M_u，求极限荷载 q_u。

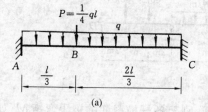

(a)

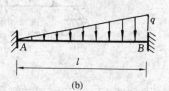

(b)

图 15-42

[**15-13**]　指出如图 15-43 所示(a)、(b)、(c) 所示变截面梁的可能破坏机构有几种?并分析各是哪一种破坏机构是梁的极限状态?

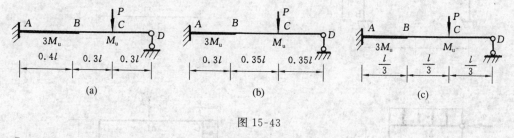

(a)　　　　　　　　(b)　　　　　　　　(c)

图 15-43

[**15-14**]　求如图15-44所示各连续梁的极限荷载。其中图15-44(a)、(b)各跨横截面的极限弯矩为 M_u，图 15-44(c)各跨横截面的极限弯矩如图中所示。

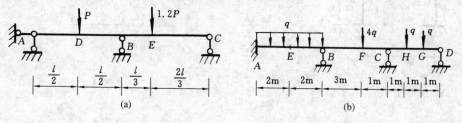

(a)　　　　　　　　　　　　　(b)

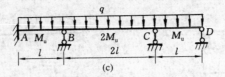

图 15-44

[**15-15**] 如图 15-45 所示材料的屈服极限 $\sigma_y = 24\text{kN/cm}^2$，梁的横截面为矩形，设截面宽度 $b = 6\text{cm}$，试选择截面高度 h_1 及 h_2（设 $h_1 > h_2$），图中 k 为安全系数。

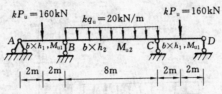

图 15-45

[**15-16**] 已知等截面连续梁的极限弯矩 $M_u = 120\text{kN}\cdot\text{m}$，使用荷载如图 15-46 所示，试求荷载安全系数 k。

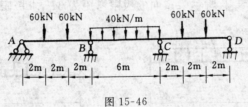

图 15-46

[**15-17**] 求如图 15-47 各刚架的极限荷载，刚架各杆横截面的极限弯矩 M_u 如图中所示。

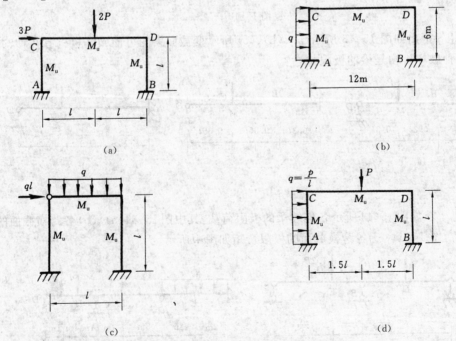

(a)

(b)

(c)

(d)

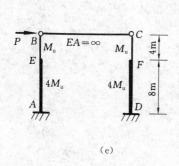

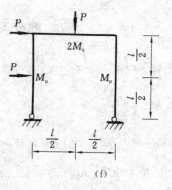

(e)　　　　　　　　　　　　　　(f)

图 15-47

[15-18]　试求如图 15-48 各刚架的极限荷载。

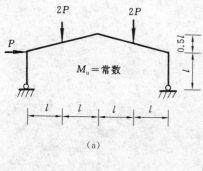

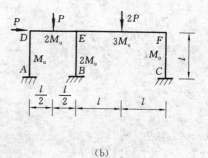

(a)　　　　　　　　　　　　　　(b)

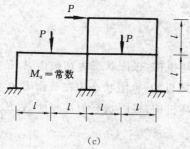

（c）

图 15-48

*[15-19]　试用增量变刚度法确定如图 15-47(a) 所示刚架的极限荷载 P_u。

部分习题答案及提示

[**15-4**]　(a) $M_u = \left[bt_2(h-t_2) + \dfrac{1}{4}t_1(h-2t_2)^2 \right]\sigma_y$

　　　　(b) $M_u = \dfrac{D^3}{6}\sigma_y$

　　　　(c) $M_u = \dfrac{t}{3}(3D^2 - 6Dt + 4t^2)\sigma_y$

[**15-5**]　$M_u = 20.06\text{kN} \cdot \text{m}$

[**15-6**]　$P_u = 315.544\text{kN}$

[**15-7**]　$q_u = \dfrac{0.235M_u}{a^2}$

[**15-8**]　$P_u = 150\text{kN}$

[**15-9**]　$P_u = \dfrac{4M_u}{l}$

[**15-10**]　$m_u = \dfrac{1}{2}M_u$

[**15-11**]　$q_u = 0.122M_u$

[**15-12**]　(a) $q_u = \dfrac{11.755M_u}{l^2}$

　　　　(b) $q_u = \dfrac{31.18M_u}{l^2}$

[**15-13**]　(a) 有两种可能的破坏机构,极限状态为在截面 A、C 处出现塑性铰。

　　　　(b) 有两种可能的破坏机构,极限状态为在截面 B、C 处出现塑性铰。

　　　　(c) 有两种可能的破坏机构,极限状态为在截面 A、B、C 处出现塑性铰。

[**15-14**]　(a) $P_u = \dfrac{6M_u}{l}$

　　　　(b) $q_u = \dfrac{2}{3}M_u$

　　　　(c) $q_u = \dfrac{6M_u}{l^2}$

[**15-15**]　$h_1 = 18.26\text{cm}$, $h_2 = 14.91\text{cm}$

[**15-16**]　$k = 1.333$

[**15-17**]　(a) $P_u = \dfrac{1.2M_u}{l}$

　　　　(b) $q_u = 0.052M_u \left(单位: \dfrac{1}{\text{m}^2} \right)$

　　　　(c) $q_u = \dfrac{3M_u}{l^2}$

　　　　(d) $P_u = \dfrac{1.714M_u}{l}$

　　　　(e) $P_u = 0.5M_u(\text{m}^{-1})$

(f) $P_u = \dfrac{4M_u}{3l}$

[**15-18**] (a) $P_u = \dfrac{9M_u}{11l}$

(b) $P_u = \dfrac{5M_u}{l}$

(c) $P_u = \dfrac{13M_u}{4l}$

附录 A　平面刚架静力分析程序

A.1　概　述

由矩阵位移法的基本原理到计算机的实现,还有一段距离,涉及到确定解题方式、设计程序流程图以及使问题内容或解题计划变为计算机能够接受的指令或语句系列这样一个过程,也即所谓程序编制(或程序设计)。本附录仅限于介绍平面刚架程序的流程图,并给出用 C 语言编写的源程序和算例,此外,还阐述了如何扩大程序的功能和使用范围。

用矩阵位移法计算结构的弹性静力问题,其基本方程为

$$[K]\{DJ\} = \{PJ\} \tag{A-1}$$

从矩阵位移法知道,上式中结构总刚度矩阵$[K]$的形成有先处理法和后处理法两种,本附录介绍后处理法。后处理法常用的约束处理有多种,本附录采用主对角元置大数法。$[K]$的元素是由各单刚叠加而成,它具有对称、稀疏的特点。为了节省存放单元,利用这两个特点,通常采用二维等带宽存放或一维变带宽存放,本附录采用前者。对方程(A-1)的求解方法,本附录采用高斯消元法。

机算与手算不同,手算怕繁,机算怕乱,手算追求计算技巧,机算则不怕大量运算,但希望系统性强、通用性大、存放量少、计算效率高。当然,编写一个程序首先应力求正确清楚,然后才考虑提高计算效率和通用性,本附录编写的程序着重于教学要求,力求简洁、明了,使学生根据本附录提供的程序文本,就可上机计算一般杆系结构的实际问题,并为扩展程序的功能和今后阅读其他的程序打下基础。

A.2　流程图

对于系统模型式(附-1),目的是求结点位移未知量$\{DJ\}$,由系统模型首先可分离出结构

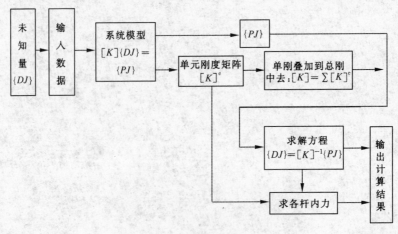

图 A-1

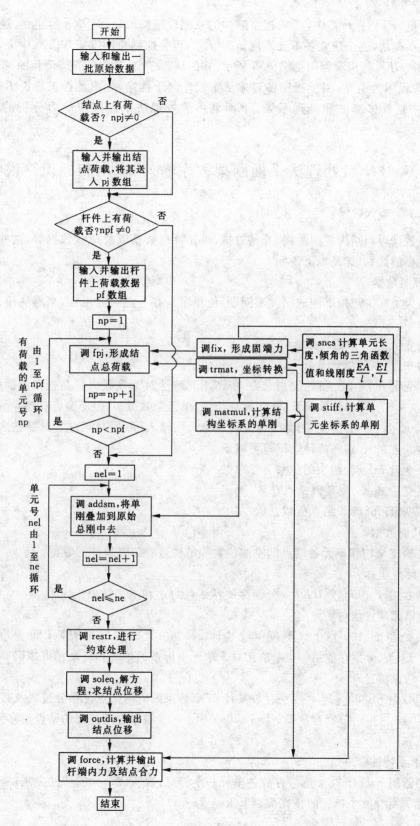

图 A-2

结点力向量$\{PJ\}$,在计算中,必须建立结构的总刚度矩阵$[K]$,而$[K]$的建立,是由$[K]$本身细化成各小模块,逐个建立各单元刚度矩阵$[K]^e$,再叠加到总刚度矩阵$[K]$中去,最后求解式(附-1)得$\{DJ\}$,其粗流程图见图 A-1 所示。在阅读程序前,首先应弄清流程图,即一串模块连接图;以流程图为引导,阅读程序要遵循从主程序到子程序,先熟悉标识符说明、输入输出信息,然后才是具体算法和处理手段。下面列出后处理法平面刚架静力分析的详细流程图(图 A-2)。

A.3　后处理法平面刚架程序输入、输出和标识符说明

A.3.1　输入数据

输入数据可归纳为控制数据、几何数据、单元特性数据以及荷载数据等,这些数据类型有实型与整型的区别,详见以下说明。

1. 控制数据

这是为了解决规模不同的同类型问题,使程序具有一定的通用性,当然通用性越大,控制数据就越多。

整型变量 nj　结点总数

整型变量 ne　单元总数

整型变量 nt　单元特性类别总数,所谓单元特性对于等截面杆是指横截面积、截面惯矩和弹性模量。在实际结构中,单元个数虽多,但不会存在各单元特性均不同的情况,因此不需要每一单元均输入一组特性数据,只要输入各种特性类别的特性数据就可以了。

整型变量 nr　受约束的位移分量总数

整型变量 npj　受荷载结点总数

整型变量 npf　非结点荷载总数

2. 几何数据

这是确定结构和单元各结点的空间位置和结构边界约束条件的数据。

(1) 结点坐标

实型数组 x[100],y[100]　分别存放各结点的 x 和 y 坐标值。

(2) 单元连接信息

整型数组 jel[100][2]　逐一存放共计 ne 个单元的两端结点码,而 jel[nel－1][0]、jel[nel－1][1]分别存放第 nel 个单元对于单元坐标系的始端和终端结点编码。

(3) 约束信息

实型数组 res[60][2]　逐一存放共计 nr 个约束编码的结点位移分量码及其强迫位移值,res[i][0]、res[i][1]分别存放第 i 个(i＝0……nr－1)需作约束处理的结点位移分量码及其强迫位移值。

3. 单元特性信息

整型数组 nae[100]　逐一存放各单元一个信息:表明该单元的特性类别,例如在 nae[nel－1]中存放第 nel 个单元的特性类别 k(k＝1…nt):

$$k = nae[nel－1]$$

由该类别 k 可确定特性值(截面面积 A、惯矩 I 和弹性模量 E),即

$$A = ae[k-1][0]$$
$$I = ae[k-1][1]$$
$$E = ae[k-1][2]$$

实型数组 $ae[30][3]$ 为单元特性值数组,逐一存放共计 nt 个类别的全部特性值数。

4. 荷载数据

(1) 结点荷载

实型数组 $pj[300]$ 存放沿全部结点位移分量方向的荷载,其中 nn = 3 * nj 是刚架结点位移分量总数,对于第 no 个结点,其 x、y、θ 方向的荷载分别存放于 $pj[3*no-3]$、$pj[3*no-2]$、$pj[3*no-1]$ 中。

(2) 非结点荷载

本程序编入如图 A-3 所示六种类型荷载,描述一个非结点荷载不多于四个参数,按非结点荷载序号 np 由 0 至 npf-1 存放于实型数组 $pf[200][4]$ 中,第 np-1 行的四列元素表示了第 np 号荷载的四个参数,其意义如下

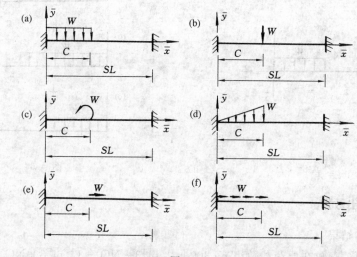

图 A-3

$pf[np-1][0]$—— 第 np 号非结点荷载 W 的值,其正负号规定荷载方向与单元坐标系方向一致为正,图 A-3(a)、(b)、(d) 中的荷载作用方向均为负,图(c)、(e)、(f) 中的荷载作用方向均为正。

$pf[np-1][1]$—— 第 np 号非结点荷载作用位置参数 C 值(图 A-3)。

$pf[np-1][2]$—— 第 np 号非结点荷载所在单元的编码。

$pf[np-1][3]$—— 第 np 号非结点荷载类型编码

类型号 1—— 横向均布荷载(图 A-3(a))

类型号 2—— 垂直杆轴的集中荷载(图 A-3(b))

类型号 3—— 集中力偶(图 A-3(c))

类型号 4—— 横向三角形分布荷载(图 A-3(d))

类型号 5—— 轴向集中荷载(图 A-3(e))

类型号 6—— 轴向均布荷载(图 A-3(f))

当斜杆上作用竖向均布荷载(或集中荷载)时,如图 A-4 所示,可将其分解为垂直于杆轴的荷载 W_1 和平行于杆轴的荷载 W_2。

均布荷载(图 A-4(a))

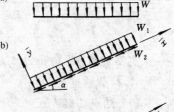

$$W_1 = W\cos^2\alpha \qquad (A-2)$$

$$W_2 = W\cos\alpha\sin\alpha \qquad (A-3)$$

集中荷载(图 A-4(b))

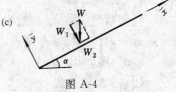

$$W_1 = W\cos\alpha \qquad (A-4)$$

$$W_2 = W\sin\alpha \qquad (A-5)$$

如遇附图 A-5 所示荷载,这时无坐标系的设置以及单元坐标系与结构坐标系间夹角均示于图 A-5 上。当单元坐标系按图 A-6(a)那样设置时,则荷载可采用叠加的方法处理(图 A-6)。

图 A-4

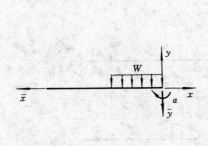

图 A-5

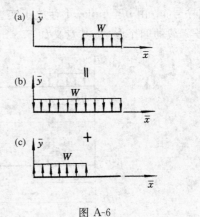

图 A-6

A.3.2 输出数据

1. 计算最终结果

(1) 结点位移,存放在原荷载数组 pj[300] 中,pj[3 * NO − 3]、pj[3 * NO − 2]、pj[3 * NO − 1] 分别存放第 no 个结点的三个位移分量 u、v、θ。

(2) 单元端内力,仅用一个实型数组 f[6] 存放单元坐标系下单元两端的轴力、剪力和弯矩(图 A-7),为了节约存放单元,计算完成一个单元的杆端力,随即输出其值。

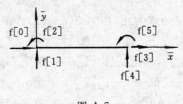

图 A-7

(3) 结点合力,输出结构坐标系下由单元结点力合成的结构结点力存放于实型数组 r[300] 中,用于检查结点力平衡和确定约束反力。

2. 输出输入数据

为了检查输入数据,并作为一个完整的计算报告,将输入数据再输出。

3. 输出中间结果

(1) 输出中间计算结果的重要数据

整型变量 nn   结点位移分量总数:nn = 3 * nj

整型变量 mbw   结构刚度矩阵半带宽,由子程序 hbw 计算并输出。

(2) 为了检查计算过程中的问题,设计中间结果输出,例如当解方程溢出时,常输出结构刚度矩阵主对角元的编码。这种类型的输出,在调试程序时,可多设计一些,当程序证实是正确时,就可减少甚至取消。

A.3.3　标识符说明

除上面输入、输出数据中所采用的标识符外,程序中还采用了其他一些标识符,其所代表的意义说明如下:

1. 实型变量

sl　单元长度;

sn　单元的 $\sin\alpha$ 值,α 表示结构坐标系与单元间夹角;

cs　单元的 $\cos\alpha$ 值;

eal　单元的轴向刚度 $\dfrac{EA}{l}$;

eil　单元的弯曲刚度 $\dfrac{EI}{l}$。

2. 实型数组

sm(6,6)　单元刚度矩阵,先、后存放单元坐标系下和结构坐标系下当前单元的刚度矩阵元素。

tsm[300][30]　总刚度矩阵,二维等带宽存放

t[6][6]　单元坐标转换矩阵

fo[6]　单元坐标系下存放当前单元两端固端力(图 A-8(a))。

foj[6]　结构坐标系下存放当前单元两端固端力(图 A-8(b))。

dj[6]　结构坐标系下存放当前单元两端 u、v、θ 方向位移值。

fj[6]　结构坐标系下存放当前单元两端杆端力(轴力、剪力和弯矩)。

d[6][6]　为临时工作单元,矩阵相乘时用。

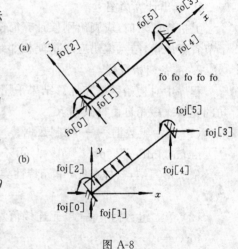

图 A-8

3. 整型数组

is[6]　杆单元在单刚与总刚中位移编码的对应数组,例如 is[1-1] 表示单元在单刚中位移编码为1,则它在总刚中的编码为 is[1-1]。

A.4　后处理法平面刚架静力分析源程序和使用说明

A.4.1　适用范围

1. 结构形式

由等截面直杆组成的具有任意几何形状的平面杆系结构:刚架、组合结构、桁架、排架和连续梁。

2. 支座形式

结构的支座可以是固定支座、铰支座、滚轴支座和滑动支座。

3. 荷载类型

作用在结构上的荷载包括结点荷载和非结点荷载,各种非结点荷载类型见图 A-3。

4. 材料性质

结构的各个杆件可用不同的弹性材料组成。

本程序考虑了杆件的弯曲变形和轴向变形,忽略了剪切变形影响。单元坐标系与结构坐标系的设置均与矩阵位移法相同。

后处理法刚架程序对支座少而相对集中、考虑轴向变形的多、高层刚架以及有支座沉陷的结构,准备初始数据最为方便。

A.4.2　源程序

根据附录 A.2 中细流程图,可编写出后处理法平面刚架静力分析源程序(源程序见附 A.6)。

A.4.3　程序使用说明

1. 画出计算简图

上机算题之前,应画出刚架计算简图,设定结构坐标系,对刚架的单元和结点进行编码,为了节省存放量,结点编码应尽量使相邻结点间编码的最大差值越小越好。

2. 准备初始数据

程序中对初始数据和计算结果采用文件输入和输出,数据输入时,按程序中执行 fscanf 语句的先后次序用自由格式输入。

(1) 第一组数据 —— 控制数据。

fscanf(infile,"%d%d%d%d%d%d", &nj, &ne, &nt, &nr, &npj, &npf);

依次填写结点、杆单元、单元特性类别、受约束位移分量、受荷载结点以及受非结点荷载的总数。

(2) 第二组数据 —— 单元连接信息和单元特性类别信息。

for(i = 0; i < ne;i ++)

　　fscanf (infile,"%d%d%d", &jel[i][0], &jel[i][1], &nae[i]);

按照杆单元编码顺序逐一填写其两端结点编码和该单元的特性类别,单元两端结点编码的填写次序可任取。

(3) 第三组数据 —— 结点坐标。

for(i = 0; i < nj; i ++)

　　fscanf (infile, "%f%f", &x[i], &y[i]);

按照结点编码顺序,逐一填写 X、Y 坐标值。

(4) 第四组数据 —— 单元特性信息。

for(i = 0; i < nt;i ++)

　　fscanf (infile, "%f%f%f", &ae[i][0], &ae[i][1], &ae[i][2]);

按照单元特性类别数编码顺序,逐一填写该类别的单元截面积、惯矩和材料的弹性模量。

(5) 第五组数据 —— 约束信息。

for(i = 0;i < nr;i ++)

　　fscanf (infile, "%f%f", &res[i][0], &res[i][1]);

按照受约束位移分量数编码顺序,逐一填写其结点位移分量编码和强迫位移值,位移值的正负号按照与结构坐标方向一致为正。

(6) 第六组数据 —— 结点荷载。

for (i = 0; i < npj; i++)

fscanf (infile, "%d%f%f%f", &no, &px, &py, &zm);

pj[3 * no − 3] = px;

pj[3 * no − 2] = py;

pj[3 * no − 1] = zm;

当每一结点均无荷载作用时,即 npj = 0,就不填本组数据;当 npj ≠ 0 时,则以有结点荷载数顺序,逐一填写结点编码 no 和沿 x、y、θ 方向荷载 px、py、zm 值,结点荷载按与结构坐标系方向一致为正,若其结点仅一个方向有荷载,则其他方向荷载填零。

(7) 第七组数据 —— 非结点荷载。

for (i = 0; i < npf; i++)

fscanf (infile, "%f%f%f%f", &pf[i][0], &pf[i][1], &pf[i][2], &pf[i][3]);

当全部单元上均无非结点荷载,即 npf = 0 时,就不填本组数据,当 npf ≠ 0 时,则按非结点荷载顺序,逐一填写 pf 数组,每一个非结点荷载填写四个数:

荷载值 W、作用位置 C、所在单元号、荷载类型,详见附录 A.3 中的有关内容。

【例 A-1】　已知图 A-9(a) 所示刚架,斜梁截面积 $A_L = 0.15\text{m}^2$、惯矩 $I_L = 0.005\text{m}^4$,柱截面积 $A_C = 0.2\text{m}^2$、惯矩 $I_C = 0.004\text{m}^4$,材料弹性模量 $E = 3 \times 10^7 \text{kN/m}^2$,求各杆内力。

【解】　结点和单元编码以及结构坐标系的设定见图 A-9(b) 所示,输入数据填写如下:

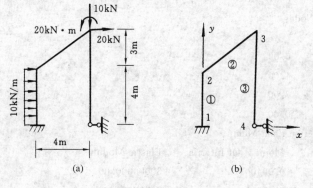

图 A-9

第一组数据:

　4 3 2 4 1 1 1

第二组数据

　2 1 1 2 3 2 3 4 1

第三组数据

　0 0 0 4 4 7 4 0

第四组数据

　0.2　0.004　3E7

　0.15　0.005　3E7

第五组数据

　1　0　2　0　3　0　10　0

第六组数据

　3　20　－10　20

第七组数据

　10　4　1　1

计算机输出结果如下：

Static Analysis Of Plane Frame

Input Data

* * * * * * * *

Control Data

The Num. Of Nodes： 4

The Num. Of Mem. ： 3

The Num. Of Type Of Section Characteristic： 2

The Num. Of Restricted Degrees Of Freedom： 4

The Num. Of Nodal Loads： 1

The Num. Of Non-Nodal Loads： 1

The Num. Of Nodal Degrees Of Freedom： 12

Information Of Mem.

Mem.	Start Node	End Node	Type
1	1	2	1
2	2	3	2
3	3	4	1

Coordinates x and y Of Nodes

Node	x	y
1	0.00	0.00
2	0.00	4.00
3	4.00	7.00
4	4.00	0.00

Information Of Cross Section Each Mem.

Type	Area	Moment Of Intertia	Elastic Modulus
1	0.20000	0.00400	30000000.00
2	0.15000	0.00500	30000000.00

Information Restriction

Restr. — No	Restr. — Disp. — No	Restr — Disp.
1	1.000	0.000
2	2.000	0.000
3	3.000	0.000
4	10.000	0.000

Half _ Bandwidth Mbw： 6

Nodal Loads

Node	Px	Py	Zm
3	20.00	－10.00	20.00

Non-Nodal Loads

Loads	Leng. Supp. To Load	Mem	Type
10.00	4.00	1.00	1.00

Output Results

* * * * * * * * *

Nodal Displacements'

Node	U	V	Ceta
1	−0.000000	−0.000000	−0.000000
2	0.004614	−0.000007	−0.002350
3	0.012821	−0.010923	−0.002478
4	−0.000000	−0.010923	−0.001508

Mem. Forces

Mem.	N1	Q1	M1	N2	Q2	M2
1	10.00	−21.91	53.33	−10.00	−24.75	−60.99
2	−13.80	22.85	60.99	13.80	−22.85	53.27
3	0.00	−4.75	−33.27	−0.00	4.75	−0.00

Nodal Reactions

Node	Rx	Ry	Rm
1	21.9142	9.9995	53.3316
2	−0.0001	−0.0001	−0.0001
3	20.0001	−10.0002	19.9999
4	4.7524	0.0009	−0.0000

【例 A-2】 已知如图 A-10(a) 所示刚架,支座结点 1 有已知支座沉陷:$S_u = -0.1m$、$S_v = -0.1m$,没有结点荷载和非结点荷载,其他条件均同例 -1,求各杆内力。

【解】 结点和单元编码以及结构坐标系的设定见图 A-10(b),输入数据中,第二、三、四组数据的填写与[例 A-1]同,不作重复,其他数据填写如下:

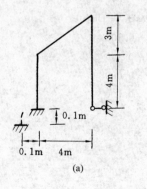
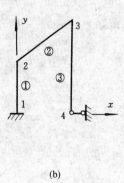

图 A-10

第一组数据

4 3 2 4 0 0

第五组数据

1 −0.1 2 −0.1 3 0 10 0

第六、七组数据因 npj = 0、npf = 0,故不填。

计算机输出计算结果如下：

Stactic Analysis Of Plane Frame

Input Data

* * * * * * * *

Control Data

The Num. Of Nodes： 4

The Num. Of Mem. ： 3

The Num. Of Type Of Section Characteristic： 2

The Num. Of Restricted Degrees Of Freedom： 4

The Num. Of Nodal Loads： 0

The Num. Of Non-Nodal Loads： 0

The Num. Of Nodal Degrees Of Freedom： 12

Information Of Mem.

Mem.	Start Node	End Node	Type
1	1	2	1
2	2	3	2
3	3	4	1

Coordinates x and y Of Nodes

Node	x	y
1	0.00	0.00
2	0.00	4.00
3	4.00	7.00
4	4.00	0.00

Information Of Cross Section Each Mem.

Type	Area	Moment Of Inertia	Elastic Modulus
1	0.20000	0.00400	30000000.00
2	0.15000	0.00500	30000000.00

Information Restriction

Restr. — No	Restr. — Disp. — No	Restr. — Disp.
1	1.000	— 0.100
2	2.000	— 0.100
3	3.000	0.000
4	10.000	0.000

Half _ Bandwidth Mbw： 6

Output Results

* * * * * * * * *

Nodal Displacements

Node	U	V	Ceta
1	— 0.100000	— 0.100000	0.000000
2	— 0.104108	— 0.100000	0.003080
3	— 0.124865	— 0.072254	0.011550
4	— 0.000000	— 0.072254	0.020982

Mem. Forces

Mem.	N1	Q1	M1	N2	Q2	M2
1	0.00	46.20	−0.02	−0.00	−46.20	184.80
2	−36.96	27.72	−184.80	36.96	−27.72	323.38
3	−0.00	46.20	−323.38	0.00	46.20	0.00

Nodal Reactions

Node	Rx	Ry	Rm
1	−46.1959	0.0022	−0.0181
2	−0.0043	−0.0085	−0.0005
3	0.0034	0.0076	0.0001
4	46.1968	−0.0013	0.0000

A.5 平面刚架程序的扩充

本节将讨论平面刚架程序如何应用于某些不同类型的杆系结构,以及可能碰到的一些特殊问题是如何处理的。

有一些平面杆系结构可以利用以上介绍的后处理法刚架程序进行计算,其中一些结构只要在输入某组数据时,对其作等效变换即可,而某些结构,如具有铰结点的刚架、不考虑杆件轴向变形的多层矩形刚架和连续梁等,则采用先处理法方便,这时需将以上后处理法刚架程序局部修改为先处理法程序;如欲计算刚架 —— 剪力墙结构,也可对程序进行局部修改,由于这种结构具有带刚域杆件和考虑剪切变形的杆件,这时除增加输入带刚域杆件弹性端点坐标以及杆件的剪切刚度外,还需对单刚和坐标转换矩阵进行修改;又如欲计算在程序中没有包括的不同类型荷载,则可在子程序 fix 中,扩充原有的计算 goto 语句,等等;这样可使程序的使用面开阔。本节仅讨论结构的等效变换,以起举一反三的作用,使读者从中掌握如何对结构计算简图做些适当修改和机外准备工作,以求得到满意的计算结果。

1. 平面桁架结构

由于平面桁架杆件仅受轴力,不承担弯矩和剪力,计算时可令各杆的惯矩 $I = 0$,这时单刚中除轴力的四个元素不为零外,其他元素均为零,叠加为总刚后,与转角位移对应的主对角元素也为零,总刚为奇异阵,为此必须作等效变换,令各结点转角位移

$$\theta_i = 0 \quad (i = 1, 2, \cdots, nj)$$

由于惯矩取零后,各杆杆端转角位移对内力计算没有意义,令其为零,相当于在每个结点处加一限制转动的约束,因此在填写数据时,可按下述方法处理:

第一组数据 —— 在控制数据中,受约束位移分量总数 NR,需计入每个结点的转动约束位移分量

第四组数据 —— 单元特性信息中,取惯矩为零,即

$$ae[i][1] = 0 \quad (i = 1, 2, \cdots, nt)$$

第五组数据 —— 约束信息中,对每个结点(包括支承结点)均填入转动约束:

$$\theta_i = 0 \quad (i = 1, 2, \cdots, nj)$$

第六组数据 —— 结点荷载中,需按 u、v、θ 三个方向填写,对 zm 填零。

【例 A-3】 用平面刚架程序解[例 10-3](图 A-11(a)),取 $l = 1$m、$E = 1$kN/m^2、$A = 1$m^2。

【解】　结点和单元编号以及结构坐标系设置如图 A-11(b) 所示,输入数据填写如下(仅填写需作等效变换的第一、四、五、六组数据)

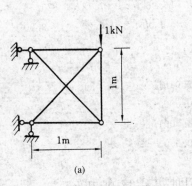

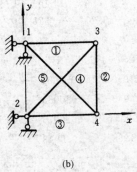

(a)　　　　　　　　(b)

图 A-11

第一组数据

4　5　1　8　1　0

第四组数据

1　0　1

第五组数据

1　0　2　0　3　0　4　0　5　0　6　0　9　0　12　0

第六组数据

3　0　−1　0

2. 结构中不考虑轴向变形的杆件和带刚域的杆件.

在平面刚架中,当不考虑单元的轴向变形时,则单元的 EA 应扩大 $10^3 \sim 10^4$ 倍。

平面排架中的桁架单元,除 EA 应扩大 $10^3 \sim 10^4$ 倍外,EI 应取零值,对于带刚域的杆件,可以将刚性段单独划分为一个单元,该单元的 EA、EI 可取一般单元的 $10^3 \sim 10^4$ 倍,采用这种方法虽可得到一个满意的结果,但位移未知量增多,存贮量加大,计算速度放慢。

3. 组合结构

图 A-12 所示组合结构,已知 $E = 1\mathrm{kN/m^2}$,刚架杆件的 $I = 1\mathrm{m^4}$、$A = 1\mathrm{m^2}$;桁架杆件的 $A = 1\mathrm{m^2}$。对属于桁架类型的轴力杆,取 $I = 0$,并在桁架类型的结点上,如图 A-12 中的 4、5 结点,增加一个限制转动的约束,令其 $\theta_4 = 0$,$\theta_5 = 0$。需作等效变换的第一、四、五、六数组数据填写如下:

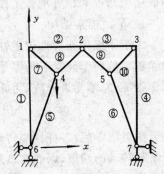

图 A-12

第一组数据

7　10　2　6　1　0

第四组数据

1　1　1　1　0　1

第五组数据

12　0　15　0　16　0　17　0　19　0　20　0

第六组数据

　4　0　－P　0

4. 倾斜支承杆(图 A-13(a))

将倾斜支承杆作为一个桁架杆单元,取它的截面积为一大数,杆长可选为 1,使其 $\frac{EA}{l}$ 值为普通单元的 $10^3 \sim 10^4$ 倍(图 A-13(b)),造成一个人为的刚性杆件;惯矩的一种处理法是近似地取一个小数(如 $I = 10^{-5}$、图 A-13(b)),这样支承点 C 的约束条件可取 $u_C = 0$、$v_C = 0$;另一种处理法,则取 $I = 0$(图 A-13(c)),支承点 C 的约束条件则取 $u_C = 0$、$v_C = 0$、增加 $\theta_C = 0$,以免因 $I = 0$,使总刚成为奇异阵。

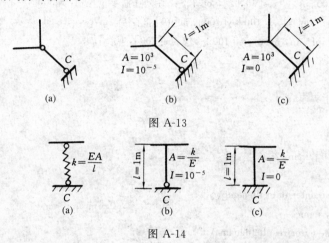

图 A-13

图 A-14

5. 弹簧支承杆(图 A-14(a))　将弹簧支承作为一个杆单元,令其 $l = 1\mathrm{m}$,因 $\frac{EA}{l} = k$,故其截面积为 $A = \frac{k}{E}$,惯矩的处理法与倾斜支承杆相同(图 A-14(b),(c)),不再赘述,如此,弹簧支承杆等效为一根弹性的支承杆。

A.6　平面刚架静力分析源程序(C 语言)

＊＊＊＊＊＊＊平面刚架静力分析程序＊＊＊＊＊＊＊＊＊＊

```
# include < iostream. h >
# include < iomanip. h >
# include < fstream. h >
# include < stdlib. h >
# include < afxcoll. h >
# include < afxtempl. h >
# include < stdio. h >
# include < math. h >
void hbw();
void sncs(int nel);
void fix(int np);
void trmat();
```

```
void fis(int nel);
void fpj();
void force();
void stiff();
void addsm();
void matmul();
void restr();
void soleq();
void outdis();
float sm[6][6], tsm[300][30], res[60][2], pj[300], t[6][6], d[6][6], r[300],
    fo[6], foj[6], pf[200][4], x[100],y[100], ae[10][3], s1,sn,cs,eal, eil;
int nj,ne,nt, nr, npj, npf, nn, mbw, jel[100][2], nae[100], is[6];
FILE * infile, * outfile;
```

* * * * * * * * * 主程序 * * * * * * * * * * *
```
void main()
{
        char name1[30], name2[30];
        int i, j, nel, np;
        printf ("Please enter data-filename\n");
        scanf ("%s", name1);
        printf ("Please enter result-filename\n");
        scanf ("%s", name2);
        if ((infile = fopen (name1, "r"))! = NULL)
          { fscanf (infile, "%d%d%d%d%d%d", &nj, &ne, &nt, &nr, &npj, &npf);
          for (i = 0; i < ne; i++)
            fscanf (infile, "%d%d%d", &jel[i][0], &jel[i][1], &nae[i]);
          for (i = 0; i < nj; i++)
            fscanf (infile, "%f%f", & x[i], & y[i]);
          for (i = 0; i < nt; i++)
              fscanf (infile, "%f%f%f", &ae[i][0], &ae[i][1], &ae[i][2]);
          for (i = 0; i < nr; i++)
            fscanf (infile, "%f%f", &res[i][0], &res[i][1]);
              }
              else
              {printf ("The data-file not exist!");
          exit (1);}
          nn = 3 * nj;
          outfile = fopen(name2,"w");
        if (outfile == NULL){printf("The result-file not exist!");
                                exit (1);}
        fprintf (outfile,"    Static Analysis Of Plane Frame\n");
        fprintf (outfile, "Input Data\n");
        fprintf (outfile," * * * * * * * *\n");
```

```
            fprintf (outfile, "Control Data\n");
            fprintf (outfile, "The Num. Of Nodes: %3d\n", nj);
            fprintf (outfile, "The Num. Of Mem. : %3d\n", ne);
            frpintf (outfile, "The Num. Of Type Of Section Characteristic: %3d\n", nt);
            fprintf (outfile, "The Num. Of Restricted Degrees Of Freedom: %3d\n",nr);
            fprintf (outfile, "The Num. Of Nodal Loads: %3d\n", npj);
            fprintf (outfile, "The Num. Of Non-Nodal Loads: %3d\n", npf);
            fprintf (outfile, "The Num. Of Nodal Degrees Of Freedom: %3d\n", nn);
            fprintf (outfile, "Information Of Mem. \n");
              fprintf (outfile, "Mem.    Start Node   End Node   Type \n");
              for (i = 0; i < ne;i++)
                 fprintf (outfile, "%5d%10d%10d%10d\n", i+1,je1[i][0], je1[i][1], nae[i]);
              fprintf (outfile, "Coordinates x and y Of Nodes \n");
              fprintf (outfile, " Node          x            y\n");
          for (i = 0;i < nj;i++)
                 fprintf (outfile, "%10d%10.2f%10.2f\n", i+1, x[i], y[i]);
          fprintf (outfile, "Information Of Cross Section Each Mem. \n");
          fprintf (outfile, " Type   Area   Moment Of Inertia   Elastic Modulus \n");
          for (i = 0; i < nt; i++)
              fprintf (outfile, "%8d%15.5f%15.5f%20.2f\n", i+1,ae[i][0],ae[i][1], ae[i][2]);
          fprintf(outfile, "Information Restriction\n");
          fprintf (outfile, "Rester.-No      Restr.-Disp.-No      Restr.-Disp. \n");
          for (i = 0; i < nr;i++)
                 fprintf (outfile, "%10d%19.3f%19.3f\n",i+1,res[i][0], res[i][1]);
          hbw();
          for(i = 0; i < nn;i++)pj[i] = 0.0;
            if (npj == 0) goto aa;
            fprintf (outfile, "Nodal Loads\n");
            fprintf (outfile, "Node       Px       Py       Zm\n");
            for (i = 0;i < npj;i++){
            int no;
            float px, py, zm;
            fscanf (infile, "%d%f%f%f", &no, &px, &py, &zm);
            fprintf (outfile; "%10d%10.2f%10.2f%10.2f\n", no, px, py, zm);
        pj[3 * no-3] = px;
        pj[3 * no-2] = py;
        pj[3 * no-1] = zm;
            }
aa: for (i = 0; i < nn; i++)r[i] = 0.0;
    for (i = 0; i < nr; i++){
        int ni;
            ni = floor(res[i][0]+0.1)-1;
            if(pj[ni]! = 0.0)r[ni] = r[ni]-pj[ni];
    }
```

```
    if(npf == 0)goto bb;
        fprintf(outfile, "Non-Nodal Loads\n");
        fprintf(outfile," Loads    Leng. Supp. To Load    Mem   Type\n");
        for (i = 0; i < npf; i++){
            fscanf (infile, "%f%f%f%f", &pf[i][0]; &pf[i][1], &pf[i][2], &pf[i][3]);
            fprintf(outfile, "%15.2f%15.2f%15.2f%15.2f\n", pf[i][0], pf[i][1], pf[i][2], pf[i][3]);
            }
        for (np = 0; np < npf; np++){
            nel = floor(pf[np][2] + 0.1);
            sncs(nel - 1);
            fix (np);
            trmat ();
            fis (nel - 1);
            fpj();
        }
bb: for (i = 0;i < nn; i++)
        for (j = 0; j < mbw; j++)tsm[i][j] = 0.0;
    for (nel = 0; nel < ne;nel++)
        {
        sncs (nel);
        trmat();
        stiff();
        matmul();
        fis (nel);
        addsm();
        }
    restr();
    soleq();
    outdis();
    force();
}
```

* * * * * 子程序 * * * * * * * * * *

求最大半带宽

```
void hbw()
{
    mbw = 0;
    for (int nel = 0; nel < ne; nel++)
        {int ma = abs (jel [nel][0] - jel[nel][1]);
        if (mbw < ma)mbw = ma;
        }
    mbw = 3 * (mbw + 1);
    fprintf(outfile,"Half _ Bandwidth Mbw: %5d\n", mbw);
}
```

矩阵相乘

```c
void matmul()
{
        int i, j,k;
    for (i = 0; i < 6;i++)
        for (j = 0;j < 6;j++) d[i][j] = 0.0;
        for (i = 0; i < 6;i++)
        for (j = 0; j < 6;j++)
            for (k = 0; k < 6;k++) d[i][j] = d[i][j] + t[k][i] * sm[k][j];
        for (i = 0; i < 6;i++)
        for (j = 0; j < 6;j++)sm[i][j] = 0.0;
        for(i = 0;i < 6;i++)
            for (j = 0;j < 6;j++)
                for (k = 0;k < 6;k++)sm[i][j] = sm[i][j] + d[i][k] * t[k][j];
}
```

求单元常数

```c
void sncs (int nel)
{
        int ii, jj, k;
        float xi, yi, xj, yj;
        ii = jel[nel][0];
        jj = jel[nel][1];
        xi = x[ii − 1];
        xj = x[jj − 1];
        yi = y[ii − 1];
        yj = y[jj − 1];
        sl = sqrt((xj − xi) * (xj − xi) + (yj − yi) * (yj − yi));
        sn = (yj − yi)/sl;
        cs = (xj − xi)/sl;
        k = nae[nel];
        eal = ae[k − 1][0] * ae[k − 1][2]/sl;
        eil = ae[k − 1][1] * ae[k − 1][2]/sl;
}
```

求单元坐标转换矩阵

```c
void trmat()
{
        int   i,j;
    for (i = 0; i < 6;i++)
        for (j = 0; j < 6;j++)t[i][j] = 0.0;
    t[0][0] = cs;
    t[0][1] = sn;
    t[1][0] =− sn;
```

```
        t[1][1] = cs;
    t[2][2] = 1.0;
        for (i = 0; i < 3; i++)
            for (j = 0; j < 3; j++) t[i+3][j+3] = t[i][j];
}
```

求单元固端力
```
void fix (int np)
{
        float w, c, c1, c2, cc, cc1, cc2;
        int i, im;
        w = pf[np][0];
        c = pf[np][1];
        c1 = c/s1;
        c2 = c1 * c1;
        cc = s1 − c;
        cc1 = cc/s1;
        cc2 = cc1 * cc1;
        for (i = 0; i < 6, i++)fo[i] = 0.0;
        im = floor (pf [np][3] + 0.1);
        if (im = 1){
            fo[1] =− w * c * (1 − c2 + c2 * c1/2);
            fo[2] =− w * c * c * (6 − 8 * c1 + 3 * c2)/12;
            fo[4] =− w * c − fo[2];
            fo[5] = w * c1 * c * c * (4 − 3 * c1)/12;}
        else if (im = 2){
            fo[1] =− w * (1 + 2 * c1) * cc2;
            fo[2] =− w * c * c2;
            fo[4] =− w * (1 + 2 * cc1) * c2;
            fo[5] = w * cc * c2;}
        else if (im = 3) {
            fo[1] = 6 * w * c1 * cc1/s1;
            fo[2] = w * cc1 * (2 − 3 * cc1);
            fo[4] =− fo[2];
            fo[5] = w * c1 * (2 − 3 * c1);}
        else if (im = 4){
            fo[1] =− 0.25 * w * c * (2 − 3 * c2 + 1.6 * c2 * c1);
            fo[2] =− w * c * c * (2 − 3 * c1 + 1.2 * c2)/6;
            fo[4] =− w * c/2 − fo[2];
            fo[5] = 0.25 * w * c * c * c1 * (1 − 0.8 * c1);}
        else if (im = 5) {
            fo[0] =− w * cc1;
            fo[3] =− w * c1;}
        else if (im = 6){
```

```
            fo[0] =- w * c * (1 - 0.5 * c1);
            fo[3] =- 0.5 * w * c * c1;}
}
```

形成总结点荷载向量

```
void fpj()
{
        for (int k = 0; k < 6; k++) foj[k] = 0.0;
        for (int i = 0; i < 6;i++)
                for (int j = 0; j < 6; j++)
                        foj[i] = foj[i] + t[j][i] * fo[j];
        for (int ii = 0; ii < 6; ii++) pj[is[ii]] = pj[is[ii]] - foj[ii];
}
```

形成单元刚度矩阵

```
void stiff()
{
        int  i,j;
        float s1, s2;
        for (i = 0; i < 6;i++)
          for (j = 0; j < 6; j++)sm[i][j] = 0.0;
        sm[0][0] = eal;
        sm[3][0] =- eal;
        sm[3][3] = eal;
        s1 = 12 * eil/(s1 * s1);
        sm[1][1] = s2;
        sm[4][1] =- s1;
        sm[4][4] = s1;
        s2 = 6 * eil/s1;
        sm[2][1] = s2;
        sm[5][1] = s2;
        sm[4][2] =- s2;
        sm[5][4] =- s2;
        sm[2][2] = 4 * eil;
        sm[5][5] = 4 * eil;
        sm[5][2] = 2 * eil;
        for (i = 0; i < 6; i++)
                for (j = 0; j < i; j++)   sm[j][i] = sm[i][j];
}
```

由单元位移分量码 L 形成总刚位移分量码 IS(L)

```
void fis (int nel)
{
        for (int i = 0; i < 2; i++)
```

```
            for (int j = 0; j < 3; j++) is [3 * i + j] = 3 * (jel[nel][i] - 1) + j;
}
```

形成结构原始总刚度矩阵

```
void addsm()
{
        for (int i = 0; i < 6; i++)
                for (int j = 0; j < 6; j++){
                        int kc = is[j] - is[i];
                        if (kc >= 0) tsm[is[i]][kc] = tsm[is[i]][kc] + sm[i][j];}
}
```

约束处理

```
void restr()
{
        for (int i = 0; i < nr; i++) {
                int ni = floor(res[i][0] + 0.1);
                tsm[ni - 1][0] = 1.0e25;
                pj[ni - 1] = tsm[ni - 1][0] * res[i][1]
        }
}
```

解线性方程组

```
void soleq ()
{
        int k, ni, im, i, l, j, nm, jm;
        for (k = 1; k < nn; k++){
           if(fabs (tsm[k - 1][0]) <= 0.000001){
           fprintf (outfile, " * * * * * * singularity in row %4d * * * * * * \n",k+1);
           goto fin ;}
           ni = k + mbw - 1;
           im = ni;
           if (ni > nn)im = nn;
           for (i = k + 1; i < im + 1; i++){
           l = i - k + 1;
           float c1 = tsm[k - 1][1 - 1]/tsm[k - 1][0];
           for (j = 1; j < mbw - 1 + 2; j++) tsm[i - 1][j - 1] = tsm[i - 1][j - 1] - c1 * tsm[k - 1][j +
i -
           k - 1];
           pj[i - 1] = pj[i - 1] - c1 * pj[k - 1];}
        }
        if (fabs (tsm[nn - 1][0]) <= 0.000001){
            fprintf (outfile, " * * * * * * singularity in row %4d * * * * * * \n", nn);
            goto fin;
        }
        pj[nn - 1] = pj[nn - 1]/tsm[nn - 1][0];
```

```
    for (i = nn - 1; i > 0;i --){
            nm = nn - i + 1;
    jm = nm;
            if (nm > mbw) jm = mbw;
            for (j = 2;j < jm + 1; j ++)pj[i - 1] = pj[i - 1] - tsm[i - 1][j - 1] * pj[j + i - 2];
            pj[i - 1] = pj[i - 1]/tsm[i - 1][0];
    }
fin: return;
}
```

输出位移向量
```
void outdis()
{
    int i;
    fprintf (outfile, "Output Results\n");
    fprintf(outfile, " * * * * * * * * *\n");
    fprintf (outfile, "Nodal Displacements\n");
    fprintf (outfile, "  Node      U      V      Ceta\n");
    for (i = 0; i < nj; i ++)
        fprintf (outfile, "%10d%15.6f%15.6f%15.6f\n",i + 1,pj[3 * i], pj[3 * i + 1],pj[3 * i + 2]);
}
```

求单元杆端力、支座反力或结点合力
```
void force ()
{
    float dj[6], f[6], fj[6], dd[6];
    int nel, np, i, j, ip;
    fprintf (outfile, "Mem. Forces\n");
    fprintf(outfile, "Mem. N1    Q1    M1    N2    Q2    M2\n");
    for (nel = 0; nel < ne; nel ++){
            sncs(nel);
            trmat();
            stiff();
            fis (nel);
            for(i = 0; i < 6; i ++)dj[i] = pj[is[i]];
            for (i = 0;i < 6;i ++){dd[i] = 0.0;f[i] = 0.0;}
            for (i = 0; i < 6;i ++)
                for(j = 0; j < 6;j ++)dd[i] = dd[i] + t[i][j] * dj[j];
            for (i = 0;i < 6; i ++)
                for (j = 0; j < 6;j ++)f[i] = f[i] + sm[i][j] * dd[j];
            if (npf == 0)goto a;
            for (np = 0; np < npf;np ++){
                ip = floor (pf[np][2] + 0.1) - 1;
                if (ip == nel){
```

```
                    fix(np);
                    for (j = 0; j < 6; j++)f[j] = f[j] + fo[j];}
             }
a:     fprintf (outfile, "%5d%11.2f%11.2f%11.2f%11.2f%11.2f%11.2f\n",
                    nel+1,f[0], f[1],f[2], f[3], f[4], f[5]);
           for (i = 0; i < 6; i++)fj[i] = 0.0;
     for (i = 0; i < 6; i++), fj[i] = 0.0;
           for (i = 0; i < 6; i++)
                 for (j = 0; j < 6; j++)fj[i] = fj[i] + t[j][i] * f[j];
           for (i = 0;i < 6;i++) r[is[i]] = r[is[i]] + fj[i];
     }
     fprintf (outfile, "Nodal Reactions\n");
     fprintf (outfile, "    Node    Rx    Ry    Rm\n");
     for(i = 0;i < nj;i++)
         fprintf (outfile, "%10d%15.4f%15.4f%15.4f\n", i+1, r[3*i], r[3*i+1], r[3*i+2]);
}
```

习　　题

为下列各图的结构准备初始数据（采用 SI 单位制）

［A-1］　如图 A-15 所示弦杆的 $A = 0.06\text{m}^2$、腹杆的 $A = 0.03\text{m}^2$，$E = 1\text{kN/m}^2$。

［A-2］　如图 A-16 所示已知弦杆的 $A = 0.1\text{m}^2$、腹杆的 $A = 0.05\text{m}^2$，$E = 3 \times 10^7\text{kN/m}^2$。

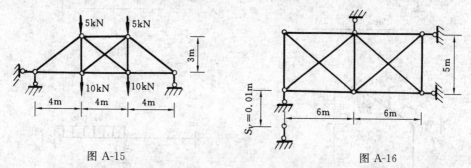

图 A-15　　　　　　　　　　　　　　　图 A-16

［A-3］　如图 A-17 所示梁 $A_L = 0.25\text{m}^2$，$I_L = 0.015\text{m}^4$。柱的 $A_C = 0.25\text{m}^2$，$I_C = 0.01\text{m}^4$，E 均为 $3 \times 10^7\text{kN/m}^2$。

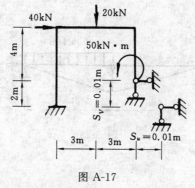

图 A-17

［A-4］　如图 A-18 所示各杆的 EI 为常数。

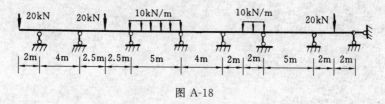

图 A-18

［A-5］　如图 A-19 所示 ① 杆的 $A_C = 0.25\text{m}^2$，$I_C = 0.01\text{m}^4$，②、③ 杆的 $A_L = 0.25\text{m}^2$，$I_L = 0.015\text{m}^4$，E 均为 1kN/m^2。

［A-6］　如图 A-20 所示梁的 $A_L = 0.75\text{m}^2$，$I_L = 0.02\text{m}^4$，柱的 $A_C = 0.25\text{m}^2$，$I_C = 0.01\text{m}^4$，E 均为 1kN/m^2。

［A-7］　如图 A-21 所示各杆的 $A = 0.1\text{m}^2$，$I = 0.01\text{m}^4$，$k_N = 3 \times 10^5\text{kN/m}$，$E = 3 \times 10^7\text{kN/m}^2$。

［A-8］　如图 A-22 所示各杆的 $A = 0.1\text{m}^2$，$I = 0.002\text{m}^4$，$k_N = 0.02E\text{kN/m}$，$E = $ 常数。

［A-9］　如图 A-23 所示上弦杆的 $A_L = 0.1\text{m}^2$，$I_L = 0.03\text{m}^4$，$E_L = 2.5 \times 10^7\text{kN/m}^2$ 下弦杆及腹杆的 $A_S = 0.001\text{m}^2$、$E_S = 2.1 \times 10^8\text{kN/m}^2$。

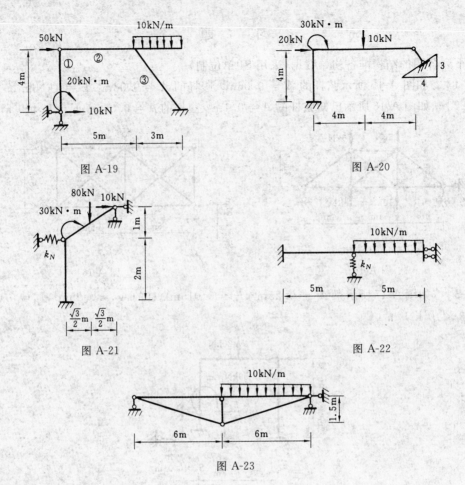

图 A-19

图 A-20

图 A-21

图 A-22

图 A-23

主要参考文献

[1]   金宝桢,杨式德,朱宝华.结构力学[M].北京:人民教育出版社出版,1964.

[2]   金宝桢,杨式德,朱宝华,等.结构力学[M].北京:高等教育出版社,1986.

[3]   钱令希.超静定结构学[M].北京:中国科技图书仪器公司,1951.

[4]   龙驭球,包世华.结构力学[M].北京:高等教育出版社,1994.

[5]   李廉馄.结构力学[M].北京:高等教育出版社,1996.

[6]   杨茀康,李家宝,湖南大学结构力学教研室.结构力学[M].北京:高等教育出版
       社,1983.

[7]   王焕定,章梓茂,景瑞.结构力学[M].北京:高等教育出版社,2000.

[8]   杨天祥.结构力学[M].北京:高等教育出版社,1986.

[9]   潘亦培,朱伯钦.结构力学[M].北京:高等教育出版社,1987.

[10]   克拉夫 R W.结构动力学[M].北京:科技出版社,1983.

[11]   夏志斌,潘有昌.结构稳定理论[M].北京:高等教育出版社,1988.

[12]   周承倜.弹性稳定理论[M].成都:四川人民出版社,1981.

[13]   徐秉业,刘信声.结构塑性极限分析[M].北京:中国建筑工业出版社,1985.